TECHNIK, WIRTSCHAFT und POLITIK 34

Schriftenreihe des Fraunhofer-Instituts
für Systemtechnik und Innovationsforschung (ISI)

Michael Fritsch · Frieder Meyer-Krahmer
Franz Pleschak (Hrsg.)

Innovationen in Ostdeutschland

Potentiale und Probleme

Mit 33 Abbildungen
und 68 Tabellen

Physica-Verlag
Ein Unternehmen des Springer-Verlags

Professor Dr. Michael Fritsch
TU Bergakademie Freiberg
Fakultät für Wirtschaftswissenschaften
und Forschungsstelle Innovationsökonomik
Gustav-Zeuner-Str. 8-10, D-09596 Freiberg

Professor Dr. Frieder Meyer-Krahmer
Fraunhofer-Institut für Systemtechnik
und Innovationsforschung Karlsruhe
und
Universität Louis Pasteur Strasbourg
Breslauer Str. 48, D-76139 Karlsruhe

Professor Dr. Franz Pleschak
Fraunhofer-Institut für Systemtechnik
und Innovationsforschung Karlsruhe
und
Forschungsstelle Innovationsökonomik
an der TU Bergakademie Freiberg
Gustav-Zeuner-Str. 8-10, D-09596 Freiberg

ISBN 3-7908-1144-0 Physica-Verlag Heidelberg

Die Deutsche Bibliothek – CIP-Einheitsaufnahme
Innovationen in Ostdeutschland : Potentiale und Probleme /
Hrsg.: Michael Fritsch ... –
Heidelberg : Physica-Verl., 1998
(Technik, Wirtschaft und Politik; Bd. 34)
ISBN 3-7908-1144-0

Dieses Werk ist urheberrechtlich geschützt. Die dadurch begründeten Rechte, insbesondere die der Übersetzung, des Nachdrucks, des Vortrags, der Entnahme von Abbildungen und Tabellen, der Funksendung, der Mikroverfilmung oder der Vervielfältigung auf anderen Wegen und der Speicherung in Datenverarbeitungsanlagen, bleiben, auch bei nur auszugsweiser Verwertung, vorbehalten. Eine Vervielfältigung dieses Werkes oder von Teilen dieses Werkes ist auch im Einzelfall nur in den Grenzen der gesetzlichen Bestimmungen des Urheberrechtsgesetzes der Bundesrepublik Deutschland vom 9. September 1965 in der jeweils gültigen Fassung zulässig. Sie ist grundsätzlich vergütungspflichtig. Zuwiderhandlungen unterliegen den Strafbestimmungen des Urheberrechtsgesetzes.

© Physica-Verlag Heidelberg 1998
Printed in Germany

Die Wiedergabe von Gebrauchsnamen, Handelsnamen, Warenbezeichnungen usw. in diesem Werk berechtigt auch ohne besondere Kennzeichnung nicht zu der Annahme, daß solche Namen im Sinne der Warenzeichen- und Markenschutz-Gesetzgebung als frei zu betrachten wären und daher von jedermann benutzt werden dürften.

Umschlaggestaltung: Erich Kirchner, Heidelberg
SPIN 10688389   88/2202-5 4 3 2 1 0 – Gedruckt auf säurefreiem Papier

Inhaltsverzeichnis

Einleitung.. 1

Das Innovationssystem Ostdeutschlands: Problemstellung und Überblick............... 3
Michael Fritsch

Innovationssystem in Deutschland und Globalisierung 21
Frieder Meyer-Krahmer

Modernisierung und Produktivität in der Investitionsgüterindustrie
Ostdeutschlands 43
Gunter Lay

Probleme der Einführung von komplexen Innovationssystemen in
ostdeutschen Betrieben.. 59
Gottfried Rössel

Nichttechnische Innovationsprobleme bei der ostdeutschen
Produktionsmodernisierung... 71
Rudi Schmidt

Zur Einbindung des Marketing in die Innovationstätigkeit ostdeutscher
Unternehmen... 85
Helmut Sabisch

Unterschiede im Innovationsverhalten zwischen ost- und westdeutschen
Unternehmen im Verarbeitenden Gewerbe... 103
Horst Penzkofer, Heinz Schmalholz

Innovationsaktivitäten im Verarbeitenden Gewerbe - Ein Ost-West-
Vergleich 119
Michael Fritsch, Grit Franke, Christian Schwirten

Auswirkungen von Innovationen auf Lohn- und Produktivitätsangleichung
zwischen ost- und westdeutschen Unternehmen.. 145
Martin Falk, Friedhelm Pfeiffer

Innovationsstrategien und Forschungsaktivitäten ostdeutscher
Unternehmen... 169
Johannes Felder, Alfred Spielkamp

Innovationstätigkeit im Dienstleistungssektor - Ein Vergleich zwischen Ost-
und Westdeutschland 187
Christiane Hipp

Einflußfaktoren auf die Innovationsneigung in kleinen und mittleren
Unternehmen in Ostdeutschland - am Beispiel von Management Buy-Outs 213
Franz Barjak, Klaus Holst

Technologieorientierte Unternehmensgründungen in Ostdeutschland 235
Franz Pleschak, Henning Werner

Charakterisierung des Gründungspotentials aus Universitäten 249
Claudia Herrmann

Existenzgründungen aus Universitäten und Fachhochschulen -
Potentiale für den Aufschwung Ost? 269
Oliver Pfirrmann

Indikatoren der Wirksamkeit regionaler Innovationsaktivitäten -
Eine Analyse zur Rolle der TU Ilmenau 281
Eva Voigt

Öffentliche Forschung als notwendige Infrastruktur für Innovationen in
Ostdeutschland 293
Werner Meske

Technologie- und Gründerzentren als Instrument der Technologiepolitik in
Ostdeutschland 313
Christine Tamásy

FuE-Förderung in Ostdeutschland durch das Bundesministerium für
Wirtschaft - Ergebnisse aus einer Wirkungsanalyse 327
Kurt Hornschild

Der Netzwerk-Ansatz der FuE-Förderung für die neuen Bundesländer -
Das Beispiel des Programms „Auftragsforschung West - Ost" 357
Wilhelm Ruprecht, Gerhard Becher

Das ostdeutsche Innovationssystem in der Transformation:
Zusammenfassende Schlußfolgerungen und Ausblick 379
Michael Fritsch, Franz Pleschak

Autorenverzeichnis 391

Einleitung

Für die wirtschaftliche Entwicklung in den neuen Bundesländern dürfte Innovationen eine Schlüsselrolle zukommen. Dies legt es nahe, die Innovationsaktivitäten in diesem Teil Deutschland genauer zu analysieren. Dabei stellen sich etwa folgende Fragen:

- Wie hat sich das ostdeutsche Innovationssystem seit der „Wende" der Jahre 19989/90 entwickelt und wie ist seine zukünftige Entwicklung einzuschätzen?
- Wo steht die ostdeutsche Wirtschaft im Innovationswettbewerb?
- Welche Innovationspotentiale sind in Ostdeutschland vorhanden und wie können diese besser ausgeschöpft werden?
- Worin bestehen die wesentlichen Innovationsengpässe der Unternehmen und wie kann man diesen Engpässen möglichst ursachenadäquat und wirkungsvoll begegnen?
- In welchem Ausmaß bestehen Unterschiede im Innovationsverhalten zwischen ost- und westdeutschen Unternehmen und worauf sind sie zurückzuführen?

Diese und weitere Fragen waren Gegenstand einer wissenschaftlichen Konferenz zum Thema „Innovationen in Ostdeutschland - Potentiale und Probleme", die von der Forschungsstelle „Innovationsökonomik" - einer gemeinsamen Einrichtung des Fraunhofer-Instituts für Systemtechnik und Innovationsforschung und der Fakultät für Wirtschaftswissenschaften der Technischen Universität Bergakademie Freiberg - Anfang November 1997 in Freiberg veranstaltet wurde. Mit diesem Band legen wir eine Auswahl der dort diskutierten Beiträge vor, die für die Publikation noch einmal überarbeitet wurden. Die Aufsätze analysieren die Transformation des ostdeutschen Innovationssystems aus unterschiedlichen Blickwinkeln und bieten ein genaues und facettenreiches Bild von Stand und Entwicklung des ostdeutschen Innovationssystems.

Die Organisation einer solchen Konferenz sowie die Aufbereitung der Beiträge zu einem Buch stellt ein Projekt dar, das auf vielfältige Unterstützung angewiesen ist. So haben wir zunächst dem Sächsischen Staatsministerium für Wissenschaft und Kunst für die Unterstützung dieser Veranstaltung zu danken. Grit Franke, Andreas Hense, Monika Meschede, Michael Niese und Henning Werner haben uns bei der

Zusammenstellung der Beiträge für den vorliegenden Band und mit Hinweisen für deren Überarbeitung sehr unterstützt. Für die organisatorische Vorbereitung und Durchführung der Konferenz sowie für die Herstellung der Druckvorlage dieses Buches danken wir Frau Tina Laubsch und Frau Maria Pleschak. Dank gilt natürlich auch allen Autoren für die Überlassung der Beiträge sowie die Einhaltung des Zeitrahmens für die Erstellung der Endfassung.

Freiberg/Karlsruhe im März 1998   Michael Fritsch
                                         Frieder Meyer-Krahmer
                                         Franz Pleschak

Das Innovationssystem Ostdeutschlands: Problemstellung und Überblick

Michael Fritsch

1. Innovation und Transformation

Daß Innovationsprozessen eine Schlüsselstellung für wirtschaftliche Entwicklung zukommt, zeigt sich im Transformationsprozeß der ehemals sozialistischen Länder Mittel- und Osteuropas besonders deutlich. Um Anschluß an den Entwicklungsstand westlicher Industrienationen zu erlangen, waren und sind hier intensive Innovationsanstrengungen im Produkt- und im Verfahrensbereich der Betriebe sowie insbesondere auch Änderungen des institutionellen Gefüges der Wirtschaft erforderlich. Wie gut bzw. wie schnell dieser Änderungsbedarf bewältigt wird, hängt von der Funktionsfähigkeit des jeweiligen Innovationssystems[1] ab, wobei gerade auch das Innovationssystem im Transformationsprozeß einschneidenden Veränderungen unterworfen ist.

Die 'Wende' der Jahre 1989/90 hat in der Wirtschaft und damit auch im Innovationssystem Ostdeutschlands einen grundlegenden Wandel ausgelöst, dessen Dynamik bis heute anhält. Die in diesem Band zusammengestellten Beiträge analysieren diesen Prozeß und versuchen, Problembereiche, Entwicklungspotentiale sowie Möglichkei-

---

[1] Innovationssystem meint mehr als „Forschungslandschaft", nämlich alle Organisationen (unter Berücksichtigung ihrer Anreizstrukturen und Kompetenzen) in einem Land oder einer bestimmten Region, die zur Entwicklung und Verbreitung von neuen Erfindungen bzw. neuen Technologien beitragen (siehe hierzu etwa Freeman 1987; Lundvall 1992; Nelson 1993; Metcalfe 1995 sowie auch Meyer-Krahmer in diesem Band). Wesentliche Elemente des Innovationssystems sind die privaten Unternehmen und die darin tätigen Personen, die öffentlich finanzierten Forschungseinrichtungen (Universitäten, Fachhochschulen, Einrichtungen der Max-Planck- und der Fraunhofer-Gesellschaft sowie in Ostdeutschland auch - immer noch - die Forschungs-GmbHs), das Bildungssystem, das Arbeitskräftepotential, die rechtlichen Rahmenbedingungen sowie die staatliche Politik. Dabei macht insbesondere *das Zusammenspiel dieser Elemente*, die Art und Weise ihrer *Vernetzung* einen wesentlichen Teil des Innovationssystems aus und trägt wesentlich zu seiner Funktionsweise bei.

ten für eine Steigerung der Leistungsfähigkeit des ostdeutschen Innovationssystems herauszuarbeiten. Dabei geht es insbesondere auch um Möglichkeiten der Wirtschaftspolitik, die Funktionsfähigkeit des Innovationssystems zu verbessern.

Ziel dieses einleitenden Beitrages ist es, einige grundlegende Entwicklungen und Zusammenhänge aufzuzeigen, um so eine bessere inhaltliche Einordnung der einzelnen Aufsätze zu ermöglichen. Dabei wird zunächst der Ausgangspunkt der Entwicklung, das Innovationssystem der DDR, knapp charakterisiert (Abschnitt 2) und dann ein Überblick über einzelne Aspekte der Transformation des ostdeutschen Innovationssystems gegeben (Abschnitt 3). Abschnitt 4 enthält einige Bemerkungen zu Perspektiven für die Wirtschaftspolitik und Abschnitt 5 erläutert kurz die Abfolge der Beiträge. An den entsprechenden Stellen des Textes wird jeweils auf die thematisch zugehörigen Beiträge in diesem Band verwiesen.[2]

2. Die Ausgangslage: Das Innovationssystem der DDR

Das Innovationssystem der DDR war - ebenso wie das in den anderen ehemals sozialistischen Staaten Mittel- und Osteuropas - stark am sowjetischen Vorbild orientiert. Im Vergleich zu Marktwirtschaften westlicher Prägung wies es insbesondere folgende Besonderheiten auf:[3]

- Es existierten keine marktlichen Anreize für Innovationen. Über Forschungsprojekte und Innovationen entschieden keine Unternehmer, die dabei ihr Kapital riskierten, sondern Gremien, deren Mitglieder die Folgen ihrer Entscheidungen häufig kaum zu spüren bekamen. Nicht selten waren diese Entscheidungen weniger durch ökonomische Notwendigkeiten als durch politisch-ideologische Positionen geprägt.

- Die Verfolgung alternativer Lösungsansätze galt als ineffiziente Doppelforschung, die möglichst vermieden werden sollte. Über den zu verfolgenden „richtigen" Lösungsweg entschieden wiederum Gremien. Eine direkte Folge dieser Konzentration auf einen bestimmten Lösungsansatz (oder eine eng begrenzte Anzahl von Al-

---

2 Namensangaben ohne Jahr meinen immer die Beiträge der betreffenden Autoren in diesem Band. Namensangaben mit Jahr beziehen sich auf nicht in diesem Band enthaltene Quellen.

3 Siehe hierzu Hanson/Pavitt (1987); Pelikan (1988); Fritsch/Werker (1998); Radosevic (1998) sowie Maier (1987).

ternativen) war eine vergleichsweise geringe Diversifikation von Wissen. Vielfalt und Diversifikation kann für Innovationsprozesse, insbesondere in den frühen Entwicklungsstadien von Technologien, aber von wesentlicher Bedeutung sein, da der „richtige" Lösungsweg im vorhinein nicht absehbar ist sondern sich erst im Laufe der Zeit herauskristallisiert (hierzu etwa Metcalfe 1995).

- Das Niveau der Arbeitsteilung und Spezialisierung innerhalb der Firmen bzw. Forschungsinstitute war relativ hoch, die Abläufe waren stark segmentiert. Diese intensive Arbeitsteilung innerhalb der Einrichtungen wurde dadurch möglich, daß es sich sowohl bei den Firmen (in der Regel Kombinate) als auch bei den Forschungsinstituten meist um relativ große Einheiten mit vielen Mitarbeitern handelte.

- Grundlagenforschung fand im wesentlichen in den Instituten der Akademie der Wissenschaften statt; die Hochschulen hatten vor allem die Aufgabe der Ausbildung und waren vorwiegend der angewandten Forschung, häufig speziell für bestimmte Industriebereiche bzw. Kombinate, verpflichtet.

- Innovationsprozesse waren häufig stark formalisiert bzw. bürokratisiert. Diesen Regelungen lag die Vorstellung von einem linearen Verlauf von Innovationsprozessen zugrunde, der mit der Grundlagenforschung beginnt, dann in die angewandte Forschung mündet, worauf schließlich die Entwicklung von Prototyp und serienreifem Produkt aufbaut.[4] Die für Innovationsprozesse vielfach äußerst wichtigen Möglichkeiten zur Rückkoppelung zwischen den verschiedenen Stufen bzw. Organisationen waren nur relativ schwach ausgeprägt. Dementsprechend orientierten sich die Innovationsaktivitäten auch nur in geringem Maße an den Bedürfnissen der Nachfrager bzw. Nutzer.

- Da Ungeplantes oder Unplanbares systembedingt unerwünscht war, bestand eine Tendenz zu relativ sicheren bzw. in ihrem Ergebnis leicht absehbaren Projekten und damit zu inkrementalen Neuerungen mit eher geringer Innovationshöhe. Nicht selten wurde die Anzahl der Neuerungen stärker gewichtet als deren Qualität.

---

4 Siehe hierzu etwa den in Autorenkollektiv (1980:516-525) widergegebenen Auszug aus der „Nomenklatur der Arbeitsstufen und Leistungen von Aufgaben des Planes Wissenschaft und Technik", der für verschiedene Arten von Innovationen die Abläufe vorschrieb.

- Die Arbeitsteilung zwischen den verschiedenen Organisationen, also etwa zwischen Akademie-Instituten und Industriebetrieben, funktionierte relativ schlecht und wies ein nur sehr geringes Niveau auf.

Allgemein wurden die Innovationsaktivitäten durch geringe oder falsche Anreize sowie durch die allgemeinen Ineffizienzen des planwirtschaftlichen Systems (z. B. mangelnde Verfügbarkeit von bestimmten Inputs) beeinträchtigt. Hinzu kam der stark eingeschränkte Transfer von Wissen und technologisch hochwertigen Produkten aus dem Westen, der zu einer Abkoppelung von dem dort vorhandenen Know-How führte.

Insgesamt muß das Innovationssystem der ehemaligen DDR, und dies gilt wohl mehr oder weniger für sämtliche Innovationssysteme sowjetischer Prägung, als sehr ineffizient bezeichnet werden (hierzu Hanson/Pavitt 1987 sowie speziell auf die ehemalige DDR bezogen, Maier 1987). So wurden beispielsweise viele produktionsreife Entwicklungen garnicht oder nur in geringem Maße implementiert; einige dieser Erfindungen wurden sogar im Westen intensiver genutzt als in ihren osteuropäischen Ursprungsländern (Hanson/Pavitt 1987; Maier 1987). Diese Ineffizienz sowie die mangelnde Flexibilität des Innovationssystems trugen nicht unwesentlich zum Zusammenbruch der sozialistischen Staatsordnungen in Mittel- und Osteuropa gegen Ende der 80er Jahre bei. Zwar waren vereinzelt auch ausgesprochene Spitzenleistungen zu verzeichnen, allerdings blieben diese fast ausschließlich auf den Bereich der militärischen Forschung (einschließlich Weltraumforschung) beschränkt und wurden nur unter gewaltigem Ressourceneinsatz realisiert. Ein nicht unerheblicher Teil des FuE-Aufwandes diente der Beseitigung systembedingter Mängel (etwa zur Substitution nicht verfügbarer Inputs aus dem westlichen Ausland). In so gut wie sämtlichen Bereichen bestand ein beträchtlicher Rückstand des technologischen Standards von Verfahren und Produkten hinter dem westlichen Niveau.

3. Veränderungen des ostdeutschen Innovationssystems seit der Wende

Allein die mit der Wende der Jahre 1989/90 einsetzende Transformation der Wirtschaft und die damit verbundene Öffnung für den Weltmarkt brachte massive Veränderungen des ostdeutschen Innovationssystems mit sich. Hinzu kam die grundlegende Reorganisation des Bereiches der öffentlichen Forschungseinrichtungen, so daß insgesamt ein kompletter Umbau des Innovationssystems stattfand.[5]

Die Transformation des ostdeutschen Innovationssystems stellt einen außerordentlich facettenreichen Prozeß dar, der in wenigen Sätzen bzw. auf wenigen Seiten nicht hinreichend behandelt werden kann. Als Annäherung seien hier nur einige ausgewählte Punkte angesprochen, die für diesen Prozeß von besonderer Bedeutung waren. Dabei geht es zunächst um die Transformation des Unternehmensbestandes, also die Modernisierung der bereits zu DDR-Zeiten vorhanden Unternehmen sowie um die Neugründungen (Abschnitt 3.1). Daran anschließend wird dann auf die Reorganisation des Bereiches der öffentlich finanzierten Forschungseinrichtungen (Abschnitt 3.2) eingegangen. Abschnitt 3.3 beschäftigt sich mit Veränderungen der zwischenbetrieblichen Arbeitsteilung im Rahmen von Innovationsprozessen und den mit diesen Veränderungen verbundenen Anpassungskosten.

3.1 Die Transformation des Unternehmensbestandes in den neuen Bundesländern

3.1.1 Die Modernisierung der transformierten Unternehmen

Mit der Grenzöffnung wurden die etablierten ostdeutschen Unternehmen mit einem enormen Innovationsdruck konfrontiert, der sowohl das Produktprogramm als auch die Fertigungsweise betraf. Da die alten Märkte schlagartig wegbrachen, mußten neue marktgängige Produkte gefunden werden. Diese Marktorientierung fiel vielen Unternehmen deshalb besonders schwer, weil sie im alten System über eine quasi monopolähnliche Stellung verfügten und auf ausgesprochenen Verkäufermärkten operierten.

Der Kapitalstock der ostdeutschen Betriebe entsprach nicht den westdeutschen Standards, was eine (von diversen) Ursachen dafür war, daß die Produktivität deutlich hinter dem westdeutschen Niveau zurückblieb (Lay/Schmidt). Die intensive staatliche Investitionsförderung war bei der Modernisierung des Kapitalstocks der

---

[5] Zu einer Gegenüberstellung des Innovationssystems in Westdeutschland mit dem ostdeutschen System kurz nach der Wende siehe Meyer-Krahmer (1992).

ostdeutschen Betriebe sicherlich sehr hilfreich; allerdings stellt die Anschaffung moderner Anlagen nur eine von mehreren Voraussetzungen für eine Leistungssteigerung dar (hierzu insbesondere Mallok 1996; Mallok/Fritsch 1997). Von wesentlicher Bedeutung ist in diesem Zusammenhang insbesondere die Einsatzweise der Technik und somit der Faktor „Arbeitsorganisation" (Rössel/Schmidt). Bei der Implementation einer zweckmäßigen Arbeitsorganisation handelt es sich in der Regel um ein recht komplexes Problem, das häufig nur mittels langwieriger trial-and-error-Prozesse gelöst werden kann. Beispiele aus westdeutschen Betrieben zeigen, daß die Einführung anderer Prinzipien der Arbeitsorganisation in der Regel Zeiträume von mehreren Jahren beansprucht (hierzu etwa Schultz-Wild/Lutz 1997 sowie die Beispiele in Meil 1996). Gerade bei der Implementation einer angemessenen Arbeitsorganisation ist derzeit ein wesentlicher Engpaß der ostdeutschen Betriebe zu sehen (Lay/Rössel/Schmidt). Einen weiteren Entwicklungsengpaß ostdeutscher Unternehmen, speziell in bezug auf Produktinnovationen, stellt die Marktorientierung der Innovationstätigkeit dar (Sabisch).

In den bereits vor der Wende bestehenden Betrieben waren und sind grundlegende Änderungen der Organisationsstruktur allein schon deshalb erforderlich, weil in der Regel massiv Beschäftigung abgebaut werden mußte; sie stellen in der Regel geschrumpfte Großbetriebe dar (Schmidt sowie die Beiträge in Schmidt 1996 und Pohlmann/Schmidt 1996). Der hohe Grad an innerbetrieblicher Segmentierung und Arbeitsteilung, in der Regel schon zu DDR-Zeiten ineffizient, ließ sich nach dem Beschäftigungsabbau erst recht nicht mehr aufrechterhalten. Darüber hinaus machte auch die Notwendigkeit der Übernahme neuer Funktionen, wie beispielsweise des Marketing, eine andere Schneidung von Aufgabenfeldern erforderlich.

Insgesamt geriet die ostdeutsche Industrie mit der Grenzöffnung in eine tiefe Krise, von der sie sich bis heute nicht erholt hat (hierzu Fritsch 1997). Viele Betriebe mußten schließen und die Überlebenden waren in der Regel zu einem massiven Abbau von Arbeitsplätzen gezwungen. Als ein Resultat dieser Entwicklung stellen ausgesprochene Großbetriebe mit 1 000 und mehr Beschäftigten in Ostdeutschland eine große Ausnahme dar. Da die Leistungsfähigkeit der meisten ostdeutschen Betriebe immer noch weit hinter dem westdeutschen Niveau zurückbleibt und daher die Lohnstückkosten höher ausfallen, ist die Ertragskraft der ostdeutschen Betriebe vergleichsweise schlecht, was wesentlich zu der zu verzeichnenden gravierenden Eigenkapitalschwäche beiträgt (Fritsch 1997; Fritsch/Mallok 1998). Diese krisenhafte Entwicklung hat auch bei der Anzahl der FuE-Beschäftigten tiefe Spuren hinterlassen. So ging etwa das FuE-Personal in der ostdeutschen Industrie von ca. 86 000 im Jahr 1989 auf ca. 22 000 im Jahr 1993 zurück und ist seitdem wohl weiter (allerdings wahrscheinlich nur leicht) gesunken (BMBF 1996; Fritsch/Franke/ Schwirten; Meske 1993 und in diesem Band). Allerdings ist in Anbetracht der häufig zu hörenden Klagen über den Rückgang der ostdeutschen Industrieforschung zu bedenken, daß der Industriesektor der ehemaligen DDR zu den nach der Wende geltenden Löhnen erheblich überdimensioniert war und ein Teil dieses Rückganges der FuE-Beschäftigten als Anpassung an das „normale" Maß zu werten ist.[6] Gleichzeitig - und dies bleibt häufig vernachlässigt - entstanden FuE-Arbeitsplätze im Dienstleistungssektor[7], die allerdings die Rückgänge im Bereich der Industrieforschung bei weitem nicht kompensieren konnten. So lag denn auch der Anteil des FuE-Personals an den insgesamt in der privaten Wirtschaft Beschäftigten im Jahr 1993 in Westdeutschland bei ca. 1,2 Prozent, in Ostdeutschland hingegen bei nur 0,5 Prozent (BMBF 1996, 95). Ein wesentliches Problem stellt in diesem Zusammenhang die Nutzung der Fähigkeiten der freigesetzten FuE-Beschäftigten im transformierten Innovationssystem dar; in dieser Hinsicht kam es sicherlich zu nicht unerheblichen Wohlfahrtseinbußen, weil diese Reallokation des FuE-Personals nur sehr unvollständig gelang (hierzu Meske 1993 und in diesem Band).

Wenn auch das Engagement westdeutscher Firmen in Ostdeutschland nach der Wende vielfach hinter den ursprünglichen Erwartungen zurückblieb, so spielten westdeutsche Investoren bei der Privatisierung der Treuhand-Unternehmen durchaus eine beträchtliche Rolle. Tatsächlich befindet sich ein wesentlicher Teil der ostdeutschen

---

[6] Der Anteil der Industriebeschäftigten lag in der DDR Ende der 80er Jahre bei deutlich mehr als 40 Prozent im Vergleich zu einem Anteil von knapp 30 Prozent in Westdeutschland. Mitte der 90er Jahre belief sich der Anteil der Industriebeschäftigten in Ostdeutschland auf lediglich ca. 15 Prozent (Fritsch 1997). Da auch in Westdeutschland (sowie in anderen entwickelten Industriestaaten marktwirtschaftlicher Prägung) der Anteil der Industriebeschäftigten seit geraumer Zeit zurückgeht, ist in Ostdeutschland kaum mit einem Anstieg auf das Vor-'Wende'-Niveau zu rechnen. Vielmehr könnte sogar argumentiert werden, daß im Rahmen des ostdeutschen Transformationsprozesses im Schnelltempo eine Entwicklung zur Dienstleistungsgesellschaft vorweggenommen wurde, die in den alten Bundesländern noch bevorsteht. Sofern diese Vermutung zutrifft, wäre zukünftig mit keinem wesentlichen Anstieg der Industriebeschäftigung in Ostdeutschland zu rechnen. Da der Anteil der FuE-Beschäftigten in ostdeutschen Industriebetrieben durchaus dem westdeutschen Niveau entspricht (hierzu Fritsch/Franke/Schwirten), dürfte in diesem Falle auch das Niveau der Industrieforschung in Ostdeutschland zukünftig kaum ansteigen.

[7] Zu den Innovationsaktivitäten im ostdeutschen Dienstleistungssektor siehe Fritsch/Lukas/ Schwirten/Bröskamp (1997) sowie Hipp in diesem Band.

Industriebetriebe (in Sachsen ca. 50 Prozent; hierzu Fritsch/Franke/Schwirten in diesem Band) überwiegend in westdeutschem Besitz. Dies hat vielfach Anlaß zu der Befürchtung gegeben, daß es sich hierbei vorwiegend um sogenannte „verlängerte Werkbänke" handeln könnte, um reine Fertigungsbetriebe ohne eigene FuE-Kapazitäten also.[8] Auf alle Fälle positiv zu werten ist der mit Investitionen aus dem Westen verbundene Zufluß an Know-How sowie die Einbindung in die überregionale Arbeitsteilung.

3.1.2 Neue Unternehmen

Nach der Wende erlebte Ostdeutschland einen regelrechten Gründungsboom, durch den sich die Anzahl der Unternehmen drastisch erhöht hat (hierzu Fritsch 1996). Dabei entstanden viele dieser Gründungen im bis dahin stark unterentwickelten Dienstleistungssektor, dessen Anteil an den Beschäftigten komplementär zum Niedergang der ostdeutschen Industrie zunahm. Daß gleichzeitig mit der Anzahl der Gründungen auch die Anzahl der Stillegungen erheblich anstieg, ist nicht unbedingt als ein Grund zur Besorgnis zu werten, sondern stellt zunächst einmal eine ganz „normale" Folgeerscheinung der verstärkten Gründungsaktivitäten dar. Denn erstens stieg die Zahl der vorhandenen Unternehmen an, so daß bei gegebener Wahrscheinlichkeit für ein Scheitern eines Unternehmens auch die Anzahl der Stillegungen zunehmen muß. Und zweitens ist die Wahrscheinlichkeit für ein Scheitern bei neugegründeten Unternehmen in der Regel relativ hoch, was ebenfalls zu einem Anstieg der Anzahl der Stillegungen beiträgt. Allerdings war und ist die Gründung neuer Unternehmen in Ostdeutschland mit einer Reihe besonderer Probleme behaftet (Hinz/Ziegler 1994; Claus/Heuberger/Hörtz 1996; Thomas 1996). Eines dieser Probleme stellt die Verfügbarkeit von Kapital, insbesondere von Eigenkapital dar. Aufgrund mangelnder Möglichkeiten und Anreize ist die Eigenkapitalausstattung ostdeutscher Gründer relativ gering. Da zudem Sicherheiten weitgehend fehlten, waren auch die Möglichkeiten der Kreditaufnahme bei den Banken entsprechend beschränkt. Ein weiteres Problem bestand während der ersten Jahre des Transformationsprozesses in der mangelnden Verfügbarkeit von geeigneten Gewerbeflächen sowie von wesentlicher Infrastruktur (insbesondere im Bereich der Telekommunikation). Schließlich hat sich auch der spezifisch ostdeutsche biographische Hintergrund

---

8 Siehe hierzu Falk/Pfeiffer, Fritsch/Franke/Schwirten, Felder/Spielkamp sowie die abschließende Zusammenfassung zu diesem Aspekt bei Fritsch/Pleschak in diesem Band.

der Gründer gelegentlich nicht förderlich auf die Erfolgsaussichten des Gründungsprojektes ausgewirkt (Thomas 1996; Claus/Heuberger/Hörtz 1996). Dies betrifft einmal die mangelnde Erfahrung mit der Funktionsweise einer Marktwirtschaft sowie mit dem neuen gesetzlichen Rahmen, der mit der Transformation in Ostdeutschland implementiert wurde.[9] Ein anderer wesentliche Unterschied zu westdeutschen Gründern besteht darin, daß tatsächlich eingetretene oder drohende Arbeitslosigkeit als Gründungsmotiv eine sehr viel größere Bedeutung zukommt. Eine Reihe von empirischen Studien läßt nämlich vermuten, daß Gründungen aus (drohender) Arbeitslosigkeit eher unterdurchschnittlich erfolgreich sind (zu einem Überblick Storey 1994).

Dies alles gilt auch für innovative bzw. „technologieorientierte" Unternehmensgründungen (TOUs) (Pleschak/Werner). Den TOUs kommt in Ostdeutschland insofern eine besonders große Bedeutung zu, als durch den Arbeitsplatzabbau der Kombinate, vor allem aber durch die Reorganisation der öffentlichen Forschungseinrichtungen (hierzu Abschnitt 3.3) wissenschaftliches Personal in großer Zahl freigesetzt wurde, das sich durch die Gründung eines Unternehmens eine Existenzgrundlage zu schaffen versucht (Herrmann/Pfirrmann/Voigt). In diesem Zusammenhang sind insbesondere die „Forschungs GmbHs" zu nennen, die eine spezifisch ostdeutsche Variante von TOUs darstellen. Aber auch unabhängig von der im Verlauf der Reorganisation des Bereiches der öffentlichen Forschungseinrichtungen in Ostdeutschland erfolgten Freisetzung wissenschaftlichen Personals kommt den Hochschulen als Quelle von Gründungen innovativer Unternehmen offenbar eine nicht unerhebliche Bedeutung für das Innovationssystem zu (Herrmann/Pfirrmann/Voigt).

Sowohl der Arbeitsplatzabbau der etablierten Betriebe als auch die vielen Unternehmensgründungen haben dazu geführt, daß die ostdeutsche Wirtschaft, insbesondere die Industrie, außerordentlich kleinbetrieblich strukturiert ist. Entsprechend fehlt im ostdeutschen Innovationssystem auf absehbare Zeit das Element der industriellen Großforschung, die zu einem wesentlichen Teil als komplementär zu den FuE-Aktivitäten der Kleinunternehmen anzusehen ist (hierzu etwa Cohen/Klepper 1996) und daher durch diese auch nicht ersetzt werden kann. Es wäre durchaus denkbar,

---

9 In diesem Zusammenhang bestand eine besondere Schwierigkeit auch darin, daß die Implementation des neuen institutionellen Rahmens erhebliche Zeit beansprucht, was sich etwa in der (immer noch) vergleichsweise schlechten Funktionsfähigkeit der öffentlichen Verwaltung in Ostdeutschland niederschlägt.

daß sich das Fehlen der industriellen Großforschung als Handicap für das ostdeutsche Innovationssystem erweist (Hornschild).

3.2 Reorganisation der öffentlichen Forschungseinrichtungen

Von sehr wesentlicher Bedeutung für die Transformation des ostdeutschen Innovationssystems war die Anpassung des Bereiches der öffentlich finanzierten Forschung an das westdeutsche Organisationsmodell. Dies bedeutete insbesondere:

- Schließung der Akademie-Institute und Zuweisung der Aufgabe der Grundlagenforschung an die Universitäten; Aufhebung von Zwängen zur Konzentration auf bestimmte Anwendungsgebiete.

- Gründung von außeruniversitären Forschungseinrichtungen wie Instituten der Max-Planck- und der Fraunhofer-Gesellschaft.

- Klare Differenzierung der Hochschulen in Universitäten und Fachhochschulen sowie Organisation dieser Einrichtungen nach westdeutschem Vorbild.

Wie bereits erwähnt, führte die Schließung der Akademie der Wissenschaften und die Reorganisation der Hochschulen zu einer erheblichen Freisetzung von wissenschaftlichem Personal. Während das an den Hochschulen beschäftigte FuE-Personal zwischen 1989 und 1993 'nur' von ca. 18 000 auf 16 700 zurückging, ergab sich im selben Zeitraum ein Abbau von FuE-Personal an den außeruniversitären Forschungseinrichtungen von 37 000 auf 12 000 (Meske). Ein wesentliches damit verbundenes Problem bestand in der Sicherung des betreffenden Potentials an Wissen für das Innovationssystem.[10] Da sich die Industrie aber seit Beginn der Transformation in einer tiefen Krise befindet (Abschnitt 3.1), waren und sind die Möglichkeiten zur Absorption des betreffenden Personals außerordentlich begrenzt.

Es ist vielfach bedauert worden, daß man das westdeutsche Hochschulsystem mehr oder weniger unverändert auf Ostdeutschland übertragen hat. Angesichts der sehr fragwürdigen Leistungsfähigkeit des westdeutschen Modells kann man durchaus von einer vertanen Chance sprechen. Andererseits muß in diesem Zusammenhang natür-

---

[10] Die Politik versuchte dieses Problem etwa mit dem „Wissenschaftler-Integrations-Programm" und der Förderung von „Forschungs GmbHs" zu lösen. Ausführlicher hierzu Meske (1993 und in diesem Band) sowie Ruprecht/Becher.

lich auch bedacht werden, daß es kein hinreichend ausgearbeitetes und erprobtes Alternativmodell gab, das man schnell und ohne Bedenken auf deutsche Verhältnisse hätte übertragen können. Wahrscheinlich hat hier, wie auch in anderer Hinsicht, die Notwendigkeit zu schnellem Handeln den Lösungsweg weitgehend vorgegeben.

3.3 Veränderungen der zwischenbetrieblichen Arbeitsteilung und Anpassungskosten

Die Aufspaltung der Kombinate, die Gründung neuer Unternehmen, die Herausbildung eines vorher kaum vorhandenen Sektors unternehmensorientierter Dienstleistungen sowie die Reorganisation des Bereiches der öffentlichen Forschungseinrichtungen zeigen an, daß die innovative Arbeitsteilung im Rahmen von Innovationsprozessen seit Beginn der Transformation grundlegenden Änderungen unterworfen war.[11] Dies machte nicht nur interne Anpassungen erforderlich, sondern führte dazu, daß viele etablierte Kontakte obsolet wurden; häufig brach der Kontakt schlicht deshalb ab, weil die betreffenden Personen wechselten, sich die Tätigkeitsschwerpunkte grundlegend änderten oder die andere Organisation nicht mehr fortbestand (ausführlicher hierzu Albach 1993). Gleichzeitig waren neue Verbindungen zu knüpfen, was nicht selten erheblichen Aufwand erforderte. Erschwerend hinzu kam der relativ hohe Pegel an Turbulenz des Unternehmensbestandes, insbesondere von Unternehmensstillegungen: Infolge der hohen Insolvenzgefahr vor allem neugegründeter Unternehmen war die Gefahr relativ hoch, daß die Aufwendungen für den Aufbau von Kontakten „versinken", wenn der entsprechende Partner aus dem Markt ausscheiden muß.

Es liegt auf der Hand, daß eine grundlegende Umstrukturierung eines Innovationssystems, wie sie in Ostdeutschland während der letzten Jahre stattgefunden hat, mit enormen Anpassungskosten verbunden war und ist. Dieser Transformationsprozeß ist sicherlich noch nicht abgeschlossen und man kann angesichts der dramatischen Veränderungen wohl kaum erwarten, daß die Funktionsfähigkeit des ostdeutschen Innovationssystems bereits heute dem westdeutschen Standard entspricht. Ein solches Benchmarking der Verhältnisse in Ostdeutschland anhand des westdeutschen

---

[11] Für den Industriesektor läßt sich zeigen, daß die Leistungstiefe der Betriebe zu Beginn der 90er Jahre deutlich gesunken ist, was eine allgemeine Intensivierung der zwischenbetrieblichen Arbeitsteilung anzeigt (Fritsch 1997; Mallok 1996).

Innovationssystems liegt zwar nahe; da allerdings das westdeutsche System angesichts fortschreitender Globalisierung erhebliche Mängel aufweist (Meyer-Krahmer), erscheint es wenig ratsam, sich allzu stark an diesem System zu orientieren.

4. Perspektiven für die Wirtschaftspolitik

Seit Beginn des ostdeutschen Transformationsprozesses hat es nicht an intensiven Bemühungen der Politik gefehlt, die schockartigen Änderungen für das ostdeutsche Innovationssystem abzufedern und auf viele erdenkliche Arten Hilfestellung zu leisten. Dabei war der überwiegende Teil der ergriffenen Maßnahmen bereits aus der westdeutschen Förderpraxis gut bekannt. Eine Anpassung dieser Maßnahmen an spezifisch ostdeutsche Gegebenheiten konnte, nicht zuletzt aufgrund des hohen Problemdrucks, meist nur ad-hoc erfolgen. Inzwischen existiert in Ostdeutschland eine reichhaltige Vielzahl an Programmen, die auf die Förderung des Innovationssystems, insbesondere die Förderung der Innovationsleistung der privaten Wirtschaft abzielen (Hornschild). Die wesentlichen Institutionen des neuen ostdeutschen Innovationssystems sind implementiert. Die Lage hat sich insofern normalisiert, als die Problemlagen in Ostdeutschland immer stärker solchen Konstellationen ähneln, die bereits aus unterdurchschnittlich entwickelten Regionen Westdeutschlands oder anderer westlicher Industriestaaten bekannt sind.

Trotz vieler Verbesserungen kann man mit dem erreichten Entwicklungsstand der ostdeutschen Wirtschaft, insbesondere mit dem gegenwärtigen Zustand des ostdeutschen Innovationssystems kaum zufrieden sein. Dabei stellt sich zunehmend die Frage nach der Dauer und dem Erfolg der Förderung bzw. nach der Eignung der verschiedenen Instrumente. Die Innovationsförderung in Ostdeutschland scheint an dem Punkt angelangt zu sein, wo zusätzliche Programme oder höhere Fördersätze kaum noch als sinnvoll anzusehen sind und es zunehmend auf das „Wie" und nicht auf das „Wieviel" ankommt. Wenn die Funktionsfähigkeit eines Innovationssystems nicht allein durch seine verschiedenen Elemente, sondern in wesentlichem Maße durch das Zusammenspiel dieser Elemente bestimmt wird, so kann es nur beschränkt sinnvoll sein, immer mehr Elemente hinzuzufügen, also z. B. weitere öffentliche Forschungseinrichtungen zu gründen oder zusätzliche Transferstellen einzurichten. Es könnte durchaus sein, daß sich eine solche Strategie negativ auf die Funktionsfähigkeit des Innovationssystems auswirkt. Damit stellt sich die Frage, welche Art des Zusammenspiels, der Vernetzung der Elemente eines Innovationssystems als förderlich für dessen Funktionsfähigkeit anzusehen ist (Ruprecht/Becher)? Unglücklicherweise befinden wir uns damit ziemlich nahe an der Grenze dessen, was wir über Möglichkeiten einer sinnvollen Innovationsförderung wissen.

Die bisher nur spärlich vorliegende Evidenz zur Entwicklung von Innovationssystemen bzw. zur Wirkung entsprechender wirtschaftspolitischer Maßnahmen läßt kaum auf schnelle Erfolge hoffen.[12] Vielmehr sind die relevanten Entwicklungzeiträume offenbar relativ lang und viele Maßnahmen benötigen Jahre, wenn nicht Jahrzehnte, um ihre Wirkungen zu entfalten. Die Situation in Ostdeutschland sollte Anlaß sein, sich eingehender mit der Funktionsweise von Innovationssystemen und dem Ablauf arbeitsteiliger Innovationsprozesse zu beschäftigen. Damit gewinnt das Thema auch einen sehr viel allgemeineren Stellenwert jenseits der Nische der auf die ehemalige DDR bezogenen Transformationsforschung!

5. Überblick

Die in diesem Band zusammengestellten Beiträge behandeln das Innovationsgeschehen in Ostdeutschland aus einer Reihe unterschiedlicher Perspektiven. Zunächst gibt Meyer-Krahmer einen Überblick über den Entwicklungsstand und die Probleme des deutschen Innovationssystems angesichts der fortschreitenden Globalisierung. Die darauf folgenden Beiträge von Lay, Rössel und Schmidt behandeln die Notwendigkeit und die Probleme von Prozeßinnovationen sowie den Stand der Modernisierung der ostdeutschen Industrie. Sabisch analysiert die Einbindung des Marketing in die Innovationstätigkeit ostdeutscher Unternehmen und weist auf entsprechende Defizite hin.

Es schließen sich fünf Beiträge an, die Ost-West-Unterschiede der Innovationstätigkeit im Industrie- und im Dienstleistungssektor auf der Ebene von Betrieben bzw. Unternehmen analysieren (Penzkofer/Schmalholz; Fritsch/Franke/Schwirten; Falk/Pfeiffer; Felder/Spielkamp; Hipp). Barjak/Holst analysieren die Innovationsaktivitäten in ostdeutschen Management Buy-Outs und behandeln dabei insbesondere auch den Effekt der staatlichen Innovationsförderung. Ein weiterer umfangreicher

---

[12] So zeigt beispielsweise Saxenian (1994) in ihrer Analyse des Silicon Valley, daß die 'Geburtsstunde' dieses regionalen Innovationssystems in den 30er Jahren dieses Jahrhunderts lag.

Block von Beiträgen hat neugegründete Unternehmen zum Gegenstand (Pleschak/Werner; Herrmann; Pfirrmann; Voigt). Dabei geht es insbesondere um relativ innovative Unternehmen (sogenannte „technologieorientierte Unternehmensgründungen", TOUs) sowie um Existenzgründungen aus Hochschulen; letzterem Aspekt kommt in Anbetracht der massiven Freisetzungen von wissenschaftlichem Personal in den neuen Bundesländern besondere Bedeutung zu. Der Beitrag von Meske analysiert die Entwicklung der öffentlich finanzierten Forschung in Ostdeutschland.

Tamásy, Hornschild und Ruprecht/Becher beschäftigen sich mit Maßnahmen der Innovationsförderung. Während Tamásy die Effekte der Errichtung von Technologie- und Gründerzentren behandelt, betrachtet Hornschild die Gesamtheit der FuE-Förderung durch das Bundesministerium für Wirtschaft in Ostdeutschland. Ruprecht/Becher analysieren am Beispiel des Programms „Auftragsforschung West-Ost" die Möglichkeiten zur Förderung der Integration ostdeutscher Forschungsinstitutionen in das nunmehr gesamtdeutsche Innovationssystem. Abschließend fassen Fritsch/Pleschak wesentliche Ergebnisse zusammen und ziehen einige Schlußfolgerungen.

Insgesamt bieten die hier zusammengestellten Beiträge ein vielschichtiges Bild der Entwicklung des ostdeutschen Innovationssystems während der ersten Jahre der Systemtransformation. Da sich ein Ende dieses Wandels derzeit noch nicht absehen läßt, sind die Ergebnisse allerdings erst als eine (wichtige!) Zwischenbilanz anzusehen.

Literatur

Albach, H. (1993): Zerrissene Netze - Eine Netzwerkanalyse des ostdeutschen Transformationsprozesses. Berlin: edition sigma.

Autorenkollektiv (1980): Die Ökonomie der betrieblichen Forschung und Entwicklung, 2. überarbeitete Auflage. Berlin: Verlag Die Wirtschaft.

Bundesministerium für Bildung, Wissenschaft, Forschung und Technologie (BMBF) (1996): Bundesbericht Forschung 1996. Bonn.

Claus, Th.; Heuberger, F.W.; Hörtz, O. (1996): Existenzgründungen in Sachsen-Anhalt - Ergebnisse einer empirischen Untersuchung. Magdeburg: Ministerium für Arbeit, Soziales und Gesundheit des Landes Sachsen-Anhalt (Forschungsbeiträge zum Arbeitsmarkt in Sachsen-Anhalt, Gelbe Reihe, Bd. 9).

Cohen, W.; Klepper, St. (1996): Firm Size and the Nature of Innovation within Industries: The Case of Process and Product R&D. Review of Economics and Statistiscs, 78, 232-243.

Freeman, Ch. (1987): Technology Policy and Economic Performance: Lessons from Japan. London: Pinter.

Fritsch, M. (1996): Über 'blühende Landschaften' zu 'gesunden Wäldern' - Eine betriebsökologische Betrachtung der Transformation des Unternehmensbestandes in Ostdeutschland. In: Heinritz, G.; Kulke, E.; Wießner, R. (Hrsg.), Raumentwicklung und Wettbewerbsfähigkeit. Stuttgart: F. Steiner, 31-45.

Fritsch, M. (1997): Die ostdeutsche (Maschinenbau-) Industrie im Transformations- und Globalisierungsprozeß. In: Pohl, R. und Schneider, H. (Hrsg.): Wandeln oder weichen - Herausforderungen der wirtschaftlichen Integration für Deutschland. Halle: Institut für Wirtschaftsforschung, 133-161 (Sonderheft 3/1997).

Fritsch, M.; Mallok, J. (1998): Surviving the Transition: The Process of Adaptation of Small and Medium-Sized Firms in East Germany. In: Brezinski, H.; Franck, E.; Fritsch, M. (eds.): The Microeconomics of Transition and Growth. Cheltenham: Elgar.

Fritsch, M.; Lukas, R.; Schwirten, Ch.; Bröskamp, A. (1997): Unternehmensnahe Dienstleistungen und Innovation - Sächsische Betriebe im interregionalen Vergleich. Ifo Dresden berichtet. 4 (4), 15-21.

Fritsch, M.; Werker, C. (1998): Systems of Innovation in Transition. In: Fritsch, M.; Brenzinski, H. (eds.): Innovation and Transformation. Cheltenham: Elgar.

Hanson; Ph.; Pavitt, K. (1987): The Comparative Economics of Research, Development and Innovation in East and West: A Survey. London: Harwood.

Hinz; Th.; Ziegler, R. (1994): Neugegründete Betriebe in Ostdeutschland: Wirtschaftliche Aktivität und investiertes Kapital. In: Fritsch, M. (Hrsg.): Potentiale für einen 'Aufschwung Ost' - Wirtschaftsentwicklung und Innovationstransfer in den Neuen Bundesländern. Berlin: edition sigma, 115-144.

Lundvall, B.A. (1992): Introduction. In: Lundvall, B.A. (ed.): National Systems of Innovation and Interactive Learning. London, New York: Pinter Publishers, 3-19.

Maier, H. (1987): Innovation oder Stagnation: Bedingungen der Wirtschaftsreform in sozialistischen Ländern. Köln: Deutscher Instituts-Verlag.

Mallok, J. (1996): Engpässe in ostdeutschen Fabriken. Berlin: edition sigma.

Mallok, J. Fritsch, M. (1997): Die 'Intelligenz' der Technik-Nutzung - Zur Bedeutung des Maschinenparks und seiner Einsatzweise für die betriebliche Leistungsfähigkeit. Zeitschrift für betriebswirtschaftliche Forschung, 49, 141-159.

Meil, P. (1996) (Hrsg.): Globalisierung industrieller Produktion - Strategien und Strukturen. Frankfurt a.M.: Campus.

Meske, W. (1993): The restructuring of the East German research system - a provisional appraisal. Science and Public Policy, 20, 298-312.

Metcalfe, J.St. (1995): The Economic Foundations of Technology Policy: Equilibrium and Evolutionary Perspectives. In: Stoneman, P. (ed.): Handbook of Innovation and Technological Change. Oxford: Blackwell, 409-512.

Meyer-Krahmer, F. (1992): The German R&D system in transition: empirical results and prospects of future development. Research Policy, 21, 423-436.

Nelson, R.R. (1993): National Innovation Systems - A Comparative Analysis. New York: Oxford University Press.

Pelikan, P. (1988): Can the imperfect innovation systems of capitalism be outperformed. In: G. Dosi et. al. (eds.): Technical Change and Economic Theory. London, New York: Pinter Publishers, 370-398.

Pohlmann, M.; Schmidt, R. (1996) (Hrsg.): Management in der ostdeutschen Industrie. Opladen: Leske + Budrich (Beiträge zu den Berichten zum sozialen und politischen Wandel in Ostdeutschland, Bd. 1.5).

Radosevic, S. (1998): Divergence of Convergence in Research and Development and Innovation between 'East' and 'West'? In: Fritsch, M.; Brenzinski, H. (eds.): Innovation and Transformation. Cheltenham: Elgar.

Reinhard, M.; Schmalholz, H. (1996): Technologietransfer in Deutschland - Stand und Reformbedarf. Berlin: Duncker&Humblot (Schriftenreihe des ifo Instituts für Wirtschaftsforschung, Nr. 140).

Saxenian, A. (1994): Regional Advantage. Cambridge (MA): Harvard University Press.

Schmidt, R. (1996) (Hrsg.): Reorganisierung und Modernisierung der insustriellen Produktion. Opladen: Leske + Budrich (Beiträge zu den Berichten zum sozialen und politischen Wandel in Ostdeutschland, Bd. 1.4).

Schultz-Wild, L.; Lutz, B. (1997): Industrie vor dem Quantensprung - Eiene Zukunft für die Produktion in Deutschland. Berlin: Springer.

Storey, D.J. (1994): Understanding the Small Business Sector. London: Routledge.

Thomas, M. (1996): How to become an entrepreneur in East Germany: conditions, steps and effects of the constitution of new entrepreneurs. In: Brezinski, H.; Fritsch, M. (eds.): The Economic Impact of New Firms in Post-Socialist Countries - Bottom-Up Transformation in Eastern Europe. Cheltenham: Elgar, 227-232.

Innovationssystem in Deutschland und Globalisierung

Frieder Meyer-Krahmer

1. Einleitung

Dieser Beitrag befaßt sich mit ausgewählten Aspekten der Lage und Tendenzen, die Innovationssystem und -prozesse in Ostdeutschland beeinflussen. Zweifellos gehört das westdeutsche Innovationssystem zu diesem Umfeld, das erhebliche Ausstrahlungen hat. Dennoch sollte ein vordergründiges Benchmarking des ostdeutschen Innovationssystems anhand des westdeutschen Systems vermieden werden, da auch das westdeutsche Innovationssystem angesichts der fortschreitenden Globalisierung erhebliche Mängel aufweist. Deshalb wird auf einige absehbare, generelle Veränderungen nationaler Innovationssysteme unter den bekannten Globalisierungstendenzen eingegangen, auf die auch das ostdeutsche Innovationssystem mittelfristig Antworten finden muß. Der Beitrag ist folgendermaßen aufgebaut: Zuerst wird ein modernes (OECD-)Verständnis von Innovationssystemen dargestellt. Anschließend werden wichtige zukünftige Anforderungen an ein Innovationssystem beschrieben. Es folgt eine kritische Diskussion von Stärken und Schwächen des (west-)deutschen Innovationssystems und eine kurze Skizze der sich ergebenden Konsequenzen für Wirtschaft, öffentliche Forschung und Forschungs- und Technologiepolitik. Abschließend werden neue Chancen für eine regionale und nationale Innovationsförderung, aber auch die Grenzen dieser staatlichen Einflußnahme auf den Hintergrund der Globalisierung aufgezeigt.

2. Ein neues Verständnis von Innovationssystemen

Lange Zeit wurde der Begriff Innovationssystem nur auf Forschung und Entwicklung bezogen; im wesentlichen verstand man darunter die Forschungsinfrastruktur - Universitäten, Großforschungs- und außeruniversitäre Forschungseinrichtungen -

sowie die industrielle Forschung und Entwicklung. Die Komplexität des Innovationsprozesses verlangt jedoch auch die Einbeziehung des Umfelds. Dies wird im angelsächsischen und skandinavischen Raum bereits seit Jahren und in jüngster Zeit auch in internationalen Organisationen wie der OECD diskutiert: Bestandteile des Innovationssystems sind staatliche, halbstaatliche und private Institutionen zur Finanzierung, Regulierung und Normensetzung. Neben der Forschungs- und Technologiepolitik gehören auch andere Politikfelder dazu wie Wirtschaft, Finanzen sowie Umwelt, Verkehr und Kommunikation bis hin zu Wettbewerbspolitik, die wesentliche Rahmenbedingungen des Funktionierens eines modernen Innovationssystems prägen. Im folgenden werden einige prinzipielle Entwicklungen und Anforderungen für das Innovationssystem Deutschlands dargestellt, die auch für die ostdeutsche Innovationslandschaft gültig sind. Hierbei sind natürlich die Besonderheiten des ostdeutschen Innovationssystems (wie der nach wie vor bestehende Nachholbedarf auf einer Reihe von Gebieten, die Lage der industriellen FuE, Verbesserungspotentiale von (Patent-) Ergiebigkeit usw.) zu berücksichtigen, die im Mittelpunkt der in diesem Band enthaltenen Beiträge stehen.

Neuere Theorien betonen in besonderem Maße die dynamischen Effekte wissensintensiver Produktion. Diese reichen von positiven externen Effekten von Forschung und Entwicklung über Ausstrahlungseffekte der Wissensgewinnung auf andere Forschungsgebiete, Industriezweige oder Unternehmensteile bis zu Verbundeffekten, Lernkurven und technischen Standards (OECD 1992; Meyer-Krahmer 1993). Die innovationsfinanzierenden Institutionen werden in ihrer Bedeutung für das Innovationssystem zunehmend als gewichtiger angesehen (OECD 1993).

Dabei ist neben der Höhe der Aufwendungen eines Landes für Forschung und Technologie vor allem entscheidend, wie effizient die Mittel eingesetzt werden und wie gut das Innovationssystem funktioniert. Die Bedeutung nationaler Innovationssysteme für die Wettbewerbsposition der jeweiligen Länder und ihre Fähigkeit, neben dem wirtschaftlichen auch den öffentlichen Bedarf im Bereich Verkehr, Gesundheit, Energie und Umwelt zu decken, ist insbesondere in der evolutorischen Innovationsforschung immer wieder betont worden (Lundvall 1992; Mowery 1992; Edquist 1997; Freeman/Soete 1997). Trotz Internationalisierung und Globalisierung sind nationale Innovationssysteme weiterhin von Bedeutung (Nelson 1993). Empirische Untersuchungen (Pavitt 1988) weisen darauf hin, daß selbst für international tätige Unternehmen die jeweilige „home base" einen erheblichen Einfluß behalten wird.

Neben Forschung und Technologie sind dafür bekanntermaßen Humankapital, Ausbildungssystem und eine gute Infrastruktur ausschlaggebend.

3. Eine neue Art der Gewinnung wissenschaftlich-technischen Wissens

In den letzten Jahren sind zahlreiche Studien zur Einschätzung sogenannter „kritischer Technologiebereiche" in führenden Industrieländern entstanden. Ziel dieser Bemühungen war, diejenigen Technologiebereiche zu identifizieren, denen ein entscheidender Einfluß auf die künftige Problemlösungsfähigkeit der Volkswirtschaften zugesprochen wird. Auch in der Bundesrepublik Deutschland sind solche Untersuchungen durchgeführt worden (Grupp 1993).

Aus diesen Untersuchungen ergibt sich, daß die Technologie am Beginn des 21. Jahrhunderts nach herkömmlichen Gesichtspunkten nicht mehr aufteilbar ist. So verschieden die einzelnen Entwicklungslinien auch sein mögen, sie wirken letztlich alle zusammen. Trotz zunehmender Anwendungsnähe bleiben wichtige Bereiche in den nächsten zehn Jahren unverändert stark von der Grundlagenforschung dominiert (Bioinformatik, Aufbau- und Verbindungstechnik in der Mikrosystemtechnik, Fertigungsverfahren für Hochleistungswerkstoffe, Oberflächenwerkstoffe und andere). Auch nach dem Erreichen angewandter Ziele ist die Bedeutung der Grundlagenforschung ungebrochen: wissensbasierte Technologie von morgen bedarf der fortwährenden Unterstützung durch langfristig anwendungsorientierte Grundlagenforschung (Grupp/Schmoch 1992).

Die Multi- und Interdisziplinarität der Technikentwicklung wird weiterhin zunehmen. Neue Technologien werden sich transdisziplinär etablieren, d. h. sich nach ursprünglich interdisziplinär erarbeiteten Ergebnissen als eigenständige Arbeitsgebiete in komplexen disziplinären Vernetzungen fortentwickeln. Damit z. B. die Nanotechnologie als neue Basistechnologie zukünftige Innovationsprozesse und neue Technikgenerationen in voller Breite befruchten kann, ist das transdisziplinäre Zusammenwirken mit der Elektronik, der Informationstechnik, der Werkstoffwissenschaft, der Optik, der Biochemie, der Biotechnologie, der Medizin und der Mikromechanik eine wichtige Voraussetzung. Entsprechend reichen die Anwendungen der Nanotechnik in den Bereich der maßgeschneiderten Werkstoffe und der biologisch-technischen Systeme hinein, wenn sie auch vor allem im Bereich der Elektronik gesehen werden.

Zusammenfassend läßt sich feststellen, daß die Kennzeichen der Technologie am Beginn des 21. Jahrhunderts eine Reihe von Veränderungen aufweisen: Drastisch steigende Innovationskosten, wachsende Bedeutung der Interdisziplinarität und der besonderen Dynamik überlappender Technikgebiete, einen enger werdenden Zusammenhang zwischen Grundlagenforschung und industrieller Anwendung sowie eine engere Vernetzung von Forschung und Bedarf.

Dieser von vielen Innovationsforschern in der letzten Zeit beobachtete Umbruch des Innovationsgeschehens kann mit Michael Gibbons (SPRU) als „Übergang zu einem neuen Modus der Wissensproduktion" bezeichnet werden. Der traditionelle Modus beinhaltete eine eher lineare, disziplinär gebundene, vorwiegend interne (innerhalb eines Forschungsinstituts oder eines Unternehmens) Weise der Wissensproduktion; der neue Modus wissensbasierter Innovationsprozesse überwindet eine Reihe von konventionellen Trennungen. Diese neue Form der Wissensgewinnung hat u. a. folgende Elemente (Gibbons 1994):

- Technikentwicklungen erfolgen verstärkt problem- und anwendungsorientiert. Entscheidungen für die Verfolgung einer Techniklinie orientieren sich nicht nur an ökonomischen und technischen, sondern auch an ökologischen und sozialen Kriterien (Kommission der Europäischen Gemeinschaften 1993).
- Interdisziplinarität und Transdisziplinarität von Forschung und Entwicklung nehmen deutlich zu.
- Langfristig anwendungsorientierte Grundlagenforschung wird für eine Reihe von Technikgebieten wichtiger.
- Vielfalt und Wettbewerb sind eine wesentliche Bedingung für die Entwicklungsfähigkeit eines Innovationssystems.

Diese moderne Form der Wissensgewinnung enthält als wesentliche Elemente: Problemorientierung, Anwendung, die Vernetzung der Akteure im Innovationssystem und flexible, reaktionsfreudige Strukturen. Andere Analysen heben neben der Wissensgewinnung auch auf die produktionstechnische Umsetzung von Innovationen und deren Diffusion ab, auf die hier nicht weiter eingegangen wird (Dertouzos 1989; Heye 1993).

4. Stärken und Schwächen des (west-)deutschen Innovationssystems

Da das westdeutsche Innovationssystem stark auf das ostdeutsche System ausstrahlt, sollen seine wesentlichen Kennzeichen kurz skizziert werden. Eine ausführliche Dokumentation des (west-)deutschen Innovationssystems findet sich bei Krull/Meyer-Krahmer (1996) und der Berichterstattung zur technologischen Leistungsfähigkeit Deutschlands (NIW/DIW/ISI/ZEW 1997). Die Stärken und Schwächen für das (west-)deutsche Innovationssystem lassen sich in extremer Vereinfachung wie folgt darstellen (siehe Tabelle 1; soweit die west-/ostdeutschen Unterschiede so gering sind, kann man von einem gesamtdeutschen Stärken-Schwächen-Profil sprechen). Die internationale Wettbewerbsstärke eines Landes beruht auf dem, was Michael Porter in seinem Standardwerk über „Nationale Wettbewerbsvorteile" Clusterbildung genannt hat. Deutschland besitzt zwei solcher Cluster: ein großes, verflochtenes sektoral-technisches Cluster, das sich um den Maschinen- und Fahrzeugbau bildet, und ein weiteres, ebenso verflochtenes um die Chemie und Pharmazeutik. Patent- und Außenhandelsanalysen belegen dies (neben den angegebenen Quellen sei zusätzlich auch auf Gehrke/Grupp/Legler/Münt 1994 sowie Sachverständigenrat 1993/94 verwiesen). Damit liegt eine der wesentlichen Stärken in den Bereichen höherwertiger Technologie.

Die Schwächen sind primär in einer mangelnden Ankopplung an die Spitzentechnologien zu sehen. Die wichtigsten Bereiche der Spitzentechnologie in den nächsten zehn Jahren werden die Informationstechnologie, die Biotechnologie und die neuen Materialien sein. Aufgrund der anzunehmenden Pfadabhängigkeit von Innovationssystemen wird es langfristig darauf ankommen, die Entwicklung von Zukunftstechnologien und die sich modifizierenden deutschen Cluster miteinander zu verbinden. Aufbauend auf den traditionellen Stärken werden sich viele Produktlinien und Märkte auftun. Beispiele sind Produktion, Verkehr, Transport, Chemie, Pharmazie, Umwelt, Arbeitssicherheit etc. In diesen Märkten werden Informationstechnologien, neue Materialien und biotechnologische Erzeugnisse eine entscheidende Rolle spielen. Für die Realisierung synergetischer Effekte kommt es auf die Durchdringung dieser neuen Schlüsseltechnologien mit den gewachsenen wirtschaftlich-technologischen Stärken an. Die Nutzbarkeit dieser Synergien hängt davon ab, inwieweit die feststellbaren Schwächen in der Produkt/Dienstleistungskopplung überwunden werden können, insbesondere der Integration von industrieller Produktion, produktionsnahen und produktionsbegleitenden Dienstleistungen einerseits und einer stärkeren Ausrichtung industrieller Innovationen auf Anwendungen im Dienstleistungsbereich andererseits. Die Unternehmen sind noch sehr stark auf ihre traditionellen Konzepte und Produktlinien orientiert. Die Sektoren tun sich schwer, an den Rändern neue Produkte und Technologien zu integrieren. Dies macht die zunehmend wichtiger werdenden technologie- und sektorenübergreifenden Aktivitäten schwierig. Dennoch läßt sich eine starke Spezialisierung auf hochproduktive, unternehmensnahe Dienstleistungen feststellen.

Tabelle 1: Elemente des (west-)deutschen Innovationssystems - Stärken und Schwächen

Stärken	Schwächen
Höherwertige Technik	Unzureichende Ankopplung an Spitzentechnik, Produkt/Dienstleistungs-Strategie
Komplexe Anwendungen/Systeme, Anwendungsorientierung	Umsetzungshemmnisse (moderner Technologie-Transfer)
Dezentrales Forschungssystem	Fragmentierte Struktur
Hoher Internationalisierungsgrad in FuE	Binnenorientierung der Technologiepolitik
Qualifizierte Belegschaften	Sinkende Anreize für Ausbildungsinvestitionen
Auslegung auf Langfristorientierung (Unternehmen, Wissenschaft, Politik)	Unzureichende Anreizmechanismen, Begrenzung auf angestammte Felder

Eng damit verbunden ist die Öffnung und Erschließung neuer Märkte. (West-)Deutschland bietet ein sehr disparates Bild in dieser Hinsicht: Während sich z. B. in den 80er Jahren Märkte für umwelttechnische Lösungen dynamisch entwickelt haben (nicht zuletzt durch nachfragewirksame öffentliche Maßnahmen) und die Umweltindustrie eine führende Position einnimmt, sind zahlreiche neue Marktentwicklungen - insbesondere auf dem Gebiet der Kommunikation und der Informationstechnik - bisher weit zurückgeblieben, wenn man sie z. B. mit der Dynamik in den USA vergleicht. Hier sind zweifellos Beschäftigungschancen vergeben worden.

Das Forschungssystem ist hoch differenziert und dezentral. Dies wird international als ein charakteristischer Vorteil des (west-)deutschen Innovationssystems gesehen (Malerba 1994), den man nicht durch großflächige Schwerpunktsetzung zunichte machen sollte. Allerdings muß ein solches System hochvernetzt sein und eine ausreichende Flexibilität und Dynamik zeigen. Dies ist gegenwärtig nicht der Fall.

Der hohe Internationalisierungsgrad von FuE ist ein Pluspunkt des Standortes Deutschland. Für die USA ist Deutschland wichtigster ausländischer Forschungsstandort, und die Japaner betreiben innerhalb der EU nur noch in England mehr FuE als in Deutschland. Es ist ein generelles Phänomen in vielen entwickelten Industriestaaten, daß die Globalisierung der Märkte und die Internationalisierung von FuE in den nationalen Technologiepolitiken in relativ geringem Maße Niederschlag gefunden haben. Die kleineren Länder haben sich jedoch in den letzten Jahren offener gezeigt als die größeren Länder, die aufgrund ihres Beharrungsvermögens und ihrer größeren technisch-wissenschaftlichen Potenz notwendige Anpassungsprozesse erst vor sich haben. Auch in Deutschland herrscht eine nationale Orientierung vor.

Umgekehrt läßt sich feststellen, daß FuE in der deutschen Wirtschaft bereits vergleichweise hoch „internationalisiert" ist. Im Rahmen der seit einigen Jahren bestehenden regelmäßigen Berichterstattung zur technologischen Leistungsfähigkeit der Bundesrepublik Deutschland (NIW/DIW/ISI/ZEW 1997) wird festgestellt, daß in Deutschland ausländische Tochterunternehmen bisher mindestens 9,5 Mrd. DM für FuE aufgewendet haben; rund 15 Prozent des FuE-Personals der Industrie in Deutschland sind in ausländischen Tochterunternehmen beschäftigt, der Anteil ausländischer Unternehmen am FuE-Gesamtaufwand der inländischen Wirtschaft lag 1993 bei knapp 16 Prozent.

Der Forschungsstandort Deutschland hat bisher vor allem aus Sicht US-amerikanischer und japanischer Unternehmen im internationalen Vergleich eine starke Position. Die Bundesrepublik nimmt beispielsweise hinsichtlich der Zahl der forschenden Unternehmen mit japanischer Kapitalbeteiligung hinter Großbritannien die zweite Stelle in der Rangfolge der europäischen Standorte ein. Der Anteil der produzierenden japanischen Tocherunternehmen mit eigener FuE ist in Deutschland sogar am höchsten. US-amerikanische Tochterunternehmen verfügen in Deutschland über das größte FuE-Potential, gefolgt von Firmen in schweizerischem Mehrheitsbesitz. Etwa ein Viertel aller FuE-Aufwendungen US-amerikanischer Tochterunternehmen im Ausland entfällt auf Deutschland, das damit aus Sicht der USA schon über einen längeren Zeitraum an der Spitze der Forschungsstandorte im Ausland steht.

Das Vorhandensein von qualifizierten Belegschaften ist eine zentrale Voraussetzung für die technologischen Stärken. Eine gefährliche und generelle Schwäche besteht in der sinkenden Bereitschaft der Unternehmen, in Ausbildung zu investieren. Hier sind grundlegende Reformvorschläge angebracht. Klassische Stärken (gute Infrastruktur, Humankapital, Ausbildungssystem, Forschung) sind zwar nach wie vor wirksam, aber aufgrund der wachsenden Mobilität der Forschung und des Humankapitals werden Wissensgewinnung, ein effizientes Ausbildungssystem sowie Lead-Märkte (s. u.) bedeutsamer. Das institutionelle System der industriellen Beziehungen (Mitbestimmung, Tarifautonomie usw.), die vertrauensvolle Kooperation zwischen Management, Banken und organisierter Arbeit führt zu relativ geringen Friktionen bei der Einführung von Innovationen. Nach wie vor fehlt es jedoch an gründungswilligen Unternehmern, einer offensiven Rolle der Banken oder privater Anleger bei der Innovationsfinanzierung.

Bezüglich der Langfristorientierung in Wissenschaft, Politik und Wirtschaft läßt sich feststellen, daß diese im Unterschied zu den 70er und 80er Jahren drastisch zurückgeht. Diese Entwicklung stellt die letzte der hier als wesentlich angesehenen Schwächen (nicht nur im west-)deutschen Innovationssystem dar. Da aber die heutigen Produktstrategien und die Märkte von morgen mehrjährige Lernprozesse erfordern, ist die Beibehaltung weitsichtiger Strategien von großer Bedeutung. Diese sind aber auch für die langfristig notwendige Entkopplung von Resourcenverbrauch und Wachstum sowie für das Ziel einer Kreislaufwirtschaft bedeutsam.

5. Konsequenzen für Wirtschaft, öffentliche Forschung und Staat

Konsequenzen für die Wirtschaft

Die Wirtschaft ist der wichtigste Akteur im Innovationssystem; rund ⅔ der FuE wird in den Unternehmen durchgeführt - ein wichtiges Merkmal des deutschen Innovationssystems, ähnlich wie Japan, anders als USA, Frankreich oder Großbritannien. Sie bestimmt ganz maßgeblich das Innovationsgeschehen in Deutschland. Mit dieser Arbeitsteilung ist Westdeutschland seit 30 Jahren erfolgreich gewesen, und es gibt keine Anzeichen dafür, daß eine grundlegende Änderung notwendig ist. Es kann erwartet werden, daß die Unternehmen eine Reihe von Innovations- und Anpassungsstrategien weiterhin verfolgen werden. Hierzu gehören die Bildung von strategischen und auch grenzüberschreitenden Allianzen, die Beschleunigung und die Optimierung des gesamten Innovationsprozesses durch Neuorganisation der Unternehmen und die Verbesserung des Projektmanagements sowie die Internationalisierung der Industrieforschung, um Zugang zu internationalen Führer- und Abnehmerbranchen und zur Spitzengrundlagenforschung zu bekommen. Keineswegs so absehbar scheinen folgende Anpassungserscheinungen: Erstens, die Vernetzung von Industrie und Wissenschaft, von Grundlagen- und Industrieforschung sowie die Integration interdisziplinärer Forschung insbesondere bei mittelständischen Unternehmen. Zweitens, die Reduzierung hausgemachter Defizite wie Overengineering, mangelnde Ankopplung von FuE am Markt, zu hohe Technikkonzentration und die Optimierung von Technikeinsatz, Organisation und Qualifikation, d. h. primär die Beseitigung von Umsetzungsproblemen. Schließlich drittens, die stärkere längerfristige Orientierung (weniger Konzentration auf „Cash-Kühe" von heute, statt dessen auf die von morgen), die nicht zuletzt aufgrund des erwähnten Zusammenwachsens ganz unterschiedlicher Technologiegebiete notwendig ist.

Konsequenzen für das Forschungssystem

Das Forschungssystem ist in Deutschland hoch differenziert und dezentral. Dies wird international als ein charakteristischer Vorteil des deutschen Innovationssystems gesehen (Malerba 1994), den man nicht durch großflächige Schwerpunktsetzung zunichte machen sollte. Allerdings muß ein solches System hochvernetzt sein und eine ausreichende Flexibilität und Dynamik zeigen. Dies ist gegenwärtig nicht der Fall. Änderungsbedarf besteht insbesondere in folgenden Richtungen:

- *Organisation der Forschung:* Problemorientierung im Falle wohl definierbarer gesellschaftlicher oder industriell-technischer Probleme. Dieses setzt im Gegensatz zur derzeit vorherrschenden wissenschaftsinternen Zielsetzung eine neue Projektorganisation und ein neues Management voraus.

- Eine bessere *Einbindung der langfristig anwendungsorientierten Grundlagenforschung* in das Geschehen der angewandten Forschung würde den Zukunftsanforderungen eher gerecht. Diese ließe sich z. B. über eine verstärkte institutionelle Vernetzung, themenspezifische Verbünde, Finanzierung von Projekten der akademisch-industriellen Gemeinschaftsforschung durch Fördereinrichtungen wie die DFG (wechselseitige Lerneffekte), verbesserte Kommunikation und geänderte Bewertungsverfahren erreichen.

- *Teamforschung:* Neben der derzeit vorherrschenden Orientierung der akademischen Forschung auf individuelle Forscherpersönlichkeiten muß die Teamforschung gestärkt werden. Die Förderung von Forschergruppen ist hier ein guter Ansatz, ebenso der Aufbau von Instituten mit kollegialer Leitung durch mehrere Hochschullehrer.

- *Inter- und transdisziplinäre Forschung:* Da die Technik der Zukunft besonders in Bereichen zwischen traditionellen Disziplinen angesiedelt ist, müssen interdisziplinäre Ansätze gestärkt werden. Dieses erfordert insbesondere die Einrichtung eigener interdisziplinärer Institutionen, die auch an der Lehre beteiligt sind. Nur so sind Forscherkarrieren in interdisziplinären Bereichen aussichtsreich.

- Verbesserte intra- und intersektorale *Mobilität* von Forschern: sowohl international als auch zwischen Wissenschaft und Wirtschaft.

- Erhöhte *Flexibilität* der Forschungsstrukturen: Schnelleres Aufgreifen neuer Entwicklungen durch
  - Flexibilisierung des derzeit sehr starren öffentlichen Dienst- und Haushaltsrechts,
  - Entbürokratisierung der akademischen Verwaltung,
  - Vernetzung von Forschungseinrichtungen auf Zeit, insbesondere im internationalen Rahmen.

Die angewandte Forschung muß sich auf veränderte Rollen einstellen: Sie hat nicht nur den (klassischen) Transfer von der Grundlagen- zur industriellen Forschung zu leisten, sondern auch den entgegengerichteten Transfer von komplexen industriellen Problemstellungen in die Grundlagenforschung.

Diese Vorschläge sind nicht im Sinne einer revolutionären Umstrukturierung zu verstehen, sondern als Ergänzung zu bestehenden Strukturen, um so in einem evolutorischen Wettbewerb zu neuen, verbesserten Rahmenbedingungen der Forschung zu gelangen.

Konsequenzen für die staatliche Technologiepolitik

Der Staat hat eine Reihe von „klassischen" Aufgaben (zur theoretischen Diskussion von public-choice-Ansätzen, der Industrieökonomie, evolutionären Ansätzen und der neuen Wachstumstheorie vgl. Streit 1984; Bruder 1986; Oberender 1987; Klodt 1995; Fritsch 1995; Smith 1995): Pflege der Forschungslandschaft, Schaffung von innovationsfördernden Rahmenbedingungen (z. B. Risikokapitalmarkt) und Vorsorgeforschung (Umwelt, Gesundheit, Energie etc.); Förderung wichtiger Querschnittstechnologien, um auf diesen Gebieten Forschungseinrichtungen und Unternehmen als international bedeutsame Akteure zu unterstützen (vgl. auch OECD, 1993a). Der Umbruch im Innovationsverständnis hat für die politischen Akteure eine Reihe von Konsequenzen, von denen hier nur die wichtigsten genannt werden sollen. Sie stellen die bisherige Technologiepolitik keineswegs vollständig in Frage, sie ergeben jedoch neue Akzente für Föderansätze und -instrumente.

Im deutschen Innovationssystem wird es besonders auf den Optimierungsprozeß an den Schnittstellen zwischen den Akteuren und damit auf die Verbesserung von Vernetzung und Arbeitsteilung ankommen. Die klassische, auf einzelne Technologiegebiete orientierte Förderung wird den bereits eingeleiteten Trend zu einer stärkeren (horizontalen) Vernetzung von wissenschaftlichen Disziplinen und Technikgebieten weiter ausbauen müssen. Die neue Form der Wissensgewinnung in ihrer engen Verbindung mit Problemorientierung und Anwendung macht darüber hinaus eine verbesserte vertikale Vernetzung erforderlich. Eine nach Disziplinen ausgerichtete Forschungsförderung der DFG, des Stifterverbandes u.v.m. oder eine nach Technologiegebieten organisierte Politik des BMBF (sowie das bisherige System weitgehend unabhängig voneinander tätiger Projektträger) wird sich nicht unverändert aufrechterhalten lassen.

Technologiepolitik ist in vielen OECD-Ländern traditionell auf Forschung und Technologie fixiert (technology push). Die modernen Formen der Wissensgewinnung und die skizzierten Schwächen des deutschen Innovationssystems zeigen, daß es zusätzlich darauf ankommen wird, neue Märkte zu eröffnen. Diese finden sich u. a. in den Bereichen Gesundheit, Kommunikation, Energie und Umwelt, Bauen und Wohnen, Kreislaufwirtschaft und Alter. IuK-Techniken, Multimedia und Biotechnologie haben zunehmend bessere Chancen in Deutschland, zum Aufbau neuer Arbeitsplätze beizutragen. Auch hier wird es auf intelligente Produkt-/Dienstleistungskombinationen und wissensintensive Dienstleistungen ankommen, die Beschäftigungschancen bieten. Der Staat kann primär mit proaktiver Re-Regulierung die Innovationsstrategien der Wirtschaft flankieren sowie die Förderung von Unternehmensgründungen betreiben. Positive Impulse bewirken auch erhöhter Wettbewerb und verbesserte Produkt/Dienstleistungsstrategien. Auf die Bedeutung von Lead-Märkten unter den Gesichtspunkten der Globalisierung wird in Abschnitt 6 gesondert eingegangen.

Eine stärkere internationale Öffnung der Forschungs- und Technologiepolitik ist unumgänglich: Im Rahmen der Strukturberichterstattung an das Bundeswirtschaftsministerium wurden in jüngster Zeit zwei Berichte vorgelegt. Das HWWA-Institut für Wirtschaftsforschung (1995) kommt in seiner Untersuchung zu dem Ergebnis, daß die Globalisierung der deutschen Wirtschaft (primär bezogen auf die Produktion) dazu führe, daß die Strukturpolitik wachsende Bedeutung erhalte. Bei zunehmender Internationalisierung der Produktion bedeute eine Verbesserung der Standortqualität vor allem Qualifikation und Flexibilisierung der Arbeitskräfte, Förderung der Investionen und Beschleunigung staatlicher Entscheidungen. Die finanzielle Unterstützung der inländischen Unternehmen, auch die staatliche Technologieförderung, verliere hingegen zunehmend ihre Treffsicherheit, da nicht sicher sei, ob sie auch am deutschen Standort einkommenswirksam werde.

In einer neueren Studie des ISI kommen wir hinsichtlich der erwähnten Treffsicherheit traditioneller Technologiepolitik (z. B. Subventionierung von FuE) zu ähnlichen Ergebnissen. Gerade dieser Umstand veranlaßt uns jedoch, für ein anderes Konzept der Technologieförderung zu plädieren: sowohl deutsche Forschungseinrichtungen und Unternehmen auf ihrem Weg in eine globalisierte Wirtschaft zu unterstützen als auch ausländische Forschungseinrichtungen und Unternehmen für den Standort Deutschland einzuwerben und in beiden Fällen am Standort wirksam werdende Synergiewirkungen bzw. Spillovereffekte zu erreichen (detaillierter ausgeführt ist dieser Ansatz bei Gerybadze/Meyer-Krahmer/Reger 1997).

Die Technologiepolitik des Bundes weist vielfältige Schnittstellen zu anderen Politikbereichen auf, insbesondere zur Bildungspolitik (Aus-, Fort-, Weiterbildung), zur Wirtschaftspolitik (Strukturwandel, Anpassungsverhalten der Unternehmen), zur Rechts- und Innenpolitik, Umwelt- und Verkehrspolitik (vgl. auch Becher/Kuhlmann 1995). Diese Politikbereiche führen nicht nur eine eigene Ressortforschung durch, sondern bestimmen auch Randbedingungen von Forschung und Innovation entweder auf der Angebots- oder auf der Nachfrageseite. Zunehmend bedeutsamer wird deshalb die Querschnittsaufgabe der Koordination der gesamten Palette der Rahmenbedingungen, die das Angebot und die Nachfrage nach Innovationen bestimmen. Hierzu gehören z. B. die steuerlichen Rahmenbedingungen für Wagniskapitalbildung, der Abbau von Erhaltungssubventionen, ergebnis- und nicht technik-festschreibende Regulierungen und Genehmigungsverfahren, eine aktive Wettbewerbspolitik, eine Anpassung des öffentlichen Dienstrechts zur Erhöhung der Flexibilität institutionell geförderter Forschungseinrichtungen sowie die öffentliche Nachfrage nach Innovationen. Hierdurch würde eine Reihe wichtiger Rahmenbedingungen neu gesetzt, die eine Neuorganisation der öffentlich finanzierten FuE-Einrichtungen unterstützen und beschleunigen.

Das Einschwenken auf einen wissensintensiven und nachhaltigen Entwicklungspfad erfordert, visionäre Anwendungen neuer Techniken mit neuen Forschungsaufgaben zu verbinden (ebenfalls ohne die bestehenden Verantwortlichkeiten der Akteure zu verwischen). Solche Ziele können z. B. sein: die schornsteinlose Fabrik, das intelligente Gebäude, das integrierte Nah- und Fernverkehrssystem, der arbeitsverträgliche Technikeinsatz, der gesunde alte Mensch. Wesentlich ist, daß die Ziele nicht von der Technik, sondern vom Problem und Bedarf her definiert werden. Die staatliche Technologiepolitik - besser: Innovationspolitik - kann durch eine intelligente Mischung von klassischer Forschungsförderung, Stimulierung der Nachfrage, günstigen Rahmenbedingungen und langfristig stabilen Signalen für Wissenschaft und Wirtschaft einen wichtigen Beitrag dazu leisten. Schließlich ist ein Perspektivenwandel der Technologie- und Innovationspolitik von der Technik hin zu den „weichen" Innovationsfaktoren wie: Arbeitsorganisation, Qualifikation, Einstellung des Managements, Beratung, Planung, Information, Verhaltensstile notwendig. Dies gilt insbesondere für die Diffusionsförderung. Analoges kann für eine Reihe anderer Technikgebiete wie Energieeinsparung, Umwelttechniken, Kommunikationstechnik gezeigt werden. Die zunehmende Bedeutung dieser Innovationsfaktoren wird auch eine analoge Änderung des innovationspolitischen Ansatzes nach sich ziehen. Gegenwärtig muß man allerdings feststellen, daß sich die technologiepolitischen Akteure in vielen Ländern nur zögerlich auf diesen Wandel einlassen.

6. Erhöhung der internationalen Attraktivität: „Lead Markets" und Lernen zur Beherrschung komplexer Innovationen

Eine von uns durchgeführte Analyse der Innovationstätigkeit transnationaler Unternehmen (Gerybadze/Meyer-Krahmer/Reger 1997; Meyer-Krahmer 1998) zeigt, daß diese zunehmend in integrierten Prozeßketten denken und ihre Wertschöpfung nicht primär dorthin verlagern, wo allein die besten Bedingungen für die Forschung vorliegen. Für die FuE-Standortentscheidungen spielt offenbar die Nachfrageseite eine wichtigere Rolle als die Angebotsfaktoren. Betriebswirtschaftlich gesprochen steht eher die Frage im Vordergrund: „Wo werden Einnahmen erzielt, Nutzen gestiftet und neue Ressourcen geschaffen?" anstatt: „Wo fallen Kosten an und wo werden vorhandene Ressourcen verbraucht?" Die Unternehmen gehen bei ihren transnationalen Investitionsaktivitäten demgemäß nach folgendem Entscheidungsmuster vor: Wo sind die attraktiven, zukunftsweisenden Märkte, in denen von Anwendern gelernt werden kann und ein genügend hoher Ertrag für aufwendige Produktentwicklungen generiert wird? Wo können diese Märkte durch hochentwickelte Produktions-, Logistik- und Zulieferstrukturen bestmöglich bedient werden? Wo lohnt sich infolgedessen der Aufbau von Wertschöpfung am Ort? In welchen Ländern fallen attraktive Märkte, hochentwickelte Produktionsstrukturen und exzellente Forschungsbedingungen in einer Weise zusammen, daß innovative Kernaktivitäten dort gebündelt werden können?

Vor diesem Hintergrund der strategischen Entscheide in multinationalen Unternehmen werfen die von uns herausgearbeiteten Bestimmungsfaktoren und Motive folgende Fragen für die Technologiepolitik auf:

(1) In welchen End-User-Märkten gilt die Bundesrepublik als Trendsetter auch im europäischen bzw. internationalen Rahmen?

(2) Wo sind regionale Produktionsstrukturen und Zuliefernetze auf einem derart hohen Entwicklungsstand, daß hochwertige Wertschöpfung langfristig am Standort Deutschland gesichert werden kann?

(3) Welche Bereiche des regionalen Forschungs- und Technologiesystems sind weltweit auf Spitzenniveau und können zugleich Verstärkungswirkungen auf deutsche und europäische Lead-Märkte und Produktionsstrukturen auslösen?

(4) Wo werden durch Beteiligung an Forschungs- und Normierungsverbünden oder an national bzw. regional inszenierten komplexen Lernprozessen für Innovationen „dominante technologische Designs" mitbeeinflußt, die anschließend zu Vorsprüngen im weltweiten Innovationswettbewerb führen?

(5) Welche relative strategische Bedeutung hat der deutsche Markt und Produktionsstandort aus Sicht der Unternehmen in der Europäischen Union und in anderen Handelsblöcken?

Durch Herstellung effektiver Verknüpfungen dieser Kompetenzfelder und durch Ausbau von „Forward-Backward-Linkages" kann es gelingen, schwer transferierbare Leistungsverbünde zu schaffen, die im weltweiten Maßstab einzigartig sind. Erst durch die Kombination von exzellenter Forschung mit hochentwickelten europäipäischen Lead-Märkten oder von Forschung mit hochentwickelten Produktionsstrukturen kann sich die Bundesrepublik Deutschland als Standort für international nicht ohne weiteres transferierbare Kernkompetenzen positionieren.

Eine wesentliche neue Erkenntnis aus unserer Untersuchung ergibt sich in der Bedeutung sogenannter Lead Markets. Auch kleine Länder können sehr innovativ sein und als Lead Market funktionieren. Beispiele hierfür sind die Schweiz für den Fall der medizinischen Implantate und klinischen Instrumente sowie die skandinavischen Länder im Falle der Standardsetzung beim Mobilfunk. Was sind die Kennzeichen von Lead Markets? Für sie treffen eines oder mehrere der folgenden Kennzeichen zu:

(1) eine Nachfragesituation, die durch hohe Einkommens- und niedrige Preiselastizitäten oder ein hohes Pro-Kopf-Einkommen geprägt ist,

(2) eine Nachfrage mit hohen Qualitätsansprüchen, großer Bereitschaft, Innovationen aufzunehmen, Innovationsneugier und hoher Technikakzeptanz,

(3) gute Rahmenbedingungen für rasche Lernprozesse bei Anbietern,

(4) Zulassungsstandards, die wegweisend für Zulassungen in anderen Ländern sind (z. B. Pharmazeutik in den USA),

(5) funktionierendes System des Explorationsmarketing (Lead-User-Prinzipien),

(6) spezifischer, innovationstreibender Problemdruck,

(7) offene, innovationsgerechte Regulierung.

Die Attraktivität des deutschen (und des europäischen) Innovationssystems wird aus dieser Perspektive weniger von komparativ-statischen Wettbewerbsfaktoren wie Kosten, Löhne bestimmt, sondern von seiner „dynamischen Effizienz" (die Wirtschaftstheorie unterscheidet zwischen statischer - bezogen auf einen Zeitpunkt - und dynamischer - bezogen auf eine längerfristige Entwicklung - Effizienz. Statische und dynamische Effizienz können durchaus im Widerspruch stehen). Letztere ist weitgehend vom Ausmaß der sozialen und organisatorischen Intelligenz beim Finden und Durchsetzen neuer Strukturen und Märkte abhängig. Werden in Deutschland komplexe Systeminnovationen (wie Road Pricing, Produkt-/Dienst-leistungspakete, Kreislaufwirtschaftskonzepte, neue Anwendungen der Informationstechnik) erarbeitet, die weltweit Anwendungsmöglichkeiten finden? Offensives Lernen durch vielfältige Feldversuche und Pilotvorhaben zum Finden technischer, wirtschaftlicher, rechtlicher und sozialer Lösungen ist wesentlich. Solche Lernprozesse benötigen oft Jahre. Das Innovationssystem, das diese komplexen Lösungen zuerst beherrscht, ermöglicht den beteiligten Unternehmen Wettbewerbsvorsprünge und weist eine höhere internationale Attraktivität für Investoren auf.

Als Fazit ist festzuhalten, daß die Globalisierung die nationale und europäische Technologiepolitik zwingt, den Fokus von der Technikförderung auf das Initiieren von komplexen Innovationen zu verändern, die weit in wirtschaftliche, rechtliche, soziale und gesellschaftliche Räume reichen. Auch hier kommt es auf das Tempo des Lernens und das Beherrschen neuer Lösungen an. Nicht nur Spitzenforschung, sondern auch die Erschließung neuer (Lead-) Märkte durch frühe und zukunftsorientierte Pilotvorhaben bestimmen entscheidend die internationale Attraktivität des deutschen Innovationssystems („die Nase vorn auf der Lernkurve"). Die Zielgruppe der Technologiepolitik hat sich gewandelt. Forschungsgetriebene Unternehmen nehmen einen Strategiewechsel vor und berücksichtigen stärker die Bedingungen von führenden Märkten und Produktionsnetzwerken. Die Technologiepolitik wird vermutlich diesem Wandel folgen müssen.

Erfolgreiche FuE-Standorte haben aus diesem Grunde besonders dann Chancen, volkswirtschaftlich positive Wirkungen z. B. auf die Beschäftigung zu entfalten, wenn sie mit Produktions- und Marktstandorten zusammenfallen. Technologiepolitik *allein* kann aus diesem inhärenten Dilemma heraus keine erfolgversprechende Politikstrategie darstellen. Die Ergebnisse unserer Untersuchung unterstreichen damit die vielgeforderte, aber bisher kaum eingelöste Notwendigkeit einer besseren Vernetzung zwischen den verschiedenen Politikbereichen. In dem Maße, wie international immer stärker komplexe Innovationsverbünde gefragt sind, müssen die dafür unverzichtbaren lateralen Strukturen in der Politik einmal mehr eingefordert werden.

7. Steuerungsfähigkeit nationaler Technologiepolitik - und was davon übriggeblieben ist

In seinem Buch über die Netzwerkgesellschaft und Probleme gesellschaftlicher Steuerung gibt Messner (1995) einen ausgezeichneten Überblick über Möglichkeiten und Grenzen der politischen Steuerung heutiger Volkswirtschaften. Dogmenhistorisch zeigt er den Weg von der Reform- und Planungseuphorie in Deutschland Anfang der 70er Jahre und ihre Desillusionierung, über den dichotomischen Streit „Markt versus Staat" mit liberalen Minimalstaatskonzepten (in den 80er Jahren) bis zum sich etablierenden Konzept der Netzwerkgesellschaft auf. Aus seiner Sicht überwiegt zumindest in jüngster Zeit in den Sozialwissenschaften die Vorstellung, daß jeder Versuch der gezielten Gestaltung gesellschaftlicher Verhältnisse an der Komplexität derselben scheitern muß, und daher die Vorstellung von der Verzahnung von Markt- und politischer Steuerung illusorisch sei. Die Vorstellung vom Staatsversagen der 80er Jahre wandelt sich angesichts der Globalisierung zum Bild des ohnmächtigen Nationalstaates der 90er Jahre. Welche Konsequenzen lassen sich aus den in diesem Beitrag dargestellten empirischen Ergebnissen angesichts solch schier übermächtiger Desilusion ziehen? Drei wesentliche Schlußfolgerungen sollen hier zum Abschluß thesenhaft formuliert werden.

Erstens: Die Befunde zu den absehbaren Veränderungen des Innovationssystems und zu den internationalen FuE-Stategien von Unternehmen stützen eindrücklich die These von der Vielfalt beteiligter Akteure und Institutionen im öffentlichen, privaten und halböffentlichen Bereich sowie die Bedeutung ihrer Vernetzung und Selbstorganisation. Es wurden die Richtungen aufgezeigt, in die sich der Selbstorganisationsgrad und das noch unausgeschöpfte Vernetzungspotential der relevanten Akteure in den nächsten Jahren vermutlich entwickeln werden. Die Befunde legen darüber hinaus nahe, daß auch die Problemlösungskapazität einer Gesellschaft in hohem Maße mit dem Grad der Ausdifferenzierung, Selbstorganisation und Vernetzung seiner institutionellen Vielfalt korreliert.

Eine zweite wesentliche Konsequenz ist, daß auch unter dem Regime der Globalisierung nationale Politik noch Handlungsspielräume hat, auch wenn sie zu drastischen Änderungen ihres Designs gezwungen wird. Das Konzept eines Staates, der die Technikentwicklung „steuert", hat in den geschilderten Befunden genauso wenig Berechtigung wie das Minimalstaatsmodell. Der Staat ist weiterhin einer der Akteure, der im Rahmen seiner Netzwerkbeziehungen durchaus über noch sehr wirksame Instrumente verfügt. Grundlegend ist jedoch der notwendige Wandel von Ansatzpunkten und Instrumenten. Es gilt nicht mehr, allein Technik zu fördern, sondern in verstärktem Maße einen Lernprozeß und das Beherrschen neuer Lösungen anzustoßen oder zu begleiten. Gewicht und Einfluß der nationalstaatlichen Rolle variiert hierbei in verschiedenen Technologiegebieten und Märkten und ist nicht zuletzt von der gegenwärtig zunehmenden Arbeitsteilung mit regionalen und supraregionalen staatlichen Akteuren abhängig.

Drittens: Nicht nur Spitzenforschung, sondern auch die Erschließung neuer (Lead-) Märkte durch frühe und zukunftsorientierte Pilotvorhaben bestimmen entscheidend die internationale Attraktivität eines Innovationssystems. Gerade unter dynamischen Globalisierungsprozessen gewinnt die Verbesserung der gesellschaftlichen Problemlösungskapazität damit eine besondere Bedeutung für eine nationale Innovationspolitik im Wettbewerb der Standorte. Weder die Dominanz überschäumender Marktprozesse noch der starke autoritäre Staat (dem u. a. der wirtschaftliche Erfolg in asiatischen Ländern zugeschrieben wird und mit dem manche Analyse mittlerweile liebäugelt) sind nach diesen Befunden Erfolgsmodelle in einer globalisierten Weltwirtschaft, sondern die „lernende Gesellschaft". Nationale Forschungs-, Technologie- und Standortpolitik kann eine wichtige Rolle spielen, wenn die aufgezeigten Politikblockaden überwunden werden. Die institutionellen Designs sind durch die hier dargelegten Befunde zwar nicht vollständig beschrieben, aber zumindest sind einige wichtige Kennzeichen benannt worden. Die Forschung über das Modell der „lernenden Gesellschaft" ist bisher jedoch noch nicht aus den Kinderschuhen herausgewachsen.

Literatur

Becher, G.; Kuhlmann, S. (eds.) (1995): Evaluation of technology programmes in Germany. Kluwer Academic Publishers. London.

BMFT (Hrsg.) (1993): Deutscher Delphi-Bericht zur Entwicklung von Wissenschaft und Technik (Studie des Fraunhofer-Instituts für Systemtechnik und Innovationsforschung im Auftrag des BMFT). Bonn.

Bruder, W. (Hrsg.) (1986): Forschungs- und Technologiepolitik in der Bundesrepublik Deutschland. Opladen.

Dertouzos, M. et al. (1989): Made in America. Regaining the Productive Edge. MIT. Cambridge/USA.

Edquist, C. (ed.) (1997): Systems of Innovation: Technologies, Institutions and Organizations. London.

Freeman, C.; Soete, L. (1997): The Economics of Industrial Innovation. Pinter. London.

Fritsch, M. (1995): The market: market-failure, and the evaluation of technology promoting programmes. In: Becher, G.; Kuhlmann, S. (eds.) (1995): Evaluation of technology policy programmes in Germany. Kluwer Academic Publishers. London.

Gehrke, B.; Grupp, H.; Legler, H.; Münt, G. (1994): Strukturelle und technologische Position der Bundesrepublik Deutschland im internationalen Wettbewerb. Aktualisierung 1993. Schriftenreihe des Fraunhofer-Instituts für Systemtechnik und Innovationsforschung, Band 8. Heidelberg.

Gerybadze, A.; Meyer-Krahmer, F.; Reger, G. (1997): Globales Management von Forschung und Innovation. Schäffer-Poeschel Verlag. Stuttgart.

Gibbons, M. et al. (1994): The new production of knowledge. SAGE. London.

Grupp, H. (Hrsg.) (1993): Technologie am Beginn des 21. Jahrhunderts. Schriftenreihe des Fraunhofer-Instituts für Systemtechnik und Innovationsforschung, Band 3. Heidelberg.

Grupp, H., Schmoch, U. (1992): Wissenschaftsbindung der Technik. Panorama der internationalen Entwicklung und sektorales Tableau für Deutschland. Heidelberg.

Heye, Ch. (1993): Five years after: A Preliminary Assessment of US Industrial Performance Since Made in America. MIT. Cambridge/USA.

HWWA-Institut für Wirtschaftsforschung (1995): Grenzüberschreitende Produktion und Strukturwandel - Globalisierung der deutschen Wirtschaft. Forschungsauftrag des Bundesministeriums für Wirtschaft. Hamburg.

Jungmittag, A.; Meyer-Krahmer, F.; Reger, G. (1997): Globalisierung von FuE und Technologiemärkten - Trends, Motive, Konsequenzen, Internationale Konferenz: Globalisierung von FuE und Technologiemärkten - Konsequenzen für die nationale Innovationspolitik. Petersberg.

Klodt, H. (1995): Grundlagen der Forschungs- und Technologiepolitik. Vahlen. München.

Kommission der Europäischen Gemeinschaften (1993): Wachstum, Wettbewerbsfähigkeit, Beschäftigung, Herausforderungen der Gegenwart und Wege ins 21. Jahrhundert. Weißbuch. Brüssel.

Krull, W.; Meyer-Krahmer, F. (1996): Science and technology in Germany. Cartermill, Harlow. United Kingdom.

Lundvall, B.-A. (ed.) (1992): National Systems of Innovation: An Analytical Framework. London.

Malerba, F. (1994): Research Interfaces in Europe: The Role of Innovation Systems, Institutional Architectures and Technological Competences. CEPR/AAAS Conference. Stanford University.

Messner, D. (1995): Die Netzwerkgesellschaft. Wirtschaftliche Entwicklung und internationale Wettbewerbsfähigkeit als Probleme gesellschaftlicher Steuerung. Köln.

Meyer-Krahmer, F. (1998): Nationale Forschungs-, Technologie- und Standortpolitik in der globalen Ökonomie. In : Messner, D. (Hrsg.): Die Zukunft des Staates und der Politik. Möglichkeiten und Grenzen politischer Steuerung in der Weltmarktwirtschaft und -gesellschaft. Dietz-Verlag. Bonn.

Meyer-Krahmer, F. (Hrsg.) (1993): Innovationsökonomie und Technologiepolitik. Heidelberg.

Mowery, D. (1992): The US National Innovation System: Origins and Prospects for Change. In: Research Policy 21.

Nelson, R. (ed.) (1993): National Innovation Systems. Comparative Analysis. New York.

NIW, DIW, ISI, ZEW (1997): Zur technologischen Leistungsfähigkeit Deutschlands. Zusammenfassender Endbericht an das Bundesministerium für Bildung, Wissenschaft, Forschung und Technologie (BMBF); vorgelegt durch das Niedersächsische Institut für Wirtschaftsforschung (NIW), Deutsche Institut für Wirtschaftsforschung (DIW), Fraunhofer-Institut für Systemtechnik und Innovationsforschung (ISI), SV Wissenschaftsstatistik im Stifterverband für die Deutsche Wissenschaft, Zentrum für Europäische Wirtschaftsforschung (ZEW). Hannover, Berlin, Karlsruhe, Mannheim.

Oberender, P. (1987): Möglichkeiten und Grenzen staatlicher Technologieförderung: Eine ordnungspolitische Analyse. In: Jahrbuch für Sozialwissenschaft 38.

OECD (1992): Technology and the Economy. The Key Relationships. The Technology-Economy Programme (TEP). Paris.

OECD (1993): National Systems for Financing Innovation. Paris.

Pavitt, K.; Patel, B. (1988): The International Distribution and Determinance of Technological Activities. In: Oxford Review on Economic Policy 4.

Sachverständigenrat zur Begutachtung der gesamtwirtschaftlichen Entwicklung (1993/94): Jahresgutachten 1993/94, Teil B, VIII.

Smith, K. (1991): Innovation Policy in an Evolutionary Context. In: Saviotti, P.P.; Metcalfe, J. S. (eds.): Evolutionary Theories of Economic and Technological Change. Harwood Academic Publishers, Reading, 256-275.

Streit, M. (1984): Innovationspolitik zwischen Unwissenheit und Anmaßung von Wissen. In: Hamburger Jahrbuch für Wirtschafts- und Gesellschaftspolitik, Bd. 29.

Modernisierung und Produktivität in der Investitionsgüterindustrie Ostdeutschlands

Gunter Lay

1. Problemstellung und Zielsetzung

Mit der Verwirklichung der Wirtschafts- und Währungsunion wurden die Betriebe in der ehemaligen DDR mit den Produktions- und Absatzbedingungen der Marktwirtschaft konfrontiert. Diesen neuen Rahmenbedingungen entsprachen die in den Jahren der Planwirtschaft entstandenen betrieblichen Strukturen nur unzureichend. Anpassungsnotwendigkeiten wurden vor allem in

- einer Intensivierung von Forschung und Entwicklung als Vorbedingung wettbewerbsfähiger Produkte,
- einer Verbesserung des Vertriebs als Voraussetzung zur Erschließung neuer Märkte sowie
- einer Modernisierung der Produktion als Weg zur wettbewerbsfähigen Herstellung der Produkte

gesehen. Bei der Modernisierung der Produktion wurde vorrangig an investive Maßnahmen zur Steigerung der Produktivität gedacht. Der Ausbau des Sachkapitalstocks (vgl. u. a. DIW 1995:535; Felder et al. 1995:10; Dietrich 1997:5) durch die Anschaffung von Hochtechnologie bei den Produktionsmitteln schien bestmöglich geeignet, die Betriebe der neuen Länder Anschluß finden zu lassen an das nationale und internationale Produktionsniveau.

Dieser Leitlinie folgten - auch unterstützt durch staatliche Anreize (Lay/Michler/ Pleschak 1995:55) - viele Firmen. Bereits wenige Jahre nach der Wirtschafts- und Währungsunion gab es Indizien dafür, daß die Betriebe der neuen Länder dabei waren, im technischen Stand der Maschinen und Anlagen mit den Westbetrieben gleichzuziehen (vgl. Ostendorf 1993:21; Wengel/Harnischfeger 1995:97).

Trotz dieser Aufbauleistung stabilisiert sich die wirtschaftliche Situation der Betriebe in den neuen Bundesländern langsamer als dies erwartet worden war (vgl. u. a. DIW 1997:45; Gürtler 1997:10). Insbesondere im verarbeitenden Gewerbe als einem der Kernbereiche leistungsfähiger Wirtschaftsstrukturen ist ein selbsttragender Aufschwung noch nicht erreicht. Die Wirtschaftskraft in diesem Sektor Ostdeutschlands liegt noch weit hinter der Westdeutschlands zurück. Als Indikator hierfür kann das Produktivitätsniveau dienen: Im Jahre 1996 lag die Bruttowertschöpfung je Erwerbstätigem im Verarbeitenden Gewerbe der Neuen Länder nach den Angaben der volkswirtschaftlichen Gesamtrechnung bei nur 55 Prozent des westdeutschen Niveaus (Ragnitz 1997a:3).

Vor diesem Hintergrund scheint es notwendig, den Zusammenhang zwischen einer Modernisierung der Produktion und der Produktivität in Ostdeutschland grundsätzlicher zu hinterfragen als dies bislang geschehen ist. Hierzu soll im folgenden durch ein Eingehen auf folgende Fragen ein Beitrag geleistet werden:

- Wie groß war zum Zeitpunkt der Wirtschafts- und Währungsunion der Rückstand der DDR-Betriebe in der Nutzung moderner Produktionstechniken wirklich?
- Wie hat sich seit der Wirtschafts- und Währungsunion der Abstand der Ostbetriebe zu der auch im Westen sich fortentwickelnden Anwendung moderner Produktionstechnik verändert?
- Wie stellt sich die Produktivität ostdeutscher Betriebe im Vergleich zwischen unterschiedlichen Modernisierungsstrategien dar?
- Welcher Stellenwert kommt dem Einsatz moderner Produktionstechniken im Vergleich zu anderen Faktoren für die Produktivität ostdeutscher Betriebe zu?

2. Datengrundlage

Als Datenbasis zur Beantwortung dieser Fragen dient die „ISI-Produktionsinnovationserhebung 1995", mit der die Produktionsstrukturen in der Investitionsgüterindustrie Deutschlands erfaßt wurden. Diese Erhebung fand in der zweiten Hälfte des Jahres 1995 statt. Mit einem achtseitigen Fragebogen wurde eine Stichprobe von 7 150 Firmen angeschrieben. Hiervon schickten bis Anfang Dezember 1995 1 305 Betriebe einen verwertbar ausgefüllten Fragebogen zurück. Dies entspricht einer Rücklaufquote von 18 Prozent.

Von den 1 305 Datensätzen stammen 558 von Betrieben aus den neuen Bundesländern und 747 von Firmen aus den alten Bundesländern. Diese Regionalverteilung der antwortenden Firmen schafft die Grundlage dafür, die Situation der Betriebe in den neuen Bundesländern im Vergleich zur Lage in den alten Ländern darstellen und analysieren zu können.

Tabelle 1: Struktur der in der ISI-Produktionsinnovationserhebung 1995 erfaßten Betriebe

	Insgesamt		Nach Betriebsstandort			
			Neue Bundesländer		Alte Bundesländer	
Betriebsgröße (Beschäftigte)						
1 - 19	104	8 %	62	11 %	42	6 %
20 - 49	410	31 %	194	35 %	216	29 %
50 - 99	300	23 %	127	23 %	173	23 %
100 - 199	236	18 %	102	18 %	134	18 %
200 - 499	174	13 %	58	10 %	115	15 %
500 - 999	47	4 %	10	2 %	37	5 %
1000 und mehr	34	3 %	5	1 %	29	4 %
Wirtschaftsgruppe						
Stahlbau	138	11 %	85	15 %	53	7 %
Maschinenbau	626	48 %	253	45 %	373	50 %
Straßenfahrzeugbau	67	5 %	28	5 %	39	5 %
Elektrotechnik	222	17 %	100	18 %	122	16 %
Feinmechanik/Optik	61	5 %	22	4 %	39	5 %
Eisen/Blech/Metall	131	10 %	50	9 %	81	11 %
Sonstige Invest.güter	60	5 %	20	4 %	40	5 %
Insgesamt	1.305	100 %	558	100 %	747	100 %

Die Tabelle 1 zeigt, welchen Betriebsgrößenklassen und Wirtschaftsgruppen in der Investitionsgüterindustrie die antwortenden Betriebe angehören. Die Aufgliederung dieser Tabelle in Betriebe aus den neuen Bundesländern und Betriebe aus den alten Ländern macht deutlich, daß die beiden Teilstichproben in Folge unterschiedlicher Wirtschaftsstrukturen und verschiedenartigen Antwortverhaltens in Ost und West Differenzen aufweisen:

- In der Teilstichprobe ostdeutscher Betriebe sind die Betriebsgrößenklassen bis unter 50 Beschäftigte im Vergleich zur West-Stichprobe überrepräsentiert. Komplementär dazu haben in der West-Stichprobe die Betriebsgrößenklassen ab 200 Beschäftigte ein höheres Gewicht.

- Maschinenbaubetriebe sind in der West-Stichprobe im Vergleich zur Ost-Stichprobe überrepräsentiert. Dort ist der Anteil der Stahlbau- und der Elektrotechnikbetriebe höher.

Da Betriebsgröße und Branche erfahrungsgemäß (vgl. Lay/Michler 1990:79) die Nutzung produktionstechnischer Lösungen beeinflussen, würden diese Differenzen in den Teilstichproben im Ost/West-Vergleich Diffusionsunterschiede suggerieren, die nicht auf die regionalen Unterschiede zurückzuführen sind. Um eine solche mißverständliche Interpretation der Daten auszuschließen, wurde bei den folgenden Ost- und Westbetriebe vergleichenden Analysen durch eine Gewichtung der Fälle[1] sichergestellt, daß die Teilstichproben eine vergleichbare Branchen- und Betriebsgrößenstruktur aufweisen. Damit werden Ost/West-Vergleiche aussagekräftiger, Angaben zum Diffusionsstand in den neuen Ländern allein jedoch überbewertet.

---

[1] Durch die Gewichtung wurde die Branchen- und Größenstruktur der Ost-Stichprobe an die West-Stichprobe angeglichen. Die Gewichtungsfaktoren wurden folgendermaßen ermittelt:

- Für jede Kombination aus drei Betriebsgrößenklassen und sieben Branchen wurde die relative Häufigkeit in der West-Stichprobe ermittelt. Die Ost-Fälle wurden dann so gewichtet, daß in der Ost-Stichprobe jede der 21 Kombinationen mit derselben Häufigkeit wie in der West-Stichprobe vertreten ist.

- Die hierfür ermittelten 21 Gewichtungsfaktoren berechnen sich nach der Formel:

$$\text{Gewichtungsfaktor } (1,2,...,21) = \frac{\text{Stichprobengröße}_{Ost}}{\text{abs. Häufigkeit}_{Ost\,(1,2,...21)}} \times \text{rel. Häufigkeit West } (1,2,...21)$$

- In die Auswertung gingen die so gebildeten Ost-Fälle ein.

3. Stand und Entwicklung der Produktionsmodernisierung in den neuen Ländern

Bei der Analyse von Stand und Entwicklung des Einsatzes moderner Produktionstechnik im Vergleich zwischen den neuen und den alten Bundesländern wird die Ausstattung der Betriebe mit folgenden Techniken betrachtet:

- Computer-Aided-Design (CAD) als Technik zur Unterstützung und Effektivierung des Konstruktionsprozesses. CAD wird vielfach als Voraussetzung dafür angesehen, Aufträge von bestimmten Kundengruppen überhaupt erst akquirieren zu können bzw. mit vertretbarem Zeitaufwand kundenspezifische Varianten entwickeln und anbieten zu können.

- Produktionsplanungs- und Steuerungssysteme (PPS) als Technik zur Leistungssteigerung im Bereich der Materialwirtschaft. Eine Senkung der Bestände und damit eine Reduzierung des gebundenen Kapitals bei gleichzeitiger hoher Lieferflexibilität ist Ziel des PPS-Einsatzes.

- Numerisch gesteuerte Werkzeugmaschinen (CNC-Maschinen) als Technik zur flexiblen Automatisierung der Produktherstellung. Die Nutzung von CNC-Maschinen ermöglicht es den Betrieben, kleinere Serien produktiver zu fertigen als dies mit konventionellen Werkzeugmaschinen möglich ist. Gleichzeitig eröffnen CNC-Maschinen die Option, Großserienproduktionen, die bislang über Automaten gefertigt wurden, abzulösen durch kundenspezifische Mittelserienproduktion unter Beibehaltung des Automatisierungsgrades und damit der Produktivität.

- Computer-Integrated-Manufacturing (CIM) als Techniklinie, die in den achtziger Jahren in den alten Bundesländern von vielen Betrieben mit hohen Erwartungen an eine Effektivierung der Produktion verfolgt worden ist, diese Erwartungen jedoch nur begrenzt einlösen konnte. Von den verschiedenen unter dem Begriff CIM zusammengefaßten Integrationslinien wird hier die Vernetzung von CAD und NC-Programmierung betrachtet.

Für diese Techniklinien lassen sich auf der Grundlage der oben skizzierten Datenbasis folgende Einsatzmuster nachzeichnen:

Abbildung 1: Verbreitung ausgewählter Techniken in den alten und neuen Bundesländern

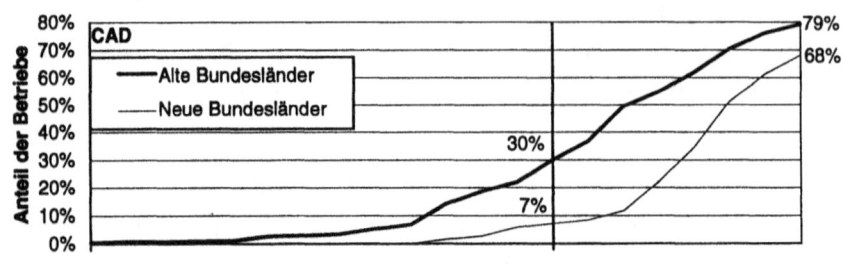

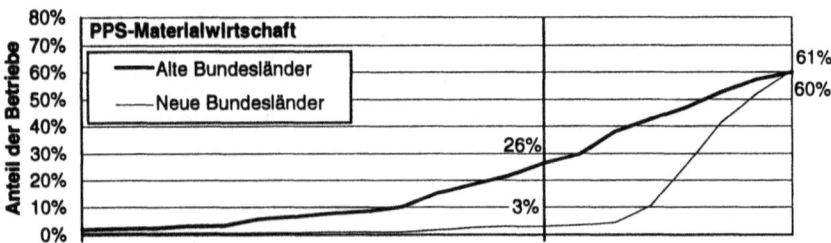

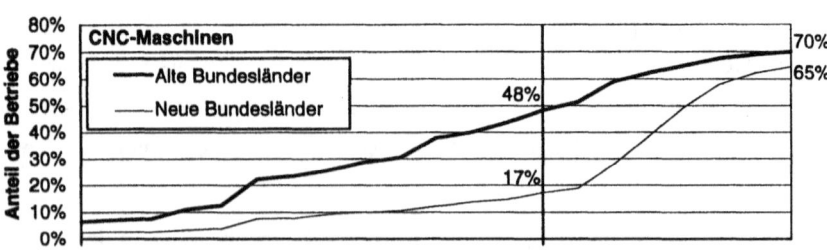

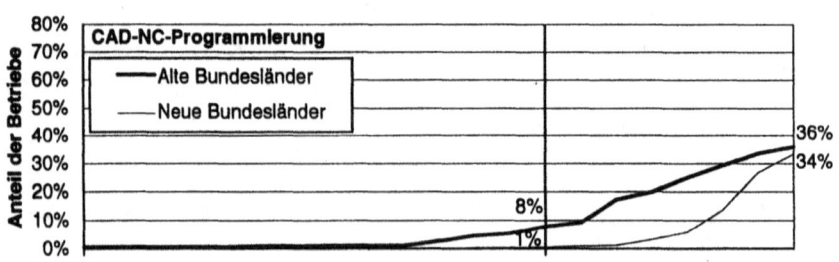

In den Betrieben der Investitionsgüterindustrie der neuen Länder war CAD vor der Wirtschafts- und Währungsunion (1988) kaum im Einsatz. Lediglich ca. 7 Prozent der Betriebe verfügte über diese Technik. Zum gleichen Zeitpunkt nutzte jedoch bereits knapp ein Drittel der Betriebe in den alten Ländern CAD. Die Nutzerquote lag damit um 23 Prozentpunkte höher. In der ersten Hälfte der neunziger Jahre verbreitete sich CAD in den Westbetrieben dynamisch weiter. Im Jahre 1995 verfügten 79 Prozent der Betriebe in den alten Bundesländern über CAD-Systeme. Diese Steigerungsrate in der Nutzerquote wurde in den neuen Ländern jedoch noch übertroffen, wo ausgehend von den genannten 7 Prozent Nutzern im Jahre 1995 68 Prozent der Betriebe über CAD-Systeme verfügte. Der „Vorsprung" der Westbetriebe sank damit von 23 auf 11 Prozentpunkte. Die Ostbetriebe halbierten ihren Rückstand in der CAD-Nutzerquote.

Beim Einsatz von PPS-Systemen stellt sich der Aufholprozeß der Ostbetriebe noch klarer dar. Nutzten vor der „Wende" in den neuen Ländern lediglich 3 Prozent der Betriebe PPS, so waren dies 1995 61 Prozent. Verglichen mit den Betrieben der alten Bundesländer kehrte sich dadurch ein Rückstand in der Nutzerquote von 23 Prozentpunkten in einen knappen Vorsprung (ein Prozentpunkt) um. PPS ist damit eine Techniklinie, die in den Betrieben der neuen Bundesländer nach der Wirtschafts- und Währungsunion fast schon flächendeckend einen Investitionsschwerpunkt bildete. Die CNC-Werkzeugmaschine war von allen hier betrachteten modernen Fertigungstechniken die Techniklinie, die schon zu „DDR-Zeiten" in den Ostbetrieben am weitesten verbreitet war. 17 Prozent der Betriebe hatten CNC-Maschinen bereits vor der Wirtschafts- und Währungsunion im Einsatz. Da im Westen zum gleichen Zeitpunkt jedoch knapp die Hälfte der Betriebe die CNC-Technik nutzte, war der Rückstand der Betriebe in den neuen Ländern hier dennoch am größten. Betrachtet man das Jahr 1995, so wird deutlich, daß dieser Rückstand einer um 31 Prozentpunkte niedrigeren Nutzerquote fast völlig aufgeholt ist. 70 Prozent CNC-Nutzern im Westen stehen nun 65 Prozent CNC-Nutzer im Osten gegenüber.

CIM-Realisierungen (CAD/NC) waren vor der Wirtschafts- und Währungsunion in Ost- und Westbetrieben eher die Ausnahme. 8 Prozent Nutzerbetriebe im Westen standen einer Nutzerquote von unter 1 Prozent im Osten gegenüber. Bis zum Jahre 1995 stieg der Anteil der CIM einsetzenden Betriebe in den alten Bundesländern auf 36 Prozent, in den neuen Ländern auf 34 Prozent. Ein Vorsprung der Betriebe im Westen existiert damit in dieser Technik kaum mehr.

Zusammenfassend kann damit festgehalten werden:

- Zum Zeitpunkt der Wirtschafts- und Währungsunion waren insbesondere CNC-Maschinen, aber auch CAD- und PPS-Systeme in deutlich weniger Ost- als Westbetrieben im Einsatz. CIM war eine Techniklinie, die auch in den Betrieben der alten Bundesländer erst am Anfang ihrer Verbreitung stand. Der Rückstand in der Nutzerquote der Ostbetriebe war von daher zwangsläufig geringer.

- Im Jahre 1995 hatte sich die PPS-Nutzerquote in den alten und neuen Ländern völlig, die CNC-Nutzerquote nahezu vollständig angeglichen. Durch einen parallelen Aufwuchs der CIM-Nutzung in Ost und West existiert auch hier kein Rückstand der Betriebe in den neuen Ländern. Lediglich im Bereich der CAD-Technik haben die Ostbetriebe mit einer um 11 Prozentpunkte geringeren Nutzerquote noch nicht völlig zum Stand der Westbetriebe aufgeschlossen.

4. Produktivität in der Investitionsgüterindustrie Ostdeutschlands

Die im vorangegangenen dargestellten Ergebnisse haben gezeigt, daß die zur Anpassung an marktwirtschaftliche Verhältnisse geforderte Modernisierung der Produktion durch Einsatz neuer Fertigungstechniken in Betrieben der neuen Länder einen Stand erreicht hat, der dem Westniveau nahezu entspricht. Der zum Zeitpunkt der Wirtschafts- und Währungsunion tatsächlich vorhandenen Rückstand der Ostbetriebe in der Nutzung moderner Fertigungsmittel ist praktisch aufgeholt. Gleichwohl ist die Produktivitätsentwicklung in den Betrieben nicht parallel zu diesem Aufholprozeß in der Produktionstechnik verlaufen. Der oben zitierte, sich aus der volkswirtschaftlichen Gesamtrechnung ergebende Produktivitätsunterschied zwischen Ost- und Westbetrieben in Höhe von 45 Prozentpunkten zeigte sich auch in den Umfrageergebnissen in nahezu gleicher Größenordnung: Errechnet man die betriebliche Wertschöpfung durch eine Verminderung der betrieblichen Umsätze um die bezogenen Vorleistungen und setzt diese Wertschöpfung zur Anzahl der je Betrieb beschäftigten Arbeitnehmer in Beziehung, so zeigt sich:

- In den in der ISI Produktionsinnovationserhebung 1995 erfaßten Betrieben der Investitionsgüterindustrie der alten Bundesländer lag die durchschnittliche Wertschöpfung je Mitarbeiter bei 133 000 DM.

- In den Investitionsgüter herstellenden Betrieben der neuen Länder belief sich der entsprechende Wert im Mittel auf lediglich 74 000 DM. Damit erreichten die Ostbetriebe eine Produktivität, die 56 Prozent des Westniveaus entspricht.

Damit bestätigt sich die bereits verschiedentlich (Lay et al. 1996:42; Mallok 1996:216; Mallok/Fritsch 1997:10; DIW 1997:57) geäußerte Vermutung, daß eine forcierte Erneuerung des Anlagevermögens allein kein Garant für wettbewerbsfähige Produktionsstrukturen zu sein scheint. In dieser Situation richtet sich der Blick naturgemäß auf andere Elemente leistungsfähiger Produktionsstrukturen (Ragnitz 1997b:3f). Auf der Grundlage der vorliegenden Datenbasis kann den Hypothesen nachgegangen werden, daß die geringere Produktivität der Ostbetriebe Folge ist von

- unterausgelasteten Kapazitäten,

- einer im Vergleich zum Westen mit höheren Overheads operierenden Personalstruktur,

- einer zu geringen Breite der Techniknutzung in den Betrieben, die über die Technik verfügen,

- einer geringeren Nutzung moderner Organisationskonzepte bzw.

- der Herstellung „aufwendigerer" Produkte, für die am Markt nicht die entsprechenden Preise durchgesetzt werden können.

Im folgenden werden die zu diesen Thesen gewonnenen Ergebnisse im einzelnen dargestellt.

Obwohl nach der Wirtschafts- und Währungsunion im verarbeitenden Gewerbe der neuen Bundesländer durch Personalabbau drastische Verringerungen der einstmals vorhandenen Kapazitäten vorgenommen wurden, wäre es denkbar, daß auch die jetzt noch vorhandenen Kapazitäten mit dem am Markt erzielbaren Absatzvolumen nicht ausgelastet werden können. Die im Vergleich zum Westen geringere Wertschöpfung pro Mitarbeiter wäre so Folge einer Umlegung der Wertschöpfung auch auf Mitarbeiter, die wegen Unterauslastung gar nicht zur Wertschöpfung benötigt werden. Trifft diese These zu, so müßten die Angaben zur Kapazitätsauslastung in Westbetrieben mit höherer Produktivität deutlich höher ausfallen als in Ostbetrieben, wo die Produktivität sehr viel geringer ist. Wie die entsprechende Auswertung der Daten zeigt, unterscheiden sich die Angaben zur Kapazitätsauslastung zwischen Ost- und Westbetrieben zwar um 4 Prozentpunkte (vgl. Tabelle 2). Diese Differenz ist jedoch so gering, daß sie kaum in der Lage ist, einen Erklärungsbeitrag zum Produktivitätsunterschied zu leisten. Anders als beispielsweise in der Untersuchung von Fritsch und Mallok (1994:55ff.), in der ein Produktivitätsrückstand ostdeutscher Betriebe von 55 Prozentpunkten im Jahre 1992 zu mehr als einem Drittel durch eine geringere Kapazitätsauslastung (27 Prozentpunkte) im Osten erklärt werden konnte, scheidet dieser Faktor hier weitestgehend aus.

Auch wenn die Kapazitäten im Ost/West-Vergleich in nahezu vergleichbarer Weise ausgelastet sind, wäre es vorstellbar, daß in Betrieben der neuen Länder in indirekten Funktionsbereichen, die die Kapazitäten nicht determinieren, noch Personalüberhänge existieren, die in dieser Form in Westbetrieben nicht anzutreffen sind. Auch in diesem Fall würde sich die betriebliche Wertschöpfung im Osten auf eine größere Anzahl von Mitarbeiter verteilen und so eine geringere Produktivität begründen. Zur Überprüfung dieser These kann ein Vergleich der Personalstrukturen in Ost- und Westbetrieben beitragen. Gestützt würde die These, wenn in den Betrieben der neuen Länder im Durchschnitt höhere Anteile des Personals im Verwaltungsbereich, in der Arbeitsvorbereitung oder der Instandhaltung arbeiten als im Westen. Tabelle 2 macht deutlich, daß dies offensichtlich nicht der Fall ist. Die Personalstrukturen in Ost- und Westbetrieben stimmen weitgehend überein. Betriebe der neuen Länder arbeiten nicht mit einem höheren Overhead.

Obwohl die Ostbetriebe - wie gezeigt - zu ähnlichen Anteilen wie Westbetriebe moderne Produktionstechniken nutzen, wäre es denkbar, daß die Breite, in der die Technik in den Betrieben eingesetzt ist, differiert. Vergleichbare Nutzerquoten gingen in diesem Fall einher mit unterschiedlichen Einsatzintensitäten. Ein Ostbetrieb, der beispielsweise eine CNC-Maschine im Einsatz hat und damit einen Bruchteil der für die CNC-Bearbeitung bei ihm in Frage kommenden Bearbeitungsaufgaben abdeckt, wird bei einem bloßen Nutzerquotenvergleich genauso behandelt wie ein Westbetrieb, der 20 CNC-Maschinen einsetzt und damit sein gesamtes Teilespektrum herstellt. Wie die entsprechenden Analysen zeigten, trifft jedoch auch diese These zur Erklärung der unterschiedlichen Produktivitäten in Ost und West nicht zu (vgl. Tabelle 2). Ein Betrieb aus den neuen Ländern, der eine Technik einsetzt, hat im Mittel, die gleiche Einsatzintensität in der Ausschöpfung des Potentials, das im Betrieb für diese Technik gegeben ist, realisiert wie ein Westbetrieb.

Tabelle 2: Vergleich produktivitätsrelevanter Faktoren zwischen Ost- und Westbetrieben

	Betriebe in den	
	neuen Ländern	alten Ländern
Durchschnittlicher Auslastungsgrad der vorhandenen Fertigungskapazitäten	81 %	85 %
Anteil des Personals in den betrieblichen Funktionsbereichen		
- FuE, Konstruktion	10 %	10 %
- Arbeitsvorbereitung	9 %	8 %
- Fertigung	34 %	35 %
- Montage	26 %	21 %
- Instandhaltung/Qualität	5 %	4 %
- Vertrieb/Service	7 %	11 %
- Verwaltung	9 %	10 %
Ausschöpfung des betrieblich vorhandenen Technikpotentials bei		
- CAD-Nutzern	67 %	68 %
- PPS-Nutzern	75 %	73 %
- CNC-Nutzern	63 %	72 %
- CIM-Nutzern	57 %	60 %
Verwirklichung neuer Organisationskonzepte wie		
- Gruppenarbeit	53 %	53 %
- Fertigungssegmentierung	47 %	39 %
- Simultaneous Engineering	25 %	28 %
- Just-in-time	17 %	19 %
- Zertifizierung nach DIN ISO 9000 ff	38 %	38 %
Fertigungstyp		
- Herstellung kundenspezifischer Produkte	63 %	49 %
- Programmfertigung mit kundenspezifischen Varianten	34 %	46 %
- Programmfertigung	3 %	5 %

Neben der Fertigungstechnik wird seit Ende der 80er Jahre verstärkt auch wieder die Organisation der Produktion als zentraler Faktor zur Beeinflussung der Produktivität diskutiert. Die Einführung von Gruppenarbeit, die Bildung von Fertigungssegmenten anstelle von funktionsorientierten Werkstätten, die Parallelisierung der Abarbeitung von Aufgaben und ähnliche Prinzipien stehen dabei im Zentrum der Überlegungen. Haben die Betriebe der neuen Länder diese Gedanken in geringerem Maße aufgegriffen als die Betriebe in den alten Ländern und liegen Sie daher in ihrer Produktivität zurück? Tabelle 2 zeigt, daß auch dieser Erklärungsansatz nicht greift: Die neuen Produktionskonzepte sind in der Investitionsgüterindustrie Ostdeutschlands genauso weit verbreitet wie in den alten Bundesländern. Weiterführende Analysen zeigen, daß in den Betrieben, die die neuen Konzepte nutzen, die Breite des Einsatzes im Ost-/West-Vergleich ebenfalls nicht differiert.

Eine letzte, mit den hier vorliegenden Daten zumindest indirekt überprüfbare Vermutung läuft darauf hinaus, daß die Betriebe in den neuen Ländern die Aufwände, die sie in der Herstellung der Produkte haben, im Produktpreis am Markt nicht durchsetzen können. Die geringere Produktivität im Osten wäre somit nicht Folge einer geringeren „Produktionsmenge" pro Mitarbeiter sondern einer „Unterbewertung" der produzierten Menge. Die Umsätze und damit die Wertschöpfung in den Betrieben der neuen Länder lägen demnach unter denen von Westbetrieben, da Ostbetriebe nur zu „Dumpingpreisen" überhaupt in Märkte vorstoßen können. Ein Indiz für die Richtigkeit dieser Hypothese resultiert aus dem Befund (vgl. Tabelle 2), daß die Betriebe der neuen Länder im Vergleich zu den alten Ländern zu einem deutlich höheren Anteil (63 Prozent statt 49 Prozent) kundenspezifische Produkte herstellen. Kundenspezifische Produkte sind in ihrer Herstellung aufwendiger als Produkte, die kundenspezifisch nur variiert werden oder die der Kunde überhaupt nicht beeinflussen kann. Wahrscheinlich sind die Betriebe in den neuen Ländern gezwungen, diesen Zusatzaufwand zu betreiben ohne die dafür anfallenden Kosten im Preis durchsetzen zu können.

Zusammenfassend kann damit festgehalten werden, daß kaum einer der hier überprüfbaren Faktoren, der für die weit zurückliegende Produktivität in Ostdeutschland verantwortlich sein könnte, sich in Ostdeutschland deutlich anders darstellt, als dies für die Betriebe in den alten Bundesländern charakteristisch ist. Sind demnach die geringen Unterschiede in den Techniknutzerquoten und in dem Ausmaß, in dem kundenspezifisch produziert wird, doch ursächlich für die Produktivitätsunterschiede? Um dies nochmals zu beleuchten, wurden die Produktivitäten der ostdeutschen Betriebe differenziert für die Teilgruppen von Betrieben ermittelt, die

- moderne Produktionstechniken einsetzen beziehungsweise dies nicht tun und die
- kundenspezifisch produzieren beziehungsweise Programmfertigung mit kundenspezifischen Varianten betreiben.

Dabei zeigte sich folgendes: Während die Betriebe in den neuen Ländern insgesamt 56 Prozent der Produktivität der Westbetriebe erreichen, beläuft sich je nach betrachteter Techniklinie die Produktivität der die Technik nutzenden Ostbetriebe auf 57 Prozent bis 59 Prozent des Westdurchschnitts, die Produktivität der die Technik nicht nutzenden Ostbetriebe auf 51 Prozent bis 55 Prozent. Diese Unterschiede sind eher marginal. Die Frage „Techniknutzung Ja oder Nein" kommt damit als Haupterklärungsfaktor für den Produktivitätsrückstand nicht in Frage.

Einen etwas größeren Erklärungsbeitrag liefern die Ost-/West-Unterschiede im Faktor „Fertigungsart". Während Ostbetriebe mit kundenspezifischer Fertigung 51 Prozent der Produktivität des Westdurchschnitts erreichen, liegt der entsprechende Wert der „Programmfertiger mit kundenspezifischen Varianten" in den neuen Ländern bei 67 Prozent.

5. Zusammenfassung und Schlußfolgerungen

Die Tatsache, daß die Betriebe aus den neuen Bundesländern bei ähnlicher Kapazitätsauslastung nur 56 Prozent der Produktivität der westdeutschen Betriebe erreichen, gibt Anlaß, den Gründen hierfür vertieft nachzugehen. Waren in der Vergangenheit für die ostdeutschen Firmen Unterschiede in der Modernität und Leistungsfähigkeit der Fertigungsmittel als Begründung für unterdurchschnittliche Produktivität ins Feld geführt worden, so scheidet diese Begründung nach dem enormen Investitionsschub, der den Technikstand in den ostdeutschen Betrieben in vielen Bereichen dem Westen angeglichen hat, weitgehend aus. Provokativ könnte man die These formulieren, daß der schnelle Aufholprozeß in der Technik die ostdeutschen Betriebe viel Geld gekostet hat, was über die zu erwirtschaftenden Abschreibungen zur schlechten Ertragslage beitrug, ohne daß mit diesen technischen Lösungen die Produktivität über das Niveau angehoben werden konnte, das ostdeutsche Betriebe ohne dieselbe Technisierung erreichen.

Ein Problem ostdeutscher Betriebe, die ihre Technik modernisiert haben, könnte darin liegen, daß Technisierung und die Fähigkeit mit den neuen technischen Lösungen auch produktiv umgehen zu können, nicht parallel entwickelt worden sind. Andere Betriebe sind möglicherweise im Technisierungstempo verhaltener vorgegangen, hatten damit jedoch neben dem geringeren Finanzierungsbedarf die Chance, die Technologiemanagement-Kapazität auf allen betrieblichen Ebenen dem Technisierungsgrad anzupassen. Die in diesem Zusammenhang aufstellbare These lautet: Voraussetzung zur Steigerung der Produktivität ist eine sich im Gleichklang entwickelnde Technisierung der Produktionsmittel und der oben genannten „Weichen" Faktoren.[2] Eine langsamere Modernisierung des Kapitalstocks kann zu rascheren Produktivitätsfortschritten führen, wenn sie flankiert ist durch eine angepaßte Entwicklung der organisatorischen Produktionskonzepte, der Technologiemanagementfähigkeiten und eines eingeübten Umgangs der Mitarbeiter mit den neuen technisch-organisatorischen Produktionsstrukturen.

Erweist sich diese These als tragfähig, resultieren daraus weitreichende Konsequenzen sowohl für die Leitlinien, an denen sich unternehmerisches Verhalten in den Betrieben der neuen Länder zu orientieren hätte, wie auch für die Wirtschafts- und Technologiepolitik, die sich kurz- bis mittelfristig wegen der unbefriedigenden Wirtschaftssituation in den neuen Ländern nicht auf die Gestaltung der Rahmenbedingungen beschränken kann und wird (vgl. u. a. DIW 1997; Ragnitz 1997a:15; Penzkofer/Schmalholz 1996:13).

Diese Konsequenzen sind umso wichtiger, da die Technikfaszination als Problemlösungsstrategie im Mittel der befragten ostdeutschen Betriebe noch ungebrochen zu sein scheint. Hier werden für die Zukunft im Gegensatz zu den alten Ländern Maßnahmen zur Effektivierung des Produktionsprozesses dominant als technische Lösungen verstanden (Lay et al. 1996:39f).

---

2 Vgl. in diesem Zusammenhang auch die Ausführungen von Paasi (1997), die eine nicht ausgewogene Entwicklung von technologischer und ökonomischer Kompetenz in den Betrieben Ostdeutschlands dafür verantwortlich macht, daß die wirtschaftliche Entwicklung stockend verläuft, bzw. Mallok/Fritsch (1997), die einem „intelligenten" Umgang mit dem technischen Anlagenbestand für die Produktivität eine höhere Bedeutung als der Modernität des Kapitalstocks zumessen.

Literatur

Dietrich, V. (1997): Kapitalausstattung und Produktivitätsrückstand im ostdeutschen Unternehmenssektor. In: Wirtschaft im Wandel 7/1997, S. 5-9.

DIW (1995): Nach wie vor große Defizite beim ostdeutschen Kapitalstock. Wochenbericht des Deutschen Instituts für Wirtschaftsforschung 31/1995, S. 535-544.

DIW (1997): Gesamtwirtschaftliche und unternehmerische Anpassungsfortschritte in Ostdeutschland. 15. Bericht, Wochenberichte des Deutschen Instituts für Wirtschaftsforschung 3/1997, S. 45-64.

Dreher et al. (1995): Neue Produktionskonzepte in der deutschen Industrie – Bestandsaufnahme, Analyse und wirtschaftspolitische Implikationen. Heidelberg: Physica-Verlag.

Felder, J. et al. (1995): Innovationsverhalten der deutschen Wirtschaft – Ein Vergleich zwischen Ost- und Westdeutschland, Zentrum für Europäische Wirtschaftsforschung, Dokumentation Nr. 95–03.

Fritsch, J. und Mallok, J. (1994): Die Arbeitsproduktivität des industriellen Mittelstandes in Ostdeutschland – Stand und Entwicklungsperspektiven. In: Mitteilungen aus der Arbeitsmarkt- und Berufsforschung 1/1994, S. 53-59.

Gürtler, J. (1997): Neue Bundesländer - Produktionspläne, Beschäftigungstendenzen und Ertragslage im verarbeitenden Gewerbe. In: IFO-Schnelldienst 14/1997, S. 3-10.

Lay, G. (Hrsg.) (1995): Strukturwandel in der ostdeutschen Investitionsgüterindustrie. Heidelberg: Physica-Verlag.

Lay, G. et al. (1996): Produktionsstrukturen in der Investitionsgüterindustrie Sachsens - Ein Vergleich mit den alten und neuen Bundesländern. In: Sächsisches Staatsministerium für Wirtschaft und Arbeit, Studie Heft 6. Dresden.

Lay, G. und Mies, C. (1997): Erfolgreich reorganisieren - Unternehmenskonzepte aus der Praxis. Heidelberg: Springer-Verlag.

Lay, G.; Michler, T. (1990): Produktionsautomation in der Bundesrepublik Deutschland. In: Fortschrittliche Betriebsführung und Industrial Engineering, Heft 2, April 1990, S. 78-82.

Lay, G.; Michler, Th.; Pleschak, F. (1995): Angepaßte Gestaltung von CIM-Projekten - Beispiele aus der CIM-Förderung in den neuen Bundesländern. In: CIM Management 11, S. 55-58.

Mallok, J. (1996): Kostensparende Modernisierung im ostdeutschen Maschinenbau. In: Zeitschrift für wirtschaftlichen Fabrikbetrieb, Bd. 91, S. 216-218.

Mallok, J. und Fritsch, M. (1997): Die „Intelligenz" der Techniknutzung – Zur Bedeutung des Maschinenparks und seiner Einsatzweise für die betriebliche Leistungsfähigkeit. In: Zeitschrift für betriebswirtschaftliche Forschung, Bd. 49, S. 141-159.

Ostendorf, B. (1995): Perspektiven industrieller Entwicklung? Transformationsprozesse des ostdeutschen Maschinenbaus. Arbeitspapier Z2 - 5/1993 des Sonderforschungsbereichs 187. Bochum: Ruhr-Universität.

Paasi, M. (1997): Technologische und ökonomische Kompetenzen der Unternehmen - der (noch) schwache Motor im ostdeutschen Wachstum In: IFO-Schelldienst 17-18/1997, S. 36-43.

Penzkofer, H. und Schmalholz, H. (1996): Innovationstätigkeit und Aspekte ihrer Förderung in den neuen Bundesländern. In: IFO-Schnelldienst 9/1996, S. 6-13.

Ragnitz, J. (1997a): Wirtschaftspolitischer Handlungsbedarf in Ostdeutschland - Ein Überblick. In: Wirtschaft im Wandel 2/1997, S. 13-16.

Ragnitz, J. (1997b): Zur Produktivitätslücke in Ostdeutschland. In: Wirtschaft im Wandel 7/1997, S. 3-4.

Wengel, J. und Harnischfeger, M. (1995): Stand und Entwicklung des Rechnereinsatzes in der Produktion. In: Lay, G. (Hrsg.): Strukturwandel in der ostdeutschen Investitionsgüterindustrie. Heidelberg: Physica-Verlag.

Probleme der Einführung von komplexen Innovationssystemen in ostdeutschen Betrieben

Gottfried Rössel

1. Problemstellung

Die Verschärfung der allgemeinen Wettbewerbsbedingungen zwingen die Betriebe dazu, neue Wege im Rahmen des Innovationsmanagements zu gehen. Markante und aktuelle Erscheinungen sind:

- Die erhöhte Innovationshäufigkeit, die in enger Kopplung mit den verkürzten Innovationszeiten immer rascher und mehr neue Erzeugnisse auf die Märkte wirft.

- Das anwachsende Innovationsniveau, das gemessen am tatsächlichen Neuheitsgrad von weltweit erlangbaren Konkurrenzprodukten, immer mehr Gewicht erlangt, weil der Kunde nur tatsächlichen Neuheitswert und nachweisbaren Nutzen besser honoriert.

- Die immer stärkere Verkürzung der Innovationszeiten für Produkte und Dienstleistungen.

Dieses neue Maß an Innovationsniveau, -tempo und -häufigkeit auf Dauer in den Betrieben zu implementieren und zu sichern ist eine wichtige Aufgabe der Gegenwart und Zukunft.

Verstärkt müssen dazu Antworten auf folgende Fragen gefunden werden:

- Wie kann die Innovationsfähigkeit eines konkreten Betriebes generell und dauerhaft auf das erforderliche Niveau gebracht werden?
- Wie sind die verschiedenen Innovationen verknüpft, welche Kombinationsmöglichkeiten gibt es und welche bewähren sich besonders?
- Welche Rolle spielen bestimmte Innovationsprofile in den Betrieben?

2. Systeminnovationen contra Einzelinnovationen?

Analysiert man gegenwärtig die Kundenwünsche, den Bedarf und die Bedürfnisse, so wird deutlich, daß die Marktforderungen an die Betriebe heute in zwei generelle Richtungen gehen:

Erstens:
Innovative Produkte sollen in bester Qualität zum richtigen Preis mit entsprechendem Service angeboten werden. D. h. die Innovationsleistung, das Innovationsprodukt wird nachgefragt und bei Akzeptanz durch den Kunden gekauft.

Zweitens:
Immer stärker rückt außerdem die Innovationsfähigkeit des Unternehmens in den Blickpunkt des Marktes und des Kunden. So ist es heute von großen Interesse, ob die einzelne Firma ein sich an Weltmaßstäben orientierendes Innovationstempo und Innovationsniveau halten, mitbestimmen oder gar bestimmen kann. Das heißt, der Markt fordert, ausgehend vom exakt ermittelten Kundenwunsch, eine ständig verfügbare Innovationsfähigkeit in den Betrieben, besonders dokumentiert durch Kreativität,. Flexibilität, Reaktionsfähigkeit und Timing. Damit steht immer stärker die Innovationsfähigkeit der Unternehmen auf dem Prüfstand von Markt und Kunden. Oft erscheint es schon so, daß der Kunde zuerst die Firma mit ihren Leistungsvermögen sieht und dann das konkrete Produkt zur Befriedigung ganz spezieller Bedürfnisse (vgl. Abbildung 1).

So verknüpfen sich betriebliche Innovationsfähigkeit und innovative Leistungen aus der Sicht des Kunden immer intensiver. Innovationen dienen einerseits der generellen Erhöhung der betrieblichen Innovationsfähigkeit, wie z. B. Organisationsinnovationen und Sozialinnovationen, andererseits sichern andere Innovationen die Erneuerung konkreter Technologien und Erzeugnisse.

Offensichtlich erfordert die Bewältigung der eingangs genannten Innovationszwänge immer stärker die Verkopplung dieser verschiedenen Innovationstypen. Damit entstehen Systeminnovationen. Hartmann und König (Hartmann/König 1996:160) stellen fest: „Systeminnovationen sind komplexe Produkte, die durch das Zusammenspiel mehrerer Innovationen bzw. durch Zusammensetzung mehrerer Einzelprodukte entstehen".

Abbildung 1: Markterfordernisse an betriebliche Innovationsleistungen und Innovationsfähigkeit

Innovationsleistungen	Innovationsfähigkeit
Innovative Produkte	Kreatives Leistungsvermögen
Bessere Qualität	Flexible Potentiale, hohe Reaktionsfähigkeit
Neue Serviceleistungen	
Erneuerte Sortimente	Umfassende Kunden- und Marktorientierung
Kundenwunschorientierte Leistungen	Beherrschung des Zeitfaktors (Zeitraum, Zeitpunkt, Zeitdauer)
Kürzeste Lieferzeiten	
Wettbewerbsfähiges Preis-/Leistungsverhältnis	Qualitätsmanagement

Im folgenden wird der Versuch gemacht, einige Charakteristika von Systeminnovationen zu finden:

Erstens:
Offensichtlich führt der enorme Marktdruck auf das Innovationstempo und das wachsende Innovationsniveau immer stärker zu Systeminnovationen mit hoher Komplexität.

Dabei sind Kopplungen von unterschiedlichen Innovationen in Form komplexer Prozeßinnovationen (vgl. Pleschak 1991:23), z. B. bei Automatisierungsvorhaben oder im Bezug auf die Verknüpfung von Produkt- und Prozeßinnovationen betriebswirtschaftlich seit langem bekannt und häufig analysiert. Das die Beherrschung solcher Innovationsketten praktisch sehr problematisch war und ist, ist ebenfalls bekannt. Wahrscheinlich machen diese traditionellen Innovationsketten trotz erhöhten Innovationstempos und - niveaus noch nicht die neue Qualität aus.

Zweitens:
Die hier in Ansätzen vorzustellenden Systeminnovationen erreichen ihre neue Qualität wahrscheinlich durch einige ganz spezielle Aspekte:

- Zunehmend wichtig und interessant werden die Kopplungen von Produkt-, Technologie-, Organisations- und Sozialinnovationen (vgl. Abbildung 2). Organisations- und Sozialinnovationen begründen dabei insbesondere ein neues Niveau der betrieblichen Innovationsfähigkeit. Während die Produkt- und Prozeßinnovationen vorrangig die tägliche Wettbewerbsfähigkeit der Firmen am Markt sichern müssen.

- Der Verkauf, die Finanzierung, die Forschung und Entwicklung sowie das Management innovativer Erzeugnisse steht vor neuen Herausforderungen. Aus diesem Grunde sind heute, Verkaufsinnovationen, Finanzinnovationen, Innovationen im Management, diese vor allem hinsichtlich einer verstärkten Partizipation der Mitarbeiter, aber auch Innovationen in den FuE-Prozessen voll in die Systeminnovation integriert. Mehr oder weniger entscheiden zunehmend gerade diese Innovationen über den Innovationserfolg.

Abbildung 2: Kopplung und Kombination von unterschiedlichen Innovationstypen

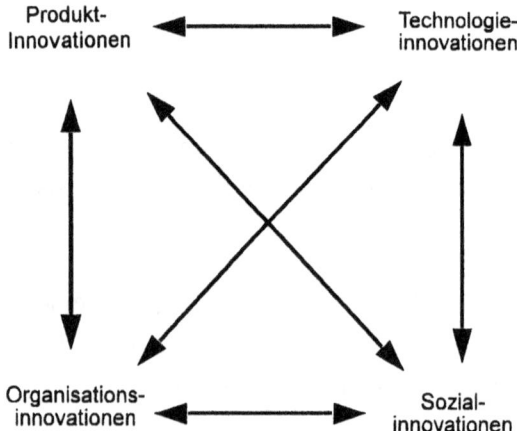

Damit wird verständlich, daß die betriebliche Innovationsfähigkeit heute mehr und mehr ganzheitliche Anforderungen an alle betrieblichen Bereiche stellt (vgl. Abbildung 3).

Drittens:

Um eine effektive betriebliche Innovationspolitik betreiben zu können, scheint es von grundlegender Bedeutung zu sein, die richtigen Kombinationen der verschiedenen Innovationen zu finden. Dabei stehen solche Fragen im Vordergrund wie:

- Welches Innovationsprofil braucht ein Betrieb, um auf Dauer wettbewerbsfähig zu sein, vor allem aber zu bleiben? (vgl. Hartmann/König 1996).
- Wie sind die Wechselwirkungen und Abhängigkeiten der verschiedenen Innovationen?
- Welche Innovationen sind für welches Problem tatsächlich notwendig, um den Geschäftserfolg zu sichern?

Abbildung 3: Die Komplexität der Systeminnovationen

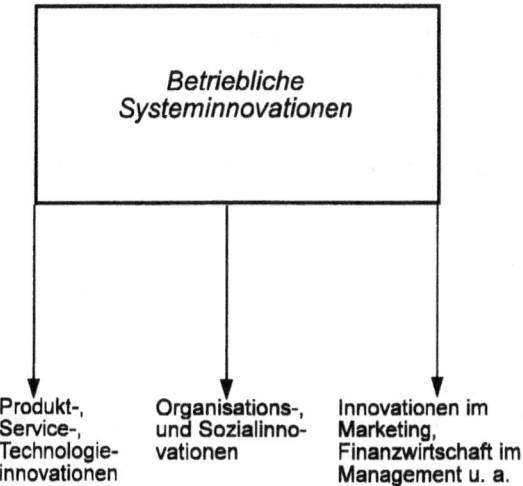

3. Die Entwicklung von betrieblichen Innovationssystemen

Fricke sieht das Wesen von Innovationssystemen insbesondere darin, die innovatorischen Potentiale eines Unternehmens in einen ständigen Entwicklungsprozeß zu mobilisieren (vgl. Fricke 1996, S. 5). Er verbindet diese Überlegungen mit den Gedanken an eine betriebliche „Entwicklungsorganisation", die die Innovationsfähigkeit der Unternehmen ständig der veränderten Umwelt und den neuen Markterfordernissen anpassen soll und kann. Damit erreichen Innovationssysteme eine spezielle Qualität. Diese neue Qualität ist meines Erachtens besonders durch folgende Eigenschaften charakterisiert: hohe Ganzheitlichkeit, dauerhafte Selbstorganisation, Lernfähigkeit und Selbstoptimierung. Die Innovationssysteme bestimmen die konkreten betrieblichen Innovationsprofile.

Ausgewählt aus 13 ostdeutschen Betrieben sollen drei Innovationsprofile von Betrieben vorgestellt werden. Dabei soll hinterfragt werden, ob in diesen Betrieben bereits Innovationssysteme geschaffen und entwickelt werden konnten und welchen Niederschlag diese in konkreten Innovationsprofilen gefunden haben.

Die drei Betriebe zeigen ein differenziertes Innovationsgeschehen:

- Betrieb A konzentrierte sich auf einige gekoppelte Innovationen, konnte aber kein ganzheitliches Innovationssystem schaffen.
- Betrieb B bewältigte zunächst auch nur einige verbundene Systeminnovationen. Der Betrieb bemüht sich zur Zeit den Übergang zu einen ganzheitlichen Innovationssystem zu erreichen.
- Betrieb C ist der erfolgreichste Betrieb im Sample, hier wurden alle Innovationen aus der ganzheitlichen Sicht eines Innovationssystems gestartet.

Die Auswahl der Betriebe soll eine Entwicklungslinie hin zu komplexen Innovationssystemen verständlich machen.

Bei aller Differenziertheit haben die Betriebe auch Gemeinsamkeiten. Die durch die Wende erzwungene marktwirtschaftliche Grundsanierung (vgl. Rössel 1992:114-115) wurde erfolgreich abgeschlossen. Im Personalbestand stark verkleinert, teilweise mit verändertem Geschäftsprofil agieren die Betriebe auf dynamischen Märkten.

Betriebstyp A:
Vorgestellt wird das Innovationsprofil eines Betriebes der metallverarbeitenden Industrie, der Schiffsausrüstungen herstellt (vgl. Abbildung 4). Die marktwirtschaftliche Anpassung dieses Betriebes vollzog sich erfolgreich, der Betrieb hat noch ca. 150 Mitarbeiter.

Abbildung 4: Innovationsprofil des Betriebes A

Der Betrieb hatte und hat kein ganzheitliches Innovationssystem. Nach der Wende bestimmten vor allem kurzfristige Produkt- und Prozeßanpassungen das Innovationsgeschehen. Danach wurde auf dieser Basis begonnen, kleinere notwendige Prozeß- und Produktinnovationen durchzuführen. Damit steht die Marktanpassung über verschiedene kleine Innovationen im Vordergrund des Innovationsprofils. Fast alle innovativen Prozesse entsprangen unmittelbar den Kundenforderungen bzw. Markterfordernissen. Das führte zu einer Verbesserung der Marktposition des Unternehmens und sicherte mehrere Jahre die lebensnotwendige Effizienz und Liquidität. Gleichzeitig wird erkennbar; Wandel in der Unternehmenskultur, der Organisationsbasis, den entscheidenden Abläufen, Technologien und Produkten wurde nicht erreicht. Die Strategie wurde mit relativ begrenzten Ressourceneinsatz möglich. Sie ist kundenorientiert und nutzt Marktchancen. Ihre vorwiegend kurzfristige Orientierung ermöglicht Reaktionsfähigkeit und Timing. Die wirtschaftliche Lage des Unternehmens in den letzten Jahren war häufig instabil. Es ist fraglich, ob das gegenwärtig erreichte Innovatiosniveau und die Innovationsfähigkeit des Betriebes den Zukunftserfordernissen genügen.

Betriebstyp B:
Analysiert wurde ein Betrieb der Chemieindustrie, der Farben produziert. Der Betrieb hatte 1997 noch 50 Mitarbeiter. Die wirtschaftliche Situation des Unternehmens war in den letzten Jahren kompliziert. Größere Einbrüche am Markt, der Wegfall der Hauptkunden nach der Wende, führten zu beträchtlichen Effizienz- und Liquiditätsproblemen. Der Betrieb besitzt noch ein eigenes kleines Forschungspotential und Erfahrungen bei der Entwicklung von Farbsystemen. Der Markt ist außerordentlich hart umkämpft (vgl. Abbildung 5).

Abbildung 5:   Innovationsprofil des Betriebes B

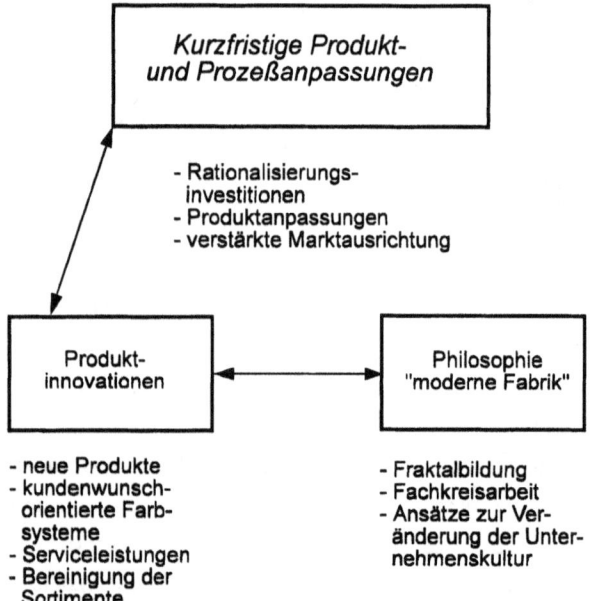

Teilweise vergleichbar dem Innovationsprofil des Betriebes A waren vor allem in den Jahren 1991 bis 94 kurzfristige „Überlebensinnovationen" notwendig und typisch. Danach begann eine Phase zur systematischen Erneuerung der Erzeugnissortimente und zur Verstärkung der Kundenorientierung.

Im Rahmen eines Forschungsprojektes begannen ab 1994 die Arbeiten zur Fraktalisierung und der Gestaltung einer veränderten Unternehmenskultur. Auf dieser Basis sollte die generelle Innovationsfähigkeit des Unternehmens wesentlich verbessert werden. Die Fraktale sind auf die komplexe Realisierung von Produktgruppen entlang der Wertschöpfungskette orientiert. Sie dezentralisieren die Entscheidungsfindung und Verantwortung und sollen ein schnelles und flexibles Reagieren am Markt ermöglichen.

Beginnend mit „Klein-Klein-Innovationen" gelangte der Betrieb in einen komplizierten Prozeß schrittweise zu einem komplexen Innovationssystem. Fraktalisierte Strukturen und eine neue Unternehmenskultur sollen eine hohe Innovationsfähigkeit für die Zukunft auf Dauer sichern.

Betriebstyp C:
Es handelt sich um einen Betrieb der metallverarbeitenden Industrie, der Baugruppen für die Fahrzeugindustrie fertigt. Im Betrieb sind ca. 250 Mitarbeiter beschäftigt, seit 1990 gehört der Betrieb wieder zu einem führenden deutschen Konzern. Grundlage des Innovationsprofils waren vor allem folgende Komplexe (vgl. Abbildung 6).

Das ganzheitliche Innovationssystem des Betriebes war Ausgangspunkt aller weiteren innovativen Aktivitäten. Über mehrere Stufen (Segmentierung, Reorganisation der Abläufe, Partizipation, neue Führungsstile, Total Quality Management) wurde die Unternehmenskultur neu gestaltet. Heute besitzt der Betrieb eine hohe Innovationsfähigkeit und ausgezeichnete wirtschaftliche Ergebnisse.

Dieses Erfolgskonzept macht deutlich:

- Fundamentale betriebliche Innovationen in der Organisation, im sozialen Bereich, im Management und in der Unternehmenskultur waren die entscheidende Basis für die hohe Innovationskraft des Betriebes.

- Auf dieser Grundlage erfolgten vielfältige Produkt- und Prozeßinnovationen, es wurden immer mehr innovative Leistungen für den Markt bereitgestellt.

- Das „innovative Klima", die entwickelte Veränderungskompetenz ist Basis für kontinuierliche Produkt- und Prozeßerneuerungen. Innovative Leistungen sind jetzt weitgehend „im Selbstlauf" möglich. Über klare strategische Entscheidungen wurde eine Innovationsfähigkeit geschaffen, die die Wettbewerbsfähigkeit des Unternehmens dauerhaft sichert.

Abbildung 6: Innovationsprofil Betriebstyp C

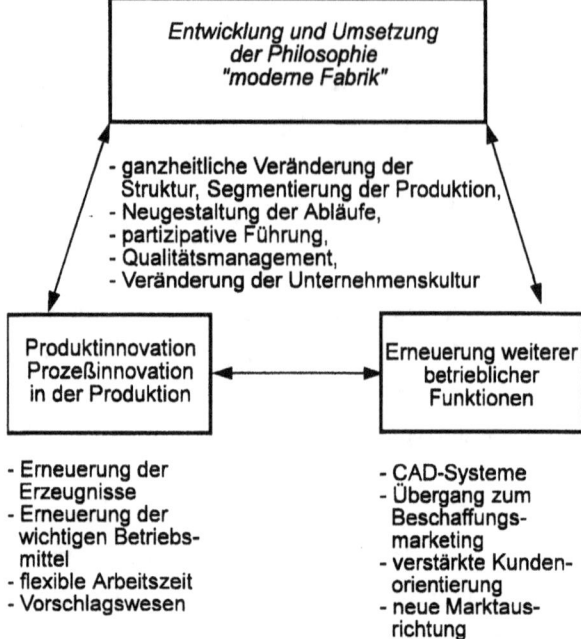

Die gesamte betriebliche Entwicklung verlief positiv. Der Betrieb konnte eine führende Rolle im Konzernverband erkämpfen. Offensichtlich ist dieses Innovationssystem sehr erfolgversprechend. Es stützt sich allerdings auf einige grundsätzliche Voraussetzungen: Klare Konzepte, den Willen zur Veränderung zunächst beim Management, dann auch bei den Mitarbeitern, eine stabile Kapitalbasis und eine brillante Organisation waren besonders wichtig. Der Betrachtungszeitraum umfaßt ca. 6 bis 7 Jahre.

4. Schlußfolgerungen

Im praktischen betrieblichen Innovationsgeschehen spielt die Einheit von Produkt-, Technologie-, Organisations- und Sozialinnovationen eine wachsende Rolle. Die Verflechtung verschiedener Innovationen zu Systeminnovationen ist ein Markterfordernis. Erfolgreiche Unternehmen gestalten ihre Innovationsprofile immer stärker auf der Grundlage komplexer Innovationssysteme. Solche Systeme sind zukunftsorientiert, verbinden verschiedene Innovationstypen und müssen vor allem die dauerhafte Innovationsfähigkeit der Betriebe auf der Basis der Selbstorganisation sicherstellen.

Literatur

Denisow, K.; Fricke, W.; Stieler-Lorenz, B. (Hrsg.) (1996): Partizipation und Produktivität. Friedrich-Ebert-Stiftung.

Frei, F.; Hugentobler, M.; Alioth, A.; Duell, W.; Ruch, L. (1993): Die kompetente Organisation. Schäffer-Poeschel Verlag. Stuttgart.

Hartmann, M. ; König B. (1996): Standortsicherung durch Innovation - Grundlagen zukünftiger Strategien und Prozesse. In: Lutz, B.; Hartmann, M.; Hirsch-Kreinsen (Hrsg.) (1996): Produzieren im 21. Jahrhundert. Campus-Verlag. Frankfurt/Main, New York.

Pleschak, F. (1991): Prozeßinnovationen, C. E Poeschel Verlag.

Rössel, G. (1995): Licht und Schatten der marktwirtschaftlichen Grundsanierung ostdeutscher Betriebe. In: Schmidt, R.; Lutz, B. (Hrsg.): Chancen und Risiken der industriellen Restrukturierung in Ostdeutschland. Akademie Verlag.

Rössel, G. (1995): Zwischen Neutaylorismus und Lean Production-Ausgewählte Rationalisierungskonzepte ostdeutscher Betriebe. In: Lutz, B.; Schröder, H. (Hrsg.) (1995): Entwicklungsperspektiven von Arbeit im Transformationsprozeß. Rainer Hampp Verlag. München und Mering.

Warnecke, H. J. (1993): Revolution der Unternehmenskultur. Springer Verlag. Berlin, Heidelberg, New York.

Wildemann, H. (1988): Die modulare Fabrik - Kundennahe Produktion durch Fertigungssegmentierung. Verlag Industrielle Organisation. Zürich.

Nichttechnische Innovationsprobleme bei der ostdeutschen Produktionsmodernisierung

Rudi Schmidt

1. Einleitung

Der wirtschaftliche Aufholprozeß in Ostdeutschland ist unübersehbar ins Stocken geraten. Nicht nur die weiterhin hohen und teilweise sogar steigenden Arbeitslosigkeitszahlen, sondern auch die übrigen wirtschaftlichen Kennziffern weisen darauf hin, daß die ostdeutsche Wirtschaft, und insbesondere auch die Industrie, auf den neuen Märkten noch nicht richtig Fuß gefaßt hat. Im Zentrum der kritischen Analysen stehen hierbei vor allem Erklärungen zur Produktivitätslücke (ca. 60 Prozent) gegenüber Westdeutschland und die höheren Lohnstückkosten (ca. 125 Prozent). Die ökonomischen Experten zeigen sich darüber vielfach ratlos, weil so ziemlich alle empirischen Untersuchungsbefunde zeigen, daß der Rückstand bei der Produktinnovation und der Modernisierung der Fertigungstechnologie inzwischen weitgehend aufgeholt ist (vgl. die Beiträge in Lay 1995, Lay 1997; Mallok 1996; Schmidt 1996; IAB-Betriebspanel Ost 1997). Gleichwohl halten viele Politiker an diesem Begründungsmuster fest, wenn sie den Produktivitätsrückstand erklären wollen, weil er sich im Rahmen erprobter Verwaltungs- und Entscheidungsprozesse, Förderinstrumente, Kreditkriterien, Erfahrungen usw. bewegt, auf die man politikverläßlich und systemkonform Einfluß nehmen kann. Gegen diese Position möchte ich in meinem Beitrag den entgegengesetzten Erklärungsansatz starkmachen: Die relative Marktschwäche der ostdeutschen Industrie liegt danach inzwischen in erster Linie in nichttechnischen Innovationsproblemen. Darunter werden Probleme der Unternehmens- und Betriebsorganisation, der Arbeitsorganisation, der Qualifikation, aber auch Probleme bei Strategien und Orientierungen der betrieblichen Akteure, bei den kognitiven und mentalen Dispositionen verstanden, schließlich auch bei der Personal- und Leistungspolitik und bei den sozialen Beziehungen.

Bislang dominierte in der Problemwahrnehmung der wissenschaftlichen und politischen Beobachter und in der Praxis der Akteure gleichermaßen die technische Seite des industriellen Modernisierungsprozesses, also der Innovation von Produkten und Fertigungstechnologien. Das erscheint naheliegend, erklärt sich aber nicht nur daraus, daß es hierbei zunächst um die Beseitigung offenkundiger Defizite und um die sachlich unabweisbare Restrukturierung bestimmter stofflicher und technischer Prozesse ging, sondern hat auch mit der öffentlich wirksamen Semantik der so beschriebenen Vorgänge zu tun. Der Produktivitätsrückstand der ostdeutschen Industrie, den sie nach allgemeiner Einschätzung 1990 aufwies, war evident, denn er ließ sich nicht nur aus - in mancher Hinsicht problematischen - Statistiken, sondern an den veralteten Produkten und Anlagen selbst unmittelbar ablesen. Es bedurfte keines großen analytischen Aufwands, um Investitionen in neue Maschinen, Fabrikhallen oder Produkte zu begründen und für vordringlich zu erklären. Sie waren auch schnell realisierbar, denn dafür standen die administrativen Verfahrenswege fest, existierten Förderrichtlinien und Ausführungsbestimmungen aus der westdeutschen Förderpraxis, inkl. flankierender Kofinanzierung durch die Banken. Solche Investitionshilfen haben für Politiker auch den unschätzbaren Vorteil ihrer öffentlichen Sichtbarkeit, das Resultat läßt sich in absehbarer Zeit in Augenschein nehmen, werbewirksam einweihen und somit in die politischen Legitimationsrituale integrieren. Diese Handlungsbereitschaft von Politikern in den Entscheidungsgremien und der Vertreter von Förderinstitutionen entsprach auf der Seite der Betriebe eine technikzentrierte Problemsicht, die sich zwar einerseits zunächst an der schon genannten Evidenz der technologischen Defizite legitimieren konnte, der aber auch eine technizistische Funktionsbestimmung zugrunde liegt, die sich teils aus dem professionellen Selbstverständnis, teils aus einer spezifischen Ingenieurskultur und Betriebstradition heraus erklärt.

Weit schwieriger ist es mit dem Erkennen und Fördern der „weichen" Produktionsfaktoren: mit den Defiziten bei Organisation und Qualifikation, den Orientierungen, den Dispositionen und Strategien der betrieblichen Akteure. Der analoge Vorgang zur gelungenen Erneuerung des Maschinenparks, der theoretisch denkbare Austausch der Köpfe ist nur das prinzipiell Einfachste, wäre aber weder sinnvoll noch wünschbar gewesen, ganz abgesehen davon, daß er sich ohnehin nur einzelbetrieblich, aber nicht industrieweit hätte realisieren lassen. Während es bei Maschinen und Produkten noch relativ leichtfällt, das jeweils Beste - je nach Einsatzzweck - als das Leistungsfähigste, Schnellste oder Vielseitigste zu identifizieren, fällt dies bei Organisations- und Strategiekonzepten schon sehr viel schwerer. Entgegen einem alten Ingenieurstraum gibt es nicht den „one best way" der Produktion. Woran sollte man sich auch bei dem gewaltigen Modernisierungsprozeß, der den meisten Betrieben

1990 bevorstand, orientieren? Um die Schwierigkeiten, diese Frage zu beantworten, besser zu verstehen, möchte ich noch einmal kurz die Ausgangsbedingungen hinsichtlich der zu bewältigenden Strukturprobleme rekapitulieren.

2. Friktionen bei der betrieblichen Reorganisation im Privatisierungsprozeß

Die ostdeutschen Industriebetriebe standen 1990 vor dem Problem, einen *doppelten Modernisierungsprozeß* bewältigen zu müssen. Zum einen hatten sie das zumindest durchschnittliche Branchenniveau westlicher Industrieunternehmen zu erreichen, zum anderen mußten sie sich in den Stand versetzen, sich strukturell und strategisch auf den beschleunigten Modernisierungsprozeß einzustellen, dem sich auch etablierte Unternehmen im Westen infolge des verschärften Wettbewerbsdrucks auf den globalisierten Märkten ausgesetzt sahen (als Beispiel sei hier nur auf den krisenhaften Anpassungsprozeß des westdeutschen Werkzeugmaschinenbaus Anfang der 90er Jahre hingewiesen). Statt eines integrierten Reorganisationsprozesses zur Erlangung des optimalen Modernisierungsniveaus für den Neueintritt in westliche Märkte erfolgte ein permanenter disproportionaler Anpassungsprozeß der Betriebe an die Auftrags- und Absatzsituation, wie sie sich nach dem Wegbrechen der Ostmärkte ergab. Der Kapitalmangel während der Treuhandphase („Privatisieren vor Sanieren") reduzierte den Umbauprozeß häufig auf eine bloß volumenorientierte Kapazitäts- und Kostenreduktion. Diese absatzorientierte Radikalschrumpfung hat in den meisten Branchen zu einer „Verkleinbetrieblichung" geführt, und damit zu einer weit unterhalb der durchschnittlichen westdeutschen Betriebsgröße liegenden Unternehmensstruktur. Die Transformation von der zentralistischen Planwirtschaft zu autonomen Unternehmenseinheiten, die Auflösung der Kombinate und Neustrukturierung der Betriebe gemäß den jeweiligen Branchen, Bedingungen und Markterfordernissen fand in der ersten Hälfte der 90er Jahre statt und gilt beim Gros der Betriebe seit 1993/94 als abgeschlossen. Dieser Vorgang ist gut dokumentiert und ausführlich beschrieben worden (vgl. u. a. die Beiträge in Lutz 1996 und Schmidt 1996).

Die Umstrukturierung in dieser ersten Phase verlief also weniger als geplanter, sondern vielmehr als ein reaktiver Anpassungsprozeß im engen Rahmen ökonomischer Zwänge. Gleichzeitig wurden erste Schritte in Richtung auf eine zukunftsorientierte Neuausrichtung von Produkt und Fertigung getan, ohne daß die hinreichende Gewißheit darüber bestand, ob damit eine reale Zukunft auf den Märkten zu begründen wäre. Dies galt weniger für die früh privatisierten Betriebe und da vor allem nicht für jene, die in die bergenden Arme eines potenten westlichen Konzerns mit erprobter Strategie und realer Marktmacht genommen wurden. Größere Schwierigkeiten hatten in der Regel die spät privatisierten und die MBO-Betriebe (MBO: managementbuy-out). Diese und alle anderen Betriebe, die nicht durch den neuen Eigentümer ein klares, am Markt erprobtes Produktprofil und ein organisatorisch dazu stimmiges Produktionskonzept geliefert bekamen, sondern auf eigene Faust und mit unzureichender Beratung sich auf die Suche nach dem richtigen Weg machten, hatten und haben noch heute erhebliche Probleme zu bewältigen.

Daß die neuen Betriebsstrukturen vielfach nicht Ergebnis eines konzeptionellen Neuaufbaus, sondern Resultat einer rigiden „Verschlankung" waren, vermehrt die Last der mitgeschleppten Spätfolgen dieses reaktiven Anpassungsprozesses bei der Bewältigung der Modernisierungsanforderungen. So bereitet es vielen dieser Betriebe große Mühe, das Funktionsmuster, Teil eines vormals tiefgestaffelten Großkombinats mit innerbetrieblich hoch arbeitsteilig-zentralistisch gesteuerter Produktion gewesen zu sein, durch eine den neuen Aufgaben und der geschrumpften Betriebsgröße angemessene organisatorische Form zu ersetzen. Es verwundert daher nicht, daß sich viele dieser Betriebe noch mit der mentalen und organisatorischen Hinterlassenschaft hierarchisch-zentralistischer, teilweise tayloristischer Strukturen herumschlagen, was wir an anderer Stelle als „großbetriebliche Phantomschmerzen" (vgl. Schmidt 1997) bezeichnet haben und sich schwer damit tun, die Vorteile der kleinbetrieblichen Flexibilität mit hoher Interaktionsdichte, kurzen Entscheidungswegen usw. zu nutzen.

Es mußten aber nicht nur die innerbetriebliche Funktionsvernetzung neu strukturiert und u. U. fehlende Funktionen ergänzt werden, sondern auch die zwischenbetrieblichen Zu- und Abnehmerbedingungen. Mit der Umstellung auf die Marktwirtschaft und der sich infolgedessen vollziehenden Kombinatsauflösung mußten fast alle Kundenbeziehungen der übrigbleibenden Betriebe neu definiert und neu zusammengesucht werden. Das galt natürlich in erster Linie für die Abnehmerseite, was aber häufig übersehen wurde ist, daß dies fast ebenso für die Lieferanten zutraf. Nicht nur mit einer Produktänderung, sondern allgemein schon mit veränderten Qualitätsanforderungen waren häufig andere Zulieferer erforderlich. Es bedurfte auch hierfür erst einer längeren Such- und Erprobungsphase, bis die Lieferanten mit dem gewünschten Vorprodukten mit annehmbarem Preis gefunden waren, und dabei machten dann viele der ostdeutschen Betriebe noch die Erfahrung, daß sie sich mit ihrem geringen

Bestellvolumen mit schlechten Preis- und Lieferkonditionen abzufinden haben. Die organisatorische Überwindung des dauerhaften Strukturnachteils aus dem Kleinbetriebstatus durch das „kooperative Arrangement" horizontal oder vertikal (entlang der Wertschöpfungskette) benachbarter Betriebe steckt aber bislang noch in den allerersten Anfängen (Beyse 1998).

Die betriebliche Neustrukturierung in der Privatisierungphase brachte beachtliche Fortschritte, aber mit der Ausgliederung nicht mehr benötigter Betriebsteile, der Verringerung der Fertigungstiefe, veränderten Produkten und leistungsfähigen Maschinenparks war noch nicht das Problem gelöst, wie die Anforderungen nach hochflexibler kundenspezifischer Fertigung, mit knappen und präzisen Lieferfristen ohne innerbetriebliche Friktionen und zu auskömmlichen Preisen zu realisieren war. Dieser gewissermaßen zweite Modernisierungsschritt wird durch die schwache Marktpräsenz vieler ostdeutscher Unternehmen erschwert, was einerseits an den hochverriegelten Märkten selbst, andererseits aber auch an den vielfach unzulänglichen Marktkompetenzen der ostdeutschen Wettbewerber liegt (Gergs/Pohlmann 1996). Damit stellt sich die Frage, welche Konzepte und Kompetenzen die betrieblichen Akteure des Modernisierungsprozesses haben.

3. Kognitive und mentale Probleme der betrieblichen Akteure

Eine wichtige Komponente in der Akteursdisposition ist die Wendeerfahrung, d. h. die Erfahrung aus der Zeit der Kombinatsumwandlung und der Privatisierung unter der Treuhandägide. Wenn man einmal die angepaßten Apparatschiks beiseite läßt, deren Opportunismus ihnen schon eine Chance eröffnete, innerhalb oder außerhalb der Betriebe zu überdauern, so war es vor allem die Gruppe der Managertechnokraten, die nach dem Zusammenbruch der DDR unter dem Motto die Ärme hochkrempelten: Jetzt ohne Parteibevormundung und restriktive Mangelwirtschaft können wir endlich zeigen, was wir können.

Gerade in dieser Gruppe war dann die Enttäuschung groß, als sich zeigte, daß für ihre Produkte auf den westlichen Märkten kein Bedarf bestand bzw. die entsprechenden Felder schon von Konkurrenten besetzt waren. Viele westliche Kooperationsangebote entpuppten sich näher besehen als einseitige Vorteilsnahme durch den vermeintlichen Kooperanten und verstärkten das Mißtrauen. Das ist häufig kolportiert worden und braucht nicht näher erläutert zu werden. Die erste allgemeine und nachhaltige Begegnung mit westlichem Management-know-how kam für viele ostdeutsche Führungskräfte durch die Anfangsevaluierung im Rahmen der Treuhandbestandsaufnahme. Jeder Betrieb wurde von Unternehmensberatern aufgesucht und hinsichtlich seiner Zukunftschancen bewertet. Die Verfahren waren hochstandardisiert, sehr krude und meistens ohne jede betriebsspezifische Differenzierung. Die Aufgabe war riesig, das Fachpersonal knapp und die Zeit drängte. Aus dieser Zeit stammen sehr verbreitete Vorurteile gegenüber der Zunft der Unternehmensberater. Viele Betriebe versuchten es nun auf eigene Faust, sich an die neuen Anforderungen anzupassen - und waren damit häufig überfordert. Diese Phase der Selbstbehauptung am Ende der Treuhandphase war häufig von einer „Opfersemantik" bestimmt: Man fühlte sich „vom Westen über den Tisch gezogen" oder glaubte, „die wollen uns nicht haben". Aus der Schwierigkeit, die verlorenen osteuropäischen Märkte im Westen neu zu gewinnen, entstand bald der Eindruck, in „Feindesland" zu agieren, weil die Konkurrenz im Westen natürlich beinhart sein kann. Aus dieser Enttäuschung entwickelte sich entweder ein „resignativer Attentismus" oder ein zäher Behauptungswille, in dem die konkurrenzielle Feindbeschwörung zum innerbetrieblichen Kohäsionsargument instrumentalisiert wurde.

Eines der wichtigsten Probleme, mit dem sich die betrieblichen Modernisierer konfrontiert sehen, ist die Ungleichzeitigkeit von objektiver und subjektiver Entwicklung, d. h., die Veränderungen der betrieblichen Rahmenbedingungen und der betrieblichen Restrukturierung verliefen schneller, als die subjektive Anpassung der Akteure an diese Bedingungen, bzw. die individuelle Aneignung und bewußte Gestaltung der neuen Prinzipien. Das gilt für alle Belegschaftsteile, also auch für das Management. Verhalten unter hohem Veränderungdruck verläuft stark gratifikationsorientiert: ist das Resultat und damit die Gratifikation sehr ungewiß, wird weniger risikobereit gehandelt. Das gilt um so mehr für Akteure, die in einer Tradition zentralisierter Verantwortung, tiefgestaffelter Hierarchien und eng arbeitsteiliger Funktionswahrnehmung sozialisiert worden sind.

Die Absenz intermediärer Organisationen zur eigenverantwortlichen Interessenrealisierung in einem „vormundschaftlichen Fürsorgestaat" führte zu einer etatistischen Gesellschaftsorientierung der Bürger und damit natürlich auch der vermeintlich „Herrschenden", der Arbeiterklasse, die durch Akte paternalistischen „Gewährungs"-handelns seitens der Partei- und Staatsspitze immer wieder bestärkt worden ist. Der daraus resultierende Attentismus und die soziale Distanz gegenüber betriebsexternen Institutionen, auch gegenüber den neugebildeten Gewerkschaften, ist ein Charakteristikum der sozialen Beziehungen und des sozialen Bewußtseins der Belegschaften.

Diese Orientierung erschwert die Übernahme von Verantwortung bei delegativen und partizipativen Formen der Arbeitsorganisation, die Voraussetzung für eine Reaggregation arbeitsteilig getrennter Arbeitsaufgaben sind, wie z.B: bei der Gruppenarbeit. Teilweise wird diese Orientierung durch eine die technokratische, formale Autorität in den Vordergrund rückende Disposition insbesondere des mittleren Managements bestärkt. Diese Befunde aus der Jenenser Managementanalyse (Pohlmann/Schmidt 1996, insbes. Meinerz S. 177 ff) werden bestätigt durch die Ergebnisse von Reinhart Lang (1997).

Ein auffallendes Merkmal der Manager in der ostdeutschen Industrie ist ihre betont technologische Ausrichtung, die man auch als technizistisch bezeichnen kann (Pohlmann/Schmidt 1996:210 f.). Sie wird charakterisiert durch eine weitgehend isoliert vorgenommene technische Definition und Handhabung der Produktion und der Betriebsabläufe bei Vernachlässigung der organisatorischen, ökonomischen und sozialen Aspekte dieser Prozesse. Das Denken in engen Funktionsabläufen, kalkulierbaren Prozeßschritten und rational nachvollziehbaren Abläufen, wie es typisch für die professionelle Sozialisation und die Ingenieurskultur technischer Fachkräfte ist, führt zur Vernachlässigung irregulärer Prozesse und damit zu einer permanenten Spannung zwischen der beanspruchten logischen Schließung bei der Kalkulation technischer Funktionsmechanismen und dem prinzipiell nicht kalkulierbaren Komplexitätsüberschuß der multivariaten Betriebssituation. Oder mit anderen Worten: Ingenieure tun sich besonders schwer damit, Chaoskompetenzen zu entwickeln. Dieses auch aus westdeutschen Betrieben bekannte Phänomen ist in Ostdeutschland insofern relevanter, als die Zahl naturwissenschaftlich-technisch ausgebildeter Hochschulabsolventen hier deutlich höher als in Westdeutschland ist. Von den Führungskräften in ostdeutschen Betrieben sind ca. 70 Prozent Akademiker und von diesen haben 80 Prozent eine naturwissenschaftlich-technische Ausbildung. Im Vergleich dazu liegt diese Quote in Westdeutschland nur bei knapp der Hälfte. Die kompensatorische Ergänzung durch markterfahrene Ökonomen und Organisationsspezialisten aus dem Westen hat nicht in dem aus der Eigentumsübertragung ableitbaren Maße stattgefunden. Zwei Drittel der Geschäftsführer kommen aus den neuen Bundesländern und auch in nachgeordneten Stufen der Bereichs- und Abteilungsleiter sind es immer noch über 90 Prozent (vgl. Pohlmann/Gergs 1996; Kulke 1996).

Die Konsequenzen dieser Technikzentriertheit sind vielfach und nachhaltig. Sie beziehen sich sowohl auf die Produktkonzeption wie auf das Verständnis und die Organisation der innerbetrieblichen Funktionsabläufe. Man glaubt, den Marktzutritt durch technische Exzellenz der Produkte erlangen zu können, wobei das Produkt aber nicht vom Markt- bzw. vom Kundeninteresse her entworfen wird, sondern der Markt vom Produkt her (Gergs/Pohlmann 1996). Häufig wird dabei noch von dem Hintergrundsmythos des „Made in Germany" gedacht, was in der Vergangenheit durch die Ostblockerfahrung auch eine permanente Bestätigung erfahren hatte. Die fehlende Weltmarktkenntnis erklärt denn auch das Unverständnis vieler Zeissianer bis in die Führungsetagen hinauf, warum die Produkte der einstmals führenden Weltfirma Carl Zeiss Jena gegen die Preiskonkurrenz japanischer und anderer asiatischer Hersteller bei vergleichbarer Qualität 1990 nicht mehr mithalten konnten. Obwohl der internationale Qualitätsstandard sich zwischen den einzelnen Industrienationen inzwischen weitgehend angeglichen hat, bietet der überkommene Mythos von der technischen Excellenz deutscher Produkte keine hinreichende Begründung mehr für die Akzeptanz höherer Preise. Um diese akzeptieren zu können, müssen noch weitere Leistungen hinzutreten, wie Bereitschaft zur Kundenspezifikation, kurze Lieferfristen, Termintreue, guter Service, Gewährleistung usw. Auf diesen Feldern aber sind die ostdeutschen Unternehmen noch recht schwach. Viele kleine und mittlere Betriebe werden allerdings auch künftig große Probleme damit haben, weil sie häufig die „kritische Masse" für diese vor allem überregional ausgerichteten und langfristig wirksamen Aktivitäten unterschritten haben. Restriktive Auswirkungen hat dies auch bei der Forschung und Entwicklung, beim Einkauf von Marketingkompetenzen, beim Aufbau von Vertriebsnetzen usw.. Die betriebliche Dominanz der technizistischen Orientierung hat lange Zeit die Investitionen in diesen Bereichen behindert, was, wie oben bemerkt, natürlich auch durch die entsprechende Förderpolitik begünstigt worden ist. Erst allmählich beginnt sich diese einseitige Ausrichtung der Unternehmenspolitik zu wandeln. Größere und nachhaltigere Erfolge können wohl aber erst dann erwartet werden, wenn die ostdeutschen Betriebe in größerer Zahl sich über neu eingeworbene wirtschafts-, organisations- und sozialwissenschaftliche Fachkräfte jene Kompetenzen besorgen, die ihnen jetzt noch fehlen. Auch das ingenieurwissenschaftliche Studium sollte stärker interdisziplinär ausgerichtet werden, um künftig die technokratische Bornierung der späteren Führungskräfte in der frühen berufsfachlichen Prägung zu vermeiden.

4. Qualifikation, Arbeitsorganisation und soziale Beziehungen

Die genannten Residuen der Kombinatstradition und die technokratischen Dispositionen im Management erleichtern nicht gerade die Umstellung auf hochflexible Organisationseinheiten, für die eine dezentrale Organisation mit weitgehender Aufgabendelegierung die angemessene Strategie darstellt. Ein zweiter Effekt dieser Technikzentriertheit liegt in dem ebenfalls häufig zu beobachtenden sub-optimalen Einsatz moderner Technik, weil das organisatorische Umfeld nicht hinreichend an die neue Komponente angepaßt worden ist. Diese Beobachtung findet sich schon in den ersten Analysen des ostdeutschen Restrukturierungsprozesses. Die auf der Basis einer 1993 durchgeführten Breitenerhebung getroffene Feststellung von Klaus Schmierl trifft so auch heute noch zu: „Organisatorische Maßnahmen zur Verbesserung der Produktionsstrukturen werden von den Unternehmen zwar für nötig gehalten, jedoch nachrangig zur Technikimplementation realisiert". Und er schließt an diese Feststellung eine Vermutung an: „Die gewisse Nachrangigkeit der *organisatorischen Umstrukturierung* könnte teilweise noch Relikt einer durch DDR-Strukturen geprägten Form der Arbeitsorganisation sein, die offenbar vielfach durch Prinzipien der Trennung von Planung und Ausführung, eine ausgeprägte funktionale und fachliche Arbeitsteilung, eine hierarchische Tiefgliederung der Betriebe sowie eine technikzentrierte Modernisierungsstrategie gekennzeichnet waren" (Schmierl 1995:191). Diese Deutung hat sich inzwischen durch weitere Studien erhärtet. So formuliert Gunter Lay auf der Basis der „ISI- Produktionsinnovationserhebung 1995", die Bestätigung einer inzwischen erfolgten Angleichung im technologischen Innovationsniveau mit Westdeutschland erbrachte, daß es offenkundig Defizite beim Technikmanagement gäbe, d. h. bei der optimalen Anwendung der neuen Technologien, weshalb auch seines Erachtens die „weichen Faktoren" stärkere Beachtung finden sollten. (Lay 1997:53). Er halte dies um so wichtiger, „da die Technikfaszination als Problemlösungsstrategie im Mittel der befragten ostdeutschen Betriebe noch ungebrochen zu sein scheint" (Lay 1997:54). Ähnlich argumentiert Mallok (1996), der in seiner Vergleichsuntersuchung west- und ostdeutscher Klein- und Mittelbetriebe ebenfalls Defizite beim Technikeinsatz registriert hat.

Moderne Formen von Arbeits- und Betriebsorganisation trifft man überwiegend in Filialbetrieben westdeutscher Konzerne, die ihr gesamtes know-how dafür eingebracht haben oder in neu errichteten Betrieben westlicher Eigentümer (Greenfield-Betriebe). In den hier im Mittelpunkt der Betrachtung stehenden Klein- und mittelständischen Betrieben, die nicht konzerngebunden sind, sind Stichworte wie lean-production oder Gruppenarbeit häufig nur plakative Chiffren, hinter denen sich nur eine magere Realität verbirgt.

Die fehlende Aktivierung abteilungsübergreifenden Handelns („systemischer" Kompetenz) der Beschäftigten macht sich vor allem dann negativ bemerkbar, wenn die Produktion komplexer Produkte ebenso wie ein flexibles Agieren bei unsicherer Positionierung auf den Märkten gefordert ist. Großen Teilen des Managements erscheint aber aufgrund der andauernden Krise weder eine motivationsfördernde Entgeltpolitik finanzierbar, mit der die Übernahme von mehr Verantwortung durch das Personal honoriert werden könnte, noch eine Kompetenzverlagerung zu Gunsten der Beschäftigten opportun. Im Gegenteil ist ihrer Meinung nach ein „schnelles und straffes Entscheiden des Managements" gefordert. Im Gegenzug scheitern - in den Augen vieler Manager - die seltener festzustellenden Versuche einer Etablierung dezentraler Organisationskonzepte nicht zuletzt an der (für sie unverständlichen) Distanz der Beschäftigten gegenüber zunehmender Verantwortungsübernahme. Angesichts der Krise und der vorausgegangenen Personalselektion besaßen aber Personalentwicklungs- und Qualifizierungsmaßnahmen zur Behebung der vermuteten Qualifikationsdefizite der Beschäftigten im Rahmen der betrieblichen Überlebensstrategien keinen besonderen Stellenwert. Ein aufeinander abgestimmtes Zusammenwirken zwischen betrieblicher Absatz-, Produkt-, Produktions- und Qualifikationspolitik ist in vielen Betrieben so nicht gewährleistet (zu den Defiziten in der Qualifikationspolitik Schultz-Wild 1995; Andretta/Baethge 1995).

Trotz vielfältiger Selektionsprozesse bei der erheblichen Schrumpfung der Betriebe kann nicht davon ausgegangen werden, daß die verbleibenden Arbeitskräfte für die sich ständig ändernden Anforderungen in den modernisierten Produktionsanlagen immer hinreichend qualifiziert sind. Hierbei spielt nicht nur eine Rolle, daß sie während der langen Kombinantszeit durch Spezialisierung vielfach eine faktische Dequalifizierung ihrer Facharbeiterkenntnisse erfuhren, sondern es macht sich auch der Mangel bemerkbar, die nötige Anpassqualifikation nicht durch externe Schulungsmaßnahmen vermittelt zu bekommen, weil sich dazu die Betriebe häufig finanziell nicht in der Lage sehen. Es ist nicht untypisch, wenn CAD-Anlagen mit dreidimmensionalen Konstruktionsmöglichkeiten nicht hinreichend genutzt werden können, PPS-Anlagen implementiert werden, die wegen mangelnder fachlicher Kompetenz des Mittelmanagements bzw. wegen ihrer Überkomplexität gegenüber den erratischen Abläufen in den Kleinbetrieben nicht fuktionieren und mehr Schaden als Nutzen anrichten, und immer noch fällt es den Arbeitskräften schwer, sich von Spezial- auf Universalmaschinen umzustellen oder von Ein- auf Mehrmaschinenbedienung mit unterschiedlichem Bedienungs- und Steuerungsprofil.

Ein weiteres Problem ostdeutscher Betriebe ist der Generationenknick in der Belegschaftsstruktur. Durch die umfangreichen Entlassungen und die Berücksichtigung der Sozialplanrichtlinien fehlen insbesondere die jüngeren Arbeitskräfte unter 35 und die älteren über 55 Jahre. Diese Altersgruppe schiebt sich nun immer weiter in die Alterspyramide hinein, ohne daß nennenswerte Rekrutierungen jüngeren Nachwuchses erfolgen. Die noch immer nicht befriedigende Kapazitätsauslastung der Betriebe gestattet keine Personalaufstockung und so bleiben sie häufig von wichtigen innovativen Qualifikationspotentialen abgetrennt. Gerade der Einsatz neuester Technologie bereitet den Klein- und Mittelbetrieben immer wieder Schwierigkeiten, weil die innerbetriebliche Qualifizierung unzureichend ist und für die externe das Geld fehlt, bzw. die wenigen Fachkräfte dafür im Betrieb unentbehrlich sind. Abhilfe ließe sich hier nur schaffen, wenn diese spezifischen Qualifikationserfordernisse genauer erfaßt und gezielter durch entsprechende Fördermaßnahmen kompensiert werden.

5. Schlußbemerkung

Die bisherigen Förderinstrumente waren ganz überwiegend auf die Verbesserung der materiellen Ressourcen (Gebäude, Anlagen, Maschinen etc.) ausgerichtet, zum einen, weil dies den konventionellen Förderphilisophien entsprach, zum anderen aber auch, weil es sich hier um „objektivierbare" Leistungen handelt, die in materiellen Gegenwerten sich niederschlagen. Gerade Banken legen eben großen Wert darauf, daß das beliehene Kapital auch notfalls wieder monetarisierbar ist. Dieser Usus erweist sich aber für die zweite, viel schwierigere Phase, in der die ostdeutsche Industrie in ihren großen Teilen sich gegenwärtig befindet, als dysfunktional. Es muß inzwischen viel stärker in die „weichen" Produktionsressourcen investiert werden. Dazu muß auch das Dogma von der „vorwettbewerblichen Förderungspolitik" fallen, weil ohne eine gezielte Markteintrittshilfe diese Betriebe von den präpotenten Konkurrenten schon im Vorfeld an die Wand gedrückt werden. Dies geschieht nach unseren Ergebnissen entweder durch eine gnadenlose Unterbietungskonkurrenz, durch Erpressungsmanöver gegenüber den neu auftretenden Konkurrenten oder aber durch massive Intervention bei bisherigen Kunden usw. Die künftige Förderpolitik und die modifizierten Instrumentarien müssen davon ausgehen, daß der Markt sich eben nicht frei reguliert, sondern daß er ganz im Gegenteil hochverregelt und verriegelt ist. Er ist ein häufig sehr geschlossenes und machtbesetztes Feld, in dem jedem Newcomer, wenn er nicht von Anfang an über eine bereits anderwärts erworbene starke ökonomische Position verfügt, der Eintritt nach Kräften verwehrt wird. Die größere Markttransparenz durch verbesserte Informationen ist sicher ein wichtiges Mittel, um die Marktzutrittschancen der ostdeutschen Betriebe zu verbessern und wird entsprechend häufig empfohlen (vgl. Mallok 1996:231ff.) Sie dürften allein kaum geeignet sein, diesen Mangel zu bewältigen. Es wird sehr viel weitreichenderer Anstrengungen bedürfen. Wenn neuerdings mehr über horizontale wie vertikale Kooperationsverbünde nachgedacht wird, so ist damit ein interessanter Entwicklungspfad eröffnet, der aber langfristig auch nur über eine stärker den Markt erschließende Begleitung durch staatliche und halbstaatliche Förderinstitutionen bewältigbar ist

Literatur

Gergs, H.-J.; Pohlmann, M. (1996): Manager und Märkte. Der „Mechanismus" des Marktes und die Grammatik der Marktaneignung des ostdeutschen Managements. In: Pohlmann, M.; Schmidt, R.: Management in der ostdeutschen Industrie. Opladen: Leske+Budrich, S. 291-314.

IAB Betriebspanel Ost (1997); Schäfer, R.; Wahse, J.: Weiterer Personalabbau in Ostdeutschland trotz wirtschaftlicher Konsolidierung vieler Betriebe. Ergebnisse der ersten Welle des IAB-Betriebspanels Ost 1996. In: IAB Werkstattbericht Nr. 9/23.6.97.

Kulke, D. (1996): Zur beruflichen Mobilität der managerialen Elite in den neuen Bundesländern. In: Pohlmann, M.; Schmidt, R. (Hrsg.): Management in der ostdeutschen Industrie. Opladen:Leske + Budrich, S. 99-136.

Lang, R. (1997): Führungskräfte in ostdeutschen Betrieben. Vortrag zur Tagung des IWH „Determinanten der Produktivitätslücke in Ostdeutschland" am 6.11.97, Ms.

Lay, G. (Hrsg.) (1995): Strukturwandel in der ostdeutschen Investitionsgüterindustrie. Technik, Wirtschaft und Politik. Schriftenreihe des Fraunhofer-Instituts für Systemtechnik und Innovationsforschung. Heidelberg: Physica-Verlag.

Lay, G.: Modernisierung und Produktivität in der Investitionsgüterindustrie Ostdeutschlands. In: Innovation in Ostdeutschland (Fritsch; Meyer-Krahmer; Pleschak).

Mallok, J. (1996): Engpässe in ostdeutschen Fabriken. Berlin.

Meinerz, K.-P. (1996): Einstellungen, Werthaltungen und Leitbilder von Managern in Ostdeutschland. In: Pohlmann, M.; Schmidt, R. (Hrsg.): Management in der ostdeutschen Industrie. Opladen: Leske+Budrich, S. 177-214.

Pohlmann, M., Schmidt, R. (Hrsg.): Management in der ostdeutschen Industrie, Opladen: Leske + Budrich, S. 63-98.

Pohlmann, M.; Gergs, H. (1996): Manageriale Eliten im Transformationsprozeß. In: Pohlmann, M., Schmidt, R. (Hrsg.): Management in der ostdeutschen Industrie, Opladen: Leske + Budrich, S. 63-98.

Pohlmann, M.; Schmidt, R. (1996): Management in Ostdeutschland und die Gestaltung des sozialen und politischen Wandels. In: Lutz, B. u. a. (Hrsg.): Arbeit, Arbeitsmarkt und Betriebe. Opladen: Leske+Budrich, S. 191-226.

Pohlmann, M.; Schmidt, R. (Hrsg.) (1996): Management in der ostdeutschen Industrie. Opladen: Leske + Budrich.

Schmidt, R. (1996): Restrukturierung und Modernisierung der industriellen Produktion. In: B.Lutz u. a. (Hrsg.): Arbeit, Arbeitsmarkt und Betriebe. Opladen: Leske+Budrich, S. 227-256.

Schmidt, R. (Hrsg.) (1996): Reorganisation und Modernisierung der industriellen Produktion. Opladen: Leske +Budrich, S.227-256.

Schmidt, R. u. a. (1997): Viele ostdeutsche Betriebe leiden noch heute unter Phantomschmerzen. Aus einer Studie der Universität Jena zur Entwicklung der industriellen Arbeit in den neuen Bundesländern. In: Frankfurter Rundschau v. 11.4.97, Dokumentation, S. 18.

Schmierl, K. (1995): Entwicklungslinien des betriebs- und arbeitsorganisatorischen Wandels und die Bedeutung der Gruppenarbeit. In: Lay, G. (Hrsg.): Strukturwandel in der ostdeutschen Investitionsgüterindustrie. Heidelberg, S. 155-198.

Schultz-Wild, R. (1995): Enwicklungspotentiale und Modernisierungsansätze - zum Wandel betrieblicher Personal- und Organisationsstrukturen. In: G. Lay (Hrsg.): Strukturwandel in der ostdeutschen Investitionsgüterindustrie. Heidelberg, S. 102-154.

Zur Einbindung des Marketing in die Innovationstätigkeit ostdeutscher Unternehmen

Helmut Sabisch

1. Problemstellung

Die konsequente Marktorientierung der Innovationstätigkeit ist ein Kernproblem des Managements ostdeutscher Unternehmen, von dessen Lösung der weitere wirtschaftliche Aufschwung in den neuen Bundesländern wesentlich abhängt. So liegen in vielen Unternehmen nicht die erforderlichen Marktkenntnisse vor, um sich mit neuen technischen Problemlösungen zielgerichtet auf die Bedürfnisse der Kunden und die spezifischen Erfordernisse der Zielmärkte einstellen zu können. Insbesondere junge technologieorientierte Unternehmen unterschätzen die Notwendigkeit, vor Ablauf der Entwicklungsprojekte aussagefähige Konzepte zur Vermarktung ihrer Innovationen zu erarbeiten und die Markteinführung neuer Produkte und Verfahren langfristig vorzubereiten. Der besondere Wettbewerbsdruck für ostdeutsche Unternehmen wird weiterhin dadurch bestimmt, daß ehemalige Ostmärkte weggebrochen sind und neue Absatzgebiete erschlossen werden mußten, daß die meisten der früheren, häufig unrentablen Produkte durch neue Leistungsangebote zu ersetzen waren bzw. sind, daß neue Organisationsstrukturen und eine grundlegende Erhöhung der Produktivität und Wirtschaftlichkeit notwendig wurden. Hinzu kommt, daß das Marketing-Denken in ostdeutschen Unternehmen in der Regel deutlich weniger ausgeprägt ist als in den im internationalen Wettbewerb erfahrenen westdeutschen Firmen und daß international ausgewiesene Marketing-Spezialisten vielfach fehlen.

Um auf den gesättigten internationalen Märkten bestehen zu können, sind Innovationen mit hohem wirtschaftlichem Nutzen unerläßlich. Der Absatz neuer Produkte auf neuen Märkten bzw. in neuen Marktsegmenten setzt jedoch die Verstärkung der Marktorientierung von Innovationen voraus. Im folgenden wird der erreichte Stand der Marktorientierung von Innovationen in der ostdeutschen Industrie analysiert, und es werden Ansatzpunkte zur Veränderung aufgezeigt.

2. Inhalt und Instrumente der Marktorientierung von Innovationen

Innovationen sind erst dann abgeschlossen und für das Unternehmen erfolgreich, wenn sie sich im Markt bewähren und mit einem möglichst hohen Nutzen wirtschaftlich angewendet werden. Der gesamte Innovationsprozeß muß deshalb konsequent und umfassend auf die Markterfordernisse ausgerichtet werden. *Marktorientierung von Innovationen* bedeutet in diesem Sinne vor allem:

- Systematisches Ausgehen von den Bedürfnissen und Erwartungen der Kunden sowie möglichst frühzeitige Einbindung der Kunden in die Entwicklung und Vermarktung neuer Problemlösungen (Kundenorientierung, ausgeprägte Kundennähe);

- Berücksichtigung der jeweils spezifischen Wettbewerbssituation für den Absatz der neuen Produkte und Streben nach komparativen Konkurrenzvorteilen (KKV, Unique Selling Proposition [USP]);

- umfassende Vermarktung technischer Neuerungen, u. a. in Verbindung mit aktiver Schutzrechtstätigkeit und Lizenzpolitik des Unternehmens;

- langfristige Vorbereitung und effiziente Gestaltung der Markteinführung neuer Produkte und Verfahren.

Die Erfüllung dieser grundlegenden Forderungen bereitet in der Unternehmenspraxis immer wieder erhebliche Schwierigkeiten, und viele Innovationen werden deshalb nicht mit der notwendigen oder möglichen Effizienz realisiert. Insbesondere in ostdeutschen Unternehmen bestehen häufig noch deutliche Rückstände bei der Integration von Marketing und Innovation, auf die im Abschnitt 3 dieses Beitrages näher einzugehen ist.

Als grundlegende *Instrumente* einer systematischen Marktorientierung von Innovationen haben sich bewährt:

- Die Erarbeitung von Marketingkonzepten (insbesondere als Bestandteil des Unternehmenskonzeptes von jungen Technologieunternehmen) sowie von differenzierten Marketing-Strategien (Produkt/Markt-Strategien, Wettbewerbsstrategien, Timingstrategien);

- eine gründliche und kontinuierliche Marktforschung für die wichtigsten Produkte des Unternehmens;

- die Segmentierung des Marktes und Bestimmung der erfolgversprechendsten Zielmärkte für das Unternehmen;

- die an den Markterfordernissen orientierte Planung von FuE-Projekten (insbesondere Erarbeitung von Lasten- und Pflichtenheften, Markteinführungsplanung);

- der Einsatz des Marketing-Mix (in seiner Einheit von Produkt-, Service-, Preis-, Kommunikations- und Vertriebspolitik) für die Marktvorbereitung, die Einführung neuer Produkte und die Marktdurchdringung;

- die Durchsetzung eines marktorientierten Projekt- und Marketing-Controlling.

Die Berücksichtigung der Markterfordernisse ist während des gesamten Innovationsprozesses notwendig. In den einzelnen Prozeßstufen ergeben sich jeweils spezifische Aufgaben, die in Abbildung 1 dargestellt sind. Es zeigt sich in der Praxis immer wieder, daß dabei der *Marketing-Konzeption* des Unternehmens eine Schlüsselfunktion zukommt. Sie reflektiert das Grundverständnis des Managements und der Mitarbeiter zum Marketing, und prägt den Inhalt der anderen Marketingaktivitäten mit.

Ausgehend von den dargestellten Aufgaben läßt sich Innovationsmarketing auch in die folgenden Komplexe untergliedern:

- Konzeptionelles Marketing (in den Stufen 0 und 1);

- prozeßintegriertes FuE-Marketing (in den Stufen 2 und 3);

- Einführungs-Marketing (in den Stufen 4 und 5).

Diese Komplexe charakterisieren inhaltliche Schwerpunkte des Marketing in den betreffenden Prozeßstufen. Sie sind jedoch nicht als abgegrenzte Teilaufgaben zu verstehen, sondern überlagern und durchdringen sich. Wichtig erscheint auch darauf hinzuweisen, daß Marketing keine passive, lediglich beobachtende und kontrollierende Funktion hat, sondern aktiv den Innovationsprozeß mitgestalten sollte. Das setzt jedoch eine enge interdisziplinäre Zusammenarbeit mit dem FuE-Team voraus.

Abbildung 1: Marketingaufgaben im Ablauf des Innovationsprozesses

Stufen des Innovationsprozesses (Pleschak/Sabisch 1996:24)	Typische Marketingaufgaben
0/1 Problemerkenntnis / Problemanalyse	Bedürfnisforschung Kundenanalyse Technologie-Marktforschung
0/2 Strategiebildung	Marktstrategien Marktsegmentierung Bestimmung des Zielmarktes Marketing-Konzeption
1 Ideenfindung- und bewertung	Marktforschung/Benchmarking Einbringen von Ideen aus Kundenwünschen, Reklamationen, Wettbewerbsanalysen Marktbewertung von Ideen
2 Projekt- und Programmplanung	Lastenheft Pflichtenheft Feasibility-Studien (Anlagenbau) Benchmarking
3 Forschung und Entwicklung / Technologietransfer	Kundenabstimmung Kundeneinbeziehung (lead user) Tests langfristige Vorbereitung der Markteinführung Technologie-Marktforschung
4 Produktionseinführung / Fertigungsaufbau	Beschaffungsmarketing Auswahl der günstigsten Zulieferer
5 Markteinführung	Pilotanwendungen Einführungsvorbereitende u. -begleitende Kommunikationsmaßnahmen Einführungspreisbildung Vertriebsaufbau
Marktausbreitung/Marktbewährung	Marktbeobachtung Einsatz der Marketing-Instrumente schnelles Absatzwachstum

3. Zum Stand der Marktorientierung von Innovationen in ostdeutschen Industrieunternehmen

3.1 Untersuchungsbasis

Zur Einbindung des Marketing in die Innovationstätigkeit ostdeutscher Unternehmen, darunter insbesondere von jungen Technologieunternehmen, wurden an der Professur für Innovationsmanagement und Technologiebewertung der Technischen Universität Dresden 1996/97 im Rahmen von Diplomarbeiten umfangreiche Untersuchungen durchgeführt. Empirische Analysen erfolgten zum Inhalt von Marketingkonzeptionen in 62 sächsischen Unternehmen des Maschinenbaus und der Elektrotechnik (Baar 1997) sowie zur Pflichtenheftarbeit in 51 kleinen und mittelständischen Unternehmen Ostdeutschlands der Branchen Maschinenbau und Elektrotechnik (Wylegalla 1997). In einer Reihe von jungen Technologieunternehmen wurden weiterhin Innovations- und Marketingkonzepte erarbeitet.

Im folgenden kann nur auf ausgewählte Schwerpunkte eingegangen werden. Auf eine Wiederholung bereits veröffentlichter Untersuchungsergebnisse zum Marketing junger Technologieunternehmen (vgl. u. a. Pleschak/Werner/Wupperfeld 1995; Baier/Pleschak 1996; Koschatzky 1997) wird bewußt verzichtet.

3.2 Bedeutung des Marketing und Erarbeitung von Marketing-Strategien

Die Befragung von 62 sächsischen Unternehmen der Branchen Maschinenbau und Elektrotechnik mit einer Mitarbeiterzahl von 5 bis 150 ergab, daß sich alle über die generelle Bedeutung des Marketing für die Unternehmensentwicklung im klaren sind. Bezüglich der konkreten Umsetzung dieses Verständnisses ergibt sich jedoch ein differenziertes Bild. So nutzen nur 48 Prozent dieser Firmen das Marketing für die strategische Orientierung des Gesamtunternehmens, während Marketing von 27 Prozent der Befragten ausschließlich als Gegenstand von Vertrieb und Werbung angesehen und von 24 Prozent als Teilfunktion des Unternehmens verstanden wird. Darin zeigt sich eine deutliche Unterschätzung der strategischen Aufgaben des Marketing, die auch durch die weiteren Befragungsergebnisse belegt wird. Speziell in einer Reihe von jungen Technologieunternehmen konnte festgestellt werden, daß keine klaren Marketingkonzepte vorliegen. Auf diesem Gebiet besteht teilweise ein erheblicher Bedarf an Unterstützungsleistungen durch externe Experten.

Von 28 Prozent der befragten Unternehmen wurde angegeben, daß generell ein oder mehrere Mitarbeiter für das Marketing verantwortlich sind. In 38 Prozent der Unternehmen ist der Geschäftsführer zugleich für das Marketing zuständig, dies betrifft vor allem Unternehmen mit einer Beschäftigtenzahl von bis zu 20. In einer Reihe von Unternehmen wird der Geschäftsführer generell oder bei Bedarf durch Mitarbeiter bzw. durch externe Beratungsleistungen unterstützt. Nahezu alle Unternehmen sind bestrebt, die Marketingaufgaben in eigener Verantwortung zu lösen, nur in einem Falle werden ausschließlich externe Leistungen in Anspruch genommen.

Hinsichtlich der Bedeutung der einzelnen Marketinginstrumente zeigt sich, daß die Produktpolitik (mittlere Bewertung 5,4 auf einer Ratingskala von 1 bis 6) mit Abstand vor der Preispolitik (mittlere Bewertung 4,4) als wichtigster Aufgabenkomplex angesehen wird. Diese Aussage korrespondiert mit der Tatsache, daß von den meisten sächsischen Unternehmen die Sicherung einer hohen Produktqualität als tragender Wettbewerbsvorteil gegenüber ihren Konkurrenten präferiert wird, wie Tabelle 1 ausweist. Sie dürfte auch das besondere technische Interesse vieler Unternehmensgründer widerspiegeln.

Tabelle 1: Angestrebte Wettbewerbsvorteile durch Innovationen in befragten Unternehmen

Wettbewerbsvorteil	Bewertung*
Hohe Qualität der Produkte	5,7
Flexibilität bezüglich der Erfüllung von Kundenforderungen	5,4
Kostensenkung	4,9
Gezielte Bearbeitung von Marktnischen	4,9
Vielfalt des Angebots	4,2

* Mittelwerte der Firmenangaben auf einer Skala von 1 = völlig unwichtig bis 6 = sehr wichtig.

Tabelle 2: Bedeutung einzelner Innovationstypen in den befragten Unternehmen

Innovationstyp	Bewertung*
Produktverbesserungen	5,3
Produktneuheiten	5,1
Serviceverbesserungen	4,5
Anwendung neuer Technologien	4,5
Verfahrensverbesserungen	4,0
Anbieten neuer Dienstleistungen	3,6

* Mittelwerte der Firmenangaben auf einer Skala von 1 = unbedeutend bis 6 = sehr bedeutend.

In Übereinstimmung mit dem bisher dargestellten steht auch die Bewertung der Bedeutung einzelner Innovationstypen für die Unternehmen, die aus Tabelle 2 hervorgeht. Während Produktinnovationen eindeutig im Vordergrund stehen, wird das Angebot neuer Dienstleistungen noch deutlich unterschätzt.

Innovationen in den befragten Unternehmen sind sowohl auf neue Kunden als auch auf vorhandene Kunden gerichtet (89 Prozent bzw. 84 Prozent der Nennungen, Mehrfachnennungen möglich). Demgegenüber weist die Bedienung vorhandener Märkte (57 Prozent) eine deutlich höhere Bewertung auf als die Gewinnung neuer Märkte (44 Prozent). Innovationen, die lediglich im eigenen Unternehmen wirksam sind, wurden von 18 Prozent der befragten Firmen angegeben.

Einen besonderen Platz in den Marketing-Konzeptionen nimmt die *Kundenorientierung* ein. Eine ausgeprägte Kundennähe der Innovationstätigkeit setzt voraus, daß das entwickelnde Unternehmen seine potentiellen Kunden kennt, sie nach ihrer Bedeutung bewertet und wichtige Kunden möglichst frühzeitig in den Innovationsprozeß einbindet (Pilotkunden, Referenzkunden). Nach einer Befragung von kleinen und mittelständischen Unternehmen Ostdeutschlands in den Branchen Maschinenbau und Elektrotechnik zur Pflichtenheftarbeit entwickeln 61 Prozent der Unternehmen mit mehr als 60 Prozent ihrer Entwicklungskapazität kundenspezifische Produkte.

Die dargestellten Ergebnisse beziehen sich zum größten Anteil auf mittelständische und bereits im Markt etablierte Unternehmen. Für Neugründungen von Technologieunternehmen ergibt sich teilweise ein völlig anderes Bild. Ein Großteil dieser Firmen kennen zu Beginn der Entwicklungsarbeiten ihre Kunden (noch) nicht oder nur unvollständig. Die Suche nach potentiellen Kunden ist deshalb hier eine erstrangige Marktforschungsaufgabe.

3.3 Marktforschung

Die in den meisten Unternehmen vorhandenen Kenntnisse über den Markt und seine spezifischen Erfordernisse und Bedingungen sind als unbefriedigend einzuschätzen. Dies bezieht sich vor allem auf quantitative Marktdaten wie Marktvolumen, Marktpotential, Marktanteil, Entwicklung von Konkurrenzprodukten und Konkurrenzunternehmen, Markttrends, Verlauf des Lebenszyklus von Produkten usw. So geben rund drei Viertel der befragten sächsischen KMU im Maschinenbau und in der Elektrotechnik an, daß sie das Marktvolumen ihrer Hauptprodukte und die erzielten Marktanteile nicht kennen. Der unbefriedigende Stand der Marktforschung zeigt sich auch daran, daß nur 31 Prozent der befragten Unternehmen die verfügbaren Marketinginformationen gezielt auswerten; 64 Prozent der Firmen geben an, daß nur eine teilweise Auswertung vorgenommen wird, und in 5 Prozent der Fälle erfolgt überhaupt keine Auswertung der Informationen.

Welche *Informationsquellen* mit welcher Intensität in den Unternehmen genutzt werden, zeigt Tabelle 3. Es wird deutlich, daß noch erhebliche Reserven bei der Informationsgewinnung aus Patentrecherchen sowie aus Veröffentlichungen von anderen Unternehmen, von Instituten und Verbänden liegen. Auch die Einbeziehung der Leistungen von Marktforschungsinstituten kann erheblich zur Schließung von Informationslücken genutzt werden, ist jedoch mit entsprechenden Kosten verbunden.

Von besonderem Interesse für die Einschätzung des Niveaus der Marktforschung ist weiterhin die Anwendung betriebswirtschaftlicher Methoden. Einen Überblick dazu gibt Tabelle 4. Erfreulich ist der hohe Rang der Kundenbefragungen und Produktanalysen; ohne einen breiteren Einsatz der Prognosemethoden, Portfolio- und Lebenszyklusanalysen bleibt jedoch die Aussagefähigkeit der Marktforschung - insbesondere für die Vorbereitung strategischer Entscheidungen - unbefriedigend. Der Einsatz von Kreativitätstechniken sollte verstärkt dazu beitragen, den aktiven Beitrag des Marketing im Innovationsprozeß zu erhöhen. Auch dem Einsatz des Benchmarking kommt diesbezüglich eine wichtige Rolle zu (vgl. Sabisch/Tintelnot 1997a; Sabisch/Tintelnot 1997b).

Tabelle 3: Nutzung von Informationsquellen für das Marketing

Informationsquelle	Bewertung*
Innerbetriebliche Kommunikation	4,7
Auswertung von Beschwerden und Reklamationen	4,6
Messen und Ausstellungen	4,2
Zeitschriften und wissenschaftliche Publikationen	4,0
Kundenlisten	4,0
Informationen von Verbänden	3,6
Veröffentlichungen von Instituten	3,0
Veröffentlichungen von Unternehmen	2,7
Patentrecherchen	2,4
Leistungen von Marktforschungsinstituten	2,3

* Mittelwerte der Firmenangaben auf einer Skala von 1 = sehr selten bis 6 = systematisch.

Tabelle 4: Bedeutung betriebswirtschaftlicher Analysemethoden

Analysemethode	Bewertung*
Kundenbefragungen	4,3
Produktanalysen	4,1
Wertanalyse	3,6
Lebenszyklusanalyse	2,9
Portfolioanalyse	2,7
Kreativitätstechniken	2,7
Prognosemethoden	2,5

* Mittelwert der Firmenangaben auf einer Skala von 1 = völlig unbedeutend bis 6 = sehr bedeutend.

Als *typische Problemfelder* (Aufgabenkomplexe) der Marktforschung für Innovationen lassen sich in Auswertung zahlreicher Einzeluntersuchungen in verschiedenen Branchen verallgemeinern:

a) Ermittlung *potentieller Kunden* (z. T. auch neuer Anwendungsgebiete)
   Dieser Problemtyp spielt eine um so größere Rolle, je neuartiger und je weniger vergleichbar mit bisherigen Produkten bzw. Verfahren die technische Lösung ist.

Eine besondere Bedeutung kommt der Gewinnung von Pilotkunden für die erstmalige Erprobung neuer Lösungen sowie von Referenzkunden zur Unterstützung der Absatzleistungen zu.

b) Suche von *Anwendungsfeldern für Technologien*
Dabei kann es sich einmal um die Ermittlung potentieller Einsatzgebiete (und damit des Marktpotentials) neuer Technologien handeln; zum anderen können jedoch auch neue Anwendungsmöglichkeiten für vorhandene Technologien, bei denen das Unternehmen eine besondere Kompetenz aufweist, gesucht werden.

c) Festlegung von *Zielmärkten* für die Produkte des Unternehmens
Dieser Aufgabentyp umfaßt sowohl die Bestimmung geeigneter Zielmärkte für neue Produkte (auf der Grundlage einer vorausgehenden Marktsegmentierung) als auch die Gewinnung neuer Zielmärkte für vorhandene Produkte (z. B. nach Wegbrechen der Ostmärkte für viele Unternehmen der neuen Bundesländer). Für kleine und mittlere Unternehmen kommt es in der Regel darauf an, vor allem geeignete *Marktnischen* für ihr Leistungsangebot aufzufinden und zu bearbeiten.

d) *Untersuchungen zur Erneuerung bzw. Erweiterung des Leistungsangebots*
Besonderes Augenmerk gilt der hinreichenden Differenzierung der Leistungsmerkmale gegenüber den Angeboten der Wettbewerber zur Erzielung komparativer Konkurrenzvorteile. Ein wichtiges Instrument hierzu ist Benchmarking.

e) *Erkundung der Möglichkeiten einer Lizenzvergabe*
Lizenzmarktforschung ist vor allem für jene Unternehmen notwendig, die eine aktive Lizenzpolitik betreiben, die über eine hohe Technologiekompetenz verfügen und deren Erfindungen eine breite Anwendung aufweisen.

f) *Optimierung von Zulieferbeziehungen*
Für Systemhersteller und Finalproduzenten wird die Optimierung ihrer Zulieferbeziehungen zu einer immer wichtigeren Quelle der Effizienzsteigerung. Dieser Aufgabenkomplex schließt die Optimierung der Fertigungstiefe im eigenen Unternehmen ebenso ein wie die Auswahl der leistungsfähigsten Zulieferbetriebe (bei zunehmender Differenzierung nach Systemlieferanten, Sublieferanten und Vorlieferanten). Zur letztgenannten Aufgabe kann die Beschaffungsmarktforschung einen wichtigen Beitrag leisten.

g) *Bewertung der Marktchancen* für neue Lösungen
Diese Aufgabe gilt vor allem für die Stufe der Ideenfindung und Projektplanung. Im Anlagenbau sind die Zweckmäßigkeit und Realisierbarkeit (Machbarkeit) einer

Entwicklung vor Angebotsabgabe im Rahmen von Feasibility-Studien bzw. von Pre-Feasibility- oder Opportunitätsstudien zu prüfen, um das hohe Risiko einer nicht erfolgreichen Projektierung und Realisierung des Investitionsvorhabens zu vermeiden oder zumindest einzuschränken.

Die genannten Aufgabentypen treten nicht nur in reiner Form, sondern häufig auch miteinander kombiniert in Erscheinung. Je stärker die Verkopplung, um so komplizierte Aufgaben hat die Innovationsmarktforschung zu bewältigen.

3.4 Einbindung des Marketing in Pflichtenhefte für FuE-Projekte

In allen 51 Unternehmen des Maschinenbaus und der Elektrotechnik, die sich an der Befragung beteiligt haben, werden Pflichtenhefte für FuE-Projekte erarbeitet. In 47 Prozent dieser Unternehmen existiert zusätzlich zum Pflichtenheft, für dessen Erstellung in 96 Prozent der Fälle der Entwicklungsbereich verantwortlich ist, noch ein Lastenheft mit detaillierten Marktanforderungen, dessen Erarbeitung in 75 Prozent der Fälle in den Händen des Marketingbereichs liegt.

Für die Pflichtenheftarbeit wird in den Unternehmen ein erheblicher Anteil des Gesamtzeitaufwandes für das FuE-Projekt verausgabt, der im Mittelwert der Befragungsteilnehmer bei Neuentwicklungen 9,7 Prozent und bei Weiterentwicklungen 6,3 Prozent beträgt. In rund 60 Prozent der befragten Unternehmen liegt dieser Anteil bei 5 bis 15 Prozent. 24 Prozent der befragten Unternehmen geben für Neuentwicklungen sogar einen Zeitaufwandsanteil von 15 bis 30 Prozent an, und nur bei 15 Prozent der Neuentwicklungen bzw. 32 Prozent der Weiterentwicklungen beträgt der Anteil der Pflichtenhefterstellung am Gesamtaufwand für die Bearbeitung der FuE-Projekte weniger als 5 Prozent.

An der Bearbeitung der Pflichtenhefte sind die in Tabelle 5 angegebenen Aufgabenbereiche bzw. Partner des Unternehmens beteiligt. Es wird sichtbar, daß die Bereiche Entwicklung, Marketing und Vertrieb den größten Beitrag zum Pflichtenheft leisten. Dabei sind kaum Unterschiede zwischen Neu- und Weiterentwicklungen erkennbar. Beachtlich erscheint ebenfalls die Einbindung von Pilotkunden, über die 42 Prozent der befragten Unternehmen verfügen, sowie von Zulieferern in die Pflichtenhefterarbeitung. Verbesserungsbedürftig dürfte demgegenüber der Beitrag der Patentstelle, die nur in 23 Prozent der befragten Unternehmen vorhanden ist, des Einkaufs und der Fertigungsvorbereitung in die Pflichtenheftarbeit sein.

Zwischen der Stärke des Beitrags des Marketing-Bereichs und dem erzielten Projekterfolg bestehen deutliche und statistisch nachweisbare Zusammenhänge. So weisen Unternehmen, die die Preisvorstellungen der Kunden gut erfüllen, einen signifikant höheren Beitrag des Marketing bei der Pflichtenhefterstellung auf (Mittelwert der Markteinbindung 4,57 auf einer Rating-Skala von 0 = keine Einbindung bis 5 = starke Einbindung) als Unternehmen mit einer schlechten Erfüllung der Preisvorgaben (Mittelwert 3,8). Ebenso ist die Beteiligung des Marketing in Unternehmen, welche die vorgegebenen Entwicklungskosten einhalten (Mittelwert 4,5) signifikant stärker als in die Entwicklungskosten schlecht einhaltenden Unternehmen (Mittelwert 3,7). Als Grund hierfür kann angesehen werden, daß durch die frühzeitige und vollständige Erfassung aller Kundenwünsche und Marktforderungen wenig kostenintensive Änderungen während der Produktentwicklung auftreten.

Tabelle 5: Einbindung von Aufgabenbereichen bzw. Partnern mit Aussagen zum Marketing in die Pflichtenhefterstellung

Betrieblicher Aufgabenbereich bzw. Partner	Bereich bzw. Partner vorhanden in %	Einbindung des Bereichs/ Partners in %	Intensität des Beitrages*	
			Neuentwicklungen	Weiterentwicklungen
Marketing	65	97	4,05	4,33
Vertrieb	83	100	4,16	4,13
Kundendienst	52	96	3,27	3,6
Pilotkunden	42	90	3,23	3,43
Zulieferer	77	82	2,8	1,86
Einkauf	75	54	2,15	1,81
Entwicklung	96	100	4,70	4,70
Patentstelle	23	83	2,57	1,75
Fertigungsvorbereitung	63	90	2,81	2,44
Geschäftsleitung	94	92	3,90	2,88
Qualitätssicherung	71	97	3,27	3,33

* Mittelwert der Firmenangaben auf einer Skala von 1 = kein Beitrag bis 5 = hoher Beitrag.

In den Pflichtenheften der meisten befragten Unternehmen sind - wenn auch in sehr unterschiedlichem Umfange - bestimmte Marktziele enthalten. Sie sind allerdings deutlich weniger detailliert als technische Ziele und Qualitätsangaben. Eine Übersicht über die wichtigsten in den Pflichtenheften ausgewiesenen Marktziele enthält Tabelle 6. Dabei muß festgestellt werden, daß die Vorgabe so wichtiger Zielgrößen wie Absatzvolumen, Kundengruppen, Marktregionen und Markteintrittstermin insgesamt noch zu wenig verbreitet ist. Konkrete Angaben zum Kundennutzen werden nur in einem Fünftel der befragten Unternehmen gemacht.

Tabelle 6: Marktziele in Pflichtenheften befragter Unternehmen

Zielgröße	Anteil der Unternehmen*
Preis	81
Absatzmengen	57
Kundengruppen	51
Markteintrittstermin	46
Marktanteile	24
Marktregionen	22
Kundennutzen	19

* Anteil der Unternehmen, die diese Marktziele vorgeben in Prozent der befragten Unternehmen.

Die wenig befriedigende Vorgabe konkreter Marktziele ist auch auf den Stand der Informationsgewinnung und -auswertung im Projektvorfeld zurückzuführen, der insgesamt als stark verbesserungsbedürftig einzuschätzen ist. Kundenanalysen führen nur etwa 70 Prozent (67 Prozent bei Neuentwicklungen bzw. 71 Prozent bei Weiterentwicklungen), Wettbewerbsanalysen nur rund 60 Prozent (65 Prozent bei Neuentwicklungen, 57 Prozent bei Weiterentwicklungen) der befragten Unternehmen durch. Weitere Informationsanalysen, wie z. B. die Erarbeitung von Marktportfolios oder Technologieportfolios erfolgen nur in wenigen Unternehmen. Auch die Unterstützung der Pflichtenhefterstellung durch Instrumente der Qualitätssicherung und -gestaltung (QFD, FMEA, Design Review, Wertanalyse) ist bisher noch wenig verbreitet.

3.5 Markteinführung neuer Produkte und Verfahren

Die Markteinführung neuer Produkte und Verfahren stellt in allen Unternehmen einen Schwerpunkt für die Einbindung des Marketing in den Innovationsprozeß dar, der maßgeblich über Erfolg oder Mißerfolg für das Unternehmen entscheidet. Die Markteinführung muß langfristig vorbereitet werden, ihr Niveau wird deshalb wesentlich durch das Marketing-Konzept des Unternehmens sowie durch den Inhalt der Marketing-Strategien beeinflußt. Insbesondere in jungen Technologieunternehmen werden Markteinführungsaufgaben in der Regel unterschätzt.

In Verallgemeinerung zahlreicher Einzeluntersuchungen in Unternehmen unterschiedlicher Branchen können vor allem folgende häufig auftretende *Mängel bei der Markteinführung* neuer Produkte und Verfahren hervorgehoben werden:

– Zu späte und zu langsame Markteinführung (diese Feststellung korrespondiert mit der bereits getroffenen Aussage, daß der Markteintrittszeitpunkt nur in jedem zweiten Unternehmen als Pflichtenheftziel geplant wird);

– keine ausreichende Markteinführungsplanung, beginnend bei der strategischen Planung und bei der Festlegung von Einführungszielen im Pflichtenheft bis hin zur Aufstellung einer eigenständigen Markteinführungskonzeption;

– unzureichende Fokussierung der Markteinführungsaktivitäten auf die spezifischen Bedingungen der Erstkunden und der Einführungsmärkte;

– nicht ausreichende Verknüpfung der einzelnen Marketing-Instrumente miteinander zu einem komplexen Maßnahmekatalog bezüglich des Einsatzes des Marketing-Mix bei der Markteinführung.

Aus der Sicht der befragten Unternehmen ergeben sich die in Tabelle 7 dargestellten Probleme bei der Markteinführung. Hierbei fällt auf, daß Mängel in den eigenen Marketing-Aktivitäten offensichtlich nicht als Ursachen für Schwierigkeiten im Einführungsprozeß erkannt werden.

Bezüglich des *Zeitpunktes für den Markteintritt* präferieren die meisten Unternehmen eindeutig die Pionierstrategie. Dies geht aus Tabelle 8 hervor und läßt auf eine starke Technologie- und Qualitätsorientierung der befragten Firmen schließen. Demgegenüber wird die Imitationsstrategie vom Großteil der Unternehmen als nicht erstrebenswert angesehen.

Tabelle 7: Probleme befragter Unternehmen bei der Markteinführung von Innovationen

Markteinführungsproblem	Anzahl der Nennungen
Finanzierung/zu geringe Kapitaldecke	6
Unzureichender Bekanntheitsgrad des Unternehmens	4
Aufbau von Referenzen	3
Unzureichende Akzeptanz durch Anwender	3
Zu hohe Kosten	2
Liefer- und Terminprobleme	2
Qualitätsmängel	2
Lange Entscheidungsprozesse/Unentschlossenheit beim Kunden	2
Kundeninsolvenzen	1
Gewinnung neuer Kunden	1
Finden geeigneter Vertriebspartner	1

Tabelle 8: Angestrebte Timingstrategie für den Markteintritt von Innovationen in befragten Unternehmen

Timingstrategie	Bewertung*
Pionierstrategie (Erster auf dem Markt sein)	5,1
Zeitige Folgerschaft (Zweiter auf dem Markt sein)	2,9
Erst auf dem Markt agieren, wenn die Innovation schon von anderen erfolgreich eingeführt wurde	1,9

* Mittelwert der Firmenangaben auf einer Skala von 1 = nicht erstrebenswert bis 6 = sehr erstrebenswert.

Effiziente Markteinführung setzt eine gezielte *Kommunikationspolitik* des Unternehmens voraus. Tabelle 9 zeigt, welche Kommunikationsmaßnahmen für die befragten Unternehmen bei der Markteinführung im Vordergrund stehen.

Auf dem Gebiet der *Vertriebspolitik* bevorzugen 65 Prozent der befragten Unternehmen eine Kombination aus Eigen- und Fremdvertrieb, 34 Prozent der Unternehmen haben einen eigenen Vertrieb ohne Einschaltung von externen Partnern. Bezeichnenderweise vertreibt keine Firma ihre Neuprodukte ausschließlich über fremde Vertriebsorgane. Dieser Sachverhalt ist verständlich, da jedes Unternehmen bestrebt ist, durch eigene Kontakte zu den Kunden notwendiges Feedback für die weitere Produktpolitik zu erhalten.

Tabelle 9: Bedeutung kommunikationspolitischer Maßnahmen bei der Markteinführung in befragten Unternehmen

Kommunikationspolitische Maßnahmen	Bewertung*
Präsentation auf Messen und Ausstellungen	4,0
Unterstützung des Anwenders bei der Implementierung	3,9
Produktvorführungen, Probenutzungen	3,9
Werbung und Öffentlichkeitsarbeit	3,9
Arbeit mit Qualitätszeichen und Zertifizierungen	3,8
Frühzeitige Zusammenarbeit mit Referenzanwendern	3,6
Wissenschaftliche Veröffentlichungen zur Innovation	3,0

* Mittelwert der Firmenangaben auf einer Skala von 1 = völlig unbedeutend bis 6 = sehr bedeutend.

4. Schlußfolgerungen

Die bisherigen Ausführungen haben deutlich gemacht, daß der erreichte Stand der Marktorientierung von Innovationen in ostdeutschen Unternehmen nicht befriedigen kann und daß eine stärkere Einbindung des Marketing in die Innovationstätigkeit dringend notwendig ist. Dazu werden vor allem folgende Ansatzpunkte gesehen:

- Ein klares Marketing-Konzept - als Bestandteil des gesamten Unternehmenskonzeptes und als Ausdruck des Marketing-Grundverständnisses aller Unternehmensmitglieder - ist Voraussetzung für die Innovationsaktivitäten und entscheidet maßgeblich über den Unternehmenserfolg. Nach unseren Erfahrungen sollte es Mindestaussagen zu folgenden Komplexen enthalten:

  – Istsituation sowie Trends der Markt- und Technologieentwicklung (Bestimmung quantitativer Marktgrößen, Kundenanalyse, Wettbewerbsanalyse, Umfeldanalyse),

  – Marktsegmentierung und Auswahl des Zielmarktes,

  – Verfolgte Marketing-Strategien,

  – Geplante Innovationen zur Durchsetzung der Strategie,

- Einsatz der Marketinginstrumente zur Markteinführung von Innovationen und zur Marktbearbeitung.

- Der Innovationserfolg wird entscheidend durch die Marketing-Strategie des Unternehmens beeinflußt. Die Entwicklung begründeter Strategien zur Marktauswahl, zum Wettbewerbsverhalten und zum Timing von Innovationen sollte deshalb in allen ostdeutschen Unternehmen besondere Priorität haben. Für viele junge Technologieunternehmen dürfte sich eine Nischenstrategie in Verbindung mit einer angestrebten Qualitäts- und/oder Technologieführerschaft anbieten.

- Die Verbesserung der Kenntnisse über den Markt und seine Entwicklungstendenzen ist für ostdeutsche Unternehmen ein Kernproblem. Ein bestimmtes Mindestniveau der Marktforschung ist deshalb unerläßlich; insbesondere gilt es, die verfügbaren Marktinformationen umfassender und zielgerichteter auszuwerten.

- Die Markteinführung neuer Produkte und Verfahren sollte langfristiger und planmäßiger erfolgen. Dazu empfiehlt sich die Erarbeitung von spezifischen Markteinführungskonzeptionen (vgl. Crawford 1991, Teil III).

- Junge Technologieunternehmen sind häufig durch eine ausgeprägte Kundennähe charakterisiert. Diese Wettbewerbsstärke sollte im Innovationsprozeß vor allem durch die Einbeziehung der Kunden in die Entwicklung und durch die Berücksichtigung spezifischer Kundenwünsche weiter ausgeprägt werden.

Die Erfüllung der vorgenannten Forderungen setzt ein hohes Niveau und einen bestimmten Mindestumfang der Marketingaktivitäten des Unternehmens voraus. Im Gegensatz zu größeren Unternehmen mit eigenen Marketingbereichen und/oder Marktforschungsabteilungen haben hierbei kleine und mittlere Unternehmen vielfach erhebliche Schwierigkeiten. Als Möglichkeiten zur Erweiterung ihrer Marketing-Kapazitäten bieten sich an:

- Die arbeitsteilige Zusammenarbeit mit anderen Unternehmen gleicher Branche bzw. Technologie (z. B. bezüglich der Marktforschung, der Vorbereitung von Messen und Ausstellungen usw.);

- die Zusammenarbeit mit Universitäten und Hochschulen, deren Forschungspotential (u. a. Diplomarbeiten) eine kostengünstige Untersuchung von Marketingproblemen ermöglicht;

- die Verstärkung der interdisziplinären Zusammenarbeit zwischen Spezialisten des FuE-Bereichs und Marketingfachleuten im Unternehmen;

- die Nutzung elektronischer Datenbanken für die Informationsgewinnung.

Mit der verstärkten Einbindung des Marketing in die Innovationstätigkeit werden wesentliche Voraussetzungen für die Erhöhung der Wettbewerbsfähigkeit ostdeutscher Unternehmen geschaffen.

Literatur

Baar, A. (1997): Methodische Ansätze zur Erarbeitung von Marketingkonzeptionen in jungen und innovativen Unternehmen. Diplomarbeit. TU Dresden.

Baier, W.; Pleschak, F. (Hrsg.) (1996): Marketing und Finanzierung junger Technologieunternehmen. Wiesbaden: Gabler Verlag.

Crawford, C. M. (1991): Neuprodukt-Management. Frankfurt/New York: Campus.

Koschatzky, K. (Hrsg.) (1997): Technologieunternehmen im Innovationsprozeß. Heidelberg: Physica-Verlag.

Pleschak, F.; Sabisch, H. (1996): Innovationsmanagement. Stuttgart: Schäffer-Poeschel Verlag.

Pleschak, F.; Werner, H.; Wupperfeld, U. (1995): Marketing geförderter junger Technologieunternehmen. 8. Analysebericht. Karlsruhe/Freiberg: FhG-ISI.

Sabisch, H.; Tintelnot, C. (1997a): Integriertes Benchmarking für Produkte und Produktentwicklungsprozesse. Heidelberg: Springer-Verlag.

Sabisch, H.; Tintelnot, C. (Hrsg.) (1997b): Benchmarking - Weg zu unternehmerischen Spitzenleistungen. Stuttgart: Schäffer-Poeschel Verlag.

Wylegalla, J. (1997): Pflichtenheftarbeit im Projektmanagement von Innovationen. Diplomarbeit. TU Dresden.

Unterschiede im Innovationsverhalten zwischen ost- und westdeutschen Unternehmen im Verarbeitenden Gewerbe

Horst Penzkofer, Heinz Schmalholz

1. Einleitung

Innovationen stellen eine der Hauptdeterminanten für einzel- und gesamtwirtschaftliches Wachstum dar. Das ifo Institut befragt jährlich seit 1979 die westdeutsche und seit dem Jahr der deutschen Einheit auch die ostdeutsche Industrie nach ihren Innovationsaktivitäten.[1] In den vergangenen fünf Jahren antworteten durchschnittlich 3 000 (Sonderfrage „Innovation" im ifo Konjunkturtest)[2] bzw. 1 800 (ifo Innovationstest)[3] ost- und westdeutsche Testteilnehmer.[4] Die Ergebnisse für das verarbeitende Gewerbe der neuen Bundesländer basieren auf den Angaben von rund 700 (Sonderfrage „Innovation") bzw. 450 (ifo Innovationstest) Testteilnehmern.

Die Befunde aus den Innovationserhebungen des ifo Instituts zeigen, daß Niveau und Struktur der Innovationstätigkeit der ostdeutschen Industrie in weiten Bereichen mit der westdeutscher Unternehmen vergleichbar sind (Schmalholz/Penzkofer 1997). So entsprechen sich beispielsweise die Innovatorenanteile annähernd, die mit den Innovationsaktivitäten verfolgten Ziele unterscheiden sich nur graduell und auch hinsicht-

---

[1] Innovationen sind Neuerungen oder wesentliche Verbesserungen von Produkten oder Produktionsverfahren. Unternehmen werden dann als innovativ bezeichnet, wenn sie im Berichtsjahr entweder Produkt- und/oder Prozeßinnovationen durchgeführt haben. Produktinnovationen richten sich auf neue Märkte oder unterscheiden sich in technologischer Hinsicht deutlich von den bisher hergestellten Produkten. Prozeßinnovationen umfassen neben Neuerungen oder wesentlichen Veränderungen der Produktionstechnik auch die Einführung informationstechnischer Geräte im Bereich Büro und Verwaltung.

[2] Im Rahmen dieser Sonderbefragung werden eher allgemeine Informationen über innovative Aktivitäten erfaßt.

[3] Die Ergebnisse des ifo Innovationstests ermöglichen eine detaillierte Analyse der unterschiedlichen Merkmale durchgeführter Innovationen.

[4] Die Befragungseinheiten im ifo Konjunktur- und Innovationstest stellen Erzeugnisbereiche von Unternehmen mit 20 und mehr Beschäftigten dar.

lich der Resultate bei den Innovationsimpulsen und -hemmnissen treten nur in wenigen Ausnahmefällen Differenzen zwischen ost- und westdeutschen Unternehmen auf. Die Unterschiede betreffen zum einen die Bedeutung von staatlichen FuE-Programmen für die Anstöße zur Durchführung von Innovationen und zum anderen die fehlenden finanziellen Ressourcen als das Haupthemmnis bei der Innovationstätigkeit der ostdeutschen Unternehmen. Die Umsatzstruktur, die die Umsatzanteile von Produkten in unterschiedlichen Marktlebensphasen ausweist, stellt sich für die ostdeutsche Industrie sogar vergleichsweise günstiger dar und zeigt ein ausgeglichenes Bild. Dieser positive Befund ist vor allem auf einige Sondereinflüsse in den neuen Bundesländern zurückzuführen, wie etwa die Förderprogramme für Forschung, Entwicklung und Innovation sowie das Ausscheiden zahlreicher Unternehmen mit nicht wettbewerbsfähigem Produktsortiment.

Trotz großer Übereinstimmung im Innovationsverhalten bestehen aber weiterhin noch Defizite im Bereich der Innovations- und FuE-Aktivitäten zwischen der ost- und westdeutschen Industrie. Einige wichtige Unterschiede (Defizite) im Innovationsverhalten sollen im vorliegenden Beitrag offengelegt werden. Ausgehend von der in Kapitel 2 dargestellten Entwicklung der Anteile innovativer ost- und westdeutscher Industrieunternehmen werden in Kapitel 3 die Höhe der Innovations- und FuE-Aufwendungen, die Verwendung des Innovationsbudgets sowie die Herkunft des technologischen Wissens behandelt. Danach wird in Kapitel 4 der Frage nachgegangen, ob unterschiedliche Produktentwicklungszeiten zwischen ost- und westdeutscher Industrie festzustellen sind. Im 5. Kapitel stehen die technologischen Inhalte der Innovate im Zentrum der Analyse. Abschließend werden im Kapitel 6 die empirischen Befunde zusammengefaßt.

2. Entwicklung der Innovationstätigkeit

Herausragendes Ergebnis bei der Entwicklung des Innovatorenanteils ist, daß schon 1991 der Prozentsatz der Innovatoren in der Industrie in West und Ost annähernd gleich hoch war, nämlich etwa drei Viertel (vgl. Abb. 1). Während 1993 der Anteil innovierender Unternehmen in den neuen Bundesländern mit 76,3 Prozent erstmals höher als derjenige in den alten Bundesländern (73,4 Prozent) lag, hat sich nach einem Rückgang im Jahre 1995 nunmehr die langjährige Differenz in den Innovatorenanteilen von rund 4 Prozentpunkten wieder eingependelt.

Abbildung 1: Innovatorenanteil in der Industrie (in Prozent der Meldungen)

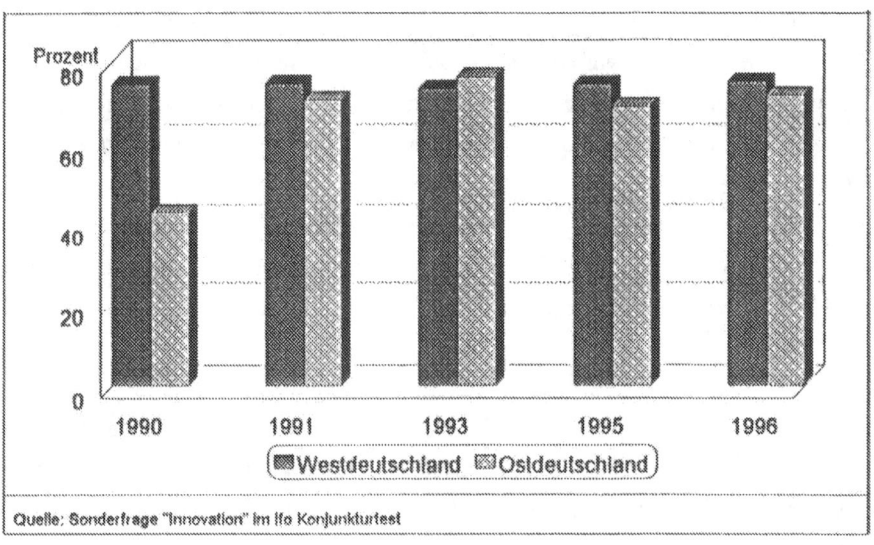

Die Untergliederung der Ergebnisse nach den Industriehauptgruppen zeigt, daß in Ost und West das Investitionsgüter produzierende Gewerbe die höchsten Innovatorenanteile zu verzeichnen hat. Während in den alten Bundesländern das Grundstoff- und Produktionsgütergewerbe Rang 2 einnimmt, findet sich in den neuen Bundesländern seit längerem das Nahrungs- und Genußmittelgewerbe auf dieser Position und spiegelt damit die Bedeutung dieser Branche innerhalb der ostdeutschen Industriestruktur wider.

Betrachtet man die innovierenden Unternehmen nach ihrer Beschäftigtenzahl, so fällt auf, daß in der Größenklasse unter 500 Beschäftigten der Innovatorenanteil in der ostdeutschen Industrie teilweise stark über den für Westdeutschland ermittelten Werten liegt. Die höheren Anteile entfallen damit auf diejenigen Unternehmen, die vor allem die Programme zur Förderung von Forschung, Entwicklung und Innovation des BMWi und BMBF in Anspruch nehmen können (DIW/SÖSTRA 1997). Bei den Unternehmen mit 500 und mehr Beschäftigten liegen die Innovatorenanteile in der westdeutschen Industrie in allen Beobachtungsjahren über denen der ostdeutschen.

Analog zur Entwicklung der Innovatorenanteile verhält sich auch die Größenordnung der nichtinnovierenden Unternehmen in Ost und West. Bei Nichtinnovatoren können zwei Hauptgründe ursächlich für diese Verhaltensweise sein: zum einen sind Innovationen unterblieben, weil sie im Befragungsjahr nicht erforderlich waren, weil bspw. die letzte getätigte Innovation erst kurze Zeit zurücklag, oder aber eigentlich notwendige Innovationen konnten nicht realisiert werden, weil gravierende Hemmnisse entgegenstanden. Ein Vergleich der entsprechenden Angaben ost- und westdeutscher Unternehmen zeigt auch hier eine erstaunliche Übereinstimmung der Motive: zuletzt waren bei knapp drei Viertel der Unternehmen ohne Innovationen diese nicht erforderlich und bei rund einem Viertel waren Innovationshemmnisse dafür ausschlaggebend.

Diese Übereinstimmung im Innovationsverhalten in der ost- und westdeutschen Industrie ließe vermuten, daß die Anfangsschwierigkeiten im Innovationsbereich des ostdeutschen Verarbeitenden Gewerbes überwunden sind. Ob dem wirklich so ist, soll anhand einer detaillierteren Analyse, z. B. unter dem Blickwinkel des Ressourceneinsatzes, überprüft werden.

3. Know-how-Aufwand

Jede erfolgreiche Realisierung einer Innovation setzt voraus, daß den Aufwendungen, die von der Entstehungs- über die Entwicklungs- bis hin zur Realisierungsphase in einem Innovationsprojekt anfallen, die entsprechenden finanziellen Ressourcen gegenüberstehen. Forschung und Entwicklung ist dabei nur ein Schritt zur Realisierung von Innovationen, nämlich der Teil des Innovationsprozesses, in dem das notwendige technische Wissen bereitgestellt wird. In den darauf folgenden Phasen der Umsetzung des technischen Wissens werden die Voraussetzungen zur Produktionsaufnahme geschaffen und Maßnahmen zur Markteinführung und -erschließung getroffen.[5]

---

5 Zu den Aspekten der immateriellen Investitionen für die Innovationstätigkeit vgl. Paasi (1997).

Die Höhe des gesamten Innovationsbudgets[6] für die Industrie der neuen Bundesländer - also sämtliche Aufwandspositionen, die von der Entstehungs- bis zur Realisierungsphase anfallen - kann aus den Angaben des ifo Innovationstests in Verbindung mit dem ifo Investitionstest ermittelt werden. Die auf dieser Basis durchgeführte Hochrechnung für das Jahr 1996 ergibt einen Innovationsaufwand von 4,8 Mrd. DM für das verarbeitende Gewerbe in den neuen Bundesländern. Für die alten Bundesländer resultiert ein Innovationsaufwand in Höhe von rund 108 Mrd. DM. Die absoluten Größen der Innovationsaufwendungen haben zunächst nur einen relativ geringen Informationswert. Erst der Bezug zum Umsatz des jeweiligen Verarbeitenden Gewerbes gibt Aufschluß über die Know-how-Intensität der Industrie: Demnach ergibt sich für den Innovationsaufwand, gemessen am Gesamtumsatz der ost- bzw. westdeutschen Industrie (Betriebe von Unternehmen mit 20 Beschäftigten und mehr, einschl. Handwerk), ein Anteil von 3,8 Prozent in den neuen Bundesländern und 5,6 Prozent in den alten Bundesländern.

Von besonderem Interesse ist die Struktur der Innovationsaufwendungen bzw. die tendenzielle Entwicklung der beiden großen Kostenblöcke „Erzeugung" (z. B. FuE, Patente, Lizenzen) und „Umsetzung" (Produktions- und Absatzvorbereitung), die zusammen das betriebliche Innovationsbudget determinieren (vgl. Tabelle 1). Der größte Teil des Innovationsbudgets der Industrie wird mit rund 60 Prozent von produktbezogenen Innovationsaktivitäten absorbiert. Auf Forschung, Entwicklung, Konstruktion, Produktdesign sowie Patent- und Lizenzgebühren, also auf den Know-how-Aufwand für Produktinnovationen, entfallen davon in den neuen Bundesländern im Durchschnitt etwas weniger als zwei Drittel. Im Verarbeitenden Gewerbe Westdeutschlands liegt dieser Anteil geringfügig höher. Für Prozeßinnovationen schwankt der Anteil der Know-how-Aufwendungen, der durchschnittlich bei knapp unter 40 Prozent aller produktionsbezogenen Aufwendungen liegt, innerhalb einer geringen Bandbreite von 13 und 16 Prozent (ausgenommen 1991). Auch bei dieser Größe liegt der Anteil der westdeutschen Industrie knapp über dem Ostdeutschlands. Die Aufwendungen für die Umsetzungsphase liegen im Durchschnitt der letzten Jahre im Produkt- und Prozeßbereich bei rund 20 Prozent der jeweiligen bereichsspezifischen Gesamtaufwendungen.

---

6 Neben den Aufwendungen für Forschung und Entwicklung zählen hierzu auch die Aufwendungen für Konstruktion und Design, Patente/Gebrauchsmuster/Lizenzen, Produktionsvorbereitung für Produktinnovationen, Absatzvorbereitung sowie Prozeßinnovation (inkl. Rationalisierung).

Die Ergebnisse in Tabelle 1 lassen erkennen, daß sich die Ausgabenstruktur und damit auch die Innovationsstrategien der ostdeutschen Industrie seit 1991 in größerem, dagegen seit 1993 nur in geringerem Umfang verändert haben. Bemerkenswert ist zum einen die Zunahme des produkt- und prozeßbezogenen Know-how-Aufwandes und zum anderen die Tatsache, daß die Innovationsaufwendungen für die Computerisierung des Büro- und Verwaltungsbereichs 1996 gegenüber 1991 nur noch ein Drittel betrugen. Dieser Rückgang um 8 Prozentpunkte entspricht der Zunahme beim prozeßbezogenen Aufwand.

Tabelle 1: Verwendung des Innovationsbudgets (in Prozent)

	1991		1993		1995		1996	
	West	Ost	West	Ost	West	Ost	West	Ost
• Know-how-Aufwand	39,3	32,6	39,7	36,6	43,0	41,8	39,7	37,6
• Umsetzungsaufwand	22,2	26,9	21,6	23,2	21,5	22,0	23,6	22,5
Produktbezogener Aufwand	61,5	59,5	59,5	59,8	64,5	63,8	63,3	60,1
• Know-how-Aufwand	11,8	7,8	16,5	13,3	15,3	13,4	14,5	13,0
• Umsetzungsaufwand	19,9	20,0	17,3	20,5	16,0	19,1	17,1	22,6
Prozeßbezogener Aufwand (Produktionsbereich)	31,7	27,8	33,8	33,8	31,3	32,5	31,6	35,6
Prozeßbezogener Aufwand (Büro und Verwaltung)	6,8	12,7	4,9	6,4	4,2	3,7	5,1	4,3

Quelle: ifo Innovationstest.

Zur Sicherung der Wettbewerbsposition haben die FuE-Aufwendungen - als Bestandteil der Innovationsaufwendungen - der Industrie eine große Bedeutung, da sie das Know-how-Potential der Unternehmen indizieren. Produkte, die aus FuE-Aktivitäten hervorgehen, ermöglichen in der Regel einen nachhaltigeren Wettbewerbsvorsprung auf dem Markt. Im Jahr 1994 betrugen nach einer Schätzung, auf der Datenbasis der ifo Innovationserhebung, die FuE-Aufwendungen für das verarbeitende Gewerbe in den neuen Bundesländern rund 2,3 Mrd. DM.[7] Daraus ergibt

---

[7] Hierbei wird dem FuE-Anteil an den Innovationsaufwendungen noch der Anteil der Konstruktions- und Produktdesigntätigkeiten hinzugerechnet (Penzkofer 1995).

sich für den Gesamtumsatz der Industrie ein FuE-Anteil am Umsatz von 1,8 Prozent. Auf der Grundlage der gleichen Erhebung resultiert für die westdeutsche Industrie ein Umsatzanteil der FuE-Aufwendungen von 2,9 Prozent (FuE-Aufwendungen: rund 55 Mrd. DM). Abbildung 2 gibt die Ergebnisse für die FuE- und Innovationsaufwendungen wider.

Abbildung 2: Know-How-Aufwand in der Industrie (in Prozent vom Umsatz)

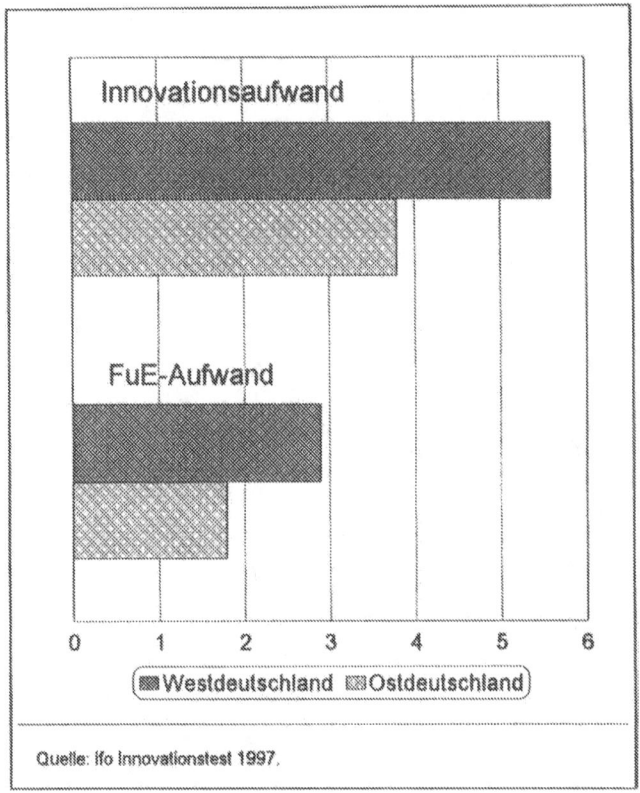

Beschränkt man sich also nicht auf die FuE-treibenden Unternehmen, wo nach dem Ergebnis des ifo Innovationstests die Unternehmen Ostdeutschlands einen höheren FuE-Anteil am Umsatz aufweisen, sondern legt den Gesamtumsatz der Industrie zugrunde, besteht zwischen ost- und westdeutscher Industrie noch eine deutliche Differenz in den FuE- und Innovationsaufwandsanteilen. Das heißt, daß die FuE-treibenden Ostunternehmen eine relativ hohe FuE-Intensität aufweisen, aber zu wenige Unternehmen im Bereich Forschung und Entwicklung aktiv sind. Dies hängt unter anderem damit zusammen, daß in den neuen Bundesländern im Vergleich zur westdeutschen Industrie deutlich weniger Unternehmen in forschungsintensiven Branchen engagiert sind. Eine andere Ursache ist sicherlich bei der Herkunft des technologischen Wissens zu suchen.

Ein gravierender Unterschied zwischen west- und ostdeutscher Industrie besteht hinsichtlich der Herkunft technologischen Wissens von der Mutter- oder Tochtergesellschaft (vgl. Abbildung 3). Der in Relation zur Industrie in den alten Bundesländern hohe Meldeanteil in Ostdeutschland ist auf die starke Verflechtung der ostdeutschen Unternehmen mit Unternehmen, die ihren Sitz in Westdeutschland haben, zurückzuführen. Dies dokumentiert den vergleichsweise hohen Abhängigkeitsgrad ostdeutscher Unternehmen von Unternehmen außerhalb der Region.

Abbildung 3: Herkunft technologischen Wissens für Innovationen

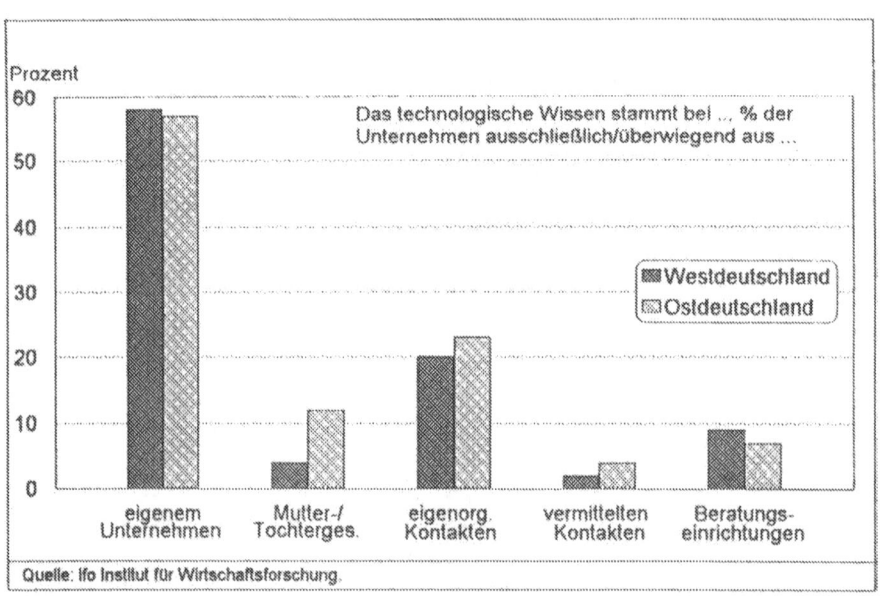

Generell kommt bei der Gewinnung technologischen Wissens dem in Unternehmen selbst entwickelten Know-how die größte Bedeutung zu. Eine Sonderbefragung zum Thema Technologietransfer ergab, daß der Erwerb von externem Know-how eher komplementären und diskontinuierlichen Charakter hat (Reinhard/Schmalholz

1996). Die Ursache hierfür ist darin zu sehen, daß externes Wissen z. B. nur fallweise benötigt wird oder nach erfolgter Problemlösung unternehmensintern adaptiert ist. Der größte Teil des Technologietransfers vollzieht sich direkt zwischen den technologienutzenden Unternehmen und den Technologiegebern. Vermittelter, indirekter Technologietransfer durch Einschaltung einer Technologie-Vermittlungs- oder –Beratungs-Einrichtung hat dagegen in den neuen wie auch in den alten Bundesländern nur eine untergeordnete Bedeutung.

4. Entwicklungs- und Marktlebensdauer im Produktbereich

Zu einer dominierenden Determinante für die erfolgreiche Entwicklung und Verwertung von Innovationen könnte sich auch die Beherrschung des Faktors Zeit erweisen. Steigendes Kostenrisiko, sich verkürzende Produktlebenszyklen und zunehmendes technisches Risiko sind hierbei die Schlagworte (Albach/de Pay/Rojas 1991). Durch Verkürzung der Entwicklungszeiten soll es dem Unternehmen gelingen, sein Produkt vor den Konkurrenten am Markt zu plazieren und dadurch zusätzliche Gewinne zu erzielen. Die Verkürzung des Entstehungszyklus darf aber nicht zu Lasten der Produktqualität gehen, gefordert ist eine effiziente Produktentwicklung, in der sämtliche Arbeiten im Unternehmen von der Produktidee bis zur Markteinführung funktionsübergreifend koordiniert werden.

Wie Entwicklungs- und Marktlebensdauer[8] im Produktbereich zusammenhängen, zeigt Tabelle 2. Bei jeweils rund 45 Prozent der ostdeutschen Unternehmen liegt die Entwicklungszeit neuer oder verbesserter Produkte bei weniger als zwölf Monaten bzw. zwischen einem Jahr und drei Jahren. Eine Produktentwicklungsdauer von über drei Jahren meldeten nur 6 Prozent der Unternehmen. Im Vergleich hierzu beträgt die Entwicklungszeit bei zwei Drittel der westdeutschen Industrie zwischen einem und drei Jahren und jedes zehnte westdeutsche Unternehmen benötigt für diese Phase über drei Jahre.

Die unterschiedliche Produktentwicklungsdauer in West- und Ostdeutschland ist insbesondere auf die jeweilige Industriestruktur zurückzuführen. In Relation zu den alten Bundesländern überwiegt in den neuen Bundesländern die Konsumgüterindu-

---

8 Die Produktentwicklungsdauer umfaßt den Zeitraum zwischen Entstehung der Produktidee und der Markteinführung. Die Marktlebensdauer erstreckt sich von der Markteinführung bis zur Produktverbesserung bzw. Aufgabe des Produkts.

strie, die neue oder veränderte Produkte in kurzer Zeit auf den Markt bringen kann. Darüber hinaus hängt die Produktentwicklungsdauer unter anderem auch von der Art des erforderlichen Know-how-Einsatzes ab. Während formale Produktgestaltungen in der Regel in weniger als einem Jahr realisiert werden, erlangen konstruktionsgestützte Neu- und Weiterentwicklungen später die Marktreife. FuE-basierte Produktinnovationen beanspruchen den längsten Zeitraum. In den divergierenden Produktentwicklungsdauern dokumentiert sich somit auch die Tatsache, daß in den neuen Bundesländern verhältnismäßig wenige Unternehmen in FuE-intensiven Branchen angesiedelt sind.

Tabelle 2: Zusammenhang von Produktentwicklungs- und Marktlebensdauer

Produktent-wicklungs-dauer (in Jahren)	Bei ... % der Unternehmen mit einer Produktentwicklungsdauer von ... Jahren weist das Produktprogramm eine Marktlebensdauer von ... Jahren auf						Nachrichtlich: Anteil an allen Unternehmen	
	unter 1		1 bis 3		über 3			
	West	Ost	West	Ost	West	Ost	West	Ost
unter 1	35,1	49,5	24,1	32,2	40,8	18,3	24,9	45,5
1 bis 3	10,2	28,7	27,7	27,9	62,1	43,4	63,9	48,4
über 3	0,3	0,0	30,9	57,8	68,8	42,2	11,2	6,1
Nachrichtlich: Anteil an allen Unternehmen	15,3	36,4	23,7	31,7	61,0	31,9	-	-

Quelle: ifo Innovationstest 1994.

Im Hinblick auf die zur Verfügung stehende Rückgewinnungszeit des eingesetzten Kapitals ist festzustellen, daß bei der Mehrheit der Unternehmen die hierzu erforderliche Marktlebensdauer der Produkte gegeben ist. Bei der Hälfte der Unternehmen (Westdeutschland: ein Drittel), deren Produkte nach unter einjähriger Entwicklungszeit auf den Markt gebracht wurden, schieden diese binnen Jahresfrist auch wieder aus dem Sortiment aus. Ein Teil dieser Produkte erreichte jedoch auch einen längeren Marktzyklus. Eine analoge Situation ergibt sich für die übrigen Entwicklungs-/Marktzyklus-Kombinationen. Stellt man für jedes Unternehmen die beiden Zyklen gegenüber, so zeigt sich allerdings bei knapp 20 Prozent der ostdeutschen Unternehmen die ungünstige Konstellation, daß die Produktentwicklungsdauer länger als die Marktlebensdauer ist, was negative Auswirkungen auf die finanzielle Situation der betreffenden Unternehmen hervorrufen kann. In der westdeutschen Industrie ist diese ungünstige Entwicklungs-/Marktzyklus-Kombination nur bei 6 Prozent der Unternehmen festzustellen.

5. Typisierung von Unternehmen

Des weiteren werden, um die anfangs festgestellten Übereinstimmungen im Innovationsverhalten differenzierter bewerten zu können, die Unternehmen mittels eines Sets von ausgewählten Unternehmensmerkmalen in verschiedene Innovatorentypen unterteilt. Je nach Zusammensetzung der Innovatorentypen kann auf den technologischen Gehalt und damit auf die potentielle Wettbewerbsfähigkeit der realisierten Innovationen geschlossen werden.

Die verwendeten Kriterien beziehen sich auf die unternehmensintern vorhandenen FuE-Ressourcen (Personal und Ausstattung), den Umfang der FuE-Aktivitäten (ständig, fallweise), die eingesetzten FuE-Aufwendungen (Grupp/Legler 1992)[9] und den Umsatzanteil, den ein Unternehmen mit Produkten in der Markteinführungs- und Wachstumsphase erzielt, als Indikator für den Neuheitsgrad des Sortiments.

Durch die Anwendung dieser Kriterien auf die Gesamtheit der Unternehmen lassen sich folgende Typen separieren (vgl. Tabelle 3):

- *Spitzeninnovatoren*: Diese Gruppe von Unternehmen verfügt über eigene FuE-Ressourcen, die ständig für Forschungs- und Entwicklungsaufgaben eingesetzt werden. Sie unterscheidet sich von den anderen Innovatorengruppen durch einen sehr hohen FuE-Aufwand, der mindestens 8,5 Prozent vom Umsatz betragen muß. Aus der hohen FuE-Intensität resultiert auch ein zukunftsträchtiges Produktportfolio der Unternehmen, das in hohem Maße innovative und wachstumsdynamische Bestandteile aufweist. Diesem Unternehmenstyp sind rund 4 Prozent der Unternehmen in Ostdeutschland zuzurechnen. Für die westdeutsche Industrie beträgt der Anteil knapp 8 Prozent.

---

9 Als Merkmal für Produkte der Spitzentechnik wird die Grenze ab 8,5 Prozent FuE-Aufwand vom Umsatz verwendet.

Tabelle 3: Typisierung von Unternehmen in der Industrie im Jahr 1996

Unternehmenstypen Kriterien	Spitzeninnovatoren	Kontinuierlich innovierende Unternehmen	Diskontinuierlich innovierende Unternehmen	imitierende Unternehmen	Unter Wettbewerbsdruck stehende Unternehmen
Eigene FuE-Ressourcen	x	x	x	(x)	
Ständige FuE-Aktivitäten	x	x	(x)		
FuE-Aufwand über 8,5% vom Umsatz	x	(x)			
Umsatzanteil in der Markteinführungs- und Wachstumsphase über 35%	x	(x)	(x)	(x)	
Ost	4,1	17,2	25,5	23,4	29,8
West	7,6	22,2	26,8	19,6	23,8

Anmerkung: (x) bedeutet, daß mindestens eine der beiden Optionen erfüllt sein muß.

Quelle: ifo Institut für Wirtschaftsforschung.

- *Kontinuierlich innovierende Unternehmen*: Aus den unternehmensinternen FuE-Aktivitäten resultiert ein ständiger Strom an Produkt- und Verfahrensneuheiten oder -weiterentwicklungen, der die Wettbewerbsfähigkeit dieser Gruppe von Unternehmen determiniert. Allerdings ist entweder der Know-how-Gehalt der Produktinnovationen geringer oder die Zusammensetzung des Produktportfolios ist ungünstiger als bei den Spitzeninnovatoren. Die kontinuierlich innovierenden Unternehmen stellen in Ostdeutschland 17 Prozent und in Westdeutschland 22 Prozent aller Unternehmen dar.

- *Diskontinuierlich innovierende Unternehmen*: Diese Unternehmen sind zwar in der Lage, unternehmensintern FuE-Aktivitäten durchzuführen, das zur Verfügung stehende Potential wird jedoch in der Regel nur fallweise - nach Bedarf - mit derartigen Aufgaben betraut. Der in unregelmäßigen Abständen anfallende Innovationsoutput ist für die Unternehmen offensichtlich noch ausreichend, den angestammten Markt zu verteidigen. Mit der Markteinführung derartiger Innovationen können die Unternehmen die Umsatzstruktur allerdings nur temporär ver-

bessern. Die Gruppe der sporadisch innovierenden Unternehmen stellt mit etwa 27 Prozent den anteilsmäßig größten Typ in der westdeutschen Industrie dar. In Ostdeutschland gehören rund 25 Prozent der Unternehmen diesem Typ an.

- *Imitierende Unternehmen*: Nur ein kleiner Teil der zu dieser Gruppe gehörenden Unternehmen verfügt über eigene FuE-Kapazitäten, die je nach Bedarf eingesetzt werden. Der Großteil beschäftigt eher Fachkräfte, die konstruktive oder designmäßige Anpassungs- oder Verbesserungsentwicklungen nach Kundenvorgaben durchführen, welche aus einzelbetrieblicher Sicht durchaus den Charakter einer Produktinnovation besitzen und auch kurzfristig zur Verbesserung der Umsatzstruktur beitragen können. Von den ostdeutschen Unternehmen sind etwa 23 Prozent diesem Typ zuzuordnen (Westdeutschland rund 20 Prozent).

- *Unter Wettbewerbsdruck stehende Unternehmen*: Diese Unternehmen müssen sich in einem dynamischen Umfeld behaupten, ohne in nennenswertem Umfang auf eigene Ressourcen zurückgreifen zu können. Ihnen bleibt als Strategie neben der Realisierung sporadischer Anpassungs- und Verbesserungsentwicklungen vor allem die Anwendung von Prozeßinnovationen, um durch Ausschöpfung von Rationalisierungspotentialen im Preiswettbewerb mithalten zu können. Mit 30 Prozent aller Unternehmen in Ostdeutschland bzw. 24 Prozent aller Unternehmen in Westdeutschland ist diese Gruppe anteilsmäßig relativ groß.

Die Typisierung der Unternehmen zeigt, daß in Ostdeutschland hinsichtlich der Gruppen „Spitzeninnovatoren" und „kontinuierlich innovierende Unternehmen" gegenüber Westdeutschland noch Defizit besteht (Westdeutschland: knapp 30 Prozent; Ostdeutschland 21 Prozent). Dies dürfte unter anderem darauf zurückzuführen sein, daß es in den neuen Bundesländern eine im Vergleich zur westdeutschen Industrie zu geringe Anzahl von Großunternehmen gibt. Aus den Ergebnisse des ifo Innovationstests geht hervor, daß das Innovationsverhalten im Zeitverlauf größenklassenabhängig ist: Kontinuierliche und langfristig orientierte Innovationstätigkeit ist insbesondere bei Großunternehmen vorzufinden. Diese Unternehmensgruppe ist in der Regel im Bereich der angewandten Forschung und experimentellen Entwicklung tätig. Hierbei sind systematische FuE-Aktivitäten die Voraussetzung für die Realisierung komplexer Produkte und Systeme, die häufig eine Vielzahl zusammenhängender Teilprojekte erfordern. Ein diskontinuierliches Innovationsverhalten ist dagegen typisch für kleine und mittlere Unternehmen, die Entwicklungsaktivitäten durchführen, bei denen nicht hoher Innovationsaufwand und systematische FuE-Anstrengungen den Ausschlag geben, sondern eher spezialisiertes marktnahes Wissen und Können erforderlich sind.

6. Fazit

Auf den ersten Blick scheinen in der ostdeutschen Industrie die Anfangsschwierigkeiten im Innovationsbereich überwunden zu sein (Oppenländer 1994). Der Innovatorenanteil entspricht annähernd dem der westdeutschen Industrie, die Umsatzstruktur zeigt ein ausgeglichenes Bild, und die Verwendung des Innovationsbudgets weicht auch nur in geringem Umfang von der der Industrie in den alten Bundesländern ab. Einen nicht unerheblichen Beitrag hierzu haben sicherlich die zahlreichen FuE-Förderprogramme geleistet.

Es bestehen aber zum Teil noch deutliche Unterschiede im Innovationsprozeß zwischen Ost und West. So zeigt sich beim Know-how-Aufwand, wenn nicht nur die FuE-treibenden bzw. innovierenden Unternehmen betrachtet werden, daß die ostdeutsche Industrie noch deutlich zurückliegt: Die Innovationsintensität liegt in der westdeutschen Industrie um rund die Hälfte und die FuE-Intensität um rund 60 Prozent höher als in der Industrie Ostdeutschlands. Zusätzlich ist noch eine relativ starke Abhängigkeit von der Wissensgenerierung westdeutscher Unternehmen zu erkennen.

Des weiteren ist in den neuen Bundesländern ein Defizit hinsichtlich kontinuierlich innovierender Unternehmen, die technologisch hochwertige Innovate entwickeln, zu attestieren. Unternehmen, die langfristig angelegte FuE-basierte Arbeiten durchführen, sind im Vergleich zur Industrie Westdeutschlands seltener anzutreffen. Dieser Befund ist vor allem auf die unterschiedliche Industriestruktur (Branchenzugehörigkeit, Beschäftigtenanzahl) zurückzuführen.

Unter Berücksichtigung dieser Ergebnisse und vor dem Hintergrund der von den ostdeutschen Unternehmen im ifo Innovationstest gemeldeten finanziellen Engpässe bei der Realisierung von Innovationsprojekten ist, unter dem Aspekt der staatlichen Hilfestellung für die Forschungs-, Entwicklungs- und Innovationstätigkeit, weiterhin eine Unterstützung erforderlich. Neben der FuE-Förderung sollte das Augenmerk verstärkt auf die Unterstützung der Ertrags- und Kapitalbildung gelegt werden. Von Bedeutung ist, daß zunehmend mehr Unternehmen ertragsstabil werden und dann auch über die Möglichkeit verfügen, FuE und Innovation selbst zu finanzieren und dauerhaft durchzuführen.

Literatur

Albach, H.; Pay, D. de; Rojas, R. (1991): Quellen, Zeiten und Kosten von Innovationen: Deutsche Unternehmen im Vergleich zu ihren japanischen und amerikanischen Konkurrenten. In: Zeitschrift für Betriebswirtschaft 61, S. 309-324.

Deutsches Institut für Wirtschaftsforschung (DIW), Institut für Sozialökonomische Strukturanalysen e.V. (SÖSTRA) (1997): Wirkungen der Programme des BMWi zur Förderung der Industrieforschung auf die Entwicklung des verarbeitenden Gewerbes in Ostdeutschland, Gutachten im Auftrag des Bundesministeriums für Wirtschaft. Berlin.

Grupp, H.; Legler, H. (1992): Innovationspotential und Hochtechnologie: technologische Position Deutschlands im internationalen Wettbewerb. Heidelberg: Physica-Verlag.

Oppenländer, K.H. (1994): Ansatzpunkte für eine innovationsorientierte Wachstumspolitik. In: ifo Institut für Wirtschaftsforschung (Hrsg.): Innovation und wirtschaftliches Wachstum in Deutschland. München: ifo Institut.

Paasi, M. (1997): Technologische und ökonomische Kompetenz der Unternehmen - Der (noch) schwache Motor im ostdeutschen Wachstum. In: ifo Schnelldienst 50, H. 17-18, S. 36-43.

Penzkofer, H. (1995): Zukunftsaufwendungen in der westdeutschen Industrie. In: ifo Schnelldienst 48, H. 4, S. 8-15.

Reinhard, M.; Schmalholz, H. (1996): Technologietransfer in Deutschland - Stand und Reformbedarf -. Schriftenreihe des ifo Instituts Nr. 40. Berlin, München: Duncker & Humblot Verlag.

Schmalholz, H.; Penzkofer, H. (1997): Innovationsprozeß in der ostdeutschen Industrie gewinnt an Dynamik - Vergleich der Innovationstätigkeit in den alten und neuen Bundesländern. In: ifo Dresden berichtet 5, H. 4, S. 16-23.

Innovationsaktivitäten im Verarbeitenden Gewerbe - Ein Ost-West-Vergleich

Michael Fritsch, Grit Franke, Christian Schwirten

1. Problemstellung und Vorgehensweise[1]

Die Transformation nach der „Wende" hat die ostdeutsche Wirtschaft in eine schwere Krise gestürzt und gleichzeitig einen außerordentlich hohen Innovationsdruck ausgelöst (Brezinski/Fritsch 1995; Fritsch 1997). Die ostdeutschen Betriebe waren und sind nicht nur vor die Notwendigkeit gestellt, die Effizienz ihrer Fertigung zu erhöhen, sondern müssen vielfach auch ihr Produktprogramm grundlegend umstellen, um neue Abnehmerkreise zu erschließen. Gelingt der Wirtschaft in den neuen Bundesländern dieser notwendige Innovationsschub nicht, so ist zu befürchten, daß stalischen Befragung von Industriebetrieben in einer ostdeutschen und zwei westdeutschen Regionen. Im folgenden stellen wir zunächst kurz die Datenbasis und die drei Untersuchungsregionen vor (Abschnitt 2). Im Rahmen unserer interregional vergleichenden Analyse gehen wir zunächst auf Charakteristika der Betriebe in den drei Untersuchungsregionen, insbesondere auf deren wirtschaftliche Situation ein (Abschnitt 3). Darauf aufbauend stellen wir dann Indikatoren für die Innovationsinputs (Abschnitt 4) und den Innovationserfolg (Abschnitt 5) gegenüber. Abschnitt 6 berichtet über die Ergebnisse von multivariaten Analysen der Bestimmungsgründe für die Innovationsergebnisse und die Innovationsproduktivität. Abschließend ziehen wir einige zusammenfassende Schlußfolgerungen (Abschnitt 7).

2. Datengrundlage

Die hier vorgestellten Ergebnisse beruhen auf einer postalischen Befragung von Industriebetrieben, die im Herbst 1995 in drei deutschen Regionen durchgeführt wurde. Bei diesen Regionen handelt es sich um:

- *Baden*[2], eine stark vom Mittelstand geprägte Region, der eine gute Funktionsfähigkeit des Innovationssystems (insbesondere: effizienter Technologietransfer und hohe Kooperationsneigung der relevanten Akteure) nachgesagt wird.

- Die Region *Hannover-Braunschweig-Göttingen*[3], die durch einen hohen Anteil an Großbetrieben sowie durch starke Abhängigkeit von der Fahrzeugindustrie gekennzeichnet ist. Trotz erheblicher Bemühungen der Politik gilt die Innovationsleistung dieser Region als eher unterdurchschnittlich (hierzu etwa Schasse 1995).

Der Freistaat *Sachsen*, eine ostdeutsche Region mit lang zurückreichender industrieller Tradition. Hier wird im Vergleich zu den anderen neuen Bundesländern der „Aufschwung Ost" relativ früh erwartet.

Somit bietet sich die Möglichkeit, die sächsischen Betriebe den Betrieben in zwei recht unterschiedlich strukturierten westdeutschen Regionen gegenüberzustellen.

---

2 IHK-Bezirke Freiburg, Karlsruhe und Schwarzwald-Baar-Heuberg

Insgesamt erbrachte die Befragung 1 806 verwertbare Antworten.[4] Zur Prüfung der Repräsentativität des Datenmaterials wurden in Sachsen gut 100 Betriebe, die nicht geantwortet hatten, telefonisch zu einigen wesentlichen Merkmalen (u. a. Größe, Anteil der Beschäftigten in Forschung und Entwicklung, Durchführung von Innovationsprojekten) befragt (Non-Response-Analyse). Zwischen diesen Betrieben und jenen, die den Fragebogen zurückgeschickt hatten, zeigten sich keine signifikanten Unterschiede. Insbesondere ließ sich ein zu befürchtender „Innovatoren-Bias" (erhöhte Antwortwahrscheinlichkeit bei innovierenden Betrieben) nicht feststellen.[5] Die Daten der Erhebung in Baden wurden mit Kennziffern anderer Befragungen in dieser Region verglichen, wobei sich ebenfalls keine wesentlichen Abweichungen zeigten (Koschatzky 1997). Alles in allem dürfte die Gefahr einer schwerwiegenden Verzerrung unserer Stichprobe damit als gering einzustufen sein.[6]

3. Charakteristika der Betriebe

Tabelle 1 zeigt eine Reihe von Kennzahlen zur Personal-, Umsatz- und Ertragssituation der Betriebe in den drei Untersuchungsregionen. Da Unterschiede nicht nur zwischen Sachsen und den westdeutschen Vergleichsregionen, sondern auch zwischen den beiden westdeutschen Regionen bestehen, sind die Angaben für Baden und die Region Hannover sowohl insgesamt (Spalte „Westdeutschland") als auch gesondert ausgewiesen.

---

[4] In allen drei Untersuchungsregionen stellten die jeweiligen Industrie- und Handelskammern ihre Mitgliederverzeichnisse als Adressenmaterial für die Befragung zur Verfügung. In die Erhebung wurden alle Betriebe einbezogen, die zum Befragungszeitpunkt dem Verarbeitenden Gewerbe angehörten, im Handelsregister eingetragen waren und lt. Mitgliederverzeichnis der IHK über mindestens zehn Beschäftigte verfügten. Die Rücklaufquote belief sich auf insgesamt 21,8 Prozent, ein Wert, der bei Industriebefragungen dieser Art als verhältnismäßig gut eingestuft werden kann. Ausführlichere Angaben zu Vorgehen und Rücklauf der Befragung sowie erste Ergebnisse finden sich bei Fritsch/Bröskamp/Schwirten (1996); Backhaus/Seidel (1997) und Koschatzky (1997).

[5] Allerdings lag der Anteil der FuE-Beschäftigten in den Betrieben, die über FuE-Beschäftigte verfügen, in unserem Sample etwas über dem Wert für diejenigen innovierenden Betrieben, die nicht geantwortet hatten. Ausführlicher zu den Ergebnissen der Non-Response-Analyse Bröskamp (1998).

[6] Sollte es eine solche Verzerrung geben, so dürfte sie aufgrund des weitgehend identischen Vorgehens bei der Datenerhebung in allen drei Regionen in etwa gleich stark ausfallen, so daß ein Regionalvergleich hierdurch kaum beeinträchtigt wäre.

Tabelle 1: Kennzahlen zur Personal-, Umsatz- und Ertragssituation der Betriebe nach Untersuchungsregionen

	Sachsen	West-deutschland	Hannover	Baden
Beschäftigte je Betrieb im Jahr 1995 (Median) [a]	35,0	50,0**	70,0**	37,5**
Beschäftigungsentwicklung 1992-1995 (in %; arithmetisches Mittel) [a]	- 27,8	- 7,4**	- 7,4**	- 7,4**
Anteil der Mitarbeiter mit Hochschul- oder Fachhochschulabschluß im Jahr 1995 in % (Median) [a]	12,9	6,3**	6,3**	6,3**
Wertschöpfungsquote [c] 1994 (Median) [a]	56,0	62,7**	61,5**	65,0**
Bruttowertschöpfung [d] je Beschäftigtem 1994 in TDM (Median) [a]	61,7	109,1**	114,0**	104,3**
Lohnstückkosten 1994[e] (in %, Median) [a]	58,7	53,4**	51,9**	55,2**
Rohbetriebsergebnis [f] je Beschäftigtem 1994 in TDM (Median) [a]	26,7	49,4**	52,6**	45,3**
Anteil des Umsatzes in der Region am Gesamtumsatz (%) 1994, alle Betriebe (arithmetisches Mittel) [a]	24,9	20,4**	20,3**	20,8**
Anteil der exportierenden Betriebe (in %) 1994 [b]	47,6	69,8**	70,0**	69,7**
Anteil des Auslandsumsatzes am Gesamtumsatz (Exportquote in %, arithmetisches Mittel; nur exportierende Betriebe) [a]	26,8	35,3**	35,9**	32,5**

** Unterschied zu Sachsen signifikant auf dem 1 Prozent-Niveau.
a Mann-Whitney-Tests, zweiseitige Fragestellung.
b Chi-Quadrat-Tests, zweisitige Fragestellung.
c Anteil der Bruttowertschöpfung (Umsatz abzüglich Aufwendungen für Roh-, Hilfs- und Betriebsstoffe sowie für bezogene Waren) am Umsatz.
d Umsatz abzüglich Aufwendungen für Roh-, Hilfs- und Betriebsstoffe sowie für bezogene Waren.
e Anteil der Lohn- und Gehaltssumme an der Bruttowertschöpfung.
f Umsatz minus Vorleistungen (Aufwendungen für Roh-, Hilfs- und Betriebsstoffe sowie für bezogene Waren) und abzüglich Aufwand für Löhne und Gehälter.

Die ostdeutschen Betriebe sind - gemessen am Medianwert der Beschäftigtenzahl im Jahr 1995 - deutlich kleiner als die Betriebe in der Region Hannover: 50 Prozent der sächsischen Betriebe weisen lediglich 35 oder weniger Beschäftigte auf, verglichen mit einem Medianwert von 70 Beschäftigten in Hannover. In Baden liegt die mittlere Betriebsgröße mit 37,5 Beschäftigten nur geringfügig über der in Sachsen. Die relativ kleinbetriebliche Struktur der sächsischen Industrie ist vor allem auf zwei Faktoren zurückzuführen:

- Betriebe, die bereits zu DDR-Zeiten existierten, mußten seit der Wende aufgrund wirtschaftlicher Probleme in großem Umfang Personal abbauen (vgl. hierzu etwa Fritsch 1997; Fritsch/Mallok 1998). Dieser besondere Beschäftigungsabbau schlägt sich auch in unserem Sample nieder, wo für die sächsischen Betriebe im Zeitraum 1992 bis 1995 ein Beschäftigungsrückgang von 28 Prozent zu verzeichnen ist.[7]

- Bei Betrieben, die erst nach der Wende gegründet wurden, ist die niedrige Beschäftigtenzahl zu einem wesentlichen Teil durch ihr geringes Alter bedingt, denn junge Betriebe beginnen ihre Geschäftstätigkeit in der Regel mit sehr wenig Personal.[8]

Der signifikant höhere Anteil an Mitarbeitern mit Universitäts- oder Fachhochschulabschluß in den sächsischen Betrieben weist auf ein - gemessen am formalen Abschluß - höheres Qualifikationsniveau und damit auf eine bessere Ausstattung mit Humankapital hin. Bei der Interpretation dieses Ergebnisses ist allerdings zu berücksichtigen, daß die formalen Abschlüsse der ostdeutschen Beschäftigten z. T. nur beschränkt als gleichwertig anzusehen sind.[9] Die (Brutto-)Wertschöpfungsquote zeigt an, in welchem Ausmaß Betriebe Leistungen „hinzukaufen" und gibt Aufschluß über die Leistungstiefe.

Mit einem Wert von 56 Prozent fällt die Wertschöpfungsquote in Sachsen vergleichsweise gering aus.[10] Die Bruttowertschöpfung pro Beschäftigtem stellt ein

---

[7] Werden nur jene Betriebe betrachtet, die bereits vor der Wende bestanden, dann fällt der Beschäftigungsabbau mit -41 Prozent noch höher aus als für das gesamte sächsische Sample.

[8] Diese Betriebe haben in Sachsen ihr Personal nicht reduziert, sondern den Bestand an Mitarbeitern zwischen 1992 und 1995 um 60,5 Prozent erhöht.

[9] Beispielsweise betrug die Ausbildungszeit für Facharbeiter in der ehemaligen DDR in der Regel nur zwei Jahre im Vergleich zu einer Ausbildungszeit von meist drei Jahren in Westdeutschland (ausführlicher hierzu Wagner 1993). Zu Unterschieden der Qualifikationsstruktur zwischen ost- und westdeutschen Betrieben auch Mallok (1996).

[10] Zu den Ursachen für die geringere Leistungstiefe ostdeutscher Betriebe siehe Fritsch (1997) und Mallok (1996).

Maß für die Arbeitsproduktivität dar. Der in Sachsen deutlich niedrigere Wert dieser Kennziffer (61 700 DM im Vergleich zu 109 100 DM für die westdeutschen Betriebe) weist auf einen ganz erheblichen Produktivitätsrückstand der sächsischen Industrie hin (zu den Ursachen Fritsch 1997; Mallok 1996 sowie Fritsch/Mallok 1998). Offenkundig haben die Prozeßinnovationen in den ostdeutschen Betrieben seit der „Wende" bei weitem nicht ausgereicht, um eine Angleichung der Produktivität an das westdeutsche Niveau zu bewirken (siehe hierzu auch den Beitrag von Lay in diesem Band). Die geringe Arbeitsproduktivität der ostdeutschen Betriebe führt aufgrund der bereits weit fortgeschrittenen Lohnangleichung zu einer relativ hohen Lohnstückkostenbelastung der ostdeutschen Betriebe, die ca. 10 Prozent über dem entsprechenden Wert für die westdeutschen Betriebe liegt. Die Gewinnsituation läßt sich näherungsweise mit Hilfe des Rohbetriebsergebnisses (Bruttowertschöpfung abzüglich Lohn- und Gehaltskosten) je Beschäftigtem abbilden. Wie angesichts der geringeren Arbeitsproduktivität bzw. der relativ hohen Belastung mit Lohnstückkosten zu erwarten war, fällt dieser Wert mit durchschnittlich 26 700 DM in Sachsen deutlich geringer aus, als für die Vergleichsregionen.

Die sächsischen Betriebe erzielen rund 25 Prozent ihres Umsatzes mit Abnehmern in Sachsen und weisen damit eine erheblich stärkere Fixierung auf den regionalen Markt auf als die westdeutschen Vergleichsbetriebe.[11] Insgesamt erzielen die sächsischen Betriebe mehr als die Hälfte ihres Umsatzes (54 Prozent) in den neuen Bundesländern. Noch deutlicher wird die geringe Präsens der ostdeutschen Betriebe auf überregionalen Märkten angesichts ihrer Exportaktivitäten. Lediglich 47,6 Prozent der sächsischen Betriebe beteiligen sich am Export, gegenüber jeweils ca. 70 Prozent der Betriebe in Hannover und Baden. Darüber hinaus weisen diejenigen sächsischen Betriebe, die an Abnehmer im Ausland liefern, eine deutlich geringere Exportquote auf als die westdeutschen Vergleichsbetriebe. Dies zeigt, daß sich die sächsischen Betriebe noch unzureichend auf überregionalen, insbesondere internationalen Märkten etabliert haben bzw. auf diesen Märkten vergleichsweise wenig wettbewerbsfähig sind.

---

11 Aufgrund unterschiedlicher Abgrenzungen der „Region" in den drei Teilerhebungen ist in Baden die Regionsfixierung bezüglich des Umsatzes geringer als Tabelle 1 nahelegt. Als „Region" galt in Sachsen bzw. Hannover das Bundesland Sachsen bzw. die Region Hannover-Braunschweig-Göttingen. Diese beiden Regionen sind, gemessen an ihrer Einwohnerzahl, in etwa gleich groß. In Baden galt aus erhebungstechnischen Gründen als „Region" das Bundesland Baden-Württemberg. Da diese Region deutlich größer ist als Sachsen bzw. Hannover-Braunschweig-Göttingen, wird die Regionsorientierung der badischen Betriebe hier etwas überzeichnet.

Alles in allem belegen diese Zahlen eine im Durchschnitt relativ geringe Leistungsfähigkeit der sächsischen Industrie, die in den unserer Befragung vorangegangenen Jahren zu massivem Arbeitsplatzabbau geführt hat. Infolge der vergleichsweise hohen Lohnstückkosten fallen die pro Beschäftigtem erwirtschafteten Erträge in Sachsen nur relativ niedrig aus.

4. Innovationsinput

Bei einer Gegenüberstellung von Indikatoren für die Inputgrößen des Innovationsprozesses ist zu berücksichtigen, daß viele dieser Kennziffern in einem statistischen Zusammenhang mit der Betriebsgröße stehen. So verfügen etwa Großbetriebe in der Regel häufiger über FuE-Beschäftigte als Kleinbetriebe, was vor allem auf die mit der Betriebsgröße ansteigenden Möglichkeiten der funktionalen Spezialisierung zurückzuführen ist (Kleinknecht 1987). Der Befund, daß in Hannover 78 Prozent der Betriebe über spezielles FuE-Personal verfügen, während dieser Wert für Sachsen nur 75 Prozent beträgt (Tabelle 2), könnte auf einem solchen Größeneffekt beruhen, da die Betriebe in der Region Hannover im Durchschnitt wesentlich mehr Beschäftigte aufweisen (Tabelle 1). Der Vergleich mit dem entsprechendem Wert für Baden zeigt jedoch, daß hier neben dem Größeneffekt offensichtlich auch noch andere Faktoren eine Rolle spielen. Denn obwohl in Baden die durchschnittliche Zahl der Beschäftigten pro Betrieb nur geringfügig über dem entsprechenden Wert für Sachsen liegt, verfügen hier lediglich 70 Prozent der Betriebe über spezielles FuE-Personal. Betrachtet man den Anteil der FuE-Beschäftigten am insgesamt vorhandenen Personal, so zeigt sich ein etwas anderes Bild. Der Anteil der FuE-Beschäftigten betrug im Jahr 1995 in Hannover 3,7 Prozent, in Sachsen 5,9 Prozent und in Baden sogar 6,6 Prozent. Obwohl der Anteil der Betriebe mit FuE-Beschäftigten in Baden am niedrigsten ausfällt, weisen die Betriebe den höchsten Personalanteil im FuE-Bereich auf.

Tabelle 2: Indikatoren zum Input der Innovationsprozesse ost- und westdeutscher Industriebetriebe (alle Angaben in Prozent)

	Sachsen	Westdeutschland	Hannover	Baden
Anteil der Betriebe mit FuE-Beschäftigten im Jahr 1995 [b]	74,9	73,7	77,7	70,2
Anteil der FuE-Beschäftigten 1995 (alle Betriebe) [a]	5,9	4,6**	3,7**	6,6**
Anteil der FuE-Beschäftigten 1992 (alle Betriebe) [a]	4,3	4,1**	3,3**	5,7**
Anteil der Beschäftigten in der Forschung an allen FuE-Beschäftigten 1995 (alle Betriebe) [a]	17,6	19,6	24,2	15,1*
Entwicklung der FuE-Beschäftigten 1992-1995 (alle Betriebe)	-9,6	-4,3	-7,6	+0,4
Anteil des FuE-Aufwands an der Bruttowertschöpfung 1994 (nur innovierende Betriebe) [a]	15,6	11,3**	10,7**	12,6**
Anteil des FuE-Folgeaufwands an der Bruttowertschöpfung 1994 (nur innovierende Betriebe) [a]	13,0	7,5**	7,8**	6,9**
FuE-Aufwand je Beschäftigtem 1995 (Median, DM, nur innovierende Betriebe) [a]	6.370	8.380**	7.650	9.020**
FuE-Folgeaufwand je Beschäftigtem 1995 (Median, DM, nur innovierende Betriebe) [a]	3.810	3.330	2.750**	4.220
Anteil der Betriebe, die mit öffentlichen Forschungseinrichtungen kooperieren (alle Betriebe) [b]	35,9	31,1*	31,2	31,1

** Unterschied zu Sachsen signifikant auf dem 1 Prozent-Niveau.
* Unterschied zu Sachsen signifikant auf dem 5 Prozent-Niveau.
a Mann-Whitney-Tests, zweiseitige Fragestellung.
b Chi-Quadrat-Tests, zweiseitige Fragestellung.

Um einen genaueren Einblick in die Struktur der Innovationsaktivitäten zu erlangen, wurden die Betriebe in unserer Befragung um Angaben gebeten, wie sich ihr FuE-Personal auf die Bereiche „Forschung" und „Entwicklung" aufteilt.[12] Für Hannover

---

[12] Als Forschung wurde dabei die „Gewinnung neuer wissenschaftlich-technischer Erkenntnisse durch systematische, schöpferische Arbeit" definiert; als Entwicklung galt die „Nutzung bereits

fällt der Anteil der FuE-Beschäftigten in der Forschung mit 24,2 Prozent am höchsten aus; in Baden liegt er bei 15,1 Prozent und in Sachsen bei 17,6 Prozent. Der Anteil der FuE-Beschäftigten am gesamten Personal stieg im Zeitraum 1992-95 in Sachsen von 4,3 Prozent auf 5,9 Prozent an. Auch in Baden und in der Region Hannover nahm dieser Anteil zu, allerdings ist der Anstieg in Hannover nur relativ gering. Absolut gesehen nahm zwischen 1992 und 1995 die Zahl der FuE-Beschäftigten in Sachsen um 9,6 Prozent ab; da der Rückgang des insgesamt vorhandenen Personals aber wesentlich stärker ausfiel (- 28 Prozent; vgl. Tabelle 1), stieg der Anteil der FuE-Beschäftigten an. Die sächsischen Betriebe sind offenbar bemüht, ihre Wirtschaftlichkeit durch Personalabbau zu steigern. Dabei schonen sie den FuE-Bereich, der für die Entwicklung und Produktion konkurrenzfähiger Produkte und damit für den dauerhaften Erfolg im Markt von großer Bedeutung ist. Einzig in Baden hat sich nicht nur der Anteil der FuE-Beschäftigten, sondern auch deren absoluter Bestand - allerdings nur geringfügig (um 0,4 Prozent) - erhöht.

Daß sächsische Betriebe während der letzten Jahre in beachtlichem Umfang in ihre Know-How-Basis investiert haben, zeigen auch die Angaben zum FuE-Aufwand und zu den FuE-Folgeaufwendungen.[13] Beim Vergleich dieser Angaben ist zu berücksichtigen, daß hierin auch die FuE-Personalausgaben enthalten sind, die in Ostdeutschland infolge des niedrigeren Lohnniveaus systematisch geringer ausfallen als in Westdeutschland. Mit einem Anteil des FuE-Aufwandes bzw. FuE-Folgeaufwandes an der Bruttowertschöpfung von 15,6 Prozent bzw. 13,0 Prozent setzen die sächsischen Betriebe deutlich mehr Mittel für Innovationen ein als die Betriebe in den westdeutschen Vergleichsregionen. Dieses Ergebnis kehrt sich allerdings teilweise um, wenn man dem Vergleich die Aufwendungen pro Kopf zugrundelegt. So liegt Sachsen hinsichtlich des FuE-Aufwands je Beschäftigtem hinter den beiden west-

---

vorhandener wissenschaftlich-technischer Erkenntnisse, um zu neuen oder wesentlich verbesserten Materialien, Produkten bzw. Dienstleistungen oder Verfahren zu gelangen".

13 Die FuE-Aufwendungen wurden definiert als „Aufwendungen für Forschung, Entwicklung, Konstruktion und Design". Zu den FuE-Folgeaufwendungen zählten alle „Aufwendungen für die Produktions- und Absatzvorbereitung (inkl. Markteinführung), die zusätzlich zu den FuE-Aufwendungen anfielen". Bei den Angaben zu den FuE-Aufwendungen und den FuE-Folgeaufwendungen handelt es sich um den jährlichen Durchschnitt während der vorangegangenen drei Jahre. Auch die anderen Angaben zu den Innovationsaktivitäten wurden jeweils für die drei Jahre vor der Befragung erhoben. Da unsere Befragung im Oktober 1995 stattfand, ergibt sich dieser Bezugszeitraum als die Zeit zwischen Ende 1992 und Ende 1995. Der Einfachheit halber bezeichnen wir diesen Zeitraum hier als 1993 bis 1995, auch wenn die betreffenden Jahre nicht vollständig deckungsgleich mit dem in der Befragung verwendeten zeitlichen Bezugsrahmen sind.

deutschen Vergleichsregionen zurück; beim FuE-Folgeaufwand je Beschäftigtem nehmen die sächsischen Betriebe einen Mittelplatz ein. Der Unterschied zwischen den auf die Wertschöpfung und auf die Anzahl der Beschäftigten bezogenen Angaben dürfte wesentlich auf die in Sachsen deutlich geringere Bruttowertschöpfung je Beschäftigtem zurückzuführen sein (vgl. Tabelle 1).

Der Anteil derjenigen Betriebe, die im Rahmen ihrer Innovationsaktivitäten mit öffentlichen Forschungseinrichtungen zusammenarbeiten, fällt in Sachsen mit knapp 36 Prozent relativ hoch aus. Entsprechende multivariate Analysen, die verschiedene betriebsspezifische Merkmale der Kooperationsneigung (insbesondere Betriebsgröße und FuE-Intensität) berücksichtigen, bestätigen das in Sachsen höhere Maß an Kooperation mit Forschungseinrichtungen (vgl. hierzu Fritsch/Lukas 1998). Dieses Ergebnis ist zunächst einmal erstaunlich, da zu vermuten war, daß sich die grundlegende Umstrukturierung des Bereiches der öffentlichen Forschungseinrichtungen wenig förderlich für den Aufbau von Kooperationsbeziehungen ausgewirkt hat. Drei Erklärungen bieten sich an. Erstens wäre denkbar, daß viele der ehemals den Akademie-Instituten oder Hochschulen angehörenden Wissenschaftler nun in der privaten Wirtschaft tätig sind und die Kontakte zu ehemaligen Kollegen während der Transformation nicht abgerissen sind. Zweitens war das Innovationssystem der DDR durch ein relativ hohes Maß an Anwendungsorientierung gekennzeichnet; selbst im Bereich der Grundlagenforschung behielt man häufig die Verwendbarkeit der Ergebnisse in der Produktion im Auge (Reich 1996). Dieses Erbe könnte dafür verantwortlich sein, daß die Kluft zwischen öffentlicher Forschung und Industrie auch heute noch vergleichsweise gering ist. Drittens schließlich könnte der Befund auch wesentlich durch die relativ intensive Innovationsförderung in Ostdeutschland bedingt sein, die sich z. T. speziell auf FuE-Kooperationen und Wissenstransfer aus den Hochschulen in die Wirtschaft bezog.

Angesichts dieser Zahlen kann man feststellen, daß die sächsischen Betriebe stark bemüht sind, ihre Know-How-Basis auszubauen. Bei vielen Indikatoren für Innovationsinputs steht Sachsen vergleichsweise gut da, was darauf hindeutet, daß die Entwicklung insgesamt in die richtige Richtung geht. Die Behauptung bzw. die Befürchtung, ostdeutsche Betriebe seien lediglich „verlängerte Werkbänke" westdeutscher Unternehmen (d. h. Produktionsstätten mit wenig anspruchsvollen Fertigungsstufen bzw. einem geringen Niveau an FuE-Aktivitäten), findet in unseren Daten keine Bestätigung. Dies gilt auch für die überwiegend in „Westbesitz" befindlichen sächsischen Betriebe: Es lassen sich keine signifikanten Unterschiede hinsichtlich der Indikatoren für den Innovationsaufwand nach „Ost-" oder „Westbesitz" feststellen (siehe zu diesem Aspekt auch die etwas anderen Ergebnisse von Felder u. a. 1995).

5. Innovationserfolg

Die ostdeutschen Betriebe standen in den Jahren nach der Wende aufgrund des plötzlichen Wegfalls angestammter Märkte, veralteter maschineller Ausstattung, neuen Produktanforderungen und intensiver Konkurrenz aus dem Westen unter erheblich größerem Innovationsdruck als Betriebe in den alten Bundesländern (hierzu etwa Mallok 1996; Fritsch 1997). So ist es kaum verwunderlich, daß in Sachsen der Anteil der Betriebe, die im Zeitraum 1993 bis 95 Innovationen durchgeführt haben, mit einem Wert von 79 Prozent etwas höher ausfällt als in Westdeutschland (Tabelle 3). Gut 80 Prozent der innovierenden Betriebe haben in den Jahren 1993 bis 1995 sowohl Produkt- als auch Prozeßinnovationen durchgeführt.[14] Nur 4,2 Prozent der innovierenden sächsischen Betriebe beschränkten ihre Innovationsaktivitäten ausschließlich auf Prozeßinnovationen; für die Region Hannover liegt dieser Wert bei 5,5 Prozent und in Baden beträgt er 7,2 Prozent.

Der Anteil derjenigen Betriebe, die im Zeitraum 1993 bis 1995 Produktdifferenzierungen vorgenommen haben, ist in Sachsen mit 84 Prozent größer als der Anteil der innovierenden Betriebe (Tabelle 3).[15] Dies dürfte vor allem auf die für die ostdeutsche Industrie spezifischen Anforderungen der Produktmodernisierung zurückzuführen sein; jedenfalls liegt der Anteil der Betriebe mit Produktdifferenzierung in Westdeutschland deutlich niedriger. Als am wenigsten innovativ können jene Betriebe gelten, die weder Innovationen durchgeführt noch Produktdifferenzierungen vorgenommen haben. In Sachsen fallen lediglich 5,5 Prozent der Betriebe in diese

---

[14] Als Produktinnovationen galt die wesentliche Verbesserung eines Produktes (z. B. im Hinblick auf Leistungsniveau, Produktimage und Design oder den Einsatz neuer Komponenten) oder die Fertigung eines Produktes, das für das Unternehmen (nicht notwendig auch für den Markt) neu ist. Unter Prozeßinnovationen wurde eine wesentlich verbesserte oder neue Produktionsweise verstanden (z. B. Veränderung der Fertigungsorganisation oder der maschinellen Ausstattung).

[15] Produktdifferenzierung war definiert als „rein optische oder geringfügige technische Änderung von Produkten" ohne „wesentliche Veränderung der Leistung, Kosten, Merkmale oder Komponenten des Produkts".

Kategorie, während dieser Anteil in den Vergleichsregionen ca. dreimal so hoch ist. Hinsichtlich der Anzahl der im Zeitraum 1993 bis 1995 neu in das Produktprogramm aufgenommenen oder wesentlich weiterentwickelten Produkte zeigt sich kein Ost-West-Unterschied. Offensichtlich ist dies teilweise auf einen Größeneffekt zurückzuführen, denn der Anteil der neuen Produkte an allen Produkten fällt in Sachsen signifikant höher aus (Tabelle 3).

Tabelle 3: Indikatoren zum Ergebnis der Innovationsprozesse ost- und westdeutscher Industriebetriebe [a]

	Sachsen	Westdeutschland	Hannover	Baden
Anteil der Betriebe mit Innovationen im Zeitraum 1993-1995 (in Prozent) [c]	79,2	74,8*	78,2	71,8**
Anteil der Betriebe mit Produktdifferenzierung im Zeitraum 1993-1995 (in Prozent) [c]	84,0	62,1**	63,3**	61,0**
Anteil der Betriebe ohne Innovationen und ohne Produktdifferenzierung (in Prozent) [c]	5,5	18,4**	17,5**	19,2
Anzahl neuer Produkte je Betrieb 1995 (arithmetisches Mittel, nur innovierende Betriebe) [b]	41,1	38,4	31,7	44,1
Anteil neuer Produkte an den Gesamtprodukten 1995 (in Prozent; Median; nur innovierende Betriebe) [b]	50	23**	20**	25**
Umsatzanteil mit neuen Produkten 1994 (in Prozent; Median; nur innovierende Betriebe) [b]	40	25**	20**	30**
Anteil der Betriebe, die 1993-1995 Patente angemeldet haben (in Prozent; alle Betriebe) [c]	19,9	34,4**	37,7**	31,6**
Patente pro Betrieb (arithmetisches Mittel; nur patentierende Betriebe) [b]	3,8	7,5**	6,9**	8,0**

** Unterschied zu Sachsen signifikant auf dem 1 Prozent-Niveau.

* Unterschied zu Sachsen signifikant auf dem 5 Prozent-Niveau.

a Die Indikatoren zu neuen Produkten sind auf diejenigen Betriebe beschränkt, die bereits vor 1992 existierten.

b Mann-Whitney-Tests, zweiseitige Fragestellung.

c Chi-Quadrat-Tests, zweiseitige Fragestellung.

Bei den innovierenden sächsischen Betrieben beläuft sich der Umsatzanteil, den sie mit neuen oder wesentlich weiterentwickelten Produkten erzielen auf durchschnittlich 40 Prozent ihres Umsatzes; in Baden und Hannover beträgt dieser Anteil lediglich 20 bzw. 30 Prozent (Tabelle 3). Dieses Ergebnis überrascht angesichts des hohen Innovationsdrucks in Ostdeutschland kaum. Es hat jedoch den Anschein, daß in Sachsen das Umsatzpotential der neuen Produkte noch nicht voll ausgeschöpft ist. Denn während in Baden und in Hannover der Anteil der neuen Produkte am Umsatz mindestens dem Anteil der neuen Produkte am gesamten Produktprogramm entspricht, tragen die neuen Produkte in Sachsen (bislang) nur unterproportional zum Umsatz bei. Dies deutet auf ein Defizit der sächsischen Betriebe bei der Vermarktung ihrer Produktinnovationen hin.[16]

Patente nehmen innerhalb des Innovationsprozesses eine gewisse Sonderstellung ein (hierzu etwa Acs/Audretsch 1989 sowie Griliches 1990). Sofern sie Wissen repräsentieren, das von den Betrieben im Innovationsprozeß verwendet wird, stellen sie ein Zwischenprodukt (Innovations-Throughput) dar. Schließen sich hingegen an die Patentierung keine weiteren eigenen Innovationsaktivitäten auf dem betreffenden Gebiet an und wird das Patent statt dessen vermarktet, dann ist das Patent selbst ein „Produkt" und somit für den Betrieb als Endergebnis des Innovationsprozesses anzusehen. Beide Möglichkeiten schließen einander nicht aus, denn ein Betrieb kann ein Patent sowohl selber nutzen als auch vermarkten. Auch für Patentindikatoren gilt, daß sie in der Regel mit der Betriebsgröße im Zusammenhang stehen: Großbetriebe neigen sehr viel eher zur Anmeldung von Patenten als Kleinbetriebe. Dieses Größenphänomen läßt sich vor allem durch das höhere Aktivitätsniveau großer Betriebe erklären. Größere Betriebe verfügen über mehr „Köpfe", die u. U. patentfähige Ideen generieren bzw. sind tendenziell auf einer größeren Anzahl von FuE-Feldern aktiv. Besteht pro Kopf bzw. je FuE-Projekt eine gegebene Wahrscheinlichkeit für die Generierung einer patentfähigen Idee, dann steigt die Wahrscheinlichkeit für die Hervorbringung von patentfähigen Innovationen mit der Anzahl der Projekte bzw. der Beschäftigten an. Die Anzahl der Patente je Beschäftigtem bzw. je FuE-

---

[16] Dies korrespondiert mit den Ergebnissen anderer Untersuchungen. So zeigt etwa eine Studie von Lay/Michler/Gagel/Dreher (1996:26), daß der Anteil des Vertriebspersonals im investitionsgüterproduzierenden Gewerbe Ostdeutschland deutlich unter dem entsprechenden Wert für westdeutsche Betriebe liegt; siehe hierzu auch den Beitrag Lay in diesem Band. Gergs/Pohlmann (1996) kommen auf der Grundlage diverser Fallstudien zu dem Schluß, daß ostdeutsche Manager vielfach stark „technizistisch" orientiert sind und dabei die Bedürftnisse der Nachfrager bzw. die Notwendigkeit der Markterschließung stark vernachlässigen.

Beschäftigtem läßt sich als Patentproduktivität und somit als Maß für die Effizienz der FuE-Aktivitäten interpretieren (Tabelle 4).[17]

Wie aus Tabelle 3 hervorgeht meldeten nur ca. 20 Prozent der sächsischen Betriebe im Zeitraum 1993 bis 1995 Erfindungen zum Patent an. Allein mit dem Größeneffekt läßt sich diese relativ geringe Patentierneigung nicht erklären, denn in Baden, das ähnlich kleinbetrieblich strukturiert ist wie Sachsen, liegt die Patentierneigung deutlich höher (32 Prozent der Betriebe). Aber nicht nur, daß sächsische Betriebe seltener Patente anmelden, auch die Anzahl der Patente fällt in Sachsen mit 3,8 Patenten je patentaktivem Betrieb deutlich geringer aus als in Hannover und in Baden.

In Tabelle 4 sind eine Reihe von Indikatoren zusammengestellt, die den Innovationsoutput auf Inputgrößen des Innovationsprozesses beziehen, also die Produktivität der Innovationsaktivitäten abbilden. Hinsichtlich der Anzahl neuer Produkte pro Beschäftigtem bzw. pro FuE-Beschäftigtem nehmen die sächsischen Betriebe eine Mittelstellung zwischen den Betrieben in Baden und in Hannover ein. Der für Sachsen relativ niedrige Wert der Kennzahl „Rohbetriebsergebnis mit neuen Produkten je FuE-Beschäftigtem"[18] deutet wiederum auf einen Rückstand der sächsischen Betriebe bei der Vermarktung ihrer neuen Produkte hin. Er beruht vor allem auf dem relativ geringen Niveau des Rohbetriebsergebnisses der sächsischen Betriebe (vgl. Tabelle 1). Das Verhältnis von Rohbetriebsergebnis mit neuen Produkten zu FuE-Aufwand läßt sich als eine Art „Rendite" der FuE-Aufwendungen interpretieren. Der vergleichsweise hohe Wert von 1,4 in Sachsen geht in erste Linie auf einen relativ

---

[17] Diverse empirische Untersuchungen zeigen, daß die so definierte Patentproduktivität in Kleinbetrieben relativ hoch ist und mit der Größe abnimmt (hierzu etwa Acs/Audretsch 1990 sowie insbesondere Cohen/Klepper 1996a,b). Die Beschränkung der Großbetriebe auf vergleichsweise weniger Patente ist nicht zwangsläufig ein Zeichen für eine geringe Produktivität ihrer FuE-Aktivitäten. Cohen und Klepper (1996a,b) erklären den umgekehrten Größeneffekt damit, daß Großbetriebe einen größeren ökonomischen Nutzen aus Innovationen (insbesondere aus Prozeßinnovationen) ziehen und daher pro Kopf weniger Neuerungen bzw. Patente generieren müssen, als Kleinbetriebe. Aufgrund der höheren Profitabilität von Innovationen in Großbetrieben führen diese nach Cohen und Klepper auch tendenziell andere Arten von Innovationen (insbesondere relativ aufwendige Projekte) durch, als Kleinbetriebe. Nach den Überlegungen von Cohen und Klepper wäre die geringere Anzahl von Innovationen pro Beschäftigten in Großbetrieben also nicht als Ausfluß einer geringeren Leistungsfähigkeit, sondern als Ergebnis eines ökonomischen Kalküls zu interpretieren.

[18] Das Rohbetriebsergebnis mit neuen Produkten wurde berechnet als Rohbetriebsergebnis (vgl. Abschnitt 3) multipliziert mit dem Umsatzanteil der neuen Produkte. Bei dieser Berechnungsweise wird implizit davon ausgegangen, daß der Anteil der Bruttowertschöpfung am Umsatz (Leistungstiefe) bei alten und neuen Produkten gleich hoch ist.

geringen FuE-Aufwand pro neuem Produkt zurück. Wie schon bei der Anzahl neuer Produkte pro Beschäftigtem bzw. pro FuE-Beschäftigtem, nimmt Sachsen auch hinsichtlich der Patentproduktivität (Patente pro Beschäftigtem bzw. pro FuE-Beschäftigtem) eine Mittelposition zwischen den Betrieben in Baden und in Hannover ein (Tabelle 4).

Tabelle 4: Indikatoren zur Produktivität der Innovationsaktivitäten

	Sachsen	Westdeutschland	Hannover	Baden
Anzahl neuer Produkte pro Beschäftigtem 1995 (arithmetisches Mittel, nur innovierende Betriebe) [a]	0,55	0,29**	0,12**	0,64*
Anzahl neuer Produkte pro FuE-Beschäftigtem 1995 (arithmetisches Mittel, nur innovierende Betriebe) [a]	9,3	5,5	2,8*	8,8
Rohbetriebsergebnis mit neuen Produkten je FuE-Beschäftigten in Tausend DM (Median; nur innovierende Betriebe) [a]	138	235**	261**	220**
Verhältnis Rohbetriebsergebnis mit neuen Produkten zu FuE-Aufwand (Median; nur innovierende Betriebe) [a]	1,4	1,2	1,3	1,1
Patente pro Beschäftigtem (arithmetisches Mittel; nur patentierende Betriebe) [a]	0,029	0,023**	0,017**	0,033**
Patente pro FuE-Beschäftigtem (arithmetisches Mittel; nur patentierende Betriebe) [a]	0,39	0,38**	0,35**	0,41**

** Unterschied zu Sachsen signifikant auf dem 1 Prozent-Niveau.
* Unterschied zu Sachsen signifikant auf dem 5 Prozent-Niveau.
a Mann-Whitney-Tests, zweiseitige Fragestellung.

6. Multivariate Analysen des Innovationserfolges

Im Rahmen der bivariaten Analysen (Abschnitte 3 bis 5) konnte eine ganze Reihe von Unterschieden zwischen den Betrieben in Sachsen und den beiden westdeutschen Vergleichsregionen identifiziert werden. Um Innovationsaktivitäten und Innovationserfolg der ostdeutschen Betriebe im Vergleich zu den Betrieben in Hannover und Baden zuverlässig beurteilen zu können, sind multivariate Analysen erforderlich, die den Einfluß der verschiedenen relevanten Faktoren (Betriebsgröße, Untersuchungsregion, Branche) berücksichtigen.[19] Im Rahmen der multivariaten Auswertungen wurden folgende Indikatoren für die Messung des Innovationsergebnisses als abhängige Variablen verwendet:

- *Durchführung von Innovationen:* Diese Variable hat den Wert 1 für Betriebe, die während der drei Jahre vor unserer Befragung Innovationen durchgeführt haben bzw. den Wert 0 für nicht-innovierende Betriebe.

- *Durchführung von Produktdifferenzierungen:* Für Betriebe, die während des Untersuchungszeitraums Produktdifferenzierungen durchgeführt haben, hat diese Variable den Wert 1, andernfalls weist sie den Wert 0 auf.

- *Anzahl neuer Produkte:* Anzahl der während der vorangegangenen drei Jahre neu in das Produktprogramm aufgenommenen oder wesentlich weiterentwickelten Produkte. Um den Einfluß von Extremwerten auszuschließen ging die Variable in gruppierter Form in die Berechnungen ein.[20]

- *Anteil neuer Produkte:* Prozentualer Anteil der im Zeitraum 1993 bis 1995 neu in das Produktprogramm aufgenommenen oder wesentlich weiterentwickelten Produkte an der Gesamtzahl der Produkte. Der Indikator beschreibt die Innovativität des Produktprogramms.

- *Umsatzanteil mit neuen Produkten:* Prozentualer Anteil des Umsatzes mit neuen bzw. wesentlich weiterentwickelten Produkten am Gesamtumsatz. Dieser Indikator zeigt den Markterfolg der neuen Produkte an.

- *Patentaktivität:* Die Variable gibt an, ob ein Betrieb während der vorangegangenen drei Jahre Patente angemeldet hat (Ja = 1; Nein = 0).

- *Anzahl der Patente*, die der Betrieb im Zeitraum 1992 bis 1995 angemeldet hat

Zur Bestimmung der Innovationsproduktivität dienten die Indikatoren:

---

[19] Da die sächsische Industrie durch eine relativ kleinbetriebliche Struktur gekennzeichnet ist, können interregionale Unterschiede im Innovationsverhalten auf unterschiedliche Betriebsgrößenstrukturen zurückgehen. Gleiches gilt für andere potentielle Einflußfaktoren wie die regionale Branchenstruktur oder die FuE-Intensität. Aus diesem Grund lassen sich Standorteffekte nur im Rahmen multivariater Analysen zuverlässig identifizieren.

[20] Gruppierung: keine neuen Produkte = 0; ein bis fünf neue Produkte = 1; sechs bis zehn neue Produkte = 2; elf bis 20 = 3; mehr als 20 = 4.

- *Neue Produkte pro Beschäftigtem:* Anzahl der neuen Produkte pro Beschäftigtem im Jahr 1995.

- *Patente pro Beschäftigtem:* Anzahl der im Zeitraum 1992 bis 1995 angemeldeten Patente pro Beschäftigtem.

Als unabhängige Variablen wurden in die Analysen einbezogen: die Beschäftigtenzahl[21], die FuE-Intensität (prozentualer Anteil der FuE-Beschäftigten am Gesamtpersonal)[22], Dummy-Variablen für den Standort[23] und für die Branche[24] des Betriebs sowie zwei Dummy-Variablen, die angeben, ob in dem Betrieb Forschungs- bzw. Entwicklungsaktivitäten „permanent" (Wert der Variable = 1) oder nur „gelegentlich" bzw. „nie" (Wert der Variable = 0) stattfinden.

In Tabelle 5 sind die Ergebnisse von multivariaten Analysen der Indikatoren des Innovationsergebnisses zusammengestellt. Abgesehen von den Schätzungen, die sich auf den Anteil neuer Produkte an der Produktpalette bzw. am Umsatz beziehen, zeigt sich jeweils ein signifikant positiver Zusammenhang mit der Betriebsgröße. Dies überrascht nicht, da anzunehmen war, daß größere Betriebe auch eher innovieren bzw. Produkte differenzieren, über eine größere Anzahl neuer Produkte verfügen und patentaktiver sind als Kleinbetriebe. Für sämtliche Indikatoren des Innovationserfolges kommt auch der FuE-Intensität (Anteil der FuE-Beschäftigten) und/oder der Dummy-Variable für die Kontinuität der Aktivitäten im Bereich der Entwicklung ein positiver Einfluß zu. Für die Patentaktivitäten erweist sich zudem die Kontinuität der Forschungsaktivitäten als bedeutend.

---

[21] Um die Verteilung der Werte der Beschäftigtenzahl besser an die Normalverteilung anzunähern, wurde diese Variable in Form des natürlichen Logarithmus in die Schätzungen einbezogen.

[22] Die Werte für die Beschäftigtenzahl und den Anteil der FuE-Beschäftigten beziehen sich auf Ende 1992, also den Beginn des Zeitraumes, für den das Innovationsergebnis durch die entsprechenden Indikatoren ausgewiesen wird. Auf diese Weise ist gewährleistet, daß die Anzahl der Beschäftigten und die FuE-Intensität als ursächlich für das Innovationsergebnis interpretiert werden können. Berechnungen mit der Beschäftigtenzahl und der FuE-Intensität im Jahr 1995 führen allerdings zu keinen grundlegend anderen Schätzergebnissen.

[23] Die beiden Regions-Dummies repräsentieren den Effekt eines Standortes in Baden bzw. in der Region Hannover; die sächsischen Betriebe stellen hier die Kontrollgruppe dar.

[24] Die Betriebe wurden in insgesamt sieben verschiedene Branchengruppen zusammengefaßt, die jeweils mehrere Zweistellergruppen der Klassifikation der Wirtschaftszweige des Statistischen Bundesamtes umfassen. Die Betriebe aus dem Bereich „Elektrotechnik, Büromaschinen" stellen hier die Kontrollgruppe dar.

Tabelle 5: Ergebnisse multivariater Analysen

Abhängige Variable:	Durchführung von Innovationen[a]	Durchführung von Produktdifferenzierungen[a]	Anzahl neuer Produkte (gruppiert)[b]	Anteil neuer Produkte[c]	Umsatzanteil mit neuen Produkten[c]	Patentaktivität (Patente ja/nein)[a]	Anzahl der Patente je Betrieb[d]
Unabhängige Variable:							
Anzahl der Beschäftigten 1992 (ln)	0,20** (4,61)	0,13** (3,46)	0,09** (2,78)	0,001 (0,04)	-0,03 (1,01)	0,28** (8,01)	0,68** (46,22)
Anteil der FuE-Beschäftigten 1992	0,02** (3,18)	0,01 (1,14)	-0,001 (0,50)	0,20** (5,42)	0,07* (2,12)	0,02** (4,13)	0,03** (17,83)
Dummy für kontinuierliche Forschungsaktivitäten	0,27 (1,32)	-0,07 (0,53)	0,03 (0,31)	-0,03 (0,93)	0,05 (1,64)	0,32** (2,94)	0,45** (9,76)
Dummy für kontinuierliche Entwicklungsaktivitäten	1,27** (10,92)	0,75** (7,39)	0,47** (5,12)	0,06 (1,74)	0,16** (4,61)	0,60** (6,07)	1,44** (15,76)
Regionsdummy Baden	-0,42** (3,89)	-0,80** (7,44)	0,05 (0,52)	-0,18** (4,99)	-0,17** (5,29)	0,43* (4,23)	1,04** (18,47)
Regionsdummy Hannover	-0,37** (3,06)	-0,86** (7,55)	-0,11 (0,27)	-0,23** (6,41)	-0,22** (6,72)	0,34** (3,28)	0,27** (4,38)
Branchendummies:							
Ernährung, Tabak	-0,36 (1,61)	-0,15 (0,70)	-0,16 (0,92)	-0,03 (0,69)	-0,16** (4,40)	-0,98** (4,19)	-1,07** (6,32)
Textil, Bekleidung, Leder	-0,59** (2,63)	-0,06 (0,28)	0,31 (1,80)	0,14** (3,64)	0,06 (1,57)	-1,24** (5,38)	-2,24** (7,93)

Fortführung Tabelle 5

Abhängige Variable:	Durchführung von Innovationen[a]	Durchführung von Produktdifferenzierungen[a]	Anzahl neuer Produkte (gruppiert)[b]	Anteil neuer Produkte[c]	Umsatzanteil mit neuen Produkten[c]	Patentaktivität (Patente ja/nein)[a]	Anzahl der Patente je Betrieb[d]
Unabhängige Variable:							
Holz, Papier, Druck, Möbel	-0,32 (1,77)	-0,16 (0,97)	-0,09 (0,68)	0,07 (1,58)	-0,03 (0,84)	-0,52** (3,43)	-0,26** (3,28)
Mineralöl, Kunststoff, Chemie, Glas	-0,40* (2,17)	-0,16 (1,0)	0,21 (1,56)	-0,06 (1,32)	-0,10* (2,51)	-0,05 (0,35)	0,34** (5,21)
Metallerzeugung und -bearbeitung, Recycling	-0,40* (2,25)	-0,34* (2,21)	0,11 (0,79)	-0,04 (0,92)	-0,03 (0,73)	-0,42** (2,92)	-0,47** (4,86)
Maschinen- und Fahrzeugbau	-0,13 (0,69)	-0,06 (0,39)	-0,27* (2,24)	0,05 (1,23)	-0,02 (0,50)	-0,02 (0,17)	0,11 (1,95)
Anzahl der Fälle	1362	1140	872	825	915	1322	1322
R^{2adj}	0,28[e]	0,16[e]	0,03[e]	0,13[f]	0,14[f]	0,23[e]	0,53[e]

a Probit-Verfahren, Koeffizienten, in Klammern: asymptotische t-Werte.
b Ordered Probit-Verfahren, Koeffizienten, in Klammern: asymptotische t-Werte.
c Lineare Regression, Beta-Koeffizienten, in Klammern: t-Werte.
d Poisson Regression, Koeffizienten, in Klammern: asymptotische t-Werte.
e Pseudo R^2.
f R^{2adj}.
** Signifikant auf dem 1 Prozent-Niveau.
* Signifikant auf dem 5 Prozent-Niveau.

Tabelle 6: Ergebnisse multivariater Analysen der Produktivitätsindikatoren

Abhängige Variable:	Anzahl neuer Produkte pro Beschäftigtem[a]	Patente pro Beschäftigtem[a]
Unabhängige Variable:		
Anzahl der Beschäftigten 1992 (ln)	-0,22** (5,97)	-0,18** (6,05)
Anteil der FuE-Beschäftigten 1992	-0,04 (0,99)	0,21** (7,20)
Dummy für kontinuierliche Forschung	0,02 (0,47)	0,10** (3,64)
Dummy für kontinuierliche Entwicklung	0,05 (1,22)	0,13** (4,28)
Regionsdummy Baden	0,03 (0,87)	0,08** (2,68)
Regionsdummy Hannover	-0,02 (0,59)	0,05 (1,86)
Branchendummies:		
Ernährung, Tabak	-0,05 (1,15)	-0,01 (0,46)
Textil, Bekleidung, Leder	0,03 (0,75)	-0,07* (2,21)
Holz, Papier, Druck, Möbel	-0,01 (0,31)	-0,05 (1,39)
Mineralöl, Kunststoff, Chemie, Glas	0,03 (0,68)	-0,02 (0,43)
Metallerzeugung und -bearbeitung, Recycling	0,07 (1,64)	-0,04 (1,25)
Maschinen- und Fahrzeugbau	-0,03 (0,72)	0,02 (0,50)
Anzahl der Fälle	872	1322
$R^{2\,adj}$	0,05	0,14

a Lineare Regression, Beta-Koeffizienten; in Klammern: t-Werte.
** Signifikant auf dem 1 Prozent-Niveau.
* Signifikant auf dem 5 Prozent-Niveau.

Die Koeffizienten der Standort-Dummies zeigen in den Schätzungen für die Patentindikatoren einen positiven und statistisch signifikanten Einfluß eines Standortes in Baden bzw. in der Region Hannover an, was auf ein geringeres Niveau der Innovationsaktivitäten in Sachsen hinweist. Für die meisten anderen Indikatoren sind die Werte für die Standortdummies hingegen negativ, was auf eine höhere Intensität der Innovationstätigkeit in Sachsen schließen läßt. Dieses auf den ersten Blick widersprüchliche Ergebnis ist wohl darauf zurückzuführen, daß die betreffenden Indikatoren unterschiedliche Aspekte der Innovationstätigkeit abbilden. Der im Rahmen unserer Befragung verwendete (breite) Begriff der neuen Produkte umfaßt sämtliche Neuerungen der Produktpalette, die für den jeweiligen Betrieb neu waren, was auch Imitationen umfaßt. Demgegenüber werden Patente nur für solche Innovationen erteilt, die durch eine gewisse Erfindungshöhe gekennzeichnet sind, wodurch Imitationen grundsätzlich ausgeschlossen sind. Offensichtlich beziehen sich die Innovationsaktivitäten in den sächsischen Betrieben vorwiegend auf nicht-patentfähige Neuerungen, was sich darauf zurückführen ließe, daß im Rahmen des Aufholprozesses der ostdeutschen Betriebe die Imitationen und inkrementalen Innovationen einen größeren Anteil der Innovationsaktivitäten ausmachten als in Westdeutschland. Die negativen Vorzeichen für eine Reihe von Branchendummies zeigen an, daß die Betriebe der Kontrollgruppe (Elektrotechnik, Büromaschinen) ein vergleichsweise hohes Niveau der Patentaktivität aufweisen. Branchen, in denen im Vergleich zur Kontrollbranche vergleichsweise selten Innovationen bzw. Produktdifferenzierungen stattfinden, sind die Nahrungs- und Genußmittelindustrie sowie die Bereiche Holz/Papier/Druck/Möbel, Mineralöl/Kunststoff/Chemie/Glas und Metallerzeugung bzw. -bearbeitung.

Tabelle 6 enthält Ergebnisse von Schätzungen zur Innovationsproduktivität.[25] Beide Ansätze ergeben einen negativen und statistisch signifikanten Zusammenhang mit der Betriebsgröße, der auch aus diversen anderen Untersuchungen geläufig ist (Acs/Audretsch 1990; Cohen/Klepper 1996a,b). Von der FuE-Intensität sowie der Kontinuität der Forschungs- bzw. Entwicklungsaktivitäten geht jeweils ein positiver Einfluß auf die Anzahl der Patente je Beschäftigten aus; für den Indikator neue Produkte pro Beschäftigten ist ein solcher Einfluß nicht feststellbar. Während sich die Koeffizienten für die Regional-Dummies hinsichtlich der Anzahl neuer Produkte pro

---

[25] Schätzungen mit alternativen Indikatoren für die Innovationsproduktivität führten zu ähnlichen Vorzeichen der Koeffizienten, wiesen aber deutlich geringere Anteile erklärter Varianz auf; teilweise waren die Schätzgleichungen nur schwach signifikant.

Beschäftigtem nicht als signifikant erweisen, ist in der Schätzung zur Anzahl der Patente pro Beschäftigtem ein positiver Standorteffekt für Baden zu verzeichnen. Auch der Koeffizient für einen Standort in der Region Hannover hat einen positiven Wert, erweist sich aber als statistisch nicht signifikant. Dies zeigt, daß - unter Berücksichtigung von Größe, FuE-Intensität und Branchenzugehörigkeit - die sächsischen Betriebe nicht nur in geringerem Maße Patente anmelden, sondern pro FuE-Beschäftigten weniger Patente generieren als Betriebe in Baden. Eine Erklärung hierfür könnte wiederum darin bestehen, daß der Schwerpunkt der FuE-Aktivitäten in Sachsen noch bei nicht-patentfähigen Aufholinnovationen lag. Sollte allerdings das Anspruchsniveau der Innovationsaktivitäten zwischen den Regionen vergleichbar sein, so wäre von einer geringeren Produktivität der sächsischen Betriebe in FuE-Bereich auszugehen.

Insgesamt weisen die Ergebnisse der multivariaten Analysen auf wesentliche Unterschiede hinsichtlich der Funktionsweise und der Funktionsfähigkeit der Innovationssysteme in den drei Untersuchungsregionen hin. Insbesondere sind Unterschiede zwischen Sachsen und den beiden westdeutschen Regionen feststellbar. Bemerkenswert ist in diesem Zusammenhang, daß sich für Indikatoren, die eine Einschätzung der regionalen Rahmenbedingungen und möglichen Innovationshemmnissen durch die Probanden abbilden in entsprechenden Testrechnungen kein statistisch signifikanter Beitrag zur Erklärung der regionalen Unterschiede des Innovationserfolges bzw. der Innovationsproduktivität feststellen ließ.[26]

7. Zusammenfassende Schlußfolgerungen

Die ostdeutsche Industrie steht unter einem erheblichen Innovationsdruck. Teils als Reaktion auf diesen Druck, teils vielleicht auch als Folge der intensiven Innovations-

---

[26] Im Vergleich zu den westdeutschen Betrieben betonten die Betriebe in Sachsen signifikant stärker „fehlendes Eigenkapital" und „fehlendes Fremdkapital" als Innovationsengpaß. Demgegenüber wurden in Sachsen die potentiellen Engpässe „mangelnde Verfügbarkeit an Personal im Bereich FuE" bzw. „in der Produktion" sowie „mangelnde Kooperationsmöglichkeiten mit anderen Unternehmen" und mit „Forschungseinrichtungen" signifikant seltener genannt. Was die Bewertung der regionalen Rahmenbedingungen für Innovationsaktivitäten angeht, so wurde von den Betrieben in Sachsen das „allgemeine Innovationsklima", das „Beratungsangebot", die „Technologie- bzw. Wirtschaftsförderung" sowie die „Verfügbarkeit geeigneter Arbeitskräfte" signifkant positiver bewertet; eindeutig schlechter als in den Vergleichsregionen war hingegen die Einschätzung der „Qualität der Verkehrsinfrastruktur".

förderung sind die sächsischen Industriebetriebe - auch unter Berücksichtigung von Branchen- und Größeneffekten - in vielerlei Hinsicht innovativer als ihre westdeutsche Konkurrenz: Sie haben im Bereich der Fertigung in stärkerem Ausmaß modernisiert und insbesondere einen relativ großen Teil ihres Produktprogrammes erneuert bzw. wesentlich verändert. Legt man allerdings die Anzahl der angemeldeten Patente als Indikator für die Innovationsleistung zugrunde, so schneiden die sächsischen Industriebetriebe deutlich schlechter ab als die Betriebe in den westdeutschen Vergleichsregionen. Dies deutet auf eine im Durchschnitt wesentlich geringere Erfindungshöhe bzw. einen niedrigeren Neuheitsgrad der Innovationen sächsischer Betriebe hin. Eine Erklärung für diesen Befund könnte darin bestehen, daß die Innovationsaktivitäten der sächsischen Betriebe noch zu einem wesentlichen Teil durch das Bemühen um ein Aufholen gekennzeichnet sind und schwerpunktmäßig Imitationen bzw. inkrementale Neuerungen beinhalten. Zudem dürfte der hohe Innovationsdruck und die prekäre wirtschaftliche Lage, in der sich viele der ostdeutschen Betriebe befinden, wenig Spielraum für längere „Produktionsumwege" im Innovationsprozeß gelassen haben, wie sie für patentfähige Innovationen in der Regel notwendig sind. Eine gewisse Rolle hat hierbei vielleicht nicht zuletzt auch die im Transformationsprozeß eingeschränkte Funktionsfähigkeit des Innovationssystems in Sachsen gespielt; ein Umstand, der gewiß nicht gerade förderlich für Neuerungen mit hohem Innovationsgrad bzw. für die Generierung wissenschaftsbasierter Innovationen war.

Insgesamt ergeben unsere Analysen aber ein durchaus positives Bild. Trotz der krisenhafte Situation, in der sich viele ostdeutsche Betriebe seit der Wende der Jahre 1989/90 befinden, haben sie den Bereich der Forschung und Entwicklung nicht vernachlässigt, sondern sind vielmehr durch intensive Innovationsanstrengungen gekennzeichnet, denen häufig allerdings noch der „Tiefgang" fehlt. Unsere Analyse ergab Anhaltspunkte dafür, daß sich die ostdeutschen Betriebe schwerer mit der Vermarktung ihrer Innovationen tun als ihre westdeutsche Konkurrenz. Dies weist darauf hin, daß Innovationsaktivitäten allein für den wirtschaftlichen Erfolg vielfach nicht ausreichen, sondern auch die hierzu komplementären Bereiche (weiter) zu entwickeln sind.

Literatur

Acs, Z.J.; Audretsch D.B. (1989): Patents as a Measure of Innovative Activity. Kyklos, 42, 171-180.

Acs, Z.J.; Audretsch, D.B. (1990): Innovation and Small Firms. Cambridge (MA): MIT-Press.

Backhaus, A.; Seidel, O. (1997): Innovationen und Kooperationsbeziehungen von Industriebetrieben, Forschungseinrichtungen und unternehmensnahen Dienstleistern: Die Region Hannover-Braunschweig-Göttingen im interregionalen Vergleich. Hannover: Universität Hannover, Institut für Wirtschaftsgeographie (Hannoversche Geographische Arbeitsmaterialien Nr. 19-1997).

Brezinski, H.; Fritsch, M. (1995): Transformation: The Schocking German Way. Moct-Most, 5 (4), 1-25.

Bröskamp, A. (1998): Information und Innovation. Dissertations-Manuskript, Technische Universität Bergakademie Freiberg, Fakultät für Wirtschaftswissenschaften.

Cohen, W. Klepper, St. (1996a): Firm Size and the Nature of Innovation within Industries: The Case of Process and Product R&D. Review of Economics and Statistiscs, 78, 232-243.

Cohen, W.; Klepper, St. (1996b): A reprise of size and R&D. Economic Journal, 106, 925-951.

Felder, J. u. a. (1995): Innovationsverhalten der deutschen Wirtschaft - Ein Vergleich zwischen Ost- Und Westdeutschland. Mannheim: Zentrum für Europäische Wirtschaftsforschung (ZEW-Dokumentation 95-03).

Fritsch, M.; Bröskamp, A.; Schwirten, Ch. (1996): Innovationen in der sächsischen Industrie - Erste empirische Ergebnisse. Freiberg: Technischen Universität Bergakademie Freiberg, Fakultät für Wirtschaftswissenschaften (Working Paper 96/13).

Fritsch, M. (1997): Die ostdeutsche (Maschinenbau-)Industrie im Transfomations- und Globalisierungsprozeß. In: Pohl, R. Schneider, H. (Hrsg.): Wandeln oder weichen - Herausforderung der wirtschaftlichen Integration für Deutschland. Halle: Institut für Wirtschaftsforschung Halle (Sonderheft 3/1997), 133-161.

Fritsch, M.; Bröskamp, A.; Schwirten, Ch. (1997a): Wie innovativ ist die sächsische sche Wirtschaftsforschung (ZEW-Dokumentation 95-03) Industrie? ifo Dresden berichtet, 4 (3), 35-41.

Fritsch, M.; Bröskamp, A.; Schwirten, Ch. (1997b): Öffentliche Forschungseinrichtungen als Kooperationspartner. ifo Dresden berichtet, 4 (6), 22-30.

Fritsch, M.; Lukas, R; Schwirten, Ch. Bröskamp, A. (1997): Unternehmensnahe Diensteistungen und Innovation - Sächsische Betriebe im interregionalen Vergleich. ifo Dresden berichtet, 4 (4), 15-21.

Fritsch, M.; Schwirten, Ch.; Bröskamp, A. (1997): Personal- und Drittmittelausstattung sächsischer Forschungseinrichtungen im Vergleich. ifo Dresden berichtet, 4 (5), 24-31.

Fritsch, M.; Lukas, R. (1998): Innovation, Cooperation, and the Region. Erscheint in: Audretsch, D.B.; Thurik, R. (eds.): Innovation, Industry Evolution and Employment. Cambridge: Cambridge University Press.

Fritsch, M.; Mallok, J. (1998): Wie es vorangeht - Die Entwicklung mittelständischer Industriebetriebe in Ost- und Westdeutschland 1992-95. Erscheint in: Schmude, J. (Hrsg.), Unternehmenslandschaft Ostdeutschland. Heidelberg: Physica-Verlag.

Gergs, H.-J.; Pohlmann, M. (1996): Manager und Märkte - Der „Mechanismus" des Marktes und die Grammatiken der Marktaneignung des ostdeutschen Managements. In: Pohlmann, M. Schmidt, R. (Hrsg.): Management in der ostdeutschen Industrie. Opladen: Leske + Budrich (Beiträge zu den Berichten zum sozialen und politischen Wandel in Ostdeutschland, Bd. 1.5), 291-314.

Griliches, Z. (1990): Patent Statistics as Economic Indicators. Journal of Economic Literature, 28, 1661-1701.

Jewkes, J.; Sawers, D.; Stillerman, R. (1969): The Sources of Invention, 2nd revised and enlarged edition. London: Macmillan.

Kleinknecht, A. (1987): Measuring R&D in Small Firms: How Much Are We Missing? Journal of Industrial Economics, 36, 253-256.

Koschatzky, K. (1997): Entwicklungs- und Innovationspotentiale der Industrie in Baden - Erste Ergebnisse einer Unternehmensbefragung. Karlsruhe: Fraunhofer-Institut für Systemtechnik und Innovationsforschung (Arbeitspapiere Regionalforschung Nr. 5).

Lay, G. (1998): Modernisierung und Produktivität in der Investitionsgüterindustrie Ostdeutschlands. In: Fritsch, M.; Meyer-Krahmer, F.; Pleschak, F.: Innovationen in Ostdeutschland. Heidelberg: Physica-Verlag (in diesem Band).

Lay, G.; Michler, Th.; Gagel, S.; Dreher, M. (1996): Produktionsstrukturen in der Investitionsgüterindustrie Sachsens - ein Vergleich mit den alten und neuen Bundesländern. Dresden: Sächsisches Staatministerium für Wirtschaft und Arbeit (Reihe Studien, Heft 6).

Mallok, J. (1996): Engpässe in ostdeutschen Fabriken. Berlin: edition sigma.

Reich, J. (1996): Forschung in Deutschland - Ost und Deutschland - West. Spektrum der Wissenschaft, Dezember, 51-53.

Schasse, U. (1995): Produkt- und Prozeßinnovationen in Niedersachsen. In: Schasse, U. Wagner, J. (Hrsg.): Erfolgreich produzieren in Niedersachsen. Hannover: Niedersächsisches Institut für Wirtschaftsforschung (NIW-Vortragsreihe, Bd. 10), 61-82.

Wagner, K. (1993): Qualifikationsniveau in ostdeutschen Betrieben - Bestand - Bewertung - Anpassungsbedarf. Zeitschrift für Betriebswirtschaft, 63, 129-145.

Auswirkungen von Innovationen auf Lohn- und Produktivitätsangleichung zwischen ost- und westdeutschen Unternehmen[*]

Martin Falk, Friedhelm Pfeiffer

1. Einleitung

Trotz bemerkenswerter Anpassungsfortschritte liegt die Produktivität der ostdeutschen Industrieunternehmen unterhalb des westdeutschen Niveaus. Seit 1994 hat sich der Produktivitätszuwachs auf gesamtwirtschaftlicher Ebene verlangsamt und auch der Aufholprozeß der Unternehmen scheint ins Stocken zu geraten (Klodt 1996). Allerdings gibt es erhebliche Unterschiede zwischen den Unternehmen, deren empirische Relevanz in der vorliegenden Arbeit für die Anpassungsfortschritte relativ zu westdeutschen Unternehmen untersucht werden.

Ziel der Arbeit ist es, die Auswirkungen von technischen Innovationen (Produkt- und Prozeßinnovationen) auf den Produktivitäts- und Lohnangleichungsprozeß ostdeutscher Industrieunternehmen zwischen 1992 und 1994 zu untersuchen. Desweiteren wird das Ausmaß von Allokationsverzerrungen im Transformationsprozeß quantifiziert. Auf das Vorhandensein von Allokationsverzerrungen im Einsatz von Arbeit und Kapital in den neuen Ländern hat besonders Sinn (1995) hingewiesen. Bisher gibt es in der Literatur unserer Wissens jedoch noch keine produktionstheoretisch fundierte empirische Messung des Ausmaßes der allokativen Ineffizienz und seiner zeitlichen Entwicklung. Da die Unternehmen in den neuen Bundesländern auch in Zukunft einem weiteren starken Anpassungs- und Umstrukturierungsdruck ausgesetzt sind, kann das Maß Aufschluß über die Richtung der Umstrukturierung hinsichtlich des Einsatzes von Vorleistungen, Arbeit und Kapital geben.

---

[*] Wir danken Marian Beise für hilfreiche Kommentare und Florian Heiß für die stets kompetente und zuverlässige Forschungsassistenz. Für finanzielle Unterstützung danken wir der Deutschen Forschungsgemeinschaft im Rahmen des Programms „Industrieökonomik und Inputmärkte".

Die Produktivitätsangleichung zwischen Ost- und Westdeutschland ist bereits mehrfach mit verschiedenen Methoden und unterschiedlichen Produktivitätsmaßen untersucht worden, wobei sektorale und gesamtwirtschaftliche Untersuchungen vorherrschen (siehe Hitchens et al. 1993; Hallet und Ma 1994; Boltho et al. 1996; Brautzsch und Schneider 1996). Eine Ausnahme stellt die Arbeit von Fritsch/Mallok (1994) dar, der auf der Basis eines Querschnitts von Unternehmensdaten aus dem Jahre 1993 auf die erhebliche Streuung der Arbeitsproduktivität ostdeutscher im Vergleich zu westdeutschen Unternehmen hinweist. Demnach hatten bei einer durchschnittlichen Arbeitsproduktivität von 45 Prozent des westdeutschen Niveaus bereits ein (kleiner) Teil der ostdeutschen Unternehmen das Produktivitätsniveau vergleichbarer westdeutschen Unternehmen erreicht bzw. überholt.

Im Unterschied zu den genannten Arbeiten werden in der vorliegenden Studie die Anpassungsfortschritte in den neuen Bundesländern im Vergleich zu den alten Bundesländern auf der Unternehmensebene auf der Basis von Paneldaten mikroökonometrisch quantifiziert. Als Produktivitätsmaß wird die totale Faktorproduktivität verwendet. Zusätzlich wird die Angleichung der Arbeitskosten in den Unternehmen untersucht, wobei bei beiden Fragestellungen die Bedeutung von Produkt- und Prozeßinnovationen im Vordergrund der Untersuchung steht.

Im Aufholprozeß kommt, so das Ergebnis unserer Arbeit, der Innovationstätigkeit eine zentrale Rolle für die Stärkung der Wettbewerbsfähigkeit ostdeutscher Unternehmen zu. Weiterhin gibt es hinsichtlich der Faktoren Arbeit und Material nur noch geringe Allokationsverzerrungen. Ein weiterer Beschäftigungsrückgang in Folge einer verbesserten Ressourcenallokation ist für die betrachteten Unternehmen in der ostdeutschen Industrie nicht zu befürchten.

Die Arbeit gliedert sich wie folgt. In Abschnitt 2 werden die panelökonometrische Spezifikation der Produktionsfunktion, die Lohngleichung und das Maß der allokativen Effizienz vorgestellt. Im Abschnitt 3 und ergänzend im Anhang werden die für die Schätzung verwendeten Daten des Mannheimer Innovationspanel beschrieben. Abschnitt 4 diskutiert die Schätzergebnisse. Das Schlußkapitel schließt mit einer kritischen Würdigung der Anpassungsfortschritte der Unternehmen in der ostdeutschen Industrie ab.

2. Empirische Modellierung der Produktivitäts- und Lohnangleichung und allokative Effizienz

2.1 Produktionsfunktion und mikroökonomische Anpassung

Ziel der Arbeit ist es, den Anpassungsfortschritt ostdeutscher im Vergleich zu westdeutschen Industrieunternehmen in den Jahren 1992 bis 1994 und dabei insbesondere die Bedeutung von Produkt- und Prozeßinnovationen zu bestimmen. Die in der Arbeit zentrale Hypothese, daß Innovationen das Produktivitätswachstum positiv beeinflussen, wird anhand der aus der mikroökonomischen Theorie bekannten Translog-Produktionsfunktion mit den drei metrisch meßbaren Inputfaktoren Arbeit (L), Kapital (K) und Vorleistungen (M) getestet. Für mehr als zwei Inputgüter sind Cobb-Douglas oder CES Produktionsfunktionen zur Beschreibung der Technologie aufgrund der restriktiven Annahmen über die Substitutionselastizitäten in der Regel nicht geeignet.

Um eine möglichst flexible funktionale Form zu erhalten, werden für ost- und westdeutsche Unternehmen unterschiedliche Parameter der Translog-Produktionsfunktion zugelassen, die zudem für ostdeutsche Unternehmen im Zeitablauf als variabel modelliert werden. A priori kann nicht davon ausgegangen werden, daß bei unterschiedlichen Produktions- und Produktivitätsniveaus die Produktionselastizitäten gleich sind. Außerdem sind die ostdeutschen Unternehmen gerade in der äußerst dynamischen Anpassungsphase bis 1994 in erheblichem Maße restrukturiert worden. Zeitinvariante Produktionsbeiträge der einzelnen Faktoren, wie sie in dem Modell für Westdeutschland unterstellt (und getestet) werden, sind daher für die Unternehmen in den neuen Bundesländern eine zu restriktive Annahme.

Für alle Unternehmen wird der Produktivitätsfortschritt im Zeitraum 1992 bis 94 der zwischen den Jahren 1990 und 1992 durchgeführten Produkt- und Prozeßinnovationen bzw. alternativ der im Jahre 1992 vorherrschenden Beteiligungsform modelliert. Der Heterogenität der Unternehmen wird durch firmenspezifische Effekte und weitere Kontrollvariablen (Größe des Unternehmens und Wirtschaftszweig) Rechnung getragen.

Damit unterstellen wir zur Bestimmung des Anpassungsfortschrittes der Unternehmen in den neuen Bundesländern folgendes Modell:

$$\text{(1)} \quad \ln y_{it} = \alpha_0 + \sum_h \alpha_1^h \ln x_{it}^h + \tfrac{1}{2} \sum_h \sum_k \alpha_2^{hk} \ln x_{it}^h \ln x_{it}^k +$$

$$\sum_t \left(\sum_h \alpha_3^{ht} \ln x_{it}^h + \tfrac{1}{2} \sum_h \sum_k \alpha_4^{hkt} \ln x_{it}^h \ln x_{it}^k \right) D_t Ost_i + \sum_m \alpha_{5,m} B_{i,m}$$

$$+ \sum_n \alpha_{6,n} G_{i,n} + \sum_{t+1} \delta_1^{t+1} D_{t+1} + \sum_t \delta_2^t D_t Ost_i + e_{it}$$

mit t=92,93,94 und i=1,...,382 Firmen, wobei die Variablen wie folgt definiert sind:

y_{it}: Output zu konstanten Preisen;

x_{it}^h: Produktionsfaktoren h: Arbeit (L), Kapital (K), Vorleistungen (M);

Ost_i: 0,1 Variable; 1: Unternehmen hat ihren Sitz in Ostdeutschland;

$B_{i,m}$: 0,1 Variable für elf Wirtschaftsbereiche (Referenz: Maschinenbau);

$G_{i,n}$: 0,1 Variable für vier Größenklassen (Referenz: weniger als 100 Beschäftigte);

D_t: 0,1 Variable jeweils für drei Zeitpunkte, t=92,93,94.

Die Ableitung des logarithmierten Produktionswertes y_{it} nach den Inputfaktoren x_{it}^h ergibt die Produktionselastizitäten, die über die Zeit und die Unternehmen variieren:

$$\text{(2)} \quad \frac{\partial \ln y_{it}}{\partial \ln x_{it}^h} = \sum_h \alpha_1^h + \sum_k \alpha_2^{hk} \ln x_{it}^k + \sum_t \left(\sum_h \alpha_3^{ht} + \sum_k \alpha_4^{hkt} \ln x_{it}^k \right) D_t Ost_i$$

Die Parameter α_1 und α_2 stellen die zu bestimmenden Parameter der Produktionstechnologie dar, während α_5 und α_6 Branchen- und Größeneffekte messen. Die Parameter α_3 und α_4 messen die Abweichungen der ostdeutschen von der westdeutschen Produktionstechnologie, die auf die Inputfaktoren Arbeit, Kapital und Vorleistungen zurückgeführt werden können.

Der Zuwachs an Produktivität wird, gegeben den Faktoreinsatz und die anderen individuellen Variablen, durch die Zeiteffekte gemessen. Für das ostdeutsche Produktivitätswachstum können weitere Faktoren verantwortlich sein. Es ist zu erwarten, daß Innovatoren gegenüber Nichtinnovatoren einen Produktivitätsvorsprung erzielen, wobei die Höhe des Vorsprungs vom Innovationstyp abhängen kann. Falls mit neuen oder verbesserten Produkten Umsatzerfolge erzielt werden, ist bei gegebenen Einsatz von Inputfaktoren eine Produktivitätssteigerung zu erwarten. Die Einführung kostensparender Technologien führt bei konstanter Produktion zu einer Produktivitätssteigerung. Verglichen mit der Umstellung oder Erweiterung der Produktpalette dürften von neuen Produktionsanlagen- oder verfahren größere Produktivitätssteigerungen ausgehen.

Um die Abhängigkeit des Anpassungsprozeßes der ostdeutschen Unternehmen von Innovationen bzw. von den Beteiligungsverhältnisse zu modellieren, werden für δ_2^t alternativ die folgenden Gleichungen unterstellt:

(3) $\delta_2^t = \beta_1^t + \beta_2^t PZ_i + \beta_3^t PZ \cdot PD_i + \beta_4^t PD_i$

(4) $\delta_2^t = \beta_5^t + \beta_6^t \text{Tochter}_i$

mit t=92, 93, 94 und i=1,...,382 Firmen. Die Variablen sind wie folgt definiert:

PD_i : 0,1 Variable; 1: nur Produktinnovationen im Zeitraum 1990 bis 1992;

PZ_i : 0,1 Variable; 1: nur Prozeßinnovationen im Zeitraum 1990 bis 1992;

$PZ \cdot PD_i$: 0,1 Variable; 1: Produkt- und Prozeßinnovationen im Zeitraum 1990 bis 1992;

Tochter_i : 0,1 Variable; 1: Unternehmen, die 1992 zu einer ausländischen oder westdeutschen Einheit zählten.

Zurückliegende Innovationen können im Zeitablauf unterschiedlich auf den Produktivitätsfortschritt wirken; wobei die Wirkung aufgrund von Lerneffekten typischerweise zunächst zunimmt und dann allmählich abklingt. Das Maß für die Innovationen ist qualitativer Natur und ergibt sich aus dem Mannheimer Innovationspanel (siehe Abschnitt 3). Als Produktinnovatoren werden solche Unternehmen bezeichnet, die in dem Zeitraum 1990 bis 1992 neue oder verbesserte Produkte eingeführt haben. Als Prozeßinnovatoren gelten Firmen, die im gleichen Zeitraum neue Produktionstechniken eingeführt haben. Mit diesen im MIP erhobenen Angaben werden drei Arten von Innovationsstrategien unterschieden: Unternehmen des ersten Typs haben nur Prozeß-, solche vom zweiten Typ nur Produktinnovationen durchgeführt und Innovatoren des dritten Typs waren in beiden Bereichen aktiv.

Alternativ zu den Innovationsindikatoren wird eine Variable eingeführt, die den Wert eins annimmt, wenn an einem Unternehmen in Ostdeutschland eine westdeutsche oder ausländische Unternehmung beteiligt ist. Unternehmen, die Teil einer größeren Einheit sind, können vom Know-how und dem Vertriebsnetz der Stammfirma profitieren und insofern eine schnellere Anpassung an das westdeutsche Niveau erreichen.[1]

Anhand der Koeffizienten der Innovationsvariablen und der Beteiligungsvariablen (β_2-β_6) in Gleichung 3 und 4 kann der prozentuale Produktivitätsvorsprung von Innovatoren im Vergleich zu Nichtinnovatoren bzw. von Unternehmen mit und ohne Beteiligung in Ostdeutschland ermittelt werden. Der gesamte prozentuale Produktivitätsabstand von ostdeutschen relativ zu westdeutschen Unternehmen über die Zeitperiode 1992 bis 94 kann dann ausgehend von Gleichung 1 bzw. 3 und 4 mit Hilfe der partiellen Effekte in der jeweiligen Zeitperiode und deren Umrechnung in Prozentwerte bestimmt werden.

Die Translog-Produktionsfunktion wird mit Paneldatenmethoden geschätzt. Paneldaten erlauben die Zerlegung des Störterms ε_{it} in einen zeitinvarianten Firmeneffekt μ_i, der als Zufallsvariable behandelt wird, und ein zeitveränderlichen Teil υ_{it}, für den Normalverteilung mit der Varianz σ_υ^2 unterstellt wird, und der annahmegemäß nicht über die Zeit und zwischen den Unternehmen korreliert ist. Die Daten werden mittels der von Fuller-Battese (1973) vorgeschlagenen Methode umgeformt (in der transformierten Gleichung werden alle Regressoren mit einem gewichteten Firmenmittelwert bereinigt) und mittels der Kleinste Quadrate Methode geschätzt. Die Methode („Random-Effekt-Schätzer") liefert konsistente Schätzwerte, wenn der zeitinvariante Unternehmeneffekt nicht mit den Regressoren korreliert ist. Diese Annahme wird getestet. Im Falle der Ablehnung unkorrelierter Regressoren wird ein Instrumentenvariablenschätzer verwendet. Weitere Spezifikationstests werden in Abschnitt vier vorgestellt.

2.2 Innovation und Lohnangleichung

Innovationsaktivitäten können das Grenzprodukt des flexiblen Faktor steigern, mit der möglichen Folge einer Zunahme der Faktorentlohnung (Grossman/Helpman 1991). Unter der Annahme, daß Arbeit flexibler als Kapital eingesetzt werden kann,

---

[1] Aufgrund der relativ geringen Fallzahl konnte die Wirkung von Innovationen und Beteiligungsverhältnisse nicht in einem Modell geschätzt werden. Eine separate Modellierung erwies sich dennoch als aussagekräftig, weil es sich bei den Innovatoren und den abhängigen Unternehmen nicht um die gleiche Stichprobe handelt.

kann eine Innovation mit einer Wirkungsverzögerung zu einer höheren Entlohnung des Faktors Arbeit führen. Bisherige empirische Arbeiten mit Unternehmensdaten für Großbritannien (van Reenen 1996), Frankreich (Entorf und Kramarz 1994) und die Niederlande (Konings und Vandenbussche 1994) finden einen positiven Zusammenhang zwischen Innovationen und Löhnen, wobei die zeitliche Verzögerung bis zu vier Jahren beträgt. Zur Überprüfung dieses Zusammenhangs im ostdeutschen Anpassungsprozeß wird folgende Gleichung auf der Basis des Mannheimer Innovationspanels für die Jahre 1992 bis 1994 geschätzt:[2]

$$(5) \quad \ln w_{it} = \gamma_0 + \sum_m \gamma_{1,m} B_{i,m} + \sum_n \gamma_{2,n} G_{i,n} + \sum_{t+1} \gamma_3^{t+1} D_{t+1} + \sum_t \left(\gamma_4^t + \gamma_5^t PZ_i \right)$$
$$+ \gamma_6^t PZ \cdot PD_i + \gamma_7^t PD_i \right) D_t \, Ost_i + \kappa_{it}.$$

bzw. $\ln w_{it} = \ldots\ldots\ldots\ldots\ldots\ldots\ldots \left(\gamma_8^t + \gamma_9^t \text{Tochter}_i \right).$

Der Preis des Faktors Arbeit, w_{it}, im folgenden als Lohn bezeichnet, wird als Quotient von Personalaufwand und Beschäftigtenanzahl (Vollzeitbeschäftigtenäquivalent), deflationiert mit branchenspezifischen Produzentenpreisindices, gebildet. Zur Überprüfung des Zusammenhangs zwischen Löhnen und Innovationen bzw. den Beteiligungsverhältnissen wird analog zu der Produktivitätsgleichung im letzten Abschnitt die relative Lohnentwicklung zwischen Ost und West in Abhängigkeit von Produkt- und Prozeßinnovationen bzw. von der Beteiligung westdeutscher oder ausländischer Unternehmen modelliert ($\gamma_5^t, \gamma_6^t, \gamma_7^t$ und γ_9^t).

Desweiteren enthält die Lohngleichung die Anzahl der Beschäftigten, gemessen in vier Größenklassen ($G_{n,i}$), und die Branchenzugehörigkeit ($B_{m,i}$). Es ist zu erwarten, daß Großunternehmen und Unternehmen in kapitalintensiven Branchen aufgrund beispielsweise eines höheren Grades der Arbeitsteilung und einer stärkeren Spezialisierung der Arbeitskräfte eine andere Qualifikationsstruktur der Beschäftigten und somit andere Lohnkosten aufweisen. Der Störterm κ_{it} wird, wie in der Analyse der Produktivitätsanpassung auch, als Summe einer zeitinvarianten unternehmensspezifischen Zufallsgröße und einer zeitveränderlichen, über die Zeit und die Unternehmen nicht korrelierten Zufallsvariable modelliert. Für beide Größen wird die Normalver-

---

[2] Dies ist eine vereinfachte empirische Variante des in der Literatur als Lohnfunktion bezeichneten Zusammenhangs zwischen den Arbeitskosten, der Anzahl der Beschäftigten, des Gewinns und weiterer Variable (siehe z. B. van Reenen 1996).

teilung unterstellt. Der zeitinvariante unternehmensspezifische Term fängt weitere absolute Lohnunterschiede zwischen den Unternehmen auf, die beispielsweise von der Organisation und der Unternehmenskultur der Belegschaft abhängen. Die Koeffizienten der Lohngleichung werden - wie die Koeffizienten der Produktionsfunktion - mit den weiter oben beschriebenen panelökonometrischen Verfahren und den Spezifikationstests bestimmt.

2.3 Zur Messung der allokativen Effizienz

Mit der in Abschnitt 2.1 beschriebenen flexiblen funktionalen Form, die Unterschiede in der Produktionstechnologie zwischen ost- und westdeutschen Unternehmen und in den ostdeutschen Unternehmen über die Zeit zuläßt, soll einerseits verhindert werden, daß die uns interessierenden Effekte von technischen Innovationen bzw. Beteiligungsverhältnissen nicht fälschlicherweise von eventuell nicht berücksichtigten zeitlich variablen Produktionsfunktion beeinflußt werden. Darüber hinaus erlaubt die Modellierung unterschiedlicher, zeitvariabler Parameter der Produktionstechnologie für ostdeutsche Unternehmen eine Messung der Entlohnung von Faktoren, die im Falle kostenminimierender Unternehmen nach der Grenzproduktregel erfolgen sollte. Gerade in der ersten Phase des Anpassungsprozesses dürfte jedoch das unternehmerische Verhalten von dieser Regel eher abweichen, da die Faktormärkte, insbesondere die Arbeitsmärkte, kaum dem Modell der vollkommenen Konkurrenz entsprechen.

Im Fall der vollkommenen Konkurrenz entsprechen die relativen realen Faktorpreise dem Verhältnis der physischen Grenzprodukte, die allerdings dem Forscher unbekannt sind. Unter der Annahme, daß die Technologie der Unternehmen mit der Translog-Produktionsfunktion korrekt beschrieben wird, entspricht das Verhältnis der Produktionselastizitäten im Falle kostenminimierenden Verhaltens gerade den relativen Faktoranteilen d.h. es gilt:

(6) $E_t^h / E_t^k = S_t^h / S_t^k \ \forall \ h, k = M, L, K$ und $h \neq k$.

Die im Zeitablauf variablen Produktionselastizitäten, E_t^h, lassen sich mit Hilfe von Gleichung 2 für jede Firma bestimmen und können geschätzt werden. Die Berechnung der Kostenanteile, S_t^h, wird in Abschnitt 3 vorgestellt. Die Hypothese der Grenzproduktentlohnung kann mittels eines Vergleichs des Verhältnisses der Produktionselastizitäten mit den entsprechenden relativen Kostenanteilen überprüft werden (zur Methode siehe Bregman et al. 1995).

Abweichungen von der Grenzproduktentlohnung (Gleichung 6 ist nicht erfüllt), die eine Lücke zwischen dem realen Grenzprodukt und dem Faktorpreis implizieren, können Aufschluß über die Richtung des weiteren Anpassungs- und Rationalisierungsdruckes in den Unternehmen geben, wenn die Unternehmen in Zukunft kostenminimierend produzieren werden. Liegt beispielsweise das Verhältnis der Produktionselastizitäten von Kapital und Arbeit (E_t^L / E_t^K) über dem Verhältnis der Kostenanteile beider Faktoren (S_t^L / S_t^K), d.h. es gilt $E_t^L / E_t^K > S_t^L / S_t^K$) dann wird bei gegebenem Einsatz der anderen Inputfaktoren und nicht flexiblen Faktorpreisen eine Reallokation mit vermehrtem Arbeits- und vermindertem Kapitaleinsatz zu einer Produktivitätssteigerung führen. Alternativ kann, muß aber nicht, Innovation die Effizienz des Faktoreinsatzes steigern. Im Beispiel wäre eine Innovation hilfreich, die das Grenzprodukt des Kapitals steigert.

3. Datenbasis

Die Schätzungen erfolgen auf der Grundlage des Mannheimer Innovationspanels (MIP) der Jahre 1993, 1994 und 1995, das insbesondere Informationen zu Produkt- und Prozeßinnovationen in Unternehmen enthält. Aus den ersten drei Wellen des MIP wird für die empirische Analyse ein ausgewogenes Panel von 382 Unternehmen, davon 134 in Ostdeutschland und 248 in Westdeutschland gebildet. Für die Schätzung der Produktionsfunktion werden die Größen Umsatz, Kapitalstock, Vorleistungen, die Anzahl von Beschäftigten und die qualitativen Informationen für Produkt- und Prozeßinnovationen, sowie die Eigentumsform benötigt. Informationen zum MIP, die Details der Stichprobenselektion ebenso wie die zum Teil aufwendige Konstruktion und Berechnung der Variablen werden im Anhang erläutert.

Tabelle 1 zeigt die Mittelwerte der verwendeten Variablen getrennt für die beiden Stichproben. Etwa die Hälfte der Unternehmen haben in den Jahren 1990 bis 1992 Prozeß- und Produktinnovationen zusammen durchgeführt. Der Anteil von ostdeutschen Unternehmen, die Innovationen nur im Produktbereich durchgeführt haben, liegt bei 22 Prozent. Die kleinste Gruppe der Innovatoren sind mit 8 Prozent die reinen Prozeßinnovatoren. Fast ein Viertel der ostdeutschen Unternehmen hat im

Zeitraum 1990 bis 92 keine Innovationen durchgeführt. 35 Prozent der ostdeutschen Unternehmen gehören zu einer übergeordneten Einheit, deren Stammfirma ihren Sitz in den alten Bundesländern oder im Ausland hat. In dieser Gruppe liegt der Anteil der Nichtinnovatoren mit 20 Prozent etwas unter dem Durschnitt.

Tabelle 1: Mittelwerte der verwendeten Variablen[a]

Region	Westfirmen (N=248)			Ostfirmen (N=134)		
Jahr	1992	1993	1994	1992	1993	1994
Zeitvariante Variablen:						
Umsatz in Mio. DM	118	112	114	28	29	32
Beschäftigte, Anzahl	466	441	425	261	213	189
Umsatz je Beschäftigten, TDM	242	241	252	105	123	141
Wertschöpfung je Beschäftigte, TDM	131	129	137	52	64	72
Nettokapitalstock je Beschäftigte, TDM	97	102	105	76	96	103
Lohnkosten je Beschäftigen, TDM	67	68	73	34	39	43
Vorleistungsanteil S^M	0,52	0,51	0,51	0,50	0,50	0,52
Arbeitskostenanteil S^L	0,43	0,44	0,43	0,41	0,42	0,40
Kapitalkostenanteil S^K	0,06	0,06	0,06	0,09	0,08	0,08
Anteil der Vorleistungen am Umsatz	0,41	0,40	0,41	0,48	0,46	0,47
Anteil der Arbeitskosten am Umsatz	0,33	0,35	0,35	0,41	0,39	0,37
Zeitinvariante Variablen (Erhebung 1993):						
PD Produktinnovatoren 1990-92	0,25			0,22		
PZ Prozeßinnovatoren 1990-92	0,09			0,08		
PD*PZ Produkt- u. Prozeßinnovatoren 1990-92	0,53			0,46		
Tochterfirma Stand 1992	0,36			0,35		
darunter Innovativ	0,78			0,79		

Quelle: MIP 1993, 1994, 1995; Volkswirtschaftliche Gesamtrechnung; zur Berechnungsmethode siehe Anhang; [a] Branchenzugehörigkeit und Unternehmensgrößenstruktur sind nicht aufgeführt.

Der Arbeitskostenanteil ist für west- und ostdeutsche Unternehmen über die drei Jahre relativ konstant geblieben und liegt etwas über 40 Prozent der Gesamtkosten (Tabelle 1). Im Unterschied dazu liegt der Anteil der Arbeitskosten am Umsatz in den ostdeutschen Unternehmen in den Jahren 1992 und 1993 über dem westdeutschen Wert, wobei dafür u.a. die hohen Lohnsteigerungen in der ersten Transformationsphase verantwortlich sind. Zwischen 1992 und 1994 haben sich die Werte stärker angeglichen. Im Unterschied dazu ist der Vorleistungsanteil relativ konstant geblieben. In beiden Stichproben entfallen auf die Vorleistungen etwa 40 Prozent des Umsatzes bzw. 50 Prozent der Gesamtkosten. Damit ist der Anteil der Vorleistungen am Umsatz oder an den Gesamtkosten in der MIP-Stichprobe um etwa 10 bis 15 Prozentpunkte niedriger als in der amtlichen Statistik (Statistiches Bundesamt, Fachserie 4, Reihe 4.3.1/4.3.2/4.3.3 verschiedene Jahrgänge). Das könnte damit zusammenhängen, daß die befragten Unternehmen einen Teil der sonstigen Vorleistungen (wie z. B. Kosten für Lohnarbeiten, Kosten für handwerkliche Dienstleistungen, Mieten und Pachten, Bankspesen, Versicherungsprämien) nicht den Vorleistungen zuordneten. Der Kapitalkostenanteil liegt in Ostdeutschland 2 Prozentpunkte oberhalb des westdeutschen Niveaus.

Tabelle 2: Ost-West Vergleich: Arbeitsproduktivität, Nettokapitalstock und Lohnkosten (West=100)

Jahr	1992	1993	1994
Umsatz je Beschäftigten	43,3	51,2	56,0
Wertschöpfung je Beschäftigten	39,5	49,3	52,1
Nettokapitalstock je Beschäftigten	78,4	94,0	98,1
Lohnkosten je Beschäftigen	50,8	57,5	59,8
Sektordaten, Verarbeitendes Gewerbe			
Wertschöpfung je Beschäftigten	32,0	42,0	49,0

Quelle: MIP 1993, 1994, 1995, Sachverständigengutachten 1996/97; für die Beschäftigten werden Vollzeitäquivalentbeschäftigte verwendet. Alle Wertgrößen sind mit dem Produzentenpreis bzw. mit dem Investitionsdeflator deflationiert.

Im Jahre 1994 erreichten die ostdeutschen Unternehmen einen Umsatz von 140 TDM je Beschäftigten. Dies entspricht 56 Prozent des westdeutschen Wertes, nach 43 Prozent im Jahre 1992 (siehe Tabelle 2). Die Bruttowertschöpfung je Beschäftigten liegt mit einem Wert von 52 Prozent etwas darunter. Im Unterschied dazu hat die Kapitalintensität (Nettokapitalstock je Beschäftigten) dagegen bereits im Jahre 1994 den westdeutschen Vergleichswert erreicht. Demnach sind die ostdeutschen Unternehmen in der Stichprobe bei der Modernisierung ihrer Anlagen erfolgreich vorangekommen.

4. Empirische Ergebnisse

4.1 Überblick

Die Ergebnisse der Random-Effekts Schätzung der Translog-Produktionsfunktion (Gleichung 1) sind in der Tabelle 3 enthalten, diejenigen der Lohngleichung in Tabelle 4. Bei der Schätzung wird in mehreren Schritten vorgegangen. Weiterhin werden einfachere funktionale Formen der Gleichungen und das Vorhandensein von zufälligen Firmeneffekten getestet. In einem ersten Schritt wird die Produktionsfunktion mit allen Interaktionstermen zwischen Region, Zeit, Innovationstyp bzw. Beteiligungsform geschätzt. In den folgenden sukzessiven Schritten werden auf der Basis von F-Tests nicht signifikanten Terme identifiziert, die dann jeweils nicht weiter verwendet werden und in der Endschätzung nicht mehr enthalten sind.von F-Tests nicht signifikanten Terme identifiziert,[4] die dann jeweils nicht weiter verwendet werden und in der Endschätzung nicht mehr enthalten sind.

In allen Spezifikationen liegt das unbereinigte R^2 bei 0,98. Die weiteren Tests lehnen eindeutig die Cobb-Douglas Technologie mit Substitutionselastizitäten von eins ab. Überwiegend werden auch die aus der Theorie resultierenden Regularitätsbedingungen für Produktionsfunktionen nicht von den Daten abgelehnt. Das Resultat des Hausman-Tests weist allerdings daraufhin, daß die Regressoren mit dem Unternehmenseffekten korreliert sind. Da eine Schätzung mit der Instrumentenvariablenmethode nach dem Vorschlag von Hausman und Taylor (1981) zu keinen anderen inhaltlichen Ergebnissen führt, diskutieren wir im folgenden die Schätzergebnisse des Random-Effekts Modells.

Mit einfachen Umrechnungen können aus den Parametern der Translog-Produktionsfunktion bzw. der Lohngleichungsfunktion die Produktionselastizitäten, den Produktivitätsvorsprung von ostdeutschen Innovatoren bzw. Tochtergesellschaften, die Produktivitäts- und Lohndifferentiale zwischen ost- westdeutschen Unternehmen im Zeitablauf berechnet werden (Abbildung 1; Tabelle 3, 4, 5). Für das Modell mit zeitvariablen Parametern der Produktionsfunktion ist das Ost-West Produktivitätsdifferential nicht in der Tabelle 3 ausgewiesen, da es nicht direkt mit den Schätzparametern ß übereinstimmt.

---

[4] Diese, ebenso wie die im weiteren genannten Tests, sind auf Anfrage bei den Autoren erhältlich.

Tabelle 3: Random-Effekt Schätzung der Translog-Produktionsfunktion: Abhängige Variable: logarithmierter Umsatz zu konstanten Preisen, 1 146 Beobachtungen, 1992-94

Parameter	Modell mit zeitinvarianten Parametern der TL-Funktion				Modell mit zeitvarianten Parametern der TL-Funktion			
	mit PD u. PZ-Dummies (1)		mit Dummies für Tochterfirmen (2)		mit PD u. PZ-Dummies (3)		mit Dummies für Tochterfirmen (4)	
	Koeff.	t-Wert	Koeff.	t-Wert	Koeff.	t-Wert	Koeff.	t-Wert
α_1^m	0,98**	15,8	0,99**	15,9	1,04**	14,2	1,04**	15,1
α_1^l	-0,01	-0,1	-0,01	-0,1	-0,21	-1,6	-0,33**	-2,7
α_1^k	-0,02**	-0,3	-0,04	-0,7	0,06	0,6	0,12	1,4
α_2^{mm}	0,16**	10,8	0,15**	10,6	0,19**	9,9	0,18**	10,7
α_2^{ml}	-0,14**	-7,8	-0,14**	-8,0	-0,17**	-7,5	-0,18**	-8,2
α_2^{mk}	-0,06**	-4,7	-0,05**	-4,3	-0,06**	-3,7	-0,06**	-3,7
α_2^{ll}	0,14**	4,2	0,14**	4,2	0,22**	5,5	0,25**	6,8
α_2^{lk}	0,01	0,6	0,02	1,0	0,00	0,1	-0,01	-0,4
α_2^{kk}	0,07**	3,8	0,06**	3,1	0,06**	2,0	0,06**	2,2
Interaktion der Parameter mit Zeit und Ost								
$\sum_h \alpha_3^{ht}, \sum_h \sum_k \alpha_4^{hkt}$	nein		nein		ja[b]		ja[b]	
Ost-West Produktivitätsabstand								
β_1^{92}/bzw. β_5^{92}	- 0,47**	-19,8	- 0,49**	-21,2	--		--	
β_1^{93}/bzw. β_5^{93}	- 0,39**	-17,4	- 0,42**	-17,2	--		--	
β_1^{94}/bzw. β_5^{94}	- 0,37**	-14,1	- 0,38**	-15,4	--		--	
Interaktion von Zeit und Ost mit Dummy für Innovationen oder Tochter								
β_2^{94}	0,11**	2,4			0,12**	2,5		
β_3^{94}	0,06**	2,3			0,06**	2,1		
β_4^{92}	-0,06**	-2,0			-0,06	-1,8		
β_6^{93}			0,08**	2,8			0,05**	2,0
β_6^{94}			0,13**	4,7			0,11**	4,1
Branchen- und Unternehmensgrößendummies								
$\sum_m \alpha_{5,m}, \sum_m a_{6,m}$	ja		ja		ja		ja	
α_0	0,50**	2,3	0,53**	2,4	0,70**	3,0	0,93**	4,1
R^2	0,98		0,98		0,98		0,98	
LM-Test[c]	494**		497**		482**		483**	

** Signifikant bei 5 Prozent Irrtumswahrscheinlichkeit.

[a] Die Konkavitätsbedingung ist für ca. 500 Beobachtungen erfüllt. Die Produktionselastizitäten sind in 95 Prozent der Beobachtungen positiv.

[b] Ein Wald-Test auf ein einheitliche Parameter der Translog-Produktionsfunktion zwischen West und Ost wird für alle Jahre abgelehnt. Die empirische Werte der Teststatistik sind 161 für 1992, 96 für 1993 und 79 für 1994. Der kritische Wert für 9 Freiheitsgrade ist $\chi[9]_{0,05} = 16,9$.

[c] Lagrange Multiplikator Test auf das Vorhandensein von Firmeneffekten.

Aufgrund der Testergebnisse wird die Hypothese einer in Ost- und Westunternehmen einheitliche Produktionstechnologie verworfen. Auch eine im Zeitablauf konstante Produktionstechnologie ostdeutscher Unternehmen wird eindeutig verworfen. Auf der Basis der totalen Faktorproduktivität schneiden ostdeutsche Unternehmen weit besser ab als der Vergleich der Arbeitsproduktivität in Tabelle 1 vermuten läßt. Im Jahre 1994 liegt das Produktivitätsniveau ostdeutscher Unternehmen je nach Innovationstyp und Beteiligungsverhältnissen zwischen 69 Prozent und 78 Prozent der westdeutschen Produktivität. Die Lohnangleichung in Ostdeutschland vollzieht sich in Unternehmen mit Prozeßinnovationen bzw. überregionaler Beteiligung ebenfalls vergleichsweise schneller als in den anderen Unternehmen.

Die allokative Effizienz im Einsatz von Arbeit, Vorleistungen und Arbeit hat sich in den ostdeutschen Unternehmen zwischen 1992 und 1994 deutlich verbessert. Das trifft vor allem für die Faktoren Arbeit und Vorleistungen zu. Allerdings bleiben in ostdeutschen Unternehmen immer noch erhebliche Unterschiede zwischen dem relativen Kostenanteil und den relativen Produktionselastizitäten bestehen.

4.2 Produktivitätsangleichung zwischen Ost und West

In Ostdeutschland weisen innovative im Vergleich zu nicht-innovativen Unternehmen, ebenso wie Unternehmen an denen westdeutsche oder ausländische Unternehmen beteiligt sind, eine signifikant bessere Produktivitätsentwicklung auf. Dabei haben sowohl Innovationen als auch Beteiligungsverhältnisse im zeitlichen Verlauf zunehmende Produktivitätseffekte zur Folge (Abbildung 1). In den alten Bundesländern läßt sich der Einfluß dieser Variablen auf die Produktivitätsentwicklung nicht nachweisen. Ostdeutsche Unternehmen, die zu Beginn der Reformperiode Produkt- und Prozeßinnovationen durchführten, konnten innerhalb von zwei Jahren gegenüber Nichtinnovatoren einen Produktivitätsvorsprung von 6 Prozent erzielen und erreichten im Jahre 1994 73 Prozent des westdeutschen Wertes nach 62 Prozent zwei Jahre zuvor.

Das entspricht einem durchschnittlichen jährlichen Wachstum der totalen Faktorproduktivität von 8,3 Prozent. Der Aufholprozeß hängt vom Innovationstyp ab. Produktinnovatoren konnten im Vergleich zu Nichtinnovatoren keinen höheren Produktivitätszuwachs erzielen. Reine Prozeßinnovatoren, die die kleinste Gruppe der Innovatoren darstellen, holten dagegen mit 77 Prozent des westdeutschen Wertes am stärksten auf (die geringe Zahl von 11 reinen Prozeßinnovatoren schränkt allerdings die Allgemeingültigkeit der Aussage ein). Für Nichtinnovatoren sind die Anpassungsfortschritte am geringsten und liegen bei einem jährlichen Zuwachs der totalen Faktorproduktivität um 5,3 Prozent.

Abbildung 1: Innovationen, Beteiligung und Produktivitätsdifferential in ostdeutschen Unternehmen

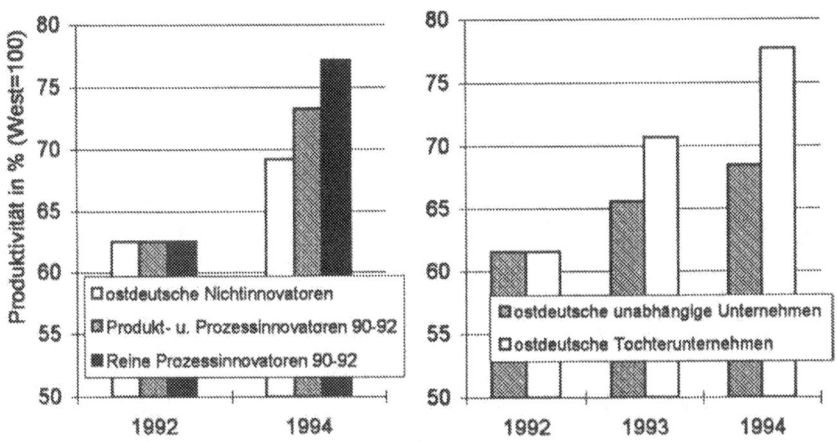

* Das Produktivitätsdifferential wird mit Hilfe der Parameter in Tabelle 3 berechnet. Die in der Tabelle 3 nicht ablesbaren Werte aus Modell 2 bzw. 4 stimmen mit den in der Tabelle ablesbaren Werten der Modelle 1 bzw. 3 überein

Unternehmen mit westdeutscher oder ausländischer Beteiligung erzielten bereits im Jahre 1993 einen 8 Prozent, ein Jahr später einen 13,5 Prozent höheren Produktivitätsfortschritt als unabhängige Unternehmen. Im Jahre 1994 betrug die totale Faktorproduktivität in dieser Gruppe bereits 78 Prozent des westdeutschen Niveaus im Vergelich zu den unabhängigen Unternehmen mit 68 Prozent. Dies entspricht einem jährlichen Produktivitätsfortschritt in Höhe von 12,4 Prozent. Damit wirkt sich ein gut organisiertes überregionales Vertriebsnetz und der Austausch von Know-how im Rahmen der Beteiligung produktivitätssteigernd aus.

4.3 Determinaten der Lohnangleichung zwischen Ost und West

Die Schätzergebnisse der Lohngleichung (Tabelle 4) zeigen, daß die durch Innovationen und Beteiligungsform erzielten positiven Differentiale in der totalen Faktorproduktivität in ostdeutschen Unternehmen nur bedingt mit höheren Löhnen einhergehen. Aufgrund der Tests kann kein Einfluß von Produkt- und Prozeßinnovationen auf das Lohnangleichungstempo festgestellt werden.

Tabelle 4: Determinanten der Lohnangleichung (reale Arbeitskosten pro Beschäftigte) zwischen ost- und westdeutschen Unternehmen

Variable	Parameter	mit Innovationsdummies Koeff.	t-Wert	mit Tochterdummy Koeff.	t-Wert
Branchendummies		ja		ja	
Unternehmensgrößenklassen (Referenz>100)					
L: 100-249	γ_{21}	0,09**	2,8	0,08**	4,5
L: 250-499	γ_{22}	0,10**	2,6	0,09**	2,5
L>=500	γ_{23}	0,17**	4,8	0,16**	4,7
Zeitindikator					
D_{94}	γ_3^{94}	0,08**	4,5	0,08**	2,5
Interaktion Zeit und OST					
D_{92}*OST	γ_4^{92} / bzw. γ_8^{92}	-0,65**	-20,6	-0,65**	-20,6
D_{93}*OST	γ_4^{93} / bzw. γ_8^{92}	-0,51**	-16,2	-0,51**	-16,3
D_{94}*OST	γ_4^{94} / bzw. γ_8^{92}	-0,51**	-15,3	-0,55**	-14,8
Interaktion Zeit und Ost mit Innovation oder Tochter					
D_{94}·OST·PZ	γ_5^t	0,14	1,7		
D_{94}·OST Tochter*	γ_9^t			0,12**	2,7
Konstante		-2,80**	-112,6	-2,80**	-112,6
R^2		0,52		0,52	
LM-Test f. Firmeneffekte		217**		216**	

** Signifikant bei 5 Prozent Irrtumswahrscheinlichkeit.

Im Unterschied dazu ist der Lohnzuwachs in ostdeutsche Unternehmen mit Beteiligungen gegenüber unabhängigen Unternehmen bzw. in abgeschwächter Form auch für ausschließlich prozessinnovative Unternehmen erheblich höher. In ostdeutschen Unternehmen mit Beteiligung sind im Zeitraum 1992 bis 1994 die Löhne um jährlich 7 Prozent stärker gestiegen als in den unabhängigen Unternehmen. Die Arbeitskosten in den ostdeutschen Unternehmen lagen im Durchschnitt im Jahre 1994 bei 63 Prozent des westdeutschen Vergleichswerts, während Unternehmen mit westdeutscher oder ausländischer Beteiligung oder prozeßinnovative Firmen bereits bei einem Wert von 73 Prozent angelangt sind (der Wert für abhängige Unternehmen ergibt sich aus der Schätzgleichung wie folgt: exp(-0,55+0,08+0,12)=0,73).

4.4 Allokative Effizienz

Für die westdeutschen Unternehmen der Stichprobe stimmen die Kostenanteile weitgehend mit den Produktionselastizitäten überein (Tabelle 5), für die ostdeutschen Unternehmen ergibt sich ein differenzierteres Bild. Die im Jahre 1992 in ostdeutschen Unternehmen im Durchschnitt noch bei einem Wert von 0,28 liegende Produktionselastizität von Arbeit steigt auf den Wert von 0,38 im Jahre 1994 (Tabelle 5). Bei steigender Arbeitsproduktivität ist das Grenzprodukt der Arbeit somit erheblich gestiegen. Die Produktionselastizität der Arbeit liegt zwar um 20 Prozent unterhalb des Wertes der westdeutschen Unternehmen. Allerdings stimmen im Jahre 1994 die Arbeitskostenanteile (oder Reallöhne) fast mit dem Grenzprodukt der Arbeit (der Produktionselastizität) überein. Zwei Jahre vorher lag der Anteil der Arbeitskosten noch weit über dem Grenzprodukt der Arbeit. Damit kann für ostdeutsche Unternehmen die These der allokativen Ineffizienz beim Einsatz des Faktors Arbeit bereits für das Jahr 1994 verworfen werden.

Die gleiche Entwicklung ist für die Vorleistungen zu beobachten. In den ostdeutschen Unternehmen liegt der größte Unterschied zwischen dem Kostenanteil und der Produktionselastizität im Kapitaleinsatz vor. Dieser Unterschied ist im Beobachtungszeitraum auch nicht geringer geworden. Der Vergleich der relativen Faktoranteile mit den relativen Produktionselastizitäten bestätigt, daß im Zeitraum 1992 bis 1994 im Vergleich zu Kapital zuwenig Arbeit oder im Vergleich zu Arbeit zuviel Kapital eingesetzt wurde (ähnlich Sinn, 1995). Während die Abweichung zwischen dem Faktoranteilsverhältnis und dem relativen Produktionselastizitäten von 1992 auf 1993 schrumpft, hat sie seitdem wieder zugenommen.

Zusammenfassend deuten die Schätzergebnisse auf erhebliche allokative Ineffizienzen hin, die in der kurzen Periode zwischen 1992 und 1994 zum Teil abgebaut werden konnten. Ein Teil der Ineffizienzen wird durch die massive Föderung zugunsten von Kapital verstärkt, wobei der Nebeneffekte allokativer Ineffizienzen wohl nicht ausreichend berücksichtigt worden ist. Im Unterschied dazu stimmen im Jahre 1994 die relativen Faktoranteile von Vorleistungen und Arbeit mit ihren relativen Produktionselastizitäten bereits weitgehend überein. Insbesondere können die Unternehmen durch eine Reallokation im Einsatz von Arbeit bei gegebenen anderen Faktoren keine Effizienzsteigerung mehr erzielen.

Tabelle 5: Relative Produktionselastizitäten und Kostenanteile im Vergleich

	OST			WEST
	1992	1993	1994	1992-94
Kostenanteile				
Vorleistungen S^M	0,50	0,50	0,52	0,51
Arbeitskosten S^L	0,41	0,42	0,40	0,44
Kapitalkosten S^K	0,09	0,08	0,08	0,06
Produktionselastizitäten				
Vorleistungen E^M	0,59	0,54	0,55	0,48
Arbeit E^L	0,28	0,35	0,38	0,47
Kapital E^K	0,05	0,05	0,04	0,06
Verhältnis von relativen Kostenanteilen und rel. Produktionselastizitäten				
$(E^M/E^L)/(S^M/S^L)$	1,75	1,30	1,12	0,90
$(E^M/E^K)/(S^M/S^K)$	2,18	1,44	1,92	0,91
$(E^L/E^K)/(S^L/S^K)$	1,25	1,11	1,72	1,02

[a] Zu den Schätzergebnisse siehe Tabelle 3, Modell 3. E^L, E^K, E^M bezeichnen die Produktionselastizitäten für die Produktionsfaktoren Arbeit, Kapital und Vorleistungen. S^L, S^K, S^M bezeichnen die Faktoranteile.

Die Schätzergebnisse für die Produktionselastizitäten von Kapital müssen allerdings mit Vorsicht interpretiert werden. Die hohen Abweichungen zwischen der Produktionselastizität und dem Faktoranteil für Kapital könnte nicht nur auf allokative Ineffizienz sondern auch auf Meßfehler und die Nichtbeachtung der potentiellen Simultanität zwischen Produktion und Faktoreinsatz zurückzuführen sein. Zur weiteren Überprüfung der Ergebnisse ist ein stärker industrieökonomisch fundierter Ansatz erforderlich, in dem die Grenzproduktregel sowie Abweichungen davon, die z. B. von unvollkommenen Güter- und Faktormärkte herrühren können, explizit modelliert werden.

5. Abschließende Bemerkungen

In der Arbeit werden die Auswirkungen von technischen Innovationen und der Beteiligungsform auf den Produktivitäts- und Lohnangleichungsprozeß von 134 ostdeutschen und 248 westdeutschen Unternehmen im Zeitraum 1992 bis 94 empirisch untersucht. Die Paneldatenanalyse zeigt, daß Unternehmen, die im Zeitraum 1990 bis 92 Produkt- und Prozeßinnovationen durchführten, im Jahre 1994 einen höheren Produktivitätszuwachs erzielen konnten als Nichtinnovatoren oder solche Unternehmen, die nur Produktinnovationen durchführten. Für ostdeutsche Unternehmen, die 1992 zu einer westdeutschen oder ausländischen Einheit zählten, kann bereits ab dem Jahre 1993 ein positiver Effekt auf die Produktivität festgestellt werden.

Die unterschiedliche Produktivitätsentwicklung der Unternehmen in Ostdeutschland spiegelt sich auch in der Entlohnung der Beschäftigten wieder. Das Lohnangleichungstempo ist bei Unternehmen mit Beteiligungen und mit Prozeßinnovationen höher. Darüber hinaus deutet die relativ schnelle Annäherung der Produktionselastizität für Arbeit an das westdeutsche Niveau darauf hin, daß Allokationsverzerrungen im Einsatz von Arbeit in der Industrie in den neuen Bundesländern keine wesentliche Rolle mehr spielen. Kosteneinsparungspotentiale beim Einsatz von Arbeit sind somit in der ostdeutschen Industrie weitgehend ausgeschöpft.

Der immer noch vorhandene Produktivitätsabstand zwischen Ost und Westdeutschen Unternehmen könnte dagegen schneller durch einen effizienteren Einsatz von Kapital und eine Steigerung der Innovationstätigkeit zurückgeführt werden. Ob damit kurzfristig zusätzliche Arbeitsplätze entstehen, kann bezweifelt werden. Mittel- und langfristig werden die Unternehmen aber kaum an der Steigerung der Effizienz auch im Einsatz von Kapital vorbeikommen.

Literatur

Boltho, A.; Carlin, W.; Scaramozzino, P. (1996): Will East Germany become a new Mezzogiorno? CEPR Discussion Paper No. 1256. London.

Brautzsch, H.-U.; Schneider, H. (1996): Lohnangleichung, Beschäftigung und Produktivität in der Metall- und Elektroindustrie Sachsen-Anhalts. Wirtschaft im Wandel, 2, S. 5-12.

Bregman, A.; Fuss, M.; Regev, H. (1995): The Production and Cost Structure of Israeli Industry. Evidence of Individual Data. Journal of Econometrics, 65, S. 45-81.

Entorf, H.; Kramarz, F. (1994): The Impact of New Technologies on Wages: Lessons from Matching Panels on Workers and Their Firms. INSEE Working Paper. Paris.

Fritsch, M.; Mallok, J. (1994): Die Arbeitsproduktivität des industriellen Mittelstandes in Ostdeutschland - Stand und Entwicklungsperspektiven. In: Mitteilungen aus der Arbeitsmarkt- und Berufsforschung, 27 Jg. S. 53-59.

Fuller, W.A; Battese, G.E. (1973): Transformation for Estimation of Linear Models with Nested Error Structure. Journal of American Statistical Association, 68, S. 626-632.

Grossman, G.; Helpman,E. (1991): Innovation and Trade in the Global Economy. MIT Press. Cambridge.

Hallett, A. J. H.; Ma, Y. (1994): Real Adjustment in a Union of Incompletely Converged Economies: An Example from East and West Germany. European Economic Review; 38, S. 1731-1761.

Hausman, J.; Taylor, W. (1981): Panel data and Unobservable Individual Effects. Econometrica, 49, S. 1377-1398.

Hitchens, D-M.; Wagner, K.; Bernie, J.E. (1993): East German Productivity and the Transition to the Market Economy - Comparisons with West Germany and Northern Ireland. Aldershot, Avebury.

Klodt, H. (1996): West-Ost Transfers und Strukturprobleme in den neuen Ländern. Weltwirtschaft, 2, S. 158-170.

Konings, J.; Vandenbussche, H. (1994): The Effect of Foreign Competition on UK Employment and Wages: Evidence from Firm-level Panel data. Weltwirtschaftliches Archiv, 130, S. 654-672.

Licht, G.; Stahl, H. (1997): Ergebnisse der Innovationserhebung 1997. ZEW-Dokumentation. Mannheim.

Schäfer, R.; Wahse, J. (1997): Weiterer Personalabbau in Ostdeutschland trotz wirtschaftlicher Konsolidierung vieler Betriebe: Ergebnisse der ersten Welle des IAB-Betriebspanels Ost 1996. IAB-Werkstattbericht; 9.

Sinn, H.-W. (1995): Staggering Alone Wages Policy and Investment Support in East Germany. Economics of Transition, 3 (4), S. 403-426.

van Reenen, J. (1996): The Creation and Capture of Rents: Wages and Innovation in a Panel of U.K. Companies. Quarterly Journal of Economics, 111, S. 195-226.

Anhang: Stichprobenauswahl und Konstruktion der Variablen

Die Untersuchung basiert auf den Daten des Mannheimer Innovationspanels (MIP). Diese Unternehmensbefragung wird seit dem Jahre 1993 in jährlichen Abständen vom Zentrum für Europäische Wirtschaftsforschung (ZEW) in Zusammenarbeit mit dem Institut für angewandte Sozialwissenschaften (infas) im Auftrag des Ministeriums für Bildung, Wissenschaft, Forschung und Technologie durchgeführt. Ziel des MIP ist es, die Innovationsaktivitäten der deutschen Wirtschaft repräsentativ zu erfassen. Neben ausführlichen Informationen zur Struktur der Unternehmung, zu allgemeinen Unternehmensangaben (Beschäftigte, Umsätze, Exporte, Personalkosten, etc.) werden insbesondere die Innovationsaktivitäten, Indikatoren von Produkt- und Prozeßinnovationen, wirtschaftliche Effekte von Innovationen und Innovationshemmnisse sowie Angaben zur Qualifikationsstruktur und zur Qualifizierung erhoben (zur Konzeption des MIP vgl. Licht und Stahl 1996).

Zwischen 1993 und 1995 wurden jährlich etwa 3 000 Unternehmen befragt, wobei sich Angaben zu Umsätzen, Beschäftigten usw. jeweils auf das abgeschlossene Jahr vor der Befragung beziehen. Für 600 Unternehmen liegen in allen drei Erhebungswellen verwertbare Interviews vor. Diese Stichprobe wurde weiter auf Unternehmen beschränkt, die mehr als 20 Beschäftigte angeben. Für etwa 15 Prozent der Beobachtungen sind nicht alle Angaben für alle drei Jahre erhältlich. Häufig fehlen die Angaben zu Investitionen, zum Buchwert des Kapitals und zu den Vorleistungen, so daß ein Sample mit 420 Unternehmen übrigbleibt. Davon werden 38 Beobachtungen nicht verwendet, da die Verteilung der metrischen Größen Umsatz je abhängig Beschäftigten, Kapitalintensität und Anteil der Vorleistungen am Umsatz extreme Ausreißer aufweisen. Ein Unternehmen wird als Ausreißer klassifiziert, wenn die genannten Größen aus dem 0.01 und 0.99 Percentil herausfallen. Die Aussreisserbereinigung wurde für ost- und westdeutschen Unternehmen getrennt durchgeführt.

Angesichts der kleinen Stichprobe kann nicht von einem repräsentativen Panel ausgegangen werden. Für das verarbeitende Gewerbe in Ostdeutschland sind nach Angaben von Schäfer und Wahse (1997) über 100 000 Unternehmen gemeldet. Ein nicht unerheblicher Teil von ostdeutschen Unternehmen schied über die drei Jahre aus. In einem ausgeglichenen Panel sind Firmen, die konkursbedingt ausscheiden, nicht vertreten. Erfolgreiche Unternehmen, eventuell die produktiveren, sind überrepräsentiert. Ein Vergleich zeigt, daß das Niveau der Arbeitsproduktivität in der MIP-Stichprobe im Jahre 1992 mit 40 Prozent in der Tat etwas höher als der Wert der Arbeitsproduktivität in der Industrie insgesamt war, der bei 32 Prozent lag (Tabelle 2). Da die Unterschiede in den Werten der Arbeitsproduktivität aus beiden Quellen über die Zeit abnehmen dürften Meßfehler aufgrund der Selektionsverzerrung durch ausscheidende Unternehmen weniger stark ins Gewicht fallen.

Die Variablen der Produktivitätsgleichung (Gleichung 1) werden wie folgend definiert: Output wird gemessen als Umsatz in Mio. DM deflationiert mit dem Produzentenpreisindex auf zweistelliger Branchenklassifikation (siehe Statistisches Bundesamt Fachserie 17, Reihe 2, verschiedene Jahrgänge). Die Preise für Kapital, Investitionen und Vorleistungen sind der Volkswirtschaftlichen Gesamtrechnung entnommen. Der Arbeitseinsatz wird durch die Zahl der Beschäftigten (Vollzeitäquivalent) gemessen.

Typischerweise ist den Firmen der Kapitalstock nicht bekannt und muß berechnet werden. Da Buchwerte zu Anschaffungspreisen bewertet werden, wurde eine Umrechnung mit dem Verhältnis von dem Buchwert zu Anschaffungspreisen zu dem zu Wiederbeschaffungspreisen BW, vorgenommen. Der Nettokapitalstock zu konstanten Preisen, K, wurde errechnet aus den Investitionen, I, (Mio. DM), aus dem Preisindex für Investition (1992=1), dem Buchwert des Kapitals aus der 1994er Erhebung, BW_{93}, (Mio. DM) und der Abschreibungsrate, δ,:

$$K_{92,JAN} = \tfrac{1}{1-\delta}(K_{93,JAN} - I_{92}/P^I_{92})$$
$$K_{93,JAN} = BW_{93,JAN}/P^I_{93}$$
$$K_{94,JAN} = K_{93,JAN} + I_{93}/P^I_{93} - \delta \cdot K_{93,JAN}$$
$$K_{95,JAN} = K_{94,JAN} + I_{94}/P^I_{94} - \cdot K_{94,JAN}$$

Als Abschreibungsraten werden branchenspezifische Durchschnittswerte aus der Volkswirtschaftlichen Gesamtrechnung verwendet. Schließlich wird aus den Anfangswerten des Nettokapitalstocks ein Jahresdurchschnitt gebildet.

Die Vorleistungen werden mit dem branchenspezifischen Vorleistungspreisindex deflationiert. Die Faktoranteile ‚S^n', werden als Anteil der Faktoreinkommen an den Gesamtkosten, C, berechnet, wobei sich die Gesamtkosten aus Arbeits-, Vorleistungen- und Kapitalkostenzusammensetzen. Der Kapitalkostenanteil, S^k, ist berechnet als Produkt aus Nettokapitalstock zu laufenden Preisen und den *user costs of capital* (Summe aus Abschreibungsrate und Realzinssatz multipliziert mit dem Investitionsdeflator).

Innovationsstrategien und Forschungsaktivitäten ostdeutscher Unternehmen

Johannes Felder, Alfred Spielkamp

1. Ausgangsüberlegungen

War der Beginn der Revitalisierung der ostdeutschen Industrie gekennzeichnet von einem kräftigen Wachstumsprozeß und dynamischen Investitionstätigkeiten, gibt es nun erste Hinweise auf ein Nachlassen des Aufschwungtempos. Es gibt Anzeichen dafür, daß es sich nicht nur um eine konjunkturelle Atempause handelt, sondern eine dauerhafte Schwäche. Bei den meisten gesamtwirtschaftlich relevanten Kennziffern wie z. B. dem Pro-Kopf-Einkommen verläuft die Angleichung an Westdeutschland langsam und ein Abbau der Arbeitslosigkeit ist nicht in Sicht.

In dieser Situation wirft die Suche nach dem zukünftigen Erfolgsrezept eine Reihe von Fragen auf. Unklar ist, wie ein sich selbst tragendes Wachstum auf den Schultern von wettbewerbsfähigen verarbeitenden und dienstleistenden Unternehmen geschaffen werden kann, welche Möglichkeiten die einzelnen Betriebe haben und mit welcher Strategie sie versuchen sollten, ihre Marktchancen zu verbessern.

Der industriellen Forschung und Entwicklung und dem Innovationsverhalten der Unternehmen werden in diesem Kontext für Ostdeutschland eine hohe Bedeutung beigemessen. Sie sollen den wirtschaftlichen Aufholprozeß vorantreiben. Aber die industrielle FuE in den neuen Bundesländern stagniert auf einem geringen Niveau. Daran haben auch die erheblichen Anstrengungen der Forschungs- und Technologiepolitik nur insofern etwas geändert, als ohne diese Aktivitäten die Industrieforschung Ost wahrscheinlich noch stärker zurückgegangen wäre. Der Anteil Ostdeutschlands an den Gesamtaufwendungen für FuE im Verarbeitenden Gewerbe der Bundesrepublik ist jedoch weiterhin verschwindend gering. Er lag in den Jahren 1992 bis 1994 unter 5 Prozent (siehe die Tabellen 3 und 4 im Anhang). Die geringen FuE-

Aufwendungen der ostdeutschen Wirtschaft spiegeln jedoch zum Teil lediglich die Wirtschafts- und Größenstrukturen wider und sind noch kein Hinweis für Innovationsdefizite auf der Unternehmensebene. Hierauf wird im ersten Teil des Beitrags eingegangen. Es wird gezeigt, daß beim Heranziehen weiterer Innovationsindikatoren lediglich hinsichtlich der Forschung und Entwicklung (FuE) ein Rückstand der ostdeutschen Industrie zu erkennen ist.

Während dem Rückstand der ostdeutschen FuE auf aggregierter Ebene große Aufmerksamkeit geschenkt wird, wird weniger in Frage gestellt, welche Bedeutung der FuE für das einzelne ostdeutsche Unternehmen in der jetzigen Situation zukommt. Industrielle Forschung und Entwicklung sind unternehmerische Entscheidungen und können nur im Kontext des wirtschaftlichen Entwicklungsstadiums des (der) Unternehmen(s), eines Wirtschaftszweiges, einer Region oder anderer Bezugsgrößen bewertet werden. Diesem Aspekt wird im zweiten Teil des vorliegenden Beitrags besondere Aufmerksamkeit geschenkt. Im Mittelpunkt der Überlegungen steht dabei die Absicht, zu zeigen, daß eine Reihe von ostdeutschen Unternehmen erfolgreich innovierten und wirtschafteten, ohne daß der eigenen FuE von Anfang an ein großer Stellenwert zukommt - und umgekehrt, daß es vielen ostdeutschen Unternehmen, die von Anfang an hohe FuE-Aktivitäten aufweisen, nicht gelungen ist, in ausreichendem Maße wirtschaftlich leistungsfähig zu werden.

2. Strukturelle Gegebenheiten in der ostdeutschen Wirtschaft

Betrachtet man die strukturellen Gegebenheiten in der ostdeutschen Wirtschaft, kann die niedrige FuE-Intensität nicht verwundern:

FuE-Aktivitäten finden vor allem in Unternehmen des Verarbeitenden Gewerbes statt. Nach dem drastischen Rückgang der Industriebeschäftigten auf ca. eine Million erreicht der Beschäftigtenanteil des ostdeutschen Verarbeitenden Gewerbe an allen Beschäftigten in Ostdeutschland nicht einmal 60 Prozent der entsprechenden Relation in Westdeutschland.

Eine weitere wichtige Ursache für die geringe ostdeutsche FuE-Intensität ist in dem Fehlen von Großunternehmen zu sehen, die nahezu immer FuE-Aktivitäten aufweisen. In den Großunternehmen mit mehr als 500 Beschäftigten in Westdeutschland sind fast 50 Prozent der Werktätigen beschäftigt, in den vergleichbaren Unternehmen in den neuen Ländern sind es noch nicht einmal 25 Prozent. Genau umgekehrt ist die Verhältnis bei den Unternehmen mit weniger als 20 Beschäftigten. Hier finden sich in Ostdeutschland über 40 Prozent der Beschäftigten, während in den alten Ländern nur 20 Prozent der Arbeitnehmer zu dieser Größenklasse gehören. Kleine und mittlere Unternehmen (KMU) mit weniger als 500 Beschäftigten weisen zwar in den meisten Branchen, sofern sie FuE durchführen, ähnlich hohe FuE-Intensitäten auf wie die Großunternehmen, doch viele kleine und mittelständische Unternehmen verzichten auf FuE.

Desweiteren wiegt in Ostdeutschland das Fehlen oder zumindest die bisher schleppende Entwicklung potentiell forschungsintensiver Wirtschaftszweige innerhalb des Verarbeitenden Gewerbes schwer. Strukturell sind im bisherigen Verlauf des „Aufbaus Ost" vor allem die zukunftswichtigen innovations- und FuE-intensiven Wirtschaftszweige wie z. B. die Elektrotechnik, Chemie, Maschinen- und Fahrzeugbau gemessen an der Beschäftigten- und Umsatzentwicklung, der Investitionstätigkeit oder den Exporten zurückgeblieben.

Die Auflistung dieser Befunde macht deutlich, daß zur Referenzgröße „Westdeutsche Industrie" der Anteil des FuE-Personals in ostdeutschen verarbeitenden Unternehmen aufgrund der ostdeutschen Industriestrukturen fast „natürlicherweise" deutlich unter dem westdeutschen Niveau liegt. Entsprechend ist das gesamte FuE-Aufkommen in den neuen Ländern deshalb so niedrig, weil es kaum noch Großunternehmen gibt, die Betriebe (zu) klein und forschungsintensive Wirtschaftszweige in den neuen Bundesländern unterbesetzt sind.

3. FuE und Innovationen in ostdeutschen Unternehmen

3.1 Kenngrößen zum Innovationsverhalten

FuE ist lediglich ein Indikator für das Erfassen des Innovationsgeschehens. Zieht man weitere Innovationsindikatoren heran, so lassen sich zumindest auf den ersten Blick keine Innovationsdefizite in Ostdeutschland festmachen. Die Untersuchungen des ZEW zeigen, daß die ostdeutschen Unternehmen sehr stark in Innovationsprozesse eingebunden sind. Im Verarbeitenden Gewerbe weisen rund die Hälfte der ostdeutschen Unternehmen Produkt- oder Prozeßinnovationen auf und der Anteil der

FuE betreibenden Unternehmen ist leicht gestiegen und liegt im Jahr 1994 bei 35 Prozent (siehe Tabelle 3 im Anhang). Hinsichtlich der Anteile von Unternehmen mit Produkt- und Prozeßinnovatoren bestehen zwischen dem ost- und westdeutschen Verarbeitenden Gewerbe sehr geringe Unterschiede.[1] Zwischen 1990 bis 1992 haben sich viele ostdeutsche Innovatoren entweder nur auf Produkt- bzw. nur auf Prozeßinnovationen konzentriert. Lediglich 60 Prozent der ostdeutschen Innovatoren führten sowohl Produkt- als auch Prozeßinnovationen durch. Dieser Anteil ist im Jahr 1994 auf 80 Prozent gestiegen und entspricht etwa dem westdeutschen Anteil.

Wie bedeutend die Produktinnovationen für die ostdeutschen Unternehmen waren, läßt sich darin erkennen, daß im Jahr 1994 rund 46 Prozent des erzielten Umsatzes im ostdeutschen Verarbeitenden Gewerbes mit Produkten erwirtschaftet wurde, die im Zeitraum von 1992 bis 1994 neu in das Produktsortiment der Unternehmen aufgenommen wurden bzw. verbessert wurden. In Westdeutschland liegt der Umsatzanteil mit neuen oder verbesserten Produkten im Verarbeitenden Gewerbe bei 41 Prozent.

In der technologiepolitischen Diskussion über das (ost-)deutsche Innovationsgeschehen konzentriert man sich häufig zu sehr auf die FuE, das heißt man betrachtet lediglich die „Spitze des Eisbergs" Innovation. Lediglich 70 Prozent der ostdeutschen Innovatoren bzw. 74 Prozent der westdeutschen Innovatoren im Verarbeitenden Gewerbe führen FuE durch. Aber die Auswertungen des Mannheimer Innovationspanel zeigen, daß auch bei den Unternehmen mit FuE ein großer Teil der gesamten Innovationsaufwendungen nicht auf FuE entfällt. Dies gilt insbesondere für Ostdeutschland. Im Jahr 1992 entfielen rund 80 Prozent der Innovationsaufwendungen auf Investitionen für Innovationsprojekte. Bedingt durch den Aufhol- und Transformationsprozeß der ostdeutschen Wirtschaft waren 1992 nahezu alle Investitionsausgaben der Unternehmen Investitionen in den Innovationsprozeß. Der veraltete Kapitalstock wurde ausgetauscht bzw. für das erneuerte Produktsortiment wurden neue Maschinen und Ausrüstungsgüter benötigt. Durch die sehr hohen Investitionen für Innovationen im Jahr 1992 betrug das Verhältnis der Innovationsaufwendungen zum Umsatz im ostdeutschen Gewerbe 15,9 Prozent, während diese Relation in Westdeutschland bei 4,7 Prozent lag. Diese Phase der Modernisierung des Kapitalstocks war nach 1992 weitgehend abgeschlossen. Die weiterhin hohen Investitions-

---

[1] Vergleiche hierzu und im folgenden die Tabellen 3 und 4 im Anhang.

aufwendungen sind nun zu einem größeren Teil Erweiterungsinvestitionen. Die Investitionen für Innovationen gingen dagegen sehr stark zurück, so daß das Verhältnis der Innovationsaufwendungen zum (gestiegenen) Umsatz im Jahr 1994 6,6 Prozent betrug.

Aber auch 1994 macht die eigentliche Forschung und experimentelle Entwicklung (inklusive den investiven Aufwendungen im FuE-Bereich wie z. B. für Laborgeräte) lediglich ein Drittel der gesamten ostdeutschen Innovationsaufwendungen aus, während im westdeutschen Verarbeitenden Gewerbe dieser Anteil bei zwei Dritteln liegt.[2] Betrachtet man die gesamten FuE-Aufwendungen in Relation zum gesamten Umsatz, erreicht das ostdeutsche Verarbeitende Gewerbe eine Relation von 2,1 Prozent, das westdeutsche Verarbeitende Gewerbe 2,9 Prozent. Im dritten Abschnitt wird aufgezeigt, daß unter Berücksichtigung der erwähnten ungünstigen Strukturmerkmale im Verarbeitenden Gewerbe die FuE-Intensität als hoch einzuschätzen ist.[3]

Zusammenfassend läßt sich sagen, daß in Ostdeutschland durchaus Innovationen stattfinden und zum Teil die Innovationsintensität über dem westdeutschen Niveau liegt. Offen ist jedoch, warum der relativ hohe Innovationsinput wie auch der hohe Innovationsoutput (z. B. Umsatzanteile mit neuen und verbesserten Produkten) nicht zu einem größeren Umsatz- und Beschäftigungswachstum des ostdeutschen Verarbeitenden Gewerbes geführt hat. Gibt es doch ein Innovationsdefizit, das sich eher in der Wahl der Innovationsstrategie auf der Unternehmensebene widerspiegelt und weniger in der Höhe der aggregierten FuE- und Innovationsaufwendungen zum Ausdruck kommt?

---

[2] Die gesamten FuE-Aufwendungen und Innovationsaufwendungen im westdeutschen verarbeitenden Gewerbe werden vorwiegend von den Großunternehmen bestimmt. Bei den kleinen und mittleren Unternehmen in Westdeutschland ist der Anteil der FuE-Aufwendungen an den gesamten Innovationsaufwendungen wesentlich geringer.

[3] Die relativ hohe Relation FuE-Aufwendungen/Umsatz könnte auch an dem sehr niedrigen ostdeutschen Umsatzniveau liegen. Um dieser Interpretation zu begegnen, wird dort die Relation FuE-Beschäftigte zu Gesamtbeschäftigten betrachtet.

3.2 Innovationsstrategien und Kapitalverflechtungen

Die Bedeutung von industrieller Forschung und Entwicklung für ein Land bzw. für ein einzelnes Unternehmen muß im Kontext seines wirtschaftlichen Entwicklungsstadiums gesehen werden. Wachstumsmöglichkeiten und internationale Wettbewerbsfähigkeit sind Ausdruck des zum jeweiligen Zeitpunkt effizienten Einsatzes der verfügbaren Ressourcen; dies gilt auch für den Faktor FuE. Gittlemann und Wolff (1995) zeigen, daß nur in hochentwickelten Ländern Forschung und Entwicklung einen signifikanten Beitrag zum Wirtschaftswachstum leistet. Für aufholende Länder, die noch weit von der Produktivität der führenden Länder entfernt sind, wird FuE zum einen in geringerem Maße eingesetzt und zum anderen trägt dieser Einsatz nicht signifikant zum Wirtschaftswachstum bei. Technischer Fortschritt spielt auch in diesen Ländern eine große Rolle.[4] Bei den aufholenden Ländern entsteht jedoch dieser technischer Fortschritt durch Imitation und Adaption von Technologien aus technologisch führenden Ländern, insbesondere durch Kauf von Ausrüstungsgütern sowie dem anschließenden Lernen durch den Umgang und Gebrauch neuer Produkte und Prozesse (vgl. Grossman/Helpman 1993 und Felder 1998).

Vor diesem Hintergrund müssen auch die FuE- und Innovationsaktivitäten der ostdeutschen Unternehmen gesehen werden bzw. es muß beleuchtet werden, warum sich ein Teil der ostdeutschen Unternehmen nicht entsprechend dem Muster technologisch aufholender Unternehmen verhält. In stilisierter Form lassen sich zwei Innovationsstrategien konstatieren, die in den vergangenen Jahren bei den ostdeutschen Unternehmen zu beobachten waren: Ein Teil der Unternehmen hat aufgrund des schnelleren und leichteren Zugriff auf westliche Technologien und Kapital sowie durch den Wettbewerbsdruck die reine investitionsgeleitete (Technologienehmer-) Phase sehr schnell durchlaufen. Für diese Gruppe spielten eigene FuE-Aktivitäten und eine eigene Produktentwicklung am Beginn des Aufholprozesses eine geringere Bedeutung. Mit zunehmender Angleichung an die wirtschaftliche Leistungsfähigkeit westdeutscher Unternehmen werden in absehbarer Zeit viele dieser ostdeutschen Unternehmen in die nächste Aufholphase wechseln bzw. sie haben es bereits heute

---

[4] Unter technischem Fortschritt wird der Beitrag zum Wirtschaftswachstum verstanden, der nicht durch den Mehreinsatz der Faktoren Arbeit, Kapital und gegebenenfalls Material/Rohstoffe erklärt werden kann. Während in den hochindustrialisierten Ländern der Faktor „technischer Fortschritt" zu knapp 50 Prozent zum Wirtschaftswachstum beiträgt, liegt dieser Anteil bei den noch nicht entwickelten Ländern bei einem Drittel (vgl. Gittleman und Wolff 1995). Die Zunahme des Pro-Kopf-Einkommens wird bei diesen Ländern vorwiegend von der Zunahme der Kapitalintensität bestimmt.

getan. Die eigene FuE und die eigene Produktentwicklung wird in dieser zweiten Phase verstärkt an Bedeutung gewinnen.

Es sind aber auch Unternehmen zu beobachten, die aus verschiedenen Gründen wie beispielsweise aufgrund des starken Wettbewerbs, den geringen Kostenvorteilen gegenüber westdeutschen Unternehmen sowie den für sie vorliegenden eingeschränkten Möglichkeiten des Technologietransfers, nicht die Rolle eines Technologienehmers einnahmen und von Beginn des Aufholprozesses an eigene Forschungsanstrengungen in den Mittelpunkt ihrer Innovationsstrategie gestellt haben. Überspitzt formuliert, läßt sich diese Strategie oder besser dieser Versuch als „Überholen mit Hilfe von FuE ohne Aufzuholen" beschreiben.

Für die Wahl der Innovationsstrategie spielt in diesem Zusammenhang die Kapitalverflechtung, d. h. die Zugehörigkeit zu einem westdeutschen oder ausländischen Unternehmen(-sverbund) eine wichtige Rolle. Erfolgreiche Wettbewerbs- und Innovationsstrategien können darauf zurückgeführt werden, daß den Unternehmen eine Integration in das (west)deutsche Innovationssystem gelungen ist.[5] Diese Einbindung gelang offensichtlich ostdeutschen Unternehmen, die mit westdeutschen Unternehmen über eine Kapitalverflechtung verbunden sind, weitaus besser.[6]

Mögliche Ursache für die Wahl unterschiedlicher Innovationsstrategien von unabhängigen und zu einer Unternehmensgruppe gehörenden ostdeutschen Unternehmen ist, daß für Unternehmen in einer Unternehmengruppe bestimmte Restriktionen in geringerem Umfang zutreffen und einige Möglichkeiten besser genutzt werden können. Unter anderem zeigen sich für verbundene Unternehmen im Vergleich zu unabhängigen folgende Vorteile:

- Geringere Finanzierungsrestriktionen,
- mehr Investitionsmöglichkeiten,
- Nutzung des Technologietransfers innerhalb der Unternehmensgruppe,
- Austausch von Managementwissen und Humankapital,

---

[5] Zur Diskussion der Grenzen und Reichweiten nationaler Innovationssysteme und forschungspolitischer Implikationen im Zusammenhang mit der Generierung, Diffusion und Aufnahme von technologischem Know-how siehe Spielkamp (1997).

[6] Siehe hierzu und im folgenden Barjak/Felder/Fier (1998).

- bessere Arbeitsteilung und höherer Rationalisierungsdruck,
- Nutzung von Vertriebsnetzen und besserer Zugang zu (inter)nationalen Märkten.

In Ostdeutschland gehören zwischen 20 und 30 Prozent der Unternehmen aus dem Verarbeitenden Gewerbe zu einer westdeutschen oder ausländischen Unternehmensgruppe.[7] Größere Unternehmen befinden sich weitaus häufiger im Westbesitz. In bezug auf das Innovationsverhalten lassen sich die Westtöchter dahingehend charakterisieren, daß sie zu Beginn des Aufholprozesses Technologienehmer waren, die von ihrer Muttergesellschaft häufig die Produkte und die Produktionsverfahren übernahmen und über hohe Investitionsaktivitäten ihren Kapitalstock modernisierten. Die unabhängigen ostdeutschen Unternehmen weisen geringere Investitionsaktiväten auf. Dafür haben die unabhängigen ostdeutschen Unternehmen im Vergleich zu den Westtöchtern wesentlich höhere FuE-Aktivitäten. Mit zum Teil FuE-Personalintensitäten von weit über zehn Prozent hat sich eine Verzerrung des Verhältnisses FuE-Input zu Produktion und zu wirtschaftlichem Erfolg ergeben. Nur wenige Unternehmen haben mit der Strategie des „Überholens mit Hilfe von FuE" Erfolg gehabt. Häufig sind dabei durchaus technische Erfolge vorzuweisen, aber ein großer Teil der Marktneuheiten konnte keinen ausreichenden Markt(anteil) und Umsatz auf sich ziehen. Dabei darf nicht übersehen werden, daß etliche Unternehmen bei der Bewältigung der dramatischen Umbrüche in der ostdeutschen Wirtschaft nur einen begrenzten Handlungsspielraum hatten. Naheliegend ist, daß sie zunächst versucht haben, auf der Basis ihres eigenen Know-hows und ihrer bisherigen wissenschaftlichen Tätigkeit den Anpassungsprozeß zu schaffen. Die Unternehmen wollten sich aus eigener Kraft und im Rahmen ihrer Möglichkeiten Märkte erschließen. Sie mußten erkennen, daß die Innovationskraft eines Unternehmens sich dabei nicht nur auf die technische Seite erstreckt, sondern auch auf die Fähigkeit, originelle Ideen in marktfähige Produkte umzusetzen.

In den ökonometrischen Analysen, kontrolliert nach Wirtschaftszweigzugehörigkeit und Unternehmensgröße, läßt sich feststellen, daß 1994 ostdeutsche Tochter-

---

[7] Basis dieser Segmentation sind ca. 1 800 ostdeutsche Unternehmen des Verarbeitenden Gewerbes, die zwischen 1993 und 1995 an einer der Befragungen des Mannheimer Innovationspanels teilnahmen und nach dem Kriterium Zugehörigkeit zu einer Unternehmensgruppe aufgeteilt wurden. 30 Prozent der ostdeutschen Unternehmen gehörten in diesem Sample zu einer westdeutschen oder ausländischen Unternehmensgruppe. Hochgerechnet auf das gesamte ostdeutsche verarbeitende Gewerbe kann man davon ausgehen, daß sich mindestens 20 Prozent der Unternehmen im Westbesitz befinden, auf die mindestens ein Drittel der Beschäftigten entfällt.

gesellschaften eine um 23 Prozent höhere Arbeitsproduktivität (Umsatz/Beschäftigte) aufweisen, als unabhängige ostdeutsche Unternehmen. Es läßt sich auch zeigen, daß diese Differenz nicht nur auf eine positive Selektion von Unternehmen, die zu Westtöchtern wurden, zurückzuführen ist, sondern auch auf ein unterschiedliches Innovationsverhalten. Insbesondere die hohen Investitionsaufwendungen pro Beschäftigten der Westtöchter, die nahezu doppelt so hoch waren als bei den unabhängigen, erklären die unterschiedliche Produktivität.

3.3 Mikroökonometrische Analyse des Innovationsverhaltens und der FuE-Aktivitäten

In diesem Abschnitt werden drei zentrale Hypothesen des Beitrags auf der Basis des Mannheimer Innovationspanels für das Jahr 1994 überprüft:

a) Kontrolliert nach Wirtschaftszweigzugehörigkeit und Unternehmensgröße führen ostdeutsche Unternehmen im Vergleich zu westdeutschen Unternehmen nicht seltener FuE durch.

b) Auch hinsichtlich der FuE-Intensität liegen ostdeutsche FuE durchführende Unternehmen bei Berücksichtigung der beiden Strukturvariablen Wirtschaftszweigzugehörigkeit und Unternehmensgröße nicht zurück.

c) In Ostdeutschland führen viele Unternehmen FuE durch, ohne daß zur Zeit eine entsprechende wirtschaftliche Basis oder Leistungsfähigkeit vorhanden ist.

Zu (a): FuE-Wahrscheinlichkeit
Mit Hilfe linearer Wahrscheinlichkeitsmodelle (Probit-Modelle) wird geprüft, ob ostdeutsche Unternehmen unter Berücksichtigung ihrer Unternehmensgröße und ihrer Wirtschaftszugehörigkeit seltener oder häufiger FuE durchführen. In Tabelle 1 ist im linken Teil eine Schätzung für die Durchführung von FuE aufgeführt, wobei als erklärende Größen lediglich einige wenige Strukturgrößen verwendet werden. Bei dem verwendeten (speziellen) Probit-Modell können die Koeffizienten bei den Dummy-Variablen"[8] als Änderung der Wahrscheinlichkeit interpretiert werden, wenn für ein Unternehmen – im Vergleich zu den „Referenz"-Unternehmen" ein Sachverhalt zutrifft.

---

[8] Eine Dummy-Variable hat den Wert null, wenn ein Tatbestand nicht zutrifft (Referenz) und den Wert eins wenn der Tatbestand zutrifft.

Tabelle 1: FuE-Aktivitäten und FuE-Personalintensitäten im Verarbeitenden Gewerbe im Ost-Westvergleich (1992 bis 1994)

	Schätzung der Durchführung von FuE		Schätzung der FuE-Personalintensität bei Unternehmen mit FuE	
Anzahl der Beobachtungen	2.449		1.172	
Pseudo R^2 /adjusted R^2	0,16		0,33	
	Koeffizient	t-Wert	Koeffizient	t-Wert
West- /Ostdeutschland				
Westdeutsche Unternehmen	Referenz		Referenz	
Ostdeutsche Unternehmen	0,09***	3,53	0,17**	2,51
Unternehmensgröße:				
5- 49 Beschäftigte	Referenz		Referenz	
50-249 Beschäftigte	0,27***	10,59	-0,93***	-13,51
>=250 Beschäftigte	0,49***	18,83	-1,27***	-16,39
Wirtschaftszweige:				
Holz, Papier, Druck	Referenz		Referenz	
Ernährung, Textil usw.	-0,03	-0,79	-0,26**	-2,21
Chemie, Mineralölverarbeitung	0,25***	5,43	0,78***	5,98
Kunststoffe, Gummi	0,14**	2,94	0,25**	2,19
Glas, Keramik	0,07	1,18	-0,05	-0,33
Metallerzeugung	0,09	1,40	-0,37**	-2,32
Stahl- und Leichtmetallbau	0,06	1,43	-0,21*	-1,84
Maschinenbau	0,29***	7,59	0,42***	4,25
ADV, Elektrotechnik	0,30***	6,71	0,77***	6,82
Medizin-, Regelungstechnik	0,31***	6,77	0,80***	6,92
Fahrzeugbau	0,13**	2,58	0,40***	2,86
FuE-Förderung:				
keine FuE-Förderung			Referenz	
öffentliche FuE-Förderung			0,28***	4,80
Konstante			-2656,42***	-25,79

*** signifikant auf dem 1% Niveau.
** signifikant auf dem 5% Niveau.
* signifikant auf dem 10% Niveau.

Quelle: ZEW (1997) Unternehmenspanel Ost, Mannheimer Innovationspanel.

Das Probit-Modell zeigt auf, daß nach Kontrolle der Wirtschaftszweigzugehörigkeit und Unternehmensgröße ostdeutsche Unternehmen eine um neun Prozent höhere Wahrscheinlichkeit für die Durchführung von FuE-Aktivitäten aufweisen als ein (vergleichbares) westdeutsches Unternehmen.[9]

Zu (b): FuE-Intensität

Die hochgerechneten Ergebnisse des Mannheimer Innovationspanels für das Jahr 1994 zeigen, daß westdeutsche FuE durchführende Unternehmen des Verarbeitenden Gewerbes im Durchschnitt 8 Prozent ihres Personals für FuE einsetzen, während dieser Anteil bei den ostdeutschen FuE durchführenden Unternehmen mit ca. 10,1 Prozent um rund 25 Prozent höher liegt.

Wie unterscheiden sich die FuE-Personalintensitäten zwischen Ost- und Westdeutschland, wenn für die zwischen Ost- und Westdeutschland bestehenden Strukturunterschiede kontrolliert wird? Im rechten Teil von Tabelle sind die Ergebnisse einer (heteroskedastierobusten) linearen Regression zur Erklärung der FuE-Personalintensität bei FuE betreibenden Unternehmen aufgeführt. Für die Regression werden die logarithmierten FuE-Personalintensitäten[10] verwendet.[11] In der Regression werden die gleichen Einflußgrößen wie in der ersten Schätzung sowie zusätzlich eine Dummy-Variable für die Teilnahme an einem öffentlichen FuE-Programm in der Zeit zwischen 1992 und 1994 sowie eine Konstante verwendet.

---

[9] Die Schätzung macht auch deutlich, warum auf „aggregierter Ebene" ostdeutsche Unternehmen dennoch seltener FuE durchführen: Unternehmen zwischen 50 und 250 Beschäftigten haben ca. eine um 27 Prozent und Unternehmen über 250 Beschäftigten eine um 49 Prozent höhere Wahrscheinlichkeit für die Durchführung von FuE als Unternehmen mit weniger als 50 Beschäftigten. In Ostdeutschland sind aber im Vergleich zu Westdeutschland große Unternehmen unter- und Unternehmen mit weniger als 50 Beschäftigten überrepräsentiert.

[10] Es wurden nur FuE-Personalintensitäten berücksichtigt, die größer als null und kleiner als 0,6 waren. Da nur wenig Unternehmen solche (unrealistischen) oberen Extremwerte aufweisen ändern sich die Ergebnisse kaum, wenn man die Obergrenze für FuE-Personalintensitäten z. B. auf 0,4 setzt.

[11] Mit 100 multipliziert können die in der Tabelle ausgewiesenen Koeffizienten der Dummy-Variablen approximativ als geschätzter prozentualer Unterschied bei der FuE-Personalintensität zwischen einem Unternehmen, das den Wert null und einem Unternehmen, das den Wert eins bei einer Dummy-Variable aufweist, betrachtet werden. Für Koeffizientenwerte, die betragsmäßig größer als 0,2 sind, wird die Approximation ungenauer. Die genaue Berechnung für prozentuale Änderungen zwischen den zwei Dummy-Werten null und eins lautet für einen vorliegenden Koeffizienten ß: prozentuale Änderung = $(e^{\beta} - 1) \cdot 100$.

Für mittlere und große Unternehmen ergeben sich aus der Regression eine um 60 bzw. 70 Prozent niedrigere FuE-Personalintensität als bei Unternehmen mit 5 bis 50 Beschäftigten. Da Ostdeutschland einen wesentlich höheren Anteil an Unternehmen mit weniger als 50 Beschäftigten aufweist, erklärt dies zu einem (geringen) Teil die auf deskriptiver Basis bestehenden Unterschiede zwischen Ost- und Westdeutschland. Verstärkend kommt hinzu, daß für Unternehmen, die zwischen 1992 und 1994 an FuE-Förderprogrammen teilgenommen haben, eine um über 32 Prozent höhere FuE-Personalintensität geschätzt wird. Der Anteil bei den FuE betreibenden Unternehmen, die FuE-Förderung erhalten, ist in Ostdeutschland mehr als doppelt so hoch als in Westdeutschland. Dennoch zeigt sich, daß auch nach Kontrolle für Unternehmensgröße, Wirtschaftszweigzugehörigkeit und FuE-Förderung ostdeutsche Unternehmen mit FuE immer noch eine um 17 Prozent höhere FuE-Personalintensität aufweisen. Viele ostdeutsche Unternehmen setzen auf eine sehr intensive FuE-Strategie.

Die Ergebnisse aus den beiden Schätzungen in Verbindung mit den Sachverhalten auf aggregierter Ebene hinsichtlich den FuE-Aktivitäten lassen sich folgendermaßen zusammenfassen: Die ostdeutsche Wirtschaft hat an sich kein „FuE-Problem". Berücksichtigt man die für FuE-Aktivitäten ungünstigen Wirtschafts- und Größenstrukturen in Ostdeutschland, führen im Vergleich zu Westdeutschland eher mehr Unternehmen FuE durch und insbesondere betreiben diese ostdeutschen Unternehmen FuE mit einer vergleichsweise sehr hohen Intensität. Das niedrige ostdeutsche FuE-Aufkommen ist ausschließlich die Folge der Wirtschafts- und Unternehmensgrößenstruktur.

Zu (c): Arbeitsproduktivität und FuE
Wie vorher angesprochen, kann man davon ausgehen, daß FuE erst ein wichtiger Faktor für das Produktivitätswachstum für Unternehmen wird, wenn sie sich der „weltweiten Produktionsmöglichkeitskurve" (production frontier) angenähert haben (vgl. Fäere et al. 1994; Felder 1998). Dies ist im wesentlichen darauf zurückzuführen, daß von einem „gewissen" Grad der Annäherung

- für ein weiteres Aufholen durch Imitation und Adaption von Technologien eigene FuE-Aktivitäten notwendig werden und
- die Möglichkeit, durch eigene originäre Innovationen die „weltweite Produktionsmöglichkeitskurve" zu verschieben, größer wird.

Nur in dem seltenen Fall der Entwicklung völlig neuer Technologien, bei denen altes technologisches Wissen nicht von großem Nutzen ist, wäre ein sofortiger technologischer „Sprung" mit Hilfe von FuE vorstellbar. Lediglich für wenige „zurückliegende" Unternehmen dürfte es daher möglich oder effizient sein, den Prozeß des Aufholens auszulassen und durch eigene FuE eine neue Effizienzkurve zu generieren. Selbst wenn es dem technisch zunächst zurückliegenden Unternehmen gelingt, eine Marktneuheit zu entwickeln, besteht jedoch das Risiko, daß die neuen Produkte oder Prozesse nicht dem technischen Stand entsprechen, der FuE-Aufwand den Ertrag der Marktneuheit übersteigt oder die Innovation durch effizienter produzierende Unternehmen schnell übernommen wird und somit keine Rentabilität erreicht werden kann.

Nach unserer Vermutung ist der geringe Erfolg der Innovationsaktivitäten in bezug auf Umsatz- und Beschäftigungswachstum darauf zurückzuführen, daß viele ostdeutsche Unternehmen FuE durchführen, ohne daß sie hierfür zur Zeit eine entsprechende wirtschaftliche Basis oder Leistungsfähigkeit aufweisen. In Tabelle 2 sind die Ergebnisse zweier Probit-Schätzungen aufgeführt, in denen ähnlich wie in Tabelle 1 jedoch getrennt für Ost- und Westdeutschland die Durchführung von FuE bei Unternehmen des Verarbeitenden Gewerbes geschätzt werden. Als weitere erklärende Variable für die FuE-Entscheidung wird die momentane Höhe der Arbeitsproduktivität (in logarithmierter Form) als Indikator für die momentane wirtschaftliche Leistungsfähigkeit berücksichtigt.

Der fundamentale Unterschied zwischen Ost- und Westdeutschland liegt darin, daß in Westdeutschland die FuE betreibenden Unternehmen eine um 13 Prozent höhere Arbeitsproduktivität aufweisen als nicht FuE betreibende Unternehmen in Westdeutschland. Ostdeutsche Unternehmen mit FuE haben dagegen eine um 16 Prozent niedrigere Arbeitsproduktivität als ostdeutsche Unternehmen ohne FuE (siehe die Koeffizienten in Tabelle 2).[12] Dieser letzte Vergleich bezog sich wohlbemerkt auf die Unternehmen innerhalb Ostdeutschlands – der Produktivitätsabstand der ostdeutschen Unternehmen mit FuE zu westdeutschen Unternehmen beträgt ca. 50 Prozent.

---

[12] Positiv anzumerken ist, daß schon im Jahr 1994 die Westtöchter genauso häufig FuE durchführen wie unabhängige ostdeutsche Unternehmen. Allerdings ist die FuE-Intensität etwa um die Hälfte geringer als bei den unabhängigen ostdeutschen Unternehmen, d. h. auf dem Niveau westdeutscher Unternehmen. 1992 war die Wahrscheinlichkeit für die Durchführung von FuE bei Westtöchtern noch um 15 Prozent geringer als bei den unabhängigen Unternehmen (vgl. auch Felder, J. et al. 1995).

Tabelle 2: Schätzung der Durchführung von FuE im Verarbeitenden Gewerbe - getrennt für Ost- und Westdeutschland im Jahr 1994

	Ostdeutschland		Westdeutschland	
Anzahl der Beobachtungen	670		1463	
Pseudo R^2 /adjusted R^2	0,11		0,22	
	Koeffizient	z-Wert	Koeffizient	z-Wert
Unternehmensstatus:				
unabhängig	Referenz			
Tochter eines westdeutschen Unt.	0,03	0,69		
unabhängig			Referenz	
Mitglied einer Untergruppe			0,11***	3,14
Unternehmensgröße:				
5- 49 Beschäftigte	Referenz		Referenz	
50-249 Beschäftigte	0,29***	6,42	0,22***	6,30
>=250 Beschäftigte	0,37***	5,50	0,47***	12,69
Wirtschaftszweige:				
Holz, Papier, Druck	Referenz		Referenz	
Ernährung, Textil usw.	0,04	0,44	-0,03	-0,51
Chemie, Mineralölverarbeitung	0,31***	3,19	0,22***	3,37
Kunststoffe, Gummi	0,14	1,56	0,14**	2,20
Glas, Keramik	-0,02	-0,18	0,10	1,30
Metallerzeugung	-0,17	-1,50	0,19**	2,29
Stahl- und Leichtmetallbau	0,02	0,27	0,06	0,93
Maschinenbau	0,26***	3,33	0,30***	6,53
ADV, Elektrotechnik	0,23**	2,54	0,32***	5,86
Medizin-, Regelungstechnik	0,19**	2,00	0,35***	6,42
Fahrzeugbau	0,03	0,24	0,15***	2,30
Arbeitsproduktivität (logarithmiert)	-0,16***	-3,37	0,13***	3,37

*** signifikant auf dem 1% Niveau.
** signifikant auf dem 5% Niveau.
* signifikant auf dem 10% Niveau.

Quelle: ZEW (1997) Unternehmenspanel Ost, Mannheimer Innovationspanel.

Das Ergebnis sagt aber noch nicht, daß eine frühe FuE-Strategie nicht zu einem starken Anstieg der Arbeitsproduktivität geführt hat. Betrachtet man die Unternehmen, für die Daten auch aus dem Jahr 1992 oder 1993 aus dem Mannheimer Innovationspanel vorlagen, zeigt sich, daß ostdeutsche Unternehmen mit FuE im Jahr 1992 oder 1993 im Jahr 1994 eine um 10 Prozent niedrigere Arbeitsproduktivität aufweisen als ostdeutsche Unternehmen ohne FuE in diesen Jahren. Zwar stieg die Arbeitsproduktivität der ostdeutschen FuE betreibenden Unternehmen zwischen 1992 und 1994 an, dies ist aber nahezu ausschließlich auf den Beschäftigungsabbau zurückzuführen. Erste Auswertungen für das Jahr 1995 und 1996 lassen nicht erkennen, daß ostdeutsche Unternehmen mit früher FuE-Strategie jetzt mit zeitlicher Verzögerung Markterfolge aufweisen.

4. Fazit und abschließende Bemerkungen

Hinsichtlich einer Vielzahl von Innovationsindikatoren weisen die ostdeutschen Unternehmen im Verarbeitenden Gewerbe keinen Rückstand gegenüber Westdeutschland auf. Lediglich hinsichtlich der FuE bleibt Ostdeutschland zurück, wobei dies ausschließlich durch den geringeren (Beschäftigungs- oder Wertschöpfungs-) Anteil FuE intensiver Wirtschaftszweige in der ostdeutschen Wirtschaft und insbesondere durch das Fehlen von Großunternehmen zu erklären ist. Im Gegenteil ist zu betonen, daß unter den gegebenen strukturellen Gegebenheiten und unter Berücksichtigung des technologischen Rückstands in vielen Unternehmen die FuE überproportioniert ist. Am Beispiel ostdeutscher Westtöchter läßt sich zeigen, daß eine Innovationsstrategie, die zunächst den Schwerpunkt auf westlichen Technologietransfer, hohe Investitionstätigkeiten und Aufbau einer effizienten Produktion legte, erfolgreicher war. Diese Unternehmen beginnen in der zweiten Phase des Aufholprozesses mit FuE.

Dagegen haben viele ostdeutsche unabhängige Unternehmen, die von Anfang an eine FuE-Strategie unter Vernachlässigung anderer Innovationsaktivitäten verfolgten, nicht die wirtschaftlichen und technologischen Voraussetzungen für die erfolgreiche Umsetzung ihrer technischen FuE-Ergebnisse in Markterfolge. Eine wichtige zukünftige technologiepolitische Herausforderung dürfte es daher sein, diesen Unternehmen beim Schaffen der Voraussetzungen für erfolgreiche FuE zu helfen. Wichtig ist es, daß es diesen Unternehmen gelingt, eine effiziente Produktion aufzubauen, stärker in das gesamtdeutsche Innovationssystem eingebunden zu werden und damit einen Zugang zu unternehmensexternem westlichem Wissen zu haben sowie sich stärker am Markt zu orientieren.

Literatur

Barjak, F.; Felder, J.; Fier, A. (1998): Die Treuhand entläßt ihre Kinder – der unterschiedliche Werdegang von Westtöchtern und MBO's. mime. Mannheim.

Faere, R.; Grosskopf, S.; Norris, M.; Zhang, Z. (1994), Productivity Growth, Technical Progress, and Efficiency Change in Industrialized Countries. American Economic Review, Vol. 84, S. 66-83.

Felder, J. (1998): Analyse wirtschaftlicher Aufholprozesse. Mannheim, mimeo.

Felder, J. et al. (1995): Innovationsverhalten der deutschen Wirtschaft: Ein Vergleich zwischen Ost- und Westdeutschland. ZEW-Dokumentation 95-03. Mannheim.

Gittlemann, M.; Wolff, E.N. (1995), R&D activity and cross-counry growth comparisons. Cambridge Journal of Economics. No.1, S. 189-207. Cambridge, Mass.

Licht, G.; Schnell, W.; Stahl, H. (1996): Ergebnisse der Innovationserhebung 1995. ZEW-Dokumentation 96-05. Mannheim.

Spielkamp, A. (1997): Grenzen und Reichweiten Nationaler Innovationssysteme und forschungspolitische Implikationen. ZEW Diskussions-Papier, Nr. 97-15D. Mannheim.

Anhang

Tabelle 3: Kenngrößen zum Innovationsverhalten im ostdeutschen Verarbeitenden Gewerbe

	1994			1993			1992		
	absolut	in %		absolut	in %		absolut	in %	
Unternehmen	7 100	100		7 400	100		8 500	100	
darunter:									
Innovatoren	3 600	51	100	3 600	49	100	4 200	50	100
darunter:									
Produktinnovatoren	3 300	46	92	3 000	41	83	3 300	39	79
Prozeßinnovatoren	3 100	43	86	3 000	41	83	3 300	39	79
FuE-Treibende	2 500	35	70	1 900	26	53	2 300	27	55
FuE-Abteilung	1 000	14	28	900	12	25	1 100	13	26
Umsatz (in Mrd. DM)	120	100		112	100		102	100	
darunter:									
Innovatoren	90	74,9	100	80	71,7	100	74	72,4	100
darunter:									
Produktinnovatoren	82	68,3	91,1	76	67,5	95,0	66	65,0	89,2
Prozeßinnovatoren	83	69,3	92,2	69	61,6	86,3	59	57,7	79,7
FuE-Treibende	72	60,1	80,0	48	42,5	60,0	55	53,9	74,3
nach Art der Produkte:									
neue oder wesentlich verbesserte	33	27,5	36,7	34	30,4	42,5	23	22,5	31,1
verbesserte	23	19,2	25,6	21	18,8	26,3	21	28,4	20,6
nicht oder nur unerheblich verbesserte	64	53,3	37,7*	57	50,9	31,2*	58	49,1	48,3*
Innovationsaufwendungen (in Mrd. DM)	8	6,6	8,9	9	7,8	11,3	16	15,9	21,6
davon:									
laufende Innovationsaufwendungen	3	2,6	3,3	4	3,4	5,0	3	3,3	4,2
Investitionen für Innovationen	5	4,1	5,6	5	4,4	6,3	13	12,6	17,6
darunter:									
FuE-Aufwendungen	3	2,3	3,3	2	1,7	2,5	2	2,0	2,7
Investitionen (in Mrd. DM)	13	10,6	10,0*	16	14,5	16,3*	16	15,4	16,2*
Beschäftigte (in Tsd.)	672	100		722	100		894	100	
darunter:									
Innovatoren	496	73,8	100	510	70,7	100	655	73,3	100
darunter:									
Produktinnovatoren	466	69,4	94,0	476	66,0	93,3	599	67,0	91,5
Prozeßinnovatoren	443	65,9	89,3	435	60,3	85,3	522	58,3	79,7
FuE-Treibende	430	64,0	86,7	369	51,1	72,4	501	56,0	76,5

Quelle: ZEW (1996): Mannheimer Innovationspanel; entnommen aus Licht, Schnell und Stahl (1996).

Anmerkungen: Die Angaben umfassen Unternehmen mit mindestens fünf Beschäftigten; im Jahr 1994 einschließlich Gründungen aus den Jahren 1992 bis 1994. Der Anteil des Umsatzes mit nicht oder nur unerheblich verbesserten Produkten der Innovatoren am Umsatz der Innovatoren bzw. der Anteil der Investitionen der Innovatoren am Umsatz der Innovatoren ist jeweils mit * gekennzeichnet.

Tabelle 4: Kenngrößen zum Innovationsverhalten im westdeutschen Verarbeitenden Gewerbe

	1994 absolut	in %		1993 absolut	in %		1992 absolut	in %	
Unternehmen	58 400	100		55 800	100		59 500	100	
darunter:									
Innovatoren	31 100	53	100	30 500	54	100	36 700	62	100
darunter:									
Produktinnovatoren	27 900	48	90	27 100	49	89	32 700	55	89
Prozeßinnovatoren	25 200	43	81	25 800	46	85	26 000	44	71
FuE-Treibende	22 900	39	74	15 800	28	52	21 400	36	58
FuE-Abteilung	8 500	15	27	8 500	15	28	10 700	18	29
Umsatz (in Mrd. DM)	1 880	100		1 856	100		1 997	100	
darunter:									
Innovatoren	1 537	81,8	100	1 478	79,5	100	1 693	84,8	100
darunter:									
Produktinnovatoren	1 481	78,8	96,4	1 415	76,1	95,7	1 645	82,4	97,2
Prozeßinnovatoren	1 400	74,5	91,1	1 394	75,1	94,3	1 567	78,5	92,6
FuE-Treibende	1 335	71,0	86,9	1 199	64,5	81,1	1 415	70,9	83,6
nach Art der Produkte:									
neue oder wesentlich verbesserte	409	21,8	26,6	355	19,1	24,0	331	16,6	19,6
verbesserte	361	19,2	23,5	375	20,2	25,4	424	21,2	25,0
nicht oder nur unerheblich verbesserte	1 110	59,0	49,9*	1 126	60,7	50,6*	1 242	62,2	55,4*
Innovationsaufwendungen (in Mrd. DM)	73	3,9	4,8	75	4,0	5,1	93	4,7	5,5
davon:									
laufende Innovationsaufwendungen	52	2,8	3,4	53	2,8	3,6	55	2,8	3,2
Investitionen für Innovationen	21	1,1	1,4	22	1,2	1,5	38	1,9	2,3
darunter:									
FuE-Aufwendungen	55	2,9	3,6	57	3,1	3,9	55	2,8	3,3
Investitionen (in Mrd. DM)	74	3,9	4,0*	85	4,5	4,7*	97	4,9	4,9*
Beschäftigte (in Tsd.)	6 472	100		6 869	100		7 491	100	
darunter:									
Innovatoren	5 165	79,8	100	5 489	79,9	100	6 156	82,8	100
darunter:									
Produktinnovatoren	4 976	76,9	96,3	5 303	77,2	96,6	5 948	79,4	96,6
Prozeßinnovatoren	4 657	72,0	90,2	5 146	74,9	93,8	5 430	72,5	88,2
FuE-Treibende	4 640	71,7	89,8	4 497	65,5	81,9	5 249	70,1	85,3

Quelle: ZEW (1996): Mannheimer Innovationspanel; entnommen aus Licht, Schnell und Stahl (1996).

Anmerkungen: Die Angaben umfassen Unternehmen mit mindestens fünf Beschäftigten; im Jahr 1994 einschließlich Gründungen aus den Jahren 1992 bis 1994. Der Anteil des Umsatzes mit nicht oder nur unerheblich verbesserten Produkten der Innovatoren am Umsatz der Innovatoren bzw. der Anteil der Investitionen der Innovatoren am Umsatz der Innovatoren ist jeweils mit * gekennzeichnet.

Innovationstätigkeit im Dienstleistungssektor - Ein Vergleich zwischen Ost- und Westdeutschland

Christiane Hipp

1. Einleitung

Die hier behandelte Thematik sieht sich hauptsächlich mit zwei Problemen konfrontiert. Zum einen ist die Innovationsforschung im Dienstleistungsbereich eine noch sehr junge Wissenschaftsrichtung mit bisher wenig theoretisch fundierten Analysen. Zum anderen sind die einmaligen Gegebenheiten der regionalen Entwicklungen Ostdeutschlands, die auf die Besonderheiten ehemals sozialistischer Wirtschafts- und Gesellschaftsformen zurückgehen, unter dem Dienstleistungsaspekt bisher wenig betrachtet worden. Es gibt zwar Untersuchungen, die Dienstleistungsunternehmen unter allgemeinen regionalen Gesichtspunkten analysieren (Daniels 1986; Illeris 1989; Bade 1991; Daniels et al. 1993; Strambach 1996). Auch für bestimmte Dienstleistungsbranchen (z. B. Beratung, Forschung und Entwicklung) bzw. für das Verarbeitende Gewerbe sind spezifische ostdeutsche Untersuchungen durchgeführt worden (Felder et al. 1995; König/Spielkamp 1995; Holland/Kuhlmann 1995; DIW 1996). Doch insgesamt ist der Dienstleistungssektor in den neuen Bundesländern noch ein weißer Fleck in der Forschungslandschaft. Dieser Artikel ist ein erster empirischer Versuch, die noch wenig entwickelte Innovationsforschung im Dienstleistungssektor mit einem bisher kaum analysierten Gebiet innerhalb der Regionalforschung zusammenzuführen.

Miles (1993) versucht, die wachsende Bedeutung des Dienstleistungssektors mit Hilfe verschiedener theoretischer Ansätze auf der Makro- und Mesoebene zu beschreiben (Fourastié 1969; Bell 1976; Gershuny 1978; Barras 1986). Auf Unternehmensebene sind interne und externe Dienstleistungen notwendig für die Leistungsfähigkeit von Produzenten. Sie sind verantwortlich für Innovation und Dynamik beispielsweise in Form von Forschung und Entwicklung (FuE), Design, Marketing oder

Beratung in den Bereichen neuer Organisationsformen und Managementmethoden. Unternehmensnahe Dienstleister können als Ergebnis der wachsenden technischen und sozialen Arbeitsteilung, der Internationalisierung, der wachsenden Größe moderner Kooperationen sowie der Entwicklung neuer Informations- und Kommunikationstechnologien angesehen werden (Martinelli 1991). Mit dem beschleunigten Wandel werden für Unternehmen immer anspruchsvollere und spezialisiertere Dienstleistungen erforderlich, die sie in dem Maße nicht mehr selber erbringen können (Soete/Miozzo 1989).

Felder et al. (1995) betonen in ihrer vergleichenden Untersuchung ost- und westdeutscher Unternehmen des Verarbeitenden Gewerbes, daß aufgrund der kurzfristig nicht veränderbaren Lohn- und Güterpreisrelationen ausschließlich Produktivitätssteigerungen zu einer Verbesserung der wirtschaftlichen Situation ostdeutscher Firmen beitragen könnten. Die Produktivitätssteigerung kann entweder mit Hilfe von Investitionen (Kapitalintensivierung der Produktion) oder über technisch-organisatorische Fortschritte erreicht werden. Letzteres ist wesentlich von der Unterstützung durch wissensintensive Dienstleistungen - wie beispielsweise Organisationsberatung - abhängig, womit diesen Unternehmen ein entscheidender Einfluß bei dem wirtschaftlichen Aufholprozeß in Ostdeutschland zugeschrieben werden kann.

Der Artikel konzentriert sich zunächst auf das Innovationsverhalten ost- und westdeutscher Dienstleistungsfirmen, um die Besonderheiten bei der Wissensgenerierung, beim Kooperationsverhalten sowie hinsichtlich der Nutzung neuer Technologien herauszuarbeiten. Diese Kategorien wurden ausgewählt, um die „Innovationsquellen" sowie die Vernetzungsaktivitäten (u. a. mit Unternehmen des Verarbeitenden Gewerbes) herauszuarbeiten. Die Nutzung neuer Technologien gibt Aufschluß über die Rolle der Dienstleistungsunternehmen bei der Technologieentwicklung. Dies ist nur ein erster Schritt auf dem Weg zu einer umfassenden Innovationstheorie im Dienstleistungssektor für die neuen Bundesländer. In künftigen Arbeiten muß ein Schwerpunkt auf das Interaktionsverhalten zwischen Dienstleistern und Firmen des Verarbeitenden Gewerbes gelegt werden, um die wechselseitige Einflußnahme und Unterstützungsfunktion noch deutlicher machen zu können.

2. Untersuchungsdesign

Erst in den letzten Jahren wurde der Dienstleistungssektor zum Gegenstand empirischer Innovationsstudien. Die Befragung, auf der die vorliegende Sonderauswertung beruht, wurde in den Jahren 1995/96 im Auftrag des Bundesministeriums für Wissenschaft, Bildung, Forschung und Technologie (BMBF) durchgeführt.[1] Die Antworten von 1 900 Unternehmen mit Firmensitz in Westdeutschland und 990 ostdeutschen Unternehmen sind in der Analyse enthalten (Licht/Stahl 1995; Licht/Hipp/Kukuk/Münt 1997). Die Abbildung 1 zeigt die prozentuale Verteilung der untersuchten Firmen entsprechend der Niederlassung und des Hauptsitzes.

Abbildung 1: Regionale Verteilung der Unternehmen

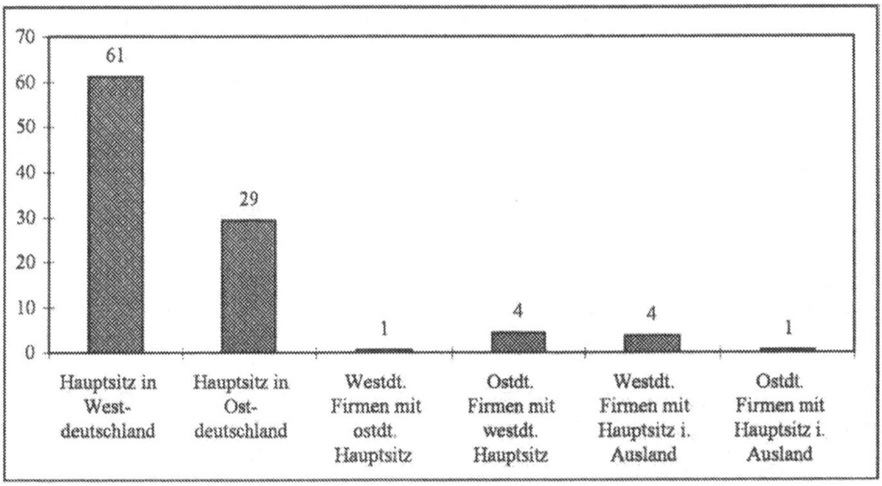

Hauptsitz in Westdeutschland	Hauptsitz in Ostdeutschland	Westdt. Firmen mit ostdt. Hauptsitz	Ostdt. Firmen mit westdt. Hauptsitz	Westdt. Firmen mit Hauptsitz i. Ausland	Ostdt. Firmen mit Hauptsitz i. Ausland
61	29	1	4	4	1

Quelle: ZEW, ISI: Mannheimer Dienstleistungspanel, eigene Berechnungen (n=2859), Häufigkeiten in Prozent.

Die Unternehmen gliedern sich in neun verschiedene Branchen: Großhandel, Einzelhandel, Verkehr und Kommunikation, Banken und Versicherungen, andere Finanz-

---

[1] An der Untersuchung waren das Zentrum für Europäische Wirtschaftsforschung (ZEW), das Fraunhofer-Institut für Systemtechnik und Innovationsforschung (FhG-ISI) sowie das Institut für Angewandte Sozialforschung (infas) beteiligt. Die Befragung stützt sich auf Erfahrungen, die in den Niederlanden (Brouwer/Kleinknecht 1994), der Schweiz (Etter 1995), Kanada (Statistics Canada 1995) sowie Australien (Australian Bureau of Statistics 1996) mit ähnlichem Untersuchungsdesign gemacht wurden. Als wesentlicher theoretischer Input zur Messung der Innovationsaktivitäten bei Dienstleistungsunternehmen dienten Miles (1995) und Sirilli/Evangelista (1995).

dienstleistungen (z. B. Leasing), Software, Wissenschaft/Forschung und technische Beratung, andere unternehmensnahe Dienstleistungen (Unternehmensberatung, Wirtschaftsprüfer, Werbung) sowie sonstige Dienstleistungen (z. B. Grundstücks- und Wohnungswesen). Auf diese Wirtschaftszweige entfällt knapp ein Drittel aller sozialversicherungspflichtig Beschäftigten - genauso viele Personen sind im Verarbeitenden Gewerbe tätig. Nicht erfaßt wurden diejenigen Bereiche, deren Unternehmen primär persönliche und haushaltsbezogene Dienste anbieten. Die Tabelle 1 gibt einen Überblick über die prozentuale Verteilung der befragten Unternehmen nach Branche und Region.

Tabelle 1: Verteilung der Unternehmen nach Branche und Region

	Hauptsitz in Westdeutschland	Hauptsitz in Ostdeutschland	Ostdt. Unternehmen mit westdt. Hauptsitz	Hauptsitz im Ausland	Gesamt
Großhandel	18,4	11,6	19,5	34,3	17,1
Einzelhandel	8,9	7,9	11,7	2,4	8,5
Verkehr/Kommunikation	13,4	16,8	7,0	4,8	13,7
Banken/Versicherungen	10,1	7,0	1,6	21,6	9,3
Andere Finanzdienstleistungen	5,5	3,7	3,1	2,4	4,7
Software	5,8	3,7	1,6	7,2	5,0
FuE und andere techn. Dienstleistungen	7,0	16,2	16,4	4,0	10,0
Andere unternehmensnahe Dienstleistungen	11,9	7,3	13,3	9,6	10,5
Sonstige	19,1	25,9	25,8	13,6	21,1
Summe	100,1	100,1	100	99,9	99,9

Quelle: ZEW, ISI: Mannheimer Dienstleistungspanel, eigene Berechnungen, Häufigkeiten in Prozent.

Die Tabelle 1 verdeutlicht, daß das Sample für Ostdeutschland prozentual mehr Unternehmen aus den Bereichen Verkehr/Kommunikation (17 Prozent), FuE/andere technische Dienstleistungen (16 Prozent) sowie sonstige Dienstleistungsunternehmen (26 Prozent) enthält. Eine Verschiebung zugunsten des Großhandels ist bei ostdeutschen Firmen mit westdeutschem Hauptsitz (20 Prozent) sowie bei deutschen Unternehmen mit ausländischem Hauptsitz (34 Prozent) festzustellen. Investitionen ausländischer Unternehmen erfolgten daher in Deutschland weniger in wissensintensiven, unternehmensnahen Bereichen als vielmehr in Dienstleistungssektoren wie Banken und Handel, in denen die Produkte - auch mit Unterstützung der IuK-Technologie - besser handelbar sind und der direkte Kontakt zum Kunden weniger bedeutsam ist. Westdeutsche Unternehmen investieren hingegen in Ostdeutschland sowohl in den Großhandel als auch in technische Dienstleistungen und in wissensintensive unternehmensnahe Branchen. Inwieweit dies einerseits zu einer Untergrabung der regionalen Forschungs- und Beratungsstruktur führt oder andererseits den Strukturwandel des Verarbeitenden Gewerbes unterstützt, bedarf vertiefender Analysen. Die Verteilung der Unternehmen nach Größenklasse und Region ist in Abbildung 2 wiedergegeben.

Abbildung 2: Verteilung der Unternehmen nach Größe und Region

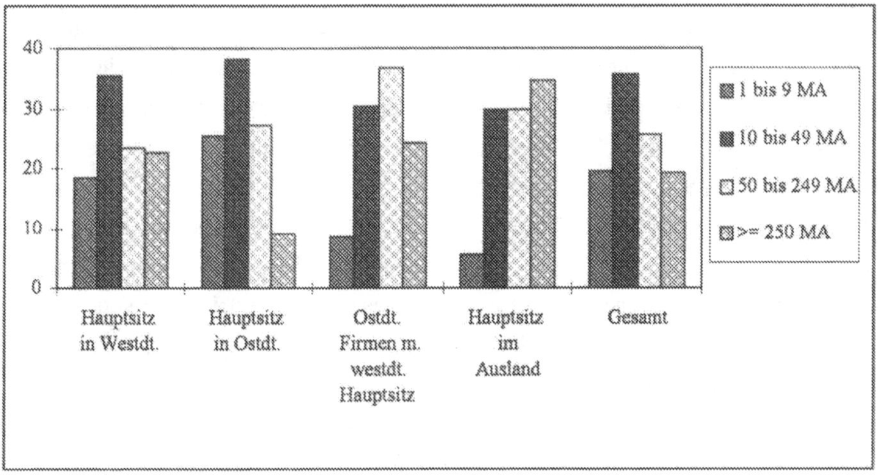

Quelle: ZEW, ISI: Mannheimer Dienstleistungspanel, eigene Berechnungen, Häufigkeiten in Prozent.

Es wurden vier verschiedene Größenklassen entsprechend der Anzahl der Mitarbeiter (MA) festgelegt. Neben den sehr kleinen Betrieben mit weniger als 10 Beschäftigten gibt es Unternehmen zwischen 10 und 49 Mitarbeitern sowie 50 und 249 Mitarbeitern. Im Dienstleistungssektor beginnen große Unternehmen bereits bei 250 Beschäftigten. Die Abbildung 2 verdeutlicht, daß im ostdeutschen Sample hauptsächlich kleine und mittlere Firmen vertreten sind, während Unternehmen mit mehr als 250 Mitarbeitern im Vergleich zu anderen regionalen Verteilungen unterrepräsentiert sind. Ostdeutsche Firmen mit westdeutschem Hauptsitz sind in der Größenklasse zwischen 50 und 249 Mitarbeitern überrepräsentiert. Wie auch im Verarbeitenden Gewerbe, handelt es sich bei den ausländischen Investitionen häufiger um große Niederlassungen multinationaler Unternehmen. Es kann demnach eine begrenzte lokale Verflechtung vermutet werden, da bereits eine gut ausgebaute Infrastruktur mit verbundenen, nicht regional angesiedelten Unternehmen besteht (Martinelli 1991). Dies könnte, in begrenztem Umfang, auch für ostdeutsche Unternehmen mit westdeutscher Muttergesellschaft zutreffen. Die unterschiedliche Aufteilung innerhalb der Größenklassen und Branchen in den verschiedenen Regionen müssen bei den folgenden Analysen berücksichtigt werden, um zu keinen voreiligen Schlußfolgerungen zu gelangen.

Zusätzlich unterscheiden sich die Unternehmen hinsichtlich ihres Alters. In Ostdeutschland sind die untersuchten Firmen im Durchschnitt wesentlich jünger, d. h. sie wurden zum Großteil erst nach 1989 gegründet. Dies könnte sich beispielsweise in einem unterschiedlichen Verhältnis von Produkt- und Prozeßinnovationen (im Sinne von Lebenszyklusmodellen) niederschlagen. Fast 90 Prozent der selbständigen westdeutschen Unternehmen wurden vor 1988 gegründet, aber nur 11 Prozent der ostdeutschen Unternehmen. Im Vergleich zum Verarbeitenden Gewerbe in den neuen Bundesländern zeigt sich eine deutlich andere Struktur. 62 Prozent der Industrieunternehmen existierten als Kombinatsbetriebe bereits vor 1990.[2] Es ist allerdings nicht klar, inwieweit es sich bei den neu gegründeten Dienstleistungsunternehmen in Ostdeutschland um Ausgründungen bzw. Reprivatisierungen handelt. Die relativ geringe Anzahl der Mitarbeiter läßt jedoch darauf schließen, daß es sich in der Mehrheit der Fälle um „richtige" Neugründungen handelt.

Diese erste Einführung in die Struktur des untersuchten Samples zeigt, daß es recht schwierig ist, den regionalen Einfluß von anderen Einflußfaktoren zu trennen, so daß in den folgenden deskriptiven Ausführungen nur vorsichtige Rückschlüsse auf die Ursachen-/Wirkungszusammenhänge zulässig sind. Das Fehlen vergleichender Studien verstärkt die Problematik zusätzlich.

---

[2] Zur Problematik von Unternehmensgründungen in technologieintensiven Wirtschaftszweigen des Verarbeitenden Gewerbes in Ostdeutschland siehe Felder et al. (1997).

3. Innovationsaktivitäten

3.1 Allgemeine Beschreibung der Innovationsaktivitäten

In den untersuchten Wirtschaftszweigen haben für ganz Deutschland über 60 Prozent der Firmen in den Jahren 1993 bis 1995 Innovationen durchgeführt. Die Verteilung auf die verschiedenen Regionen macht die folgende Abbildung 3 deutlich.

Abbildung 3: Innovatoren und Nicht-Innovatoren nach regionaler Zugehörigkeit

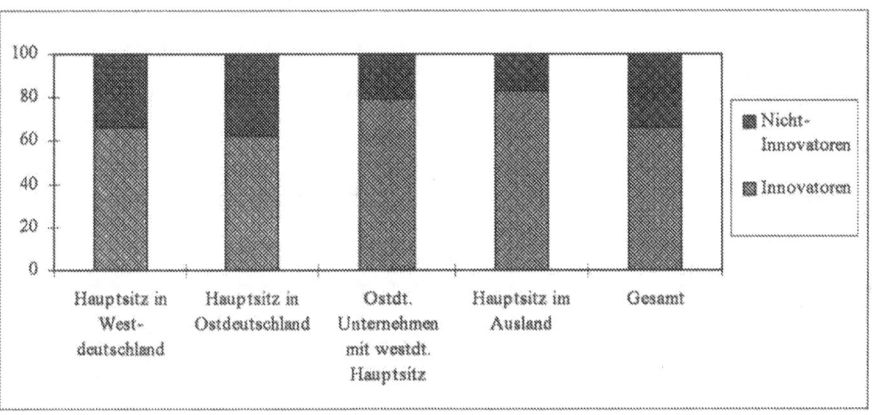

Quelle: ZEW, ISI: Mannheimer Dienstleistungspanel, eigene Berechnungen, Häufigkeiten in Prozent.

Dabei lassen sich kaum Unterschiede zwischen ost- und westdeutschen Firmen feststellen. In Ostdeutschland haben 37 Prozent der befragten Unternehmen zwischen 1993 und 1995 keine Innovationen eingeführt; in den alten Bundesländern waren es 34 Prozent der Firmen. Beide regionale Unternehmensgruppen sind allerdings weniger innovativ als ostdeutsche Unternehmen mit westdeutschem Hauptsitz (20 Prozent Nicht-Innovatoren) sowie Unternehmen mit ausländischem Hauptsitz (17 Prozent Nicht-Innovatoren).

Die Gleichzeitigkeit verschiedener Innovationsarten läßt auf einen engen Zusammenhang von Produkt-, Prozeß- und organisatorischen Veränderungen schließen (Fritsch et al. 1997:9). Kombinationen aus Prozeßinnovation und organisatorischer Innovation lassen Rückschlüsse auf produktivitätssteigernde Maßnahmen zu, während Produkt- und Prozeßinnovationen gemeinsam eine Qualitätssteigerung der Produkte zur Folge haben könnten.

Tabelle 2: Kombinationen verschiedener Innovationsarten nach regionaler Zugehörigkeit

	Hauptsitz in Westdeutschland	Hauptsitz in Ostdeutschland	Ostdt. Unternehmen mit westdt. Hauptsitz	Hauptsitz im Ausland	Gesamt
Nur Produktinnovator	12,3	14,3	18,6	13,5	13,3
Nur Prozeßinnovator	32,0	32,6	23,5	20,2	31,1
Nur org. Innovator	2,0	3,4	2,9	6,7	2,7
Summe der einfachen Innovatoren	46,3	50,3	45,0	40,4	47,1
Produkt-/Prozeßinnovator	31,9	31,2	25,5	23,2	30,9
Produkt-/org. Innov.	3,1	4,8	2,0	2,9	3,5
Prozeß-/org. Innov.	7,6	5,5	9,7	10,6	7,3
Summe der zweifachen Innovatoren	42,6	41,5	37,2	36,7	41,7
Produkt-/Prozeß-/org. Innovatoren	11,0	8,2	17,6	23,1	11,3

Quelle: ZEW, ISI: Mannheimer Dienstleistungspanel, eigene Berechnungen, Häufigkeiten in Prozent.

Tabelle 2 gibt einen Überblick über die regionalen Unterschiede hinsichtlich der Gleichzeitigkeit von Produkt-, Prozeß- und organisatorischen Innovationen. Es kann gezeigt werden, daß in Ostdeutschland der Anteil der Unternehmen, die nur eine Innovationsart in den Jahren 1993 bis 1995 durchgeführt haben, mit ca. der Hälfte aller Unternehmen am höchsten ist, gefolgt von westdeutschen Dienstleistern (46 Prozent) und Unternehmen aus den neuen Bundesländern mit Muttergesellschaft in den alten Bundesländern (45 Prozent). Bei den Innovatoren, die zwei verschiedene Innovationsarten gleichzeitig getätigt haben, ist die regionale Rangfolge ähnlich. Am deutlichsten ist der Unterschied bei den Innovatoren, die sowohl Produkt-, Prozeß-, als auch organisatorische Innovationen durchführten. Hier ist der Anteil bei Unternehmen mit ausländischem Hauptsitz (fast ein Viertel) deutlich überrepräsentiert. Dies zeigt, daß vor allem diese Firmen in der Lage sind, sowohl neue Produkte zu entwickeln als auch Skaleneffekte und Standardisierungsmöglichkeiten zu nutzen. Ostdeutsche und westdeutsche unabhängige Firmen führen hingegen wesentlich mehr Kombinationen aus Produkt- und Prozeßinnovationen durch (über 31 Prozent), was auf Nischenmarktstrategien mit relativ hohem Qualitätsstandard beruhen könnte.[3]

3.2 Beschreibung der Technologieintensität

Der Dienstleistungssektor galt in früheren Studien (Fourastié 1969) als gering technologieintensiv, ohne Möglichkeiten zur Rationalisierung oder Standardisierung durch Innovationen. Seit Beginn der 80er Jahre wird allerdings die Bedeutung der Technologien für ausgewählte Dienstleistungsbranchen - nicht nur als passive Innovationsempfänger aus dem Verarbeitenden Gewerbe - erkannt (Barras 1986; Quinn 1986; Miles 1993). Sundbo (1997) weist darauf hin, daß die Organisation der Innovationsaktivitäten zwischen verschiedenen Branchen wesentlich weniger variiert als zwischen technologie- und nicht-technologiebasierten Unternehmen. Im folgenden soll der Frage nachgegangen werden, inwieweit sich regionale Besonderheiten hinsichtlich technologieintensiver und nicht-technologieintensiver Innovatoren aufdecken lassen, um erste Rückschlüsse auf eine unterschiedliche Adaptions- bzw. Weiterentwicklungsfähigkeit neuer Technologien zu ziehen.[4] In Kapitel fünf wird diese Thematik noch vertiefend behandelt.

16 Prozent aller Innovatoren lassen sich als technologieintensiv bezeichnen, während die restlichen 84 Prozent der Unternehmen in den Jahren 1993 bis 1995 ausschließlich nicht-technologieintensive Innovationen eingeführt haben. Die meisten technologieintensiven Innovatoren weisen die Unternehmen aus den neuen Bundesländern mit 20 Prozent auf, gefolgt von westdeutschen Betrieben mit 15 Prozent. Am we-

---

[3] Vertiefende Auswertungen der Daten mit Hilfe von probit-Modellen zeigen, daß Prozeßinnovationen oftmals mit dem Ziel der Qualitätsverbesserung durchgeführt und weniger mit einer Produktivitätssteigerung in Verbindung gebracht werden.

[4] Die Unterteilung in „technologieintensiv" und „nicht-technologieintensiv" erfolgte anhand offener Textfelder, in die die Unternehmen ihre getätigten Innovationen eintragen konnten. Da die Befragten regen Gebrauch von dieser Möglichkeit machten, konnten die Eintragungen sowohl als Kontrolle der Selbsteinschätzung als auch zur weiteren Analyse genutzt werden. Als „technologieintensiv" wurden alle Innovationen deklariert, die Technologien zum Einsatz bringen oder diese helfen weiterzuentwickeln. Alle anderen Innovationen fiehlen unter die Kategorie „nicht-technologieintensiv". Somit handelt es sich um eine objektive Zuordnung durch die Wissenschaftler. Weitere Erläuterungen zur verwendeten Methodik finden sich in Licht/Hipp/Kukuk/Münt (1997:105-112).

nigsten technologieintensiv sind Firmen, die ihren Hauptsitz im Ausland haben. Dies zeigt, daß ostdeutsche Dienstleistungsunternehmen auf den ersten Blick eine hohe technologische Innovationskraft besitzen. Bemerkenswert ist, daß große innovative Firmen weniger technologieintensiv sind als kleine Unternehmen, was natürlich auch im Zusammenhang mit dem größenklassenspezifischen Ansteigen (nicht-technologieintensiver) organisatorischer Innovationen gesehen werden muß. Doch insgesamt unterstreicht dieses Ergebnis die Bedeutung kleiner und mittlerer Dienstleistungsfirmen bei der Anwendung und Weiterentwicklung neuer Technologien.

Eine Unterscheidung nach Branchen zeigt einen klaren Trend hin zu technologieintensiven Innovatoren in den Bereichen Software, FuE und andere technische Dienstleistungen sowie unternehmensnahen Dienstleistungsunternehmen. In Abbildung 4 lassen sich hierbei deutliche regionale Unterschiede erkennen.

Abbildung 4: Technologieintensive Innovatoren nach Branche und Region

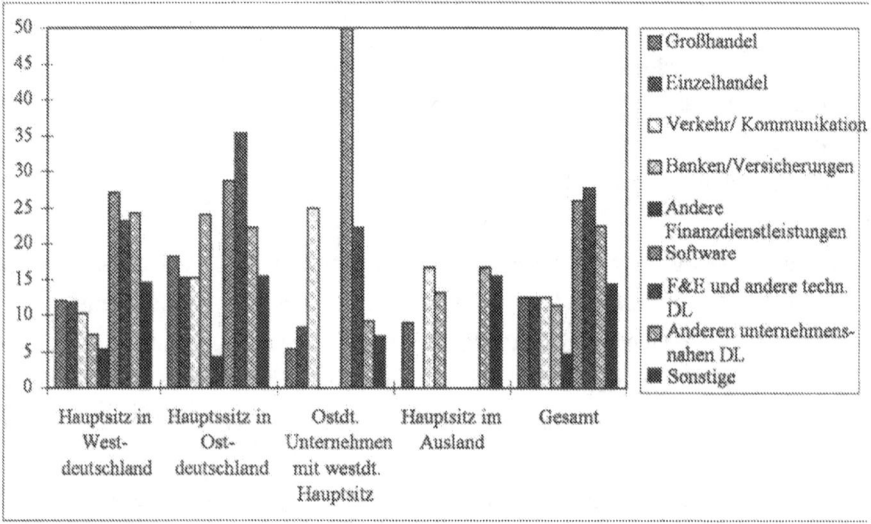

Quelle: ZEW, ISI: Mannheimer Dienstleistungspanel, eigene Berechnungen, Häufigkeiten in Prozent.

Unabhängige ostdeutsche Firmen liegen mit ihrem Anteil an technologieintensiven Innovatoren in fast allen Branchen über dem westdeutschen Niveau, so daß Dienstleistungsfirmen aus den neuen Bundesländern in fast allen Branchen häufiger Technologien für ihre Innovationstätigkeit nutzen. Es bleibt allerdings zu klären, ob es sich dabei um die reine Nutzung von Technologien oder um die Weiterentwicklung vorhandener technologischer Möglichkeiten handelt. Da sich indes gerade in Branchen wie FuE und Software besonders viele technologieintensive Innovatoren befinden, ist zu vermuten, daß vor allem wissensintensive ostdeutsche Dienstleistungsbranchen eine bedeutende Rolle im Innovationsgeschehen spielen. Leider ist das Sample der ostdeutschen Firmen mit westdeutscher Beteiligung und der Firmen mit ausländischem Hauptsitz so gering, daß eine Bewertung der Ergebnisse aus Abbildung 4 nur vorsichtig erfolgen sollte.

Die Ergebnisse dieses Kapitels zeigen zum einen, daß die klassischen Innovationstheorien, wie sie beispielsweise von Pavitt (1984) entwickelt wurden, nur in Teilbereichen auf den Dienstleistungssektor übertragen werden können. Zudem konnte herausgearbeitet werden, daß zwischen ost- und westdeutschen Unternehmen hinsichtlich der Innovationstätigkeiten geringere Unterschiede bestehen als zu Dienstleistungsfirmen, die ihren Hauptsitz im Ausland haben oder zu ostdeutschen Betrieben mit westdeutscher Muttergesellschaft. Technische Innovationen sind von geringerer Bedeutung als im Verarbeitenden Gewerbe, spielen aber insgesamt eine deutlich wichtigere Rolle als bisher angenommen wurde. Einzelne Branchen übernehmen eine Schlüsselrolle in der Umsetzung und Diffusion (Software, technische und organisatorische Berater). Sie sind demnach entscheidend zur Bewältigung des ostdeutschen Transformationsprozesses sowie des technischen Wandels für die gesamte Volkswirtschaft.

4. Innovationsinput

Gemessen am Verarbeitenden Gewerbe sind institutionalisierte FuE-Aktivitäten im Dienstleistungssektor weniger verbreitet. Die Organisation der Wissensgenerierung verleiht dem Innovationsprozeß insgesamt einen informellen, wenig sichtbaren Charakter. Sundbo (1997) macht in seinen neuesten Arbeiten darauf aufmerksam, daß oftmals nur die Firmenstrategie als Grundlage für die Durchführung und Kontrolle von Innovationsaktivitäten herangezogen wird. Eine Umfrage in den USA (Martin/Horne 1994) zeigt, daß bei Dienstleistungsfirmen das Top-Management häufiger in den Innovationsprozeß integriert ist. Ad-hoc-Projektgruppen zur Entwicklung neuer Produkte und Prozesse, die aus verschiedenen Abteilungen zusammengesetzt werden, machen die Erfassung der Inputseite wesentlich schwieriger als in traditionellen Industriesektoren.

4.1 Interne Wissensgenerierung

Von allen befragten Unternehmen führen ca. 15 Prozent Forschung und Entwicklung durch. Aufgeteilt nach regionaler Zugehörigkeit sind es vor allem Unternehmen mit ausländischem Hauptsitz, die mit fast einem Drittel den höchsten FuE-Anteil für sich verbuchen können. Selbständige Unternehmen aus den neuen Bundesländer bilden mit weniger als 10 Prozent das Schlußlicht (vgl. Abbildung 5). Somit zeigt sich, daß der Wissensgenerierungsprozeß nicht ausschließlich technologiebezogen sein muß.

Abbildung 5: Verteilung innovierender und FuE-treibender Unternehmen nach regionaler Zugehörigkeit[5]

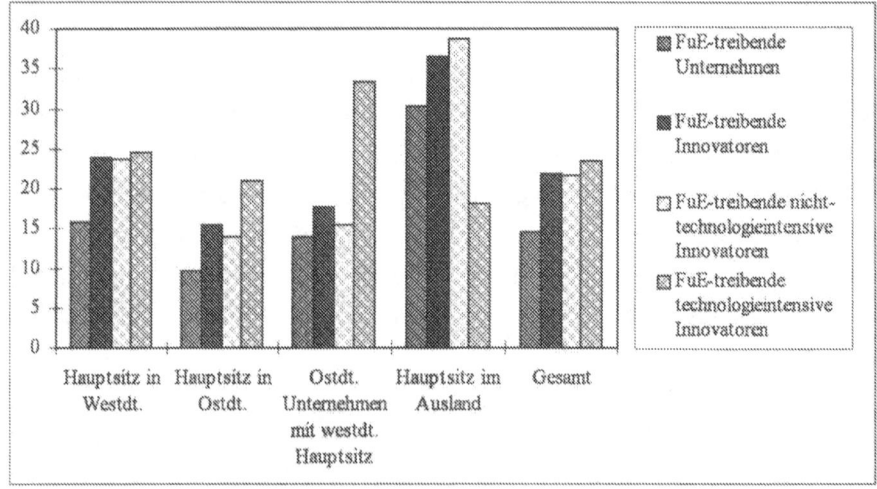

Quelle: ZEW, ISI: Mannheimer Dienstleistungspanel, eigene Berechnungen, Häufigkeiten in Prozent.

Betrachtet man nur die Innovatoren und deren Innovationsaktivitäten, so betreiben immerhin etwas über 20 Prozent der Unternehmen FuE. Technologieintensive Innovatoren aus den neuen Bundesländern mit westdeutschem Hauptsitz führen mit 33 Prozent am häufigsten FuE durch. Die geringeren FuE-Aktivitäten selbständiger ostdeutscher Dienstleistungsunternehmen sind klar zu erkennen. All diese Anteile vermindern sich drastisch, wenn man eine enge Abgrenzung des FuE-Begriffs zugrunde legt, die beispielsweise die Existenz institutionalisierter FuE-Abteilungen

---

[5] In der Gruppe der Unternehmen mit ausländischem Hauptsitz befindet sich nur eine geringe Anzahl, so daß diese Ergebnisse vorsichtig interpretiert werden sollten.

fordert. Insgesamt sind die Werte entsprechend der Erwartungen deutlich niedriger als im Verarbeitenden Gewerbe (Felder et al. 1995).

Eine vertiefende Analyse der FuE-treibenden Unternehmen ist in der folgenden Tabelle 3 zusammenfassend dargestellt worden.

Tabelle 3: Zusammenstellung verschiedener FuE-Indikatoren

	Hauptsitz in Westdeutschland	Hauptsitz in Ostdeutschland	Ostdt. Unternehmen mit westdt. Hauptsitz	Hauptsitz im Ausland	Gesamt
FuE kontinuierlich	70,4	65,4	72,2	71,1	69,6
FuE gelegentlich	26,4	30,9	27,8	28,9	27,5
Organisation in FuE-Abteilung	17,3	24,7	11,1	28,9	19,6
Organisation in Projektgruppen	64,6	49,4	77,8	63,2	62,1
Andere FuE-Organisation	16,6	24,7	5,6	7,9	16,9
Durchschnittlicher Anteil FuE-Beschäftigter pro 100 Mitarbeiter	11,5	22,0	11,4	8,0	13,3
Median der FuE-Beschäftigten pro 100 Mitarbeiter	4,5	12,0	5,8	4,5	5,5
Veränderung der Beschäftigten zwischen '94 und '95 — gestiegen	28,2	18,5	16,7	26,3	25,6
Veränderung der Beschäftigten zwischen '94 und '95 — gleichgeblieben	64,3	66,7	61,1	60,5	64,3
Veränderung der Beschäftigten zwischen '94 und '95 — gesunken	4,7	12,3	22,2	5,3	7,0

Quelle: ZEW, ISI: Mannheimer Dienstleistungspanel, eigene Berechnungen, Häufigkeiten in Prozent.

Die einzelnen Indikatoren geben Auskunft darüber, inwieweit Dienstleistungsunternehmen ihre Wissenserweiterung eher informell oder vergleichbar mit dem Verarbeitenden Gewerbe durchführen. Obwohl Unternehmen mit Hauptsitz in Ostdeutschland ihre Forschung und Entwicklung weniger kontinuierlich gestalten, ist die FuE-Intensität, bezogen auf den Anteil der FuE-Beschäftigten an der Gesamtbeschäftigtenzahl, dort mit 22 Prozent am größten. Unternehmen mit ausländischem Hauptsitz sowie ostdeutsche Firmen mit westdeutscher Beteiligung führen ihre Innovationsaktivitäten vergleichbar mit dem Verarbeitenden Gewerbe durch: Über 70 Prozent dieser innovierenden Betriebe forscht kontinuierlich, über 90 Prozent organisiert die Wissensgenerierung im Rahmen eigener Abteilungen oder eigens eingerichteter Projektgruppen. Selbständige westdeutsche Unternehmen konnten hingegen am häufigsten die Anzahl ihrer FuE-Beschäftigten zwischen 1994 und 1995 ausbauen, während bei über einem Fünftel der ostdeutschen Unternehmen mit westdeutscher Muttergesellschaft und bei ca. einem Achtel der unabhängigen ostdeutschen Firmen die Anzahl gesunken ist.

4.2 Externe Wissensgenerierung

Der Bezug von unternehmensexternem Know-how kann durch informellen Wissensaustausch mit unternehmensexternen Quellen oder über institutionalisierte Kooperationen erfolgen. Letzteres gewährleistet in der Regel einen intensiveren Know-how-Transfer. Wegen der relativ schwach ausgeprägten formalisierten internen FuE-Tätigkeiten ist zu erwarten, daß bestimmte externe Quellen für den Innovationsprozeß deutlich wichtiger sind als im Verarbeitenden Gewerbe.

Die folgende Übersicht (Tabelle 4) verdeutlicht die Rangfolge der externen Quellen innovationsrelevanten Know-hows. Berücksichtigt wurden nur Antworten von Innovatoren, die die jeweilige Quelle als bedeutsam oder außerordentlich bedeutsam bewerteten.

Insgesamt sind für den Innovationsprozeß Unternehmen der gleichen Projektgruppe die bedeutendste Quelle externen Know-hows, gefolgt von Wettbewerbern und Unternehmen der gleichen Branche. Interessant ist, daß die Kunden aus dem Dienstleistungssektor erst an dritter Stelle und Kunden aus dem produzierenden Gewerbe sogar nur an drittletzter Stelle stehen. Dies widerspricht der Vermutung, daß der Kundenkontakt der wichtigste Faktor für den Innovationsinput von Dienstleistern ist (Martin/Horne 1994). Die geringe Bedeutung von Zulieferern steht in Kontrast zum Verarbeitenden Gewerbe, wo diese Informationsquelle eine weitaus größere Rolle spielt (Felder et al. 1995).

Tabelle 4: Bedeutung unternehmensexterner Know-how-Quellen

Unternehmensexterne Quellen innovationsrelevanten Know-hows	Anteil der innovierenden Firmen, für die externe Know-how-Quellen bedeutsam oder sehr bedeutsam sind	Signifikante Unterschiede zwischen den Regionen
Verbundene Unternehmen	35,0	signif. auf 1%-Niveau
Wettbewerber, Unternehmen der gleichen Branche	34,2	nein
Kunden aus dem Dienstleistungssektor	32,5	nein
Fachliteratur, Patentschriften	30,7	signif. auf 1%-Niveau
Beratung, Marketing, private Forschung	24,5	signif. auf 1%-Niveau
Messen, Ausstellungen	24,4	nein
Zulieferer	24,4	nein
Kunden aus dem Produzierenden Gewerbe	16,2	nein
Universitäten, Fachhochschulen	10,2	signif. auf 5%-Niveau
Sonstige öffentliche Forschungseinrichtungen	3,7	signif. auf 1%-Niveau

Quelle: ZEW, ISI: Mannheimer Dienstleistungspanel, eigene Berechnungen, Häufigkeiten in Prozent.

Betrachtet man die hinsichtlich ihrer regionalen Ausprägung signifikant unterschiedlichen Know-how Quellen etwas genauer, so ergibt sich die folgende Graphik (Abbildung 6).

Erwartungsgemäß sind für selbständige Firmen insgesamt die verbundenen Unternehmen wesentlich unwichtiger als für ostdeutsche Unternehmen mit westdeutschem Hauptsitz und für ausländische Tochtergesellschaften. Für Unternehmen mit Hauptsitz in Ostdeutschland sind Fachliteratur sowie Patentschriften bei knapp 40 Prozent der Innovatoren wichtig, was eventuell auf die lange Tradition der Nutzung von Patentinformationen ostdeutscher Unternehmen zurückzuführen ist. Einen Einfluß kann auch die Vielzahl qualifizierter Naturwissenschaftler in Ostdeutschland haben. Vor allem Unternehmen mit ausländischem Hauptsitz nutzen Beratungs- und Marketingfirmen, was auf deren größeren Wettbewerbs- und damit Profilierungs- und Anpassungsdruck schließen läßt. In diesem Bereich sind ostdeutsche Firmen unterrepräsentiert. Die insgesamt wenig bedeutsame Rolle der Universitäten, Fachhochschulen und sonstigen öffentlichen Forschungseinrichtungen ist weniger in Zugangsbarrieren begründet, als vielmehr darin, daß das wissenschaftlich vorhandene Wissen nicht den Informationsbedürfnissen von Dienstleistungsunternehmen entspricht (Backhaus/Seidel 1997; Sundbo 1994). Die häufigste Nutzung der wissenschaftlichen Infrastruktur findet durch selbständige ostdeutsche Firmen statt, worin sich die traditionellen Know-how-Transfernetzwerke der ehemaligen DDR widerspiegeln (Holland/Kuhlmann 1995).

Abbildung 6: Regional signifikante Unterschiede bei der Beurteilung unternehmensexterner Know-how-Quellen

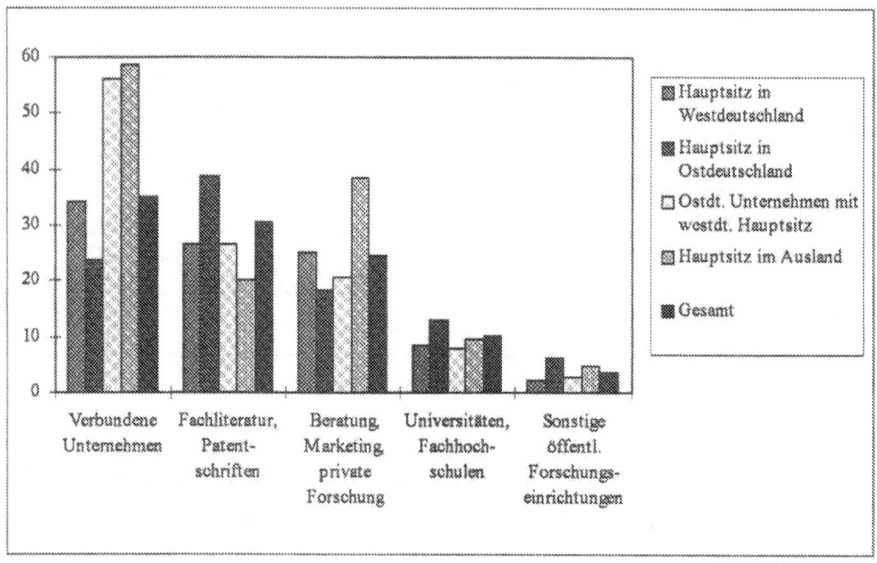

Quelle: ZEW, ISI: Mannheimer Dienstleistungspanel, eigene Berechnungen, Häufigkeiten in Prozent.

Innovationskooperationen im Dienstleistungssektor sind von König et al. (1996) bereits vertiefend untersucht worden. Als Ergebnis konnten die Autoren zeigen, daß trotz größerer Spillovereffekte als im Verarbeitenden Gewerbe (d. h. schlechtere Schutzmechanismen bei Dienstleistungen) keine geringeren Anreize zum Wissensaustausch in Rahmen von Kooperationsprojekten bestehen. Vielmehr ist die Nutzung von Komplementaritäten durch Kooperationen mit Wettbewerbern und verbundenen Unternehmen wesentlich wichtiger.

Die Dienstleistungserhebung hat gezeigt, daß Unternehmen aus den wissensintensiven Branchen wie Software und technische Beratung am kooperationsfreudigsten sind, während Einzelhandel und Großhandel eine geringe Kooperationsneigung aufweisen (Licht/Hipp/Kukuk/Münt 1997:41). Bei größeren Unternehmen ist - wie aufgrund der diversifizierten Aktivitäten zu erwarten war - die Wahrscheinlichkeit, daß Innovationskooperationen eingegangen werden, höher. Die Kooperationsneigung steigt allerdings nur unterproportional mit der Unternehmensgröße an, so daß kleine Unternehmen im Verhältnis zu ihrer Größe sehr viel häufiger auf Kooperationen zurückgreifen als große Unternehmen (König et al. 1996).

Auffällig ist, daß sich bei der Berücksichtigung von Branche und Größenklasse kaum noch Unterschiede zwischen ost- und westdeutschen Firmen feststellen lassen. Regionale Einflüsse werden demnach, soweit vorhanden, bei der Wahl des Kooperationspartners bzw. der externen Know-how Quelle von anderen Faktoren überdeckt.[6]

5. Einsatz von Technologien

In Abschnitt 3 wurde die Unterscheidung zwischen technologieintensiven und nichttechnologieintensiven Unternehmen vorgenommen. Einige Dienstleistungsbranchen sind für ihre wichtige Rolle bei der Entwicklung neuer Technologien bekannt (z. B. Telekommunikation, Software), insgesamt erscheint die Rolle des Dienstleistungssektors als Technologieproduzent allerdings eher gering (ZEW/FHG-ISI/INFAS 1995; Quinn 1986; König et al. 1996). Doch zunehmend werden Dienstleistungsunternehmen als frühe Übernehmer aktiv, die Diffusion und Weiterentwicklung neuer Informations- und Kommunikationstechnologien (IuK) entscheidend vorantreiben und einen wesentlichen Einfluß auf die volkswirtschaftliche Entwicklung haben (Barras 1986 und 1990; Miles 1993 und 1995). Miles/Matthews (1992) weisen beispielsweise darauf hin, daß in den USA und in Großbritannien fast 80 Prozent der Investitionen in diese neuen Technologien von Firmen aus dem Dienstleistungssektor getätigt werden. Dienstleistungsunternehmen entwickeln daher ein erhebliches Nachfrage- und Weiterentwicklungspotential für IuK-Technologien des Verarbeitenden Gewerbes, wobei Licht/Moch (1997) zeigen, daß die Art der eingesetzten Technologie für die Verbesserung der Produkte und Prozesse wesentlich

---

6 Leider beinhaltete der Fragebogen keine detaillierte Aufteilung der regionalen Zugehörigkeit, so daß Aussagen über die Bedeutung der räumlichen Nähe sowie die Integration in das regionale Innovationsnetzwerk nicht möglich sind.

wichtiger ist als die Höhe der durchgeführten Investitionen.[7] Zudem ermöglichen moderne IuK-Technologien in Teilbereichen ein Auseinanderfallen von Dienstleistungsproduktion und -konsum, was die örtlichen und zeitlichen Abhängigkeiten zwischen Anbieter und Kunde verringert. Dadurch könnten sich regionale Netzwerke zugunsten einer neuen internationalen Arbeitsteilung auflösen. Dieses Kapitel untersucht die Bedeutung verschiedener Technologien für die Innovationstätigkeiten ost- und westdeutscher Dienstleistungsfirmen, um unterschiedliche Nutzungsintensitäten aufzudecken. Tabelle 5 faßt erste Ergebnisse zusammen.

Tabelle 5: Bedeutung verschiedener Technologien

Bedeutende Technologien im Innovationsprozeß	Anteil der innovierenden Unternehmen, für die diese Technologien von Bedeutung sind	Signifikante Unterschiede zwischen den Regionen
Computer, EDV, Hardware	91,0	nein
Anwender-Software	89,6	signif. auf 1%-Niveau
Hochleistungskommunikationsnetzwerke	54,6	signif. auf 1%-Niveau
Transport- und Verkehrstechnik	30,6	nein
Medientechnik	28,3	signif. auf 1%-Niveau
Umwelttechnologie	26,2	signif. auf 5%-Niveau
Meß-, Steuer- und Regelungstechnik, Automatisierung	19,9	nein
Materialtechnologie	16,5	signif. auf 1%-Niveau
Medizintechnik	2,6	nein
Biotechnologie oder Lebensmitteltechnologie	2,2	nein

Quelle: ZEW, ISI: Mannheimer Dienstleistungspanel, eigene Berechnungen, Häufigkeiten in Prozent.

Aus dieser Gesamtübersicht wird bereits deutlich, daß die IuK-Technologie insgesamt einen wesentlichen Einfluß auf Dienstleistungsfirmen ausübt, andere Technologien hingegen eine untergeordnete Rolle spielen. Bemerkenswert ist, daß für 31 Prozent der Unternehmen die Transport- und Verkehrstechnik und für mehr als

---

[7] Eine sehr interessante Studie über den Einfluß des neuen IuK-technologiebasierten Paradigmas auf Dienstleistungsfirmen sowie die Rolle von Dienstleistern in diesem Paradigma wurde auf der Grundlage der neo-schumpeter'schen Theorie von Gallouj/Gallouj (1997) durchgeführt.

ein Viertel der Innovatoren die Umwelttechnik deren Innovationsaktivitäten bestimmen. Medientechnik spielt hingegen für weniger als 30 Prozent eine bedeutende Rolle, was sich jedoch aufgrund der dynamischen Entwicklung in diesem Bereich in den nächsten Jahren verändern dürfte. Signifikante Unterschiede in Bezug auf die regionale Zugehörigkeit ergeben sich bei der Nutzung und Entwicklung von Software, Hochleistungskommunikationsnetzwerken, Medientechnik, Umwelttechnik und Materialtechnik.

Die Software-Technologie wird am wenigsten von ostdeutschen Tochterfirmen eingesetzt. Im Gegensatz dazu werden Hochleistungskommunikationsnetze von dieser Unternehmensgruppe besonders häufig genutzt. Firmen mit ausländischem Hauptsitz nehmen die Kommunikationstechnik für ihre Innovationstätigkeit häufiger in Anspruch als andere Unternehmen. Dies kann ein Hinweis darauf sein, daß der vorhandene Kontakt zu überregionalen Unternehmen durch diese Netze wesentlich gefördet wird. Die Medientechnologie gilt als eine zukünftige Schlüsseltechnologie. Technologische Wettbewerbsanalysen zeigen allerdings, daß die deutsche Wirtschaft auf diesem Gebiet schwächer ist als vergleichbare Länder (BMBF 1997). Die Häufigkeit der Nutzung nimmt insgesamt mit der Unternehmensgröße zu, doch zeigt sich die regionale Verteilung heterogen. Deutsche Firmen setzen im Vergleich zu Unternehmen mit ausländischer Beteiligung relativ wenig Medientechnik in ihren Innovationsaktivitäten ein, was die technologische Schwäche in diesem Bereich unterstreicht.

Auch die Umwelt- und Materialtechnologien werden von größeren Firmen häufiger genutzt als von kleinen Unternehmen. Bei der Umwelttechnologie sind es hauptsächlich ostdeutsche Unternehmen mit westdeutscher Beteiligung, bei denen mehr als ein Drittel aller Innovatoren diese Technologie verwendet. Bei der Materialtechnologie sind es die selbständigen ostdeutschen Firmen sowie die ostdeutschen Betriebe mit westdeutscher Beteiligung, die häufiger Materialtechnologie einsetzen.

6. Innovationshemmnisse

Es ist schwierig, die tatsächliche Wirkung von Innovationshemmnissen abzuschätzen. Doch läßt sich beobachten, daß deutsche Unternehmen seit Mitte der 90er Jahre auf Innovationsaktivitäten aufgrund von Innovationsproblemen verzichten (BMBF 1997). Die Abbildung 7 gibt einen Überblick über die regional unterschiedliche Ausprägung der Innovationshemmnisse.

Abbildung 7: Innovationshemmnisse

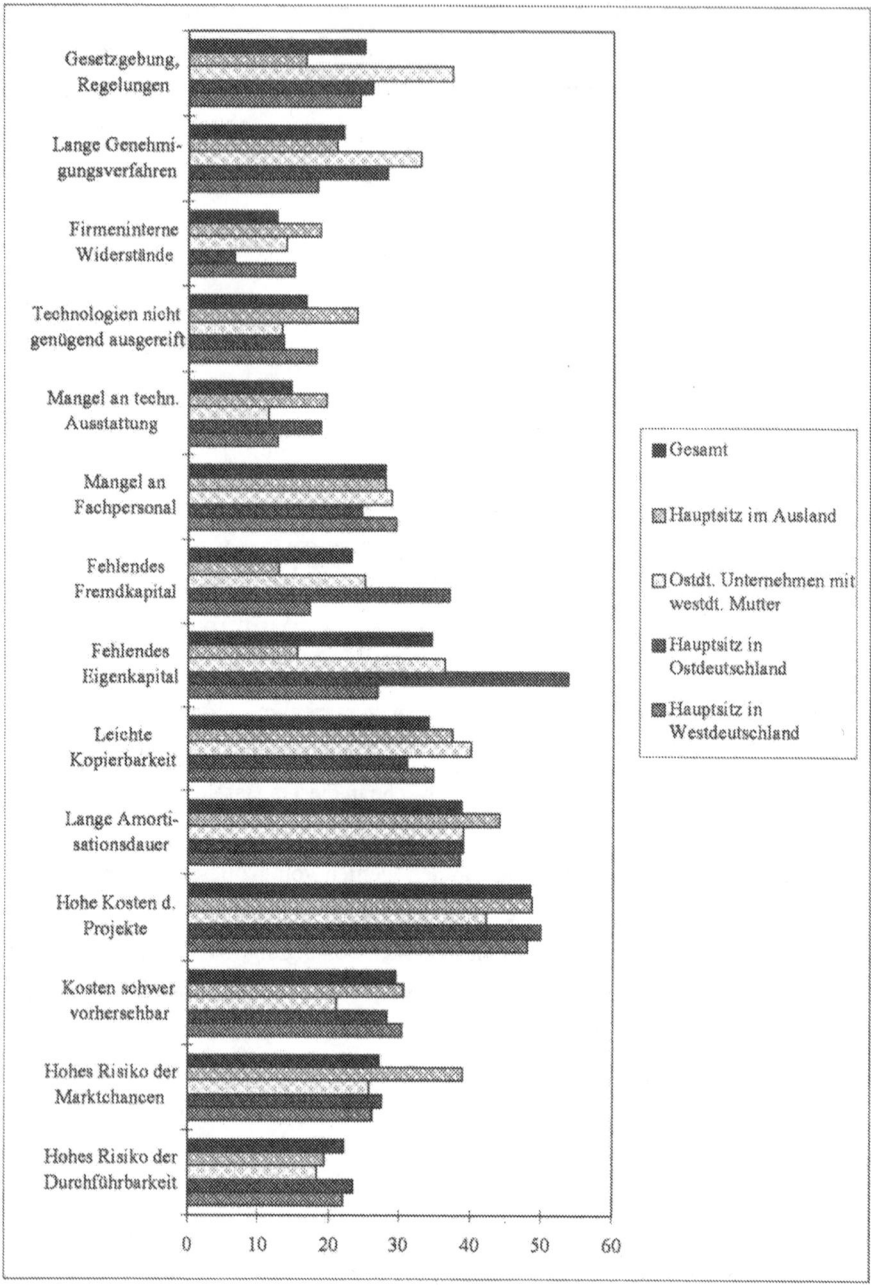

Quelle: ZEW, ISI: Mannheimer Dienstleistungspanel, eigene Berechnungen, Häufigkeiten in Prozent.

Die befragten Dienstleistungsunternehmen sehen sich hauptsächlich hohen Kosten für ihre Innovationsprojekte ausgesetzt, gefolgt von einer langen Amortisationszeit, fehlendem Eigenkapital und einer leichten Kopierbarkeit. Weniger bedeutsam sind die unternehmensinternen Widerstände und der Mangel an technischer Ausstattung. Allerdings läßt sich anhand des Schaubilds erkennen, daß es wesentliche regionale Unterschiede gibt. Fehlendes Eigen- und Fremdkapital stellt für selbständige ostdeutsche Unternehmen das bedeutendste Innovationshemmnis dar. Hierbei muß allerdings berücksichtigt werden, daß in den neuen Bundesländern mehr kleine Unternehmen als Großbetriebe angesiedelt sind, die aufgrund ihrer Struktur bereits größere Probleme mit der Kapitalausstattung haben. Doch im Vergleich ist der Mangel an Fremd- und Eigenkapital wesentlich stärker ausgeprägt.[8] Deutliche Unterschiede zeigen sich auch bei den unternehmensinternen Widerständen. Hiervon sehen sich vor allem Unternehmen mit ausländischem Hauptsitz in ihrer Innovationstätigkeit behindert, während ostdeutsche Firmen in dieser Hinsicht keine Probleme haben. Dafür sind die langen Verwaltungsverfahren ein Hemmnis für Unternehmen aus den neuen Bundesländern, wobei Firmen mit westdeutscher Beteiligung sich damit besonders schwertun. Nach Felder et al. (1995) dürften die Probleme mit langen Verwaltungs- und Genehmigungsverfahren an den noch nicht voll funktionsfähigen Behörden in Ostdeutschland liegen und somit nur von kurzfristiger Dauer sein.

7. Schlußfolgerungen

Lundvall 1992 zeigt, daß unterschiedliche Institutionen verschiedenartige Lernprozesse und damit auch andere Innovationen hervorrufen. Somit wäre zu erwarten, daß die Dienstleistungsfirmen Ostdeutschlands den Bedürfnissen der regionalen Unternehmen angepaßte Innovationen anbieten. Doch die Untersuchung konnte auf unterschiedlichen Ebenen (Innovationsaktivitäten, Innovationsinput, Einsatz von Technologien) zeigen, daß nur in Teilbereichen (z. B. bei der Technologieintensität, Anteil FuE-Beschäftigter) und in einigen Branchen (z. B. Verkehr/Kommunikation) ein anderes Innovationsverhalten offensichtlich ist. Trotz unterschiedlicher Rahmenbedingungen in Ost- und Westdeutschland hat sich der Dienstleistungssektor in den neuen Bundesländern hinsichtlich seines Innovationsverhaltens ähnlich den alten Ländern entwickelt. Dies verdeutlicht, daß ungeachtet einer gänzlich unterschiedli-

---

[8] Für das Verarbeitende Gewerbe wurde dies bereits von Fritsch et al. (1996); König/Spielkamp (1995); Felder et al. (1995); Holland/Kuhlmann (1995) gezeigt.

chen historischen Entwicklung sowie eines anderen institutionellen und organisatorischen Umfeldes gleichartige Lernprozesse möglich sind.

Aufgrund der ähnlichen Innovationsaktivitäten ost- und westdeutscher Dienstleistungsfirmen ist zu vermuten, daß der Dienstleistungssektor in den neuen Ländern - zumindest was die unternehmensnahen Dienstleistungsfirmen betrifft - nicht an die ostdeutschen regionalen Besonderheiten des Verarbeitenden Gewerbes angepaßt ist. Soete/Miozzo (1989) zeigen, daß wirtschaftliches Wachstum eng mit der Wettbewerbs- und Innovationsfähigkeit unternehmensnaher Dienstleistungen zusammenhängt. Ihren Untersuchungen zufolge sind konkurrenzfähige Netzwerke zwischen Verarbeitendem Gewerbe und Dienstleistungssektor eine wichtige Voraussetzung für wirtschaftliches Wachstum eines Landes oder einer Region. Somit wird in den neuen Ländern die Chance vergeben, daß wissensintensive Dienstleistungsunternehmen den Transformationsprozeß unterstützen und beschleunigen.

Literatur

Australian Bureau of Statistics (1996): A Strategy for Services Statistics. Paper prepared for Australian Statistics Advisory Council.

Backhaus, A.; Seidel, O. (1997): Innovationen und Kooperationsbeziehungen von Industriebetrieben, Forschungseinrichtungen und unternehmensnahen Dienstleistern: Die Region Hannover-Braunschweig-Göttingen im interregionalen Vergleich. 19. Hannover.

Bade, F.-J. (1991): Regionale Beschäftigungsprognose 1995. In: Bundesforschungsanstalt für Landeskunde und Raumordnung. Forschungen zur Raumentwicklung. Bonn: Eigenverlag der Bundesforschungsanstalt.

Barras, R. (1986): Towards a Theory of Innovation in Services. In: Research Policy, 15, S. 161-173.

Barras, R. (1990): Interactive innovation in financial and business services: The vanguard of the service revolution. In: Research Policy, 19, S. 215-237.

Bell, D. (1973): Die nachindustrielle Gesellschaft. Frankfurt/New York: Campus.

BMBF (Hrsg.) (1997): Zur technologischen Leistungsfähigkeit Deutschlands. Bonn.

Brouwer, E.; Kleinknecht, A.H. et al. (1994): Innovatie in de Nederlandse Industrie en Dienstverlening (1992). Universiteit Amsterdam. Den Haag: Ministerie van Economische Zaken.

Daniels, P.; Illeris, S.; Bonamy, J.; Philippe, J. (1993): The Geography of Services. London: Frank Cass & Co. Ltd.

Daniels, P.W. (1986): Producer Services and the Post-industrial Space Economy. In: Martin, R.; Rothorn, B. (eds.): The Geography of the de-industrialisation. London: Belhaven.

DIW (1996): Gesamtwirtschaftliche und unternehmerische Anpassungsfortschritte in Ostdeutschland. Wochenbericht 27. DIW, IfW, IWH. Berlin, Kiel, Halle.

Etter, R. (1995): Innovationstätigkeit im Bau- und Dienstleistungssektor - Vorbereitung, Durchführung und Resultate einer Pilotumfrage. Studienreihe Strukturberichterstattung. Bern: Bundesamt für Konjunkturfragen.

Felder, J.; Fier, A.; Nerlinger, E. (1997): Neue Unternehmen in Ostdeutschland. In: Zeitschrift für Wirtschaftsgeographie. Frankfurt, 41, S. 1-16.

Felder, J.; Harhoff, D.; Licht, G.; Nerlinger, E.; Stahl, H. (1995): Innovationsverhalten der deutschen Wirtschaft. Mannheim: ZEW.

Fourastié, J. (1969): Die große Hoffnung des zwanzigsten Jahrhunderts. 2. Aufl. Köln: Bund-Verlag.

Fritsch, M.; Bröskamp, A.; Schwirten, Ch. (1996): Innovationen in der sächsischen Industrie. Erste empirische Ergebnisse. Freiberger Arbeitspapiere. 96/13. Freiberg.

Fritsch, M.; Bröskamp, A.; Schwirten, Ch. (1997): Öffentliche Forschung im Sächsischen Innovationssystem. Erste empirische Ergebnisse. Freiberger Arbeitspapiere. 97/2. Freiberg.

Gallouj, C.; Gallouj, F. (1997): EU Projekt SI4S. Internes Papier.

Gershuny, J.I. (1978): After Industrial Society? London: Mcmillan.

Holland, D.; Kuhlmann, S. (1995): Wirtschaftsnahe Forschung in den neuen Bundesländern: Situation, Perspektiven, Handlungsbedarf. In: Holland, D.; Kuhlmann, S. (Hrsg.): Systemwandel und industrielle Innovation. Studien zum technologischen und industriellen Umbruch in den neuen Bundesländern. Fraunhofer Institut für Systemtechnik und Innovationsforschung (ISI). Heidelberg: Physica-Verlag.

Illeris, S. (1989): Services and Regions in Europe. Aldershot, Brookfield, Hong Kong, Singapore, Sydney: Avebury.

König, H.; Kukuk, M.; Licht, G. (1996): Kooperationsverhalten von Unternehmen des Dienstleistungssektor. In: Helmstädter, E.; Poser, G.; Ramser H.J. (Hrsg.): Beiträge zur angewandten Wirtschaftsforschung. Berlin: Duncker & Humblot.

König, H.; Spielkamp, A. (1995): Die Innovationskraft kleiner und mittlerer Unternehmen. Situation und Perspektiven in Ost und West. ZEW Dokumentation Nr. 95-07. Mannheim: ZEW.

Licht, G.; Hipp, C.; Kukuk, M.; Münt, G. (1997): Innovationen im Dienstleistungssektor. Schriftenreihe des ZEW. Baden-Baden: Nomos.

Licht, G.; Moch, D. (1997): Innovation and Information Technology in Services. CSLS Conference on Service Centre productivity and the Productivity Paradox, April 11-12, 1997. Ottawa, Canada.

Licht, G.; Stahl, H. (1995): Enterprise Panels Based on Credit Rating Data. In: EUROSTAT (Hrsg.): Techniques and Uses of Enterprise Panels. Proceedings of the First Eurostat International Workshop on Techniques of Enterprise Panels. Luxemburg, S. 163-177.

Lundvall, B.-A. (1992): National Systems of Innovation. Towards a Theory of Innovation and Interactive Learning. London: Pinter Publishers.

Martin Jr., C.R.; Horne, D.A. (1993): Services Innovation: Successful versus Unsuccessful Firms. In: International Journal of Service Industry Management, 4, S. 49-65.

Martinelli, F. (1991): Branch Plants and Services Underdevelopment in Peripheral Regions: The Case of Southern Italy. In: Daniels, P.W.; Moulaert, F. (eds.): The Changing Geography of Advanced Producer Services: Theoretical and Empirical Perspectives. London: Belhaven.

Miles, I. (1993): Services in the New Industrial Economy. In: Futures, S. 653-672.

Miles, I. (1995): Service Innovation: Statistical and Conceptual Issues. OECD-Dokument, DSTI/EAS/STP/NESTI (95) 23. Paris.

Miles, I.; Matthews, M. (1992): Information Technology and the Information Economy. In: K. Robins (Hrsg.): Understanding Information Economy. London.

Pavitt, K. (1984): Sectoral Patterns of Technical Change: Towards a Taxonomy and a Theory. In: Research Policy, 13, S. 343-373

Quinn, J.B. (1986): Technology Adoption: The Services Industries. In: Landan, R.; Rosenberg, N. (eds.): The positive sum strategy. Washington.

Sirilli, G.; Evangelista R. (1995): Measuring Innovation in Services. Institute for Studies on Scientific Research and Documentation, Arbeitspapier des National Research Council of Italy, Rom.

Soete, L.; Miozzo, M. (1989): Trade and Development in Services: A Technological Perspective. Maastricht: MERIT, S. 89-31.

Statistics Canada (1995): A Look at Canadian Statistics. R&D in a Service Economy. OECD-Dokument STI/EAS/STP/NESTI (95) 3. Paris.

Strambach, S. (1996): Organisation versus Selbstorganisation des regionalen Wissens- und Informationstransfers. Die Beratungsbeziehungen kleiner und mittlerer Unternehmen im regionalen Kontext von Baden-Württemberg und Rhône-Alpes. In: Heinritz, G.; Kulke. E.; Wiesner, R. (Hrsg.): Wettbewerbsfähigkeit und Raumentwicklung, Verhandlungsband 3. Stuttgart, S. 162-171.

Sundbo, J. (1994): Innovative Networks, Technological and Public Knowledge Support System in Services. In: Business Annals. Department of Social Sciences. Roskilde: Roskilde University.

Sundbo, J. (1997): The Organization and Strategy of Innovation in Service. EU-Projekt, SI4S, Internes Arbeitspapier.

ZEW; FHG-ISI; INFAS (1995): Empirische Analyse der Effekte von neuen Technologien auf Wachstum und Beschäftigung im Dienstleistungssektor. Zwischenbericht. Mannheim, Bonn, Karlsruhe.

Einflußfaktoren auf die Innovationsneigung in kleinen und mittleren Unternehmen in Ostdeutschland - am Beispiel von Management Buy-Outs

*Franz Barjak, Klaus Holst**

1. Einleitung

Der folgende Beitrag beschäftigt sich mit Forschungs- und Entwicklungsaktivitäten im ostdeutschen Unternehmenssektor. Erfolgreiche Forschung und Entwicklung (FuE) schaffen technischen Fortschritt, der die Faktorproduktivität vergrößert oder Produktinnovationen, die neue Märkte eröffnen. Produktivitätssteigerungen im Produktionsprozeß tragen mit dazu bei, die Wettbewerbsfähigkeit und damit die Marktchancen von Unternehmen zu erhöhen. Innovationen können also gerade in den neuen Bundesländern, deren Unternehmen einen deutlichen Produktivitätsrückstand aufweisen, einen Beitrag zur Verbesserung der Wettbewerbsfähigkeit leisten. Die Entwicklung innovativer Produkte und Verfahren muß zwar nicht zwingend auf unternehmensinternen FuE-Aktivitäten beruhen. Technologietransfer, etwa über Lizenzen oder Kooperation zwischen Unternehmen, könnte eigene Forschung ersetzen. Dem läßt sich jedoch entgegenhalten: Das Forschungspotential schafft nicht nur Innovationen, sondern es bestimmt auch die Fähigkeit, sich neue Technologien aneignen zu können (absorptive Kapazität, siehe Gomulka 1990:192-198). Zudem steigt die Wahrscheinlichkeit für Pioniergewinne mit dem Umfang des regionalen Forschungspotentials. Dies setzt Signale für die Standortqualität.

Ob ein Unternehmen zu Innovationen in der Lage ist, wird von vielen Faktoren bestimmt. In empirischen Untersuchungen wurden verschiedene unternehmensinterne

---

* Wir danken unseren Kollegen im IWH, insbesondere Annette Bergemann, Gerhard Heimpold und Thomas Meißner, sowie den Teilnehmern der Freiberger Konferenz für wertvolle Kommentare und Hinweise. Verbliebene Fehler und Irrtümer gehen selbstverständlich zu Lasten der Autoren.

Einflußgrößen auf die Innovationstätigkeit und den Innovationserfolg betrachtet, wie etwa die Selbstfinanzierungskraft (Harhoff/Licht et al. 1996), die Organisationsstruktur (Meier 1982), das Informationsverhalten (Eggert 1992), das Marketing (Susen 1995) oder die Mitarbeiterbeteiligung (Domsch/Ladwig/Siemers 1995). Auch die Kenntnisse und Fähigkeiten der Mitarbeiter oder die Unternehmensstrategie haben Einfluß darauf, ob ein Unternehmen Innovationen einführen kann oder will. Weiterhin wirken sich externe Faktoren auf die Innovationsfähigkeit und -tätigkeit aus. Die lokalen Standortbedingungen, die Märkte des Unternehmens, die Einbindung in Netzwerke und die staatliche Forschungs- und Technologiepolitik werden hier genannt (Tödtling 1995).

In der vorliegenden Abhandlung geht es zunächst darum, die Bedeutung kleiner und mittlerer Unternehmen (KMU) für Forschung und Entwicklung (FuE) in Ostdeutschland im Vergleich zu Westdeutschland herauszustellen (Abschnitt 2). Anschließend wird die Innovationsneigung ostdeutscher KMU am Beispiel der Management Buy-Out Unternehmen dargestellt und untersucht, welche Relevanz verschiedene Einflußfaktoren auf die Einführung von Innovationen besitzen (Abschnitt 3). Der Aufsatz schließt mit Implikationen der Untersuchungsergebnisse für die Wirtschaftspolitik.

2. Bedeutung von kleinen und mittelständischen Unternehmen im ostdeutschen Innovationssystem

Die Bedeutung von KMU für die Innovationstätigkeit läßt sich anhand von Outputindikatoren (Patente) und Inputindikatoren (FuE-Aufwand an Personal oder Finanzmitteln) untersuchen. Die Indikatoren lassen zwar nur beschränkt Rückschlüsse auf die Innovationstätigkeit zu, weil KMU beispielsweise systematisch geringere Patentierungsaktivitäten aufweisen und weil ein hoher FuE-Aufwand nicht automatisch zu Innovationen führen muß (vgl. Acs/Audretsch 1992; Gielow 1987:226). Da diese Indikatoreigenschaften aber nicht von der geographischen Lage abhängen, dürfte der innerdeutsche Vergleich unverzerrt sein.[1]

---

[1] Im Zentrum steht die tatsächliche Bedeutung von KMU im jeweiligen Innovationssystem und nicht die Frage, ob kleine oder große Unternehmen innovativer sind, die in der Folge der Schumpeter'schen These diskutiert wurde (vgl. dazu Acs/Audretsch 1992; Frisch 1993).

Im Zuge der Aufspaltung der Kombinate in kleinere Einheiten und Privatisierung ist der Anteil von Einzelanmeldern[2] an den Patentanmeldungen aus den neuen Bundesländern von 1991 bis 1994 von 30 Prozent auf rund 42 Prozent gestiegen. 1996 betrug er rund 43 Prozent (Angaben des Deutschen Patentamtes). Parallel hierzu hat die Bedeutung von „Großanmeldern" mit mehr als 100 Anmeldungen abgenommen. 1996 gibt es in Ostdeutschland keine Anmeldungen in dieser Kategorie (vgl. Tabelle 1). In Westdeutschland sind die Größenklassen der Patentanmelder gleichmäßig besetzt. Dies ist ein Hinweis auf eine vergleichsweise hohe Bedeutung der KMU am Forschungsoutput im ostdeutschen Unternehmenssektor.

Tabelle 1: Patentanmeldungen nach Größenklassen der Patentanmelder 1996 (in Prozent)

Anmelder nach Anzahl ihrer Anmeldungen 1996	Neue Bundesländer	Alte Bundesländer
1	42,6	23,1
2-10	44,2	28,0
11-100	13,2	23,3
>100	0	25,5

Quelle: Eigene Berechnungen auf der Basis von Angaben des Deutschen Patentamtes.

Der interne FuE-Aufwand[3] bildet einen weiteren Indikator zur Abschätzung der Rolle von KMU im Innovationssystem (vgl. Tabelle 2). In den neuen Bundesländern sind es Unternehmen mit bis zu 99 Beschäftigten, die nicht nur einen vergleichsweise hohen Anteil am internen FuE-Aufwand des privaten Sektors tragen, sondern auch erheblich an dessen Wachstum beteiligt sind. In Westdeutschland sind vor allem große Unternehmen mit 1 000 und mehr Beschäftigten die Träger von FuE, wenn auch kleinere Unternehmen eine Zunahme der internen FuE-Aufwendungen 1992/93 verzeichneten.

Das Niveau der ostdeutschen FuE-Aktivitäten ist aus gesamtdeutscher Sicht vergleichsweise gering. Deswegen führen auch zweistellige Zuwachsraten bei den in-

---

[2] Patentanmelder mit genau einer Patentanmeldung im Berichtsjahr.

[3] Interne FuE-Aufwendungen bestehen aus Personal- und Sachaufwendungen (Aufwendungen für Material und Ausrüstungen), sowie Investitionen (erworbene und selbsterstellte Anlagen) für FuE (vgl. SV-Wissenschaftsstatistik 1994:60 und 65).

ternen FuE-Aufwendungen zu keiner nennenswerten Reduzierung der absoluten Differenz gegenüber den alten Bundesländern. Kleine und mittlere Unternehmen haben im ostdeutschen Innovationssystem eine größere Bedeutung als in Westdeutschland. Dies ist zum Teil darauf zurückzuführen, daß die ostdeutsche Wirtschaft insgesamt kleinbetrieblich strukturiert ist. Allerdings wiesen KMU auch in relativer Betrachtung (FuE-Aufwand zum Umsatz) mindestens die gleiche Forschungsintensität wie größere Unternehmen auf (vgl. Harhoff/Licht et al. 1996:37).

Tabelle 2: Interner FuE-Aufwand in Unternehmen nach Beschäftigtengrößenklassen

Beschäftigte	Neue Bundesländer			Alte Bundesländer		
	1993 in Mio. DM	Wachstum 1992/93 in %	Anteile 1993 in %	1993 in Mio. DM	Wachstum 1992/93 in %	Anteile 1993 in %
1-99	637	58,2	32,7	1.837	7,0	3,8
100-999	655	-14,3	33,6	6.370	9,3	13,2
über 999	656	102,2	33,7	40.000	-3,3	83,0
Insgesamt	1.947	30,6	100	48.207	-1,5	100

Quelle: SV-Wissenschaftsstatistik 1994 und 1995 - eigene Berechnungen.

Die auf Makroebene verfügbaren Statistiken geben keinen Aufschluß über die fördernden und hemmenden Faktoren, denen KMU im Innovationsprozeß unterworfen sind. Solche Informationen liefert eine Analyse der ostdeutschen Management Buy-Outs, die das IWH zwischen Herbst 1995 und Frühjahr 1996 durchführte.

3. Einflußfaktoren auf die Innovationsneigung in ostdeutschen Management Buy-Outs

3.1 Datensatz und Methoden

Als Management Buy-Outs (MBOs) gelten hier diejenigen Unternehmen, bei denen das ostdeutsche Management

- „Anteile des Anlagevermögens oder des Eigenkapitals eines Unternehmens oder Unternehmensteils von der Treuhandanstalt übernommen hat und

- dabei in die Stellung des Eigentümers mit unternehmerischer Funktion gewechselt ist." (Barjak et al. 1996:11).

Die MBOs sind zwar nur eine kleine Teilgruppe der ostdeutschen Unternehmen, sie weisen aber eine Reihe von Charakteristika auf, die in den neuen Ländern weiter verbreitet sind. So gehören sie überwiegend zu den kleinen und mittelständischen Unternehmen und haben eine ähnliche Problemstruktur wie ostdeutsche Existenzgründer, etwa unzureichende Kapitalausstattung, geringe Erfahrungen der Führungskräfte im marktwirtschaftlichen System oder Schwierigkeiten bei der Erschließung neuer Absatzmärkte (vgl. Claus 1996; Kokalj/May-Strobl/Paulini 1997). Es liegen aber auch Parallelen zu anderen derivativen Gründungen vor. So standen und stehen MBOs vor der Herausforderung, bestehende Produkt- und Unternehmensstrukturen an die Anforderungen des Marktes anzupassen.

Die empirische Basis der Analyse bildet eine schriftliche Befragung von rund 1 900 MBOs mit einer Rücklaufquote von 36,5 Prozent. Rund 44 Prozent gehörten dem Verarbeitenden Gewerbe an, 15 Prozent dem Handel, 21 Prozent den sonstigen Dienstleistungen sowie 16 Prozent dem Baugewerbe. Die nachstehende Analyse beschränkt sich auf die Unternehmen des Verarbeitenden Gewerbes. Sie hatten Ende 1994 zu drei Fünftel weniger als 50 Beschäftigte und zu rund 95 Prozent weniger als 200 Beschäftigte (61 Beschäftigte im Durchschnitt).

Die Fußnoten und Anmerkungen zu den Tabellen enthalten jeweils statistische Zusammenhangsmaße und Testergebnisse für den Zusammenhang zur Innovationsneigung (einschließlich der Irrtumswahrscheinlichkeit α und der Fallzahl n der Stichprobe). Für nominal skalierte Variablen wurden Kreuztabellen erstellt und Kontingenzanalysen durchgeführt. Dabei wurden für 2x2-Tabellen der Phi-Koeffizienten (φ) herangezogen. Da bei größeren Tabellen Phi größer Eins werden kann, eignet es sich nicht mehr zur Messung eines Zusammenhangs. Bei der Berechnung von Cramer's V wird diesem Sachverhalt Rechnung getragen. Cramer's V nimmt ebenfalls Werte zwischen 0 und 1 an. Für beide Zusammenhangsmaße gilt ein überzufälliger Zusammenhang ab einem Wert größer als 0,3 (Backhaus et al. 1996:175-179). Um die Abhängigkeit einer ordinal oder metrisch skalierten Variable von einer nominal skalierten zu ermitteln, wurden U-Tests nach Mann, Whitney und Wilcoxon durchgeführt (vgl. Sachs 1990:380-393). Für metrisch skalierte Variablen wurden außerdem Varianzanalysen mit einer unabhängigen Variable (Faktor) vorgenommen, in denen geprüft wurde, ob die Differenz zweier arithmetischer Mittel signifikant unterschiedlich zu Null ist (F-Test; Bleymüller et al. 1981:113; 119-124). Außerdem wurde eine Logit-Analyse durchgeführt, die sich zur Erklärung der Abhängigkeit einer binären Variablen von mehreren, beliebig skalierten unabhängigen Variablen eignet (vgl. Maddala 1983:22). Ausgehend von den OLS-Schätzungen wurde hierbei nach Newton iteriert. Die Modellschätzung basiert auf der Maximum-Likelihood-Methode.

3.2 Innovationsneigung in ostdeutschen MBOs

Eine Innovation kann als eine mit technischem, sozialem und wirtschaftlichem Wandel einhergehende Neuerung verstanden werden. Aus gesamtwirtschaftlicher Sicht kann es sich dabei um das Übertreffen des „Stands der Technik" handeln, der sich aus vergleichbaren (erfolgreichen) Verfahren, Einrichtungen oder Betriebsweisen ergibt.[4] Aus einzelwirtschaftlicher Sicht mag der „Stand der Technik" dagegen der Summe der Eigenschaften entsprechen, die den einzelbetrieblichen Produktionsprozeß und die Produktpalette des Unternehmens zum Beginn einer (Befragungs-) Periode kennzeichnen. Einzelwirtschaftlich kann der Innovationsbegriff also vergleichsweise weit gefaßt sein. Betriebliche Optimierungen und Veränderungen in der Produktpalette wären Innovationen, die den gesamtwirtschaftlichen „Stand der Technik" nicht zwingend erreichen.

Die schriftliche Befragung der MBOs richtete sich auf Produktinnovationen seit der Privatisierung und enthielt den Hinweis, daß es sich hierbei um Produkte handeln muß, die eine Marktneuheit darstellen. Damit war intendiert, die Differenz zwischen der unternehmerischen und der gesamtwirtschaftlichen Perspektive in bezug auf den Innovationsbegriff möglichst gering zu halten. Dies mag freilich nur unvollständig gelungen sein, da auch der Begriff „Marktneuheit" nicht frei von Interpretationsspielräumen ist.

Seit ihrer Privatisierung haben 51,8 Prozent der MBOs des Verarbeitenden Gewerbes Marktneuheiten eingeführt (vgl. Tabelle 3). Wie ist dieses Niveau der Innovationsneigung zu bewerten? Ein Vergleich der MBO-Befragung mit den Befragungs-

---

[4] Der „Stand der Technik" ist die Summe dessen, was am Tag einer Patentanmeldung durch schriftliche oder mündliche Beschreibung, durch Benutzung oder in sonstiger Weise allgemein bekannt war (Pelka 1995:926).

ergebnissen des Ifo-Instituts ist aufgrund des unterschiedlichen Zeitraums, der Branchenabgrenzung und der Definition des Innovationsbegriffs schwierig.[5] Der enger gefaßte Innovationsbegriff der MBO-Studie dürfte wenigstens zum Teil für die geringere Innovationsneigung der MBOs verantwortlich sein. Weiterhin ist der Anteil von kleinen Unternehmen mit bis zu 49 Beschäftigten, die in ihrer Innovationsneigung hinter andere Unternehmen zurückfallen, relativ groß.

Tabelle 3: Innovationsneigung in MBOs und im Verarbeitenden Gewerbe - Innovative Unternehmen in Prozent aller befragten Unternehmen -

	MBOs[a]	Ostdeutsches Verarbeitendes Gewerbe[b]	Westdeutsches Verarbeitendes Gewerbe[b]
Verarbeitendes Gewerbe	51,8	71,2	73,9
davon Unternehmen mit 20-49 Beschäftigten	40,5	58,2	-
50-199 Beschäftigten	70,0	73,5	-
davon Grundstoff- und Produktionsgütergewerbe	63,4	67,5	78,0
Investitionsgütergewerbe	50,0	74,7	75,3
Verbrauchsgütergewerbe	43,5	69,5	66,8
Nahrungs- und Genußmittelgewerbe	61,3	66,9	72,1

[a] Zeitraum von der Privatisierung bis 1994.

[b] Jahreswerte für 1994. Verarbeitendes Gewerbe ohne Herstellung von Spalt- und Brutstoffen, eisenschaffende Industrie, Gießerei, Ziehereien und Kaltwalzwerke, Luft- und Raumfahrzeugbau.

Quelle: MBO-Umfrage des IWH; Penzkofer/Schmalholz 1995:10 und 1996:7.

Eine Differenzierung nach den Hauptgruppen des Verarbeitenden Gewerbes legt offen, daß das Verbrauchsgüter produzierende Gewerbe vergleichsweise wenige innovative MBOs besitzt. Wie Tabelle 3 zu entnehmen ist, rangiert diese Branche dagegen beim ifo-Institut direkt hinter dem Investitionsgütergewerbe an zweiter Stelle. Dies kann ebenfalls eine Folge der unterschiedlichen Innovationsbegriffe sein.

---

5 Definition von Innovation in den ifo-Umfragen: Neuerungen oder wesentliche Verbesserungen von Produkten oder Produktionsverfahren.

Ein weit gefaßter Innovationsbegriff verleitet vermutlich insbesondere im Verbrauchsgüter produzierenden Gewerbe dazu, technische Verbesserungen an Endprodukten, die aus verbesserten Vorleistungen anderer Wirtschaftszweige resultieren, als eigene Innovation auszuweisen und auch Designänderungen, etwa im Bekleidungsgewerbe, als Innovation zu klassifizieren.

3.3 Beschreibung der Einflußfaktoren

Aus der Vielzahl an Einflußgrößen auf die Innovationstätigkeit (vgl. Abschnitt 1) können in dieser Sekundärauswertung nur drei näher betrachtet werden: die Informationssammlung der Unternehmen, ihre Finanzausstattung und die staatliche FuE-Förderung. Sie werden zunächst beschrieben, wobei zwischen innovativen und nicht-innovativen MBOs differenziert wird. Eine Bewertung hinsichtlich ihrer Relevanz für die Innovationsneigung folgt in Abschnitt 3.4.

Informationssammlung: Um Anhaltspunkte über die Marktnähe der Unternehmen zu gewinnen, werden Unternehmensaktivitäten betrachtet, die der Informationssammlung über Produkt- und Absatzmöglichkeiten dienen. Sie sind zunächst in der Phase der Ideenfindung relevant, in der der Anstoß für eine Innovation gegeben wird.[6] Dieser Anstoß kann sowohl aus dem Unternehmen selbst kommen (technology-push), als auch unternehmensextern über die am Markt geäußerte und vom Unternehmen registrierte Nachfrage (demand-pull). Zur Frage, ob KMU eher Vor- oder Nachteile bei demand-pull gesteuerten Innovationen aufweisen, gibt es bislang keine eindeutige Auffassung. KMU verfügen zwar über weniger Ressourcen der Informationssammlung; bei der Informationsverarbeitung und Umsetzung in innovationsbezogene Aktivitäten sollten sie aber einen Vorteil haben, da ihre internen Kommunikations- und Entscheidungsstrukturen weniger komplex sind. Allein die subjektiven Einschätzungen der Unternehmen zu Informationsproblemen haben in der Vergangenheit widersprüchliche Ergebnisse gebracht (Gielow 1987:230). Im Rahmen der Analyse wird deshalb der Zusammenhang zwischen der Innovationsneigung und den Aktivitäten, die die Unternehmen zur Informationssammlung ergriffen haben, untersucht. Die Innovationsneigung müßte um so höher sein, je mehr die Unternehmen mit dem Markt kommunizieren.

---

6 Traditionell wird der Innovationsprozeß in die drei Hauptphasen Ideenfindung (oder Ideengenerierung), Ideenakzeptierung und Ideenrealisierung gegliedert (Thom 1980:51-53).

Abbildung 1: Verwendete Instrumente der Informationsbeschaffung bei innovativen und nicht-innovativen MBOs des Verarbeitenden Gewerbes (in Prozent)

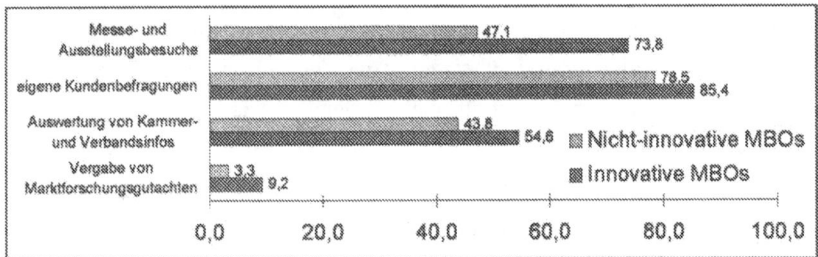

ᵃ Messe- und Ausstellungsbesuche: φ = 0,27, α < 0,01, n = 251; Anzahl der eingesetzten Instrumente der Informationsbeschaffung: Cramer's V = 0,28, α < 0,01, n = 251.

Quelle: MBO-Umfrage des IWH.

Tatsächlich zeigt sich, daß innovative MBOs die abgefragten Instrumente der Informationsbeschaffung häufiger einsetzten (vgl. Abbildung 1). So haben 73,8 Prozent der innovativen MBOs Messen und Ausstellungen besucht, aber nur 47,1 Prozent der nicht-innovativen MBOs. Betrachtet man die bivariaten Zusammenhangsmaße, dann besteht nur für Messe- und Ausstellungsbesuche ein schwacher und signifikanter Zusammenhang zur Durchführung von Innovationen, nicht aber für Marktforschung, die Auswertung von Kammer- und Verbandsinformationen und eigene Kundenbefragungen. Außerdem haben Unternehmen, die ein breites Spektrum an Instrumenten der Informationsbeschaffung (Anzahl der abgefragten Instrumente, Werte zwischen 0 und 4) verwendeten, häufiger Marktneuheiten eingeführt als Unternehmen, die nur wenige Informationsquellen genutzt haben.

Finanzausstattung: Hat sich ein Unternehmen für eine Innovationsstrategie entschieden, dann folgen weitere Forschung und Entwicklung, Tests und Erprobung sowie Maßnahmen der Markteinführung. Sie können erhebliche finanzielle Ressourcen erfordern, die über die Selbstfinanzierungskraft des Unternehmens hinausgehen. Eine Finanzierung über den Kapitalmarkt stößt an Grenzen, wenn den potentiellen Fremdkapitalgebern keine dem Risiko entsprechenden Sicherheiten gegeben werden können und am Kapitalmarkt unvollkommener Wettbewerb herrscht (vgl. zur Argumentation zum Kapitalmarktversagen Klodt 1995:18). Außerdem haben KMU eine weniger stetige Kapitalnachfrage als Großunternehmen, was die Gefahr erhöht, daß ein hoher Kapitalbedarf für Entwicklungsaktivitäten mit einer Kapitalknappheit der Volkswirtschaft zusammenfällt (vgl. Arrow 1993:121). Daher ist es unmittelbar plausibel, daß finanzielle Restriktionen, insbesondere fehlendes Eigen- und Fremdkapital, in Befragungen von Unternehmen als Hemmnisse für Innovationsaktivitäten hoch gewichtet werden (Harhoff/Licht et al. 1996:77; Penzkofer/Schmalholz 1996:9; Fritsch et al. 1996:29). Allerdings gibt es auch Hinweise darauf, daß fehlende Finanzmittel als Innovationshindernis überschätzt werden. So wurde in älteren Untersuchungen in Westdeutschland ermittelt, daß bei der Finanzierung von Innovationsprojekten keine größeren Schwierigkeiten zu überwinden waren als bei anderen Projekten (vgl. Gielow 1987:229). Ferner wurde eine Arbeitsteilung im Innovationsprozeß entsprechend dem Zugang zu Finanzierungsmöglichkeiten festgestellt: KMU spezialisieren sich tendenziell auf die weniger kostenintensive angewandte Forschung und Entwicklung, während Großunternehmen auch mehr Grundlagenforschung und die Kommerzialisierung von Neuprodukten betreiben (Lichtenberg 1995:16-17).

Bei den MBOs läßt sich hinsichtlich Finanzausstattung und Innovationsneigung feststellen: Die durchschnittliche Eigenkapitalquote am Ende des ersten Geschäftsjahres betrug bei innovativen MBOs rund 28,4 Prozent und war damit um 6,7 Prozentpunkte oder ein Viertel höher als bei denen, die keine neuen Produkte schufen (rund 21,7 Prozent).[7] Dabei war die Eigenkapitalquote bei den Unternehmen am höchsten, die Innovationen nicht nur aus internen Ressourcen, sondern (auch) unter Rückgriff auf externe FuE realisierten (Vergabe von FuE-Aufträgen, Lizenzerwerb).

Die Jahresergebnisse waren bei innovativen MBOs schlechter als bei nicht-innovativen. Während sich die Renditen im ersten Geschäftsjahr zwischen innovativen und nicht-innovativen MBOs nicht signifikant unterschieden, hatten innovative MBOs mit rund -3,2 Prozent im Jahr 1994 eine signifikant niedrigere durchschnittliche Umsatzrendite als nicht-innovative (rund -0,2 Prozent).[8] Weiterhin wiesen innovative MBOs sowohl im ersten Geschäftsjahr, als auch 1994 eine niedrigere Relation von Cash-Flow zu Bilanzsumme auf als nicht innovative MBOs. Der Cash-Flow, hier gemessen als die Summe von Jahresüberschuß und Abschreibungen, betrug bei innovativen MBOs im ersten Geschäftsjahr (1994) rund 4 Prozent (4,9 Prozent) der Bi-

---

[7] Eigenkapitalquote am Ende des 1. Geschäftsjahres: U-Test und einfaktorielle Varianzanalyse, $\alpha < 0{,}05$, n = 172.

[8] Umsatzrendite 1994: U-Test und einfaktorielle Varianzanalyse, $\alpha < 0{,}05$, n = 178.
Die durchschnittliche Umsatzrendite der MBOs des Verarbeitenden Gewerbes lag im ersten Geschäftsjahr bei -4,1 Prozent, im Jahr 1994 bei -1,7 Prozent.

lanzsumme, bei den nicht-innovativen dagegen 12,3 Prozent (9,4 Prozent).[9] Niedrigere Rendite und Cash-Flow könnten sowohl auf einen höheren Innovationsdruck in erfolglosen Unternehmen (Frisch 1993:102) als auch darauf zurückzuführen sein, daß die Durchführung von Innovationen vor allem in der Produktentwicklung zunächst Kosten verursacht. Erträge sind erst in den Folgeperioden nach einer gelungenen Markteinführung zu erwarten. Dieses Stadium stabiler Erträge hatten innovative MBOs 1994 offenbar mehrheitlich noch nicht erreicht. Die Finanzierung von Innovationen fand nicht aus aktuellen Erträgen, sondern aus der Substanz (Eigenkapital) und anderen Quellen - vor allem der staatlichen FuE-Förderung (siehe unten) - heraus statt.

Eine detailliertere Analyse der Ursachen von Liquiditätsproblemen zeigt, daß die Unternehmen des Verarbeitenden Gewerbes unabhängig von ihrer Innovationsneigung den Außenständen und zu geringem Eigenkapital[10] die größte Verantwortung für Liquiditätsprobleme zuordneten (vgl. Abbildung 2). Innovative MBOs bewerteten keine der abgefragten Ursachen von Liquiditätsproblemen signifikant *niedriger* als nicht-innovative MBOs. Demnach verhinderten Sachverhalte, die die Liquidität verringerten, nicht unbedingt Innovationsvorhaben. Den Antwortmöglichkeiten „zu kurze Zahlungsziele der Lieferanten" und „Lieferanten bestehen auf Vorkasse" maßen innovative Unternehmen eine signifikant *größere* Bedeutung zu. Dies spricht dafür, daß MBOs durch Innovationen an Liquidität verlieren, was sich letztlich in größeren finanziellen Restriktionen beim Bezug von Vorprodukten niederschlägt.

---

9   Relation von Cash-Flow zu Bilanzsumme im 1. Geschäftsjahr: U-Test, α = 0,104, einfaktorielle Varianzanalyse, α < 0,05, jeweils n = 172. Relation von Cash-Flow zu Bilanzsumme 1994: U-Test, α = 0,128, einfaktorielle Varianzanalyse, α = 0,058, jeweils n = 172.

10 Die subjektive Einschätzung zum Eigenkapital als Ursache für Liquiditätsprobleme wurde mit der objektiven Eigenkapitalausstattung (Eigenkapitalquote 1994) korreliert (Spearman'scher Rangkorrelationskoeffizient von r = -0,351, α < 0,01, n = 172). Je niedriger die Eigenkapitalquote, desto höher wurde ihre Bedeutung als Ursache für Liquiditätsprobleme eingestuft. Dieses Ergebnis wird jeweils bestätigt, wenn man die MBOs in innovative und nicht-innovative unterteilt. Es spricht für die Verläßlichkeit der subjektiven Einschätzungen.

Abbildung 2: Ursachen für Liquiditätsprobleme im Urteil innovativer und nicht-innovativer MBOs des Verarbeitenden Gewerbes (jeweils arithmetisches Mittel der Bewertung)

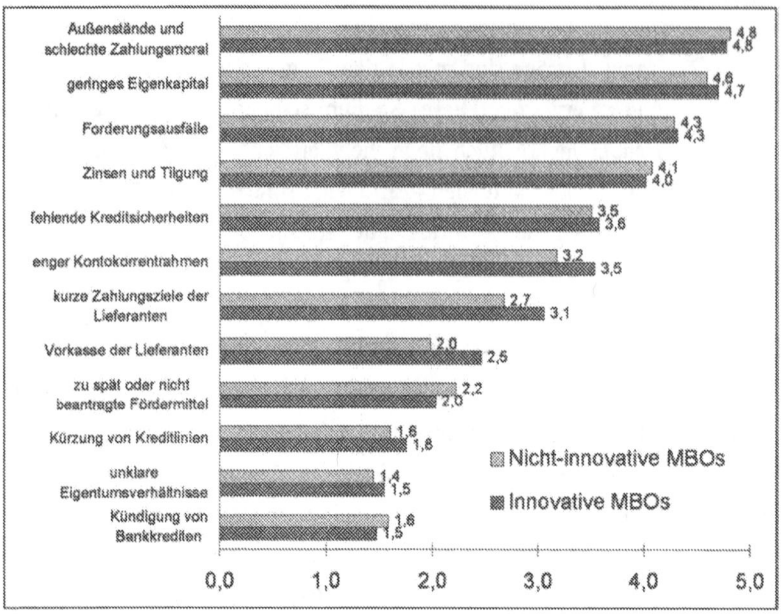

Liquiditätsprobleme wegen kurzer Zahlungsziele der Lieferanten: U-Test, $\alpha < 0,05$, n = 244; Vorkasse der Lieferanten: U-Test, $\alpha < 0,05$, n = 244.

Quelle: MBO-Umfrage des IWH.

Staatliche Fördermaßnahmen: Sie können Eigenmittel und Fremdmittel zu Marktkonditionen bei der Innovationsfinanzierung ergänzen, Finanzierungslücken schließen, unternehmerisches Risiko bei der Umsetzung von Innovationen partiell übernehmen und so eine unzureichende Bereitstellung von privatem Risikokapital kompensieren. Die MBO-Studie bietet Informationen zur Verbreitung einzelner Fördermaßnahmen und der Wertschätzung, die die MBOs ihnen entgegenbrachten.

Die Investitionsförderung war die unter den ostdeutschen MBOs am weitesten verbreitete Fördermaßnahme (vgl. Tabelle 4). Eigenkapitalhilfen wurden innovativen MBOs seltener gewährt als den nicht-innovativen, was im Einklang mit der vergleichsweise besseren Eigenkapitalausstattung innovativer MBOs steht. Innovative MBOs kamen signifikant häufiger in den Genuß von FuE- und Absatzhilfen als nicht-innovative MBOs. Dementsprechend war die Diskriminierung - gemessen als Differenz der Anteile geförderter innovativer und nicht innovativer MBOs - durch die spezifischen Voraussetzungen der Förderrichtlinien hier im Vergleich zu anderen Fördermaßnahmen am größten.

Tabelle 4: Inanspruchnahme und Bewertung ausgewählter staatlicher Fördermaßnahmen

	innovative MBOs		nicht-innovative MBOs	
	Anteil geförderter MBOs in %	Bewertung[a]	Anteil geförderter MBOs in %	Bewertung[a]
Investitionsförderung	96,1	5,3	87,4	5,0
Eigenkapitalhilfe	63,3	5,5	77,1	5,4
Öffentliche Bürgschaften	24,0	5,2	16,9	4,5
FuE-Hilfen	69,5	4,9	23,3	4,5
Absatzhilfen	60,2	4,4	25,8	4,1
Förderung von Beratung	60,0	3,5	49,2	3,8

[a] Arithmetisches Mittel der Bewertungen von 1 (keine Wirkung) bis 6 (sehr große Wirkung)
FuE-Hilfen: $\varphi = 0,46$, $\alpha < 0,01$, n = 248. Absatzhilfen: $\varphi = 0,35$, $\alpha < 0,01$, n = 248.
Quelle: MBO-Umfrage des IWH.

Die Ergebnisse der Bewertung zeigen, daß die befragten Unternehmer dem Instrumentarium insgesamt eine hohe Wertschätzung entgegenbrachten. Dies dürfte nicht zuletzt darauf zurückzuführen sein, daß Finanzhilfen stets die Finanzlage verbessern und somit von ihren Empfängern begrüßt werden. Die Eigenkapitalhilfe und die Investitionsförderung erhalten die vergleichsweise beste Beurteilung von innovativen und nicht-innovativen MBOs. Die innovativen Unternehmen bescheinigen FuE- und Absatzhilfen eine leicht geringere Wirksamkeit als den allgemeineren Fördermaßnahmen.

3.4 Analyse der Einflußfaktoren auf die Innovationsneigung

Die Deskriptionen und bivariaten Analysen des voranstehenden Abschnitts sind mit dem Problem behaftet, daß sie mögliche Zusammenhänge zwischen den erklärenden Variablen nicht erfassen. Deshalb werden die untersuchten Einflußfaktoren im folgenden Abschnitt in eine Logit-Analyse einbezogen (vgl. Übersicht). Die endogene

Variable ist die Innovationsneigung (y = 1,0): Das Unternehmen hat seit seiner Privatisierung eine (keine) Marktneuheit eingeführt.).

Übersicht: Exogene Variable des Logit-Modells

Variable	Label
BRANPROD, BRANGENU, BRANKONS	Produktionsgüter-, Nahrungs- und Genußmittel-, Konsumgütergewerbe (Vergleichsbranche Investitionsgütergewerbe)
JAHR91, JAHR92, JAHR93	Erstes Geschäftsjahr nach der Privatisierung (Vergleichsjahr 1994)
BEGK50	Unternehmen mit weniger als 50 und 50 und mehr Beschäftigten am Ende des ersten Geschäftsjahres nach der Privatisierung
MARKTFOR	Externe Marktforschungsstudien zur Informationssammlung
KAMMINFO	Auswertung von Kammer- und Verbandsinformationen zur Informationssammlung
KUNDEN	Kundenbefragungen
MESSE	Messe- und Ausstellungsbesuche
EKAP	Eigenkapitalmasse am Ende des ersten Geschäftsjahres nach der Privatisierung
EKAPQUO	Eigenkapitalquote am Ende des ersten Geschäftsjahres nach der Privatisierung
UMSATZ	Umsatz im ersten Geschäftsjahr nach der Privatisierung
RENDITE	Relation von Jahresergebnis zu Umsatz im ersten Geschäftsjahr nach der Privatisierung
CASHBIL	Relation von Cash-Flow zu Bilanzsumme im ersten Geschäftsjahr nach der Privatisierung
ZAHLZIEL	Bedeutung kurzer Zahlungsziele von Lieferanten für Liquiditätsprobleme des Unternehmens
FUEFOER	Inanspruchnahme von FuE-Fördermitteln

Die Schätzung wurde zunächst für die 159 Unternehmen durchgeführt, für die alle Beobachtungen vorlagen (vgl. Tabelle 5). Unternehmen der Nahrungs- und Genußmittelbranchen (BRANGENU) waren demgemäß häufiger innovativ als die anderen Branchen. Ein hochsignifikanter positiver Zusammenhang zur Innovationsneigung kann für die Inanspruchnahme von FuE-Fördermitteln festgestellt werden (FUEFOER). Bei der Interpretation ist allerdings zu berücksichtigen, daß das Vorliegen von Forschungsergebnissen teilweise eine Voraussetzung für die Bewilligung von Fördermitteln ist und nicht erst eine Folge der Förderung. Deshalb folgt aus diesem Ergebnis nicht notwendig, daß die Förderung die Innovationsneigung der MBOs erhöht hat. Von den abgefragten Instrumenten der Informationsbeschaffung stehen nur Messe- und Ausstellungsbesuche in einem positiven Zusammenhang zur Innovationsneigung. Den Kenngrößen zur Finanzausstattung der MBOs konnte kein signifikanter Beitrag zur Erklärung der Innovationstätigkeit nachgewiesen werden. Allerdings waren innovative MBOs von Zahlungsproblemen gegenüber Lieferanten stärker betroffen (ZAHLZIEL).

Der Erklärungsbeitrag der geschätzten Koeffizienten zur Innovationsneigung der MBOs ist hochsignifikant verschieden von Null. Der Likelihood-Ratio-Index, als Gütemaß analog zum Bestimmtheitsmaß R^2 empfohlen (Greene 1997:891; Maddala 1983:40), ist mit 0,079 allerdings gering. Der Prozentsatz der korrekt vorhergesagten Werte liegt bei rund 74 Prozent. Als Vergleichsmaßstab kann der Prozentsatz der korrekt vorhergesagten Werte in einem „naiven Modell" gelten, der hier bei 50,9 Prozent liegt.[11] Das Modell kann damit immerhin rund 23 Prozent der Innovationsneigung zusätzlich erklären.

Da die Auswirkungen der FuE-Förderung auf die Innovationsneigung schwer zu interpretieren sind und außerdem Schätzungen ohne diese Variable darauf hindeuteten, daß sie andere Einflüsse überlagert, wurden die MBOs nach der Variable FUEFOER in zwei, etwa gleich große, Gruppen aufgeteilt (vgl. Tabelle 5). Von den MBOs, die nicht gefördert wurden, hatten nur rund 27 Prozent Innovationen eingeführt, von den geförderten waren es dagegen ca. 73 Prozent. Das Modell hat für die nicht geförderten MBOs einen deutlich höheren Likelihood-Ratio-Index und damit eine höhere Erklärungskraft als für die Teilgruppe der geförderten Unternehmen. Bei diesen war die Innovationsneigung praktisch unabhängig von den exogenen Variablen (das Schätzergebnis ist nur mit einer Irrtumswahrscheinlichkeit von rund 0,23 signifikant verschieden von Null). Dafür, daß diese MBOs großteils Innovationen eingeführt haben, müssen andere als die hier untersuchten Einflüsse verantwortlich gemacht werden.

---

11 Bei der Schätzung im „naiven Modell" wird davon ausgegangen, daß je nachdem, ob mehr 0- oder 1-Fälle im beobachteten Sample vorhanden sind, alle Werte als 0 oder 1 geschätzt werden. Im untersuchten Fall liegen bei 163 gültigen Beobachtungen 83 „1-Fälle" (innovativ) und 80 „0-Fälle" (nicht innovativ) vor. Das heißt das „naive Modell" würde alle 163 MBOs als innovativ einschätzen, was aber nur für 83 Fälle (=50,9 Prozent) zutreffend ist (vgl. Greene 1997:893).

Tabelle 5: Schätzergebnisse des Logit-Modells

Variable	alle MBOs		nur MBOs ohne FuE-Förderung		nur MBOs mit FuE-Förderung	
	β	t-Wert	β	t-Wert	β	t-Wert
Konstante	-3,1853***	-3,119	-9,3906***	-2,604	-1,0282	-0,076
BRANPROD	0,4973	0,826	-2,0922	-1,092	1,6067*	1,738
BRANGENU	1,5810**	2,370	1,6644	1,235	1,1852	0,897
BRANKONS	-0,2293	-0,407	-3,0048	-1,532	0,3652	0,435
JAHR91	-0,7886	-0,941	1,6364	0,665	-2,6347*	-1,769
JAHR92	-0,0577	-0,089	-0,5127	-0,259	-0,7204	-0,677
JAHR93	-0,5570	-0,884	-1,3496	-0,687	-1,2674	-1,153
BEGK50	0,6615	1,228	3,4962**	1,992	0,4147	0,533
MARKTFOR	1,2387	1,384	6,7752***	2,735	0,5008	0,475
KAMMINFO	-0,1511	-0,356	0,5902	0,541	-0,8020	-1,244
KUNDEN	0,3923	0,636	0,4001	0,278	1,2250	1,175
MESSE	1,1625**	2,535	5,1235***	2,894	0,0451	0,058
EKAP	-0,0000	-0,167	-0,0004	-1,511	-0,0001	-0,759
EKAPQUO	0,0108	0,930	0,0742**	2,030	0,0341	1,590
UMSATZ	-0,0000	-0,341	-0,0000	-0,552	-0,0000	-0,374
RENDITE	0,0055	0,445	0,3492*	1,830	0,0096	0,471
CASHBIL	-2,3632	-1,320	-1,3286	-0,166	-5,2164	-1,553
ZAHLZIEL	0,3632**	2,316	1,0522**	2,304	0,5437**	2,041
FUEFOER	1,8499***	4,044	–	–	–	–
Teststatistiken						
Fallzahl[a]	159		77		82	
Chi-Quadrat	68,624***		50,1096***		20,8493 (0,2331)	
LRI[b]	0,079		0,213		0,064	
P.C.[c]	73,6% (50,9%)		83,1% (72,7%)		82,9% (72,8%)	

Signifikanzniveaus: * < 0,1, ** < 0,05, *** < 0,01.

[a] Non-responses wurden fallweise ausgeschlossen.
[b] Likelihood-Ratio-Index (auch als Pseudo-R^2 nach Mc Fadden bezeichnet): LRI = 1 - (lnL/lnL$_0$).
[c] Prozentsatz der korrekt vorhergesagten Werte (in Klammern Werte des „naiven Modells" - siehe Fußnote 11).

Quelle: MBO-Umfrage des IWH, eigene Berechnungen.

Nicht-geförderte Unternehmen waren signifikant häufiger innovativ, wenn sie mehr als 50 Beschäftigte aufwiesen. Da mit den MBOs ein Sample aus kleinen und mittelständischen Unternehmen betrachtet wurde, sollte dies nicht als eine Bestätigung der Schumpeter-These (der größeren Innovationsaktivität in Großunternehmen) aufgefaßt werden. Allerdings wird deutlich, daß ohne staatliche Förderung die Größe eine Rolle spielt bzw. die staatliche Förderung bei kleinen Unternehmen die Innovationsneigung erhöht. Deutliche Unterschiede in Abhängigkeit von der Branche oder dem ersten Geschäftsjahr bestehen weder bei geförderten noch bei nicht geförderten Unternehmen.

Bei den nicht-geförderten MBOs ergibt die Schätzung einen signifikant positiven β-Koeffizienten für Messebesuche (MESSE). Daneben haben auch diejenigen, die externe Marktforschungsgutachten vergeben haben (MARKTFOR), signifikant häufiger Innovationen eingeführt. Dieser Befund könnte zwar als eine Bestätigung dafür interpretiert werden, daß das Sammeln von Informationen die Innovationsneigung erhöht. Allerdings ist die Richtung des Zusammenhangs nicht eindeutig, und gerade innovative Unternehmen dürften Messe- und Ausstellungsbesuche auch zur Markteinführung und Kundenakquisition nutzen. Etwas allgemeiner soll deshalb die Schlußfolgerung gezogen werden, daß Innovationsneigung und Marktnähe positiv korrelieren. Es ist auffällig, daß dieser Zusammenhang bei den geförderten Unternehmen nicht besteht. Man könnte dies auf drei Wegen erklären:

- Die FuE-Förderung könnte auf die marktfernere Grundlagenforschung abzielen.[12] Dies läßt sich anhand der Förderrichtlinien allerdings nicht verifizieren, vielmehr wird dort i.d.R. die Anwendungsorientierung hervorgehoben.

- Die geförderten Innovationen könnten eine größere Marktreife als die nicht-geförderten aufweisen. Auch dann ist aber eine intensive Informationssammlung über potentielle Kunden und Konkurrenten erforderlich, um am Markt erfolgreich zu sein.

- Die Förderung verringert den „Erfolgsdruck" für Innovationen. Das vielfältige Förderinstrumentarium und das komplizierte Antragsverfahren binden außerdem Kapazitäten, die dann für originäre unternehmerische Aufgaben fehlen.

---

[12] Klodt (1995:110) empfiehlt dies, da Monopolrenten bereits einen Anreiz zur Durchführung angewandter FuE bilden. Bei der Grundlagenforschung, die ein öffentliches Gut mit größerer Breitenwirkung ist, besteht dieser Anreiz nicht so direkt.

Da die Förderung eine Informationssammlung über die Marktchancen neuer Produkte nicht ersetzen kann, dürfte dies deren Markterfolg negativ beeinflussen.

Auch bei den finanziellen Einflußfaktoren zeigen sich Unterschiede zwischen geförderten und nicht-geförderten MBOs. Die nicht FuE-geförderten MBOs waren bei einer höheren Eigenkapitalquote (EKAPQUO) eher zu Innovationen in der Lage. Auch für RENDITE ergibt die Schätzung bei den nicht-geförderten Unternehmen einen positiven Koeffizienten. Bei den geförderten Unternehmen werden keine signifikanten Rückwirkungen zwischen diesen Größen der Finanzausstattung und der Innovationsneigung ermittelt. Dies kann auf zwei alternative Arten interpretiert werden:

- Erfolgreiche Innovationen verbessern die Gewinnsituation und erleichtern die Eigenkapitalbildung. Bei den geförderten Unternehmen galt dies nicht, die Innovationen wirkten sich (noch) nicht positiv auf die Finanzsituation aus.

- Die staatliche Förderung kompensierte fehlende Finanzmittel der Unternehmen und ermöglichte auch denjenigen mit einer geringen Selbstfinanzierungskraft und ungünstigen Ertragssituation die Einführung von Marktneuheiten (vgl. Abschnitt 3.3).

Die erste Alternative erscheint im vorliegenden Fall allerdings wenig realistisch. Erstens, wurden die Eigenkapitalquote und die Umsatzrendite für das erste Geschäftsjahr nach der Privatisierung – und damit für einen Zeitpunkt vor oder kurz nach der Einführung der Innovation(en) – erhoben. Das heißt, mit diesen Indikatoren kann deren Erfolg oder Mißerfolg eigentlich nicht festgestellt werden. Zweitens war bis Ende des Jahres 1994 die Eigenkapitalquote auch bei innovativen, nicht-geförderten MBOs leicht gesunken. Drittens stellen zwar in beiden Teilgruppen die Zahlungsziele der Lieferanten für innovative MBOs ein größeres Problem dar, bei den geförderten Unternehmen ist der Koeffizient allerdings nur halb so groß (ZAHLZIEL). Alles deutet auf die unterstützende Wirkung der FuE-Förderung bei der Durchführung von Innovationen hin.

4. Resümee

In den neuen Bundesländern kommt kleinen und mittleren Unternehmen eine deutlich größere Bedeutung für die Forschung und Entwicklung von neuen Produkten zu als in den alten Bundesländern. Am Beispiel der MBOs kann nachgewiesen werden, daß bei den KMU Interaktionen mit ihren Märkten Hand in Hand mit einer hohen Innovationsneigung gingen. Außerdem waren Unternehmen, die *keine* staatliche FuE-Förderung erhielten, häufiger in der Lage, Innovationen zu realisieren, wenn sich ihre Liquidität und Finanzbasis gut darstellten. Die Förderung konnte Finanzierungslücken schließen und auch bei kleinen Unternehmen die Innovationstätigkeit erhöhen.

Allerdings muß die Frage gestellt werden, ob nicht alternative Wege zur Stärkung der Selbstfinanzierungskraft und Behebung von Kapitalmarktversagen gefunden werden können, die eine geringere Gefahr beinhalten, daß Unternehmen Ressourcen auf die Erlangung von staatlichen Mitteln und nicht auf ihre originären Aufgaben verwenden. Eine selektive Projektförderung weist zusätzlich den Nachteil auf, daß bürokratische Instanzen die Bedürfnisse am Markt besser kennen müssen als Unternehmer oder Freie Erfinder. Schließlich bedeutet die Förderung eines über den Kapitalmarkt finanzierbaren Vorhabens einen 100-prozentigen Mitnahmeeffekt und eine Verdrängung der privaten Finanzierung.

Die FuE-Förderung in Ostdeutschland könnte durchaus auf die beiden verbundenen Säulen Eigenkapitalförderung und Risikoübernahme gestützt werden. Eigenkapitalförderung verbessert die Finanzierungsbasis der Unternehmen und beläßt die Entscheidung über die Verwendung der Fördergelder beim Empfänger. Als Haftungskapital erhöht es außerdem den Spielraum für die Aufnahme von Fremdmitteln. Bei einem gegebenen Volumen an Fördermitteln können durch zumindest teilweise rückzahlbare Subventionen, wie beispielsweise zinsverbilligte Darlehen, oder erst im Mißerfolgsfall kassenwirksame Förderung, z. B. Bürgschaften, größere Effekte erzielt werden als durch verlorene Zuschüsse. Deshalb wäre es sinnvoll, das Angebot an Risikokapital und Sicherheiten für Risikokapitalnehmer auf diesem Wege auszubauen. Auch eine Verbürgung von Betriebsmittel- oder Kontokorrentkrediten durch die Fördereinrichtungen der neuen Länder könnte den innovativen Unternehmen mit temporären Zahlungsproblemen helfen. Grundsätzlich sollte die Risiko-übernahme möglichst breit angelegt sein und eine Diskriminierung anderer Verwendungen gegenüber der FuE vermeiden. Ein Eigenbeitrag des Unternehmens kann dem allzu sorglosen Umgang mit dem staatlich übernommenen Risiko vorbeugen (vgl. Klodt 1995:20).

Literatur

Acs, Z.; Audretsch, D. (1992): Innovation durch kleine Unternehmen. Berlin: Edition Sigma.

Arrow, K. J. (1993): Innovation in Large and Small Firms. In: The Journal of Small Business Finance. Vol. 2, H. 2.

Backhaus, K. et al. (1996): Multivariate Analysemethoden. Eine anwendungsorientierte Einführung. 8. Auflage. Berlin u. a.: Springer.

Barjak, F.; Heimpold, G.; Junkernheinrich, M.; Loose, B.; Skopp, R. (1996): Management-Buy-Outs in Ostdeutschland. Halle/S. (= IWH-Sonderheft 2/1996).

Bleymüller, J. et al. (1981): Statistik für Wirtschaftswissenschaftler. 5. Auflage. München: Verlag F. Vahlen.

Claus, T. (1996): Existenzgründungen in Ostdeutschland. Ergebnisse einer empirischen Untersuchung in Sachsen-Anhalt. In: Aus Politik und Zeitgeschichte. Beilage zur Wochenzeitung Das Parlament. Heft 15/96.

Domsch, M.; Ladwig, D.; Siemers, S. (1995): Innovation durch Partizipation. Eine erfolgversprechende Strategie für den Mittelstand. Stuttgart: Schäffer-Poeschel.

Eggert, A. (1992): Information und Innovation im industriellen Mittelstand. Eine theoriegeleitete Untersuchung. Frankfurt/Main u. a.: Peter Lang Verlag. (Marktorientierte Unternehmensführung, Bd. 15).

Frisch, A. (1993): Unternehmensgröße und Innovation. Die schumpeterianische Diskussion und ihre Alternativen. Frankfurt/Main: Campus.

Fritsch, M.; Bröskamp, A.; Schwirten, C. (1996): Innovationen in der sächsischen Industrie - Erste empirische Ergebnisse. Freiberg: (Freiberger Arbeitspapiere, Nr. 96/13).

Gielow, G. (1987): Unterschiede im Innovationsverhalten zwischen kleinen und großen Unternehmen. In: Fritsch, M.; Hull, C. (Hrsg.): Arbeitsplatzdynamik und Regionalentwicklung. Berlin: Edition Sigma.

Gomulka, S. (1990): The Theory of Technological Change and Economic Growth. London: Routledge.

Greene, W. H. (1997): Econometric Analysis. 3. Auflage. Upper Saddle River: Prentice & Hall.

Harhoff, D.; Licht, G. et al. (1996): Innovationsaktivitäten kleiner und mittlerer Unternehmen. Ergebnisse des Mannheimer Innovationspanels. Baden-Baden: Nomos.

Klodt, H. (1995): Grundlagen der Forschungs- und Technologiepolitik. München: Verlag F. Vahlen.

Kokalj, L.; May-Strobl, E.; Paulini, M. (1997): Mittelstand in den neuen Bundesländern – Die Entwicklung von Gründungen, privatisierten Unternehmen und MBO. Stuttgart: Schäffer-Poeschel.

Lichtenberg, F. R. (1995): R&D Collaboration and Specialization in the European Community. Berlin: (WZB-discussion paper IV 95-18.).

Maddala, G. S. (1983): Limited-dependent and Qualitative Variables in Econometrics. Cambridge: Univ. Press.

Meier, B. (1982): Die Bedeutung der Organisationsstruktur für Innovationsprozesse. In: Engeleitner, H.-J., Corsten, H. (Hrsg.): Innovation und Technologietransfer. Gesamtwirtschaftliche und Einzelwirtschaftliche Probleme. Berlin: Duncker & Humblot.

Pelka, J. (1995): Beck'sches Wirtschaftsrechtshandbuch. München: Beck.

Penzkofer, H.; Schmalholz, H. (1995): Innovationsfähigkeit der deutschen Industrie in Gefahr? In: Ifo-Schnelldienst. Heft 35-36/1995.

Penzkofer, H.; Schmalholz, H. (1996): Innovationstätigkeit und Aspekte ihrer Förderung in den neuen Bundesländern. In: Ifo-Schnelldienst. Heft 9/96.

Sachs, L. (1990): Angewandte Statistik. Anwendung statistischer Methoden. 7. Auflage Berlin u. a.: Springer.

Susen, S. (1995): Innovationsmarketing. Marketing als Erfolgsfaktor im Innovationsmanagement technologieorientierter mittelständischer Unternehmen. Frankfurt/Main: Lang.

SV-Wissenschaftsstatistik (1994): Forschung und Entwicklung in der Wirtschaft 1991. Essen.

SV-Wissenschaftsstatistik (1996): Forschung und Entwicklung in der Wirtschaft 1993: mit ersten Daten bis 1995. Essen.

Thom, N. (1980): Grundlagen des betrieblichen Innovationsmanagements. 2., völlig neu bearbeitete Auflage. Königstein/Ts.: Hanstein.

Tödtling, F. (1995): The innovation process and local environment. In: Conti, S.; Malecki, E. J.; Päivi, O. (Hrsg.): The industrial enterprise and its environment: Spatial perspectives. Aldershot u. a.: Avebury.

Technologieorientierte Unternehmensgründungen in Ostdeutschland

Franz Pleschak, Henning Werner

1. Problemstellung

Mit technologieorientierten Unternehmensgründungen in Ostdeutschland sind hohe wirtschaftliche Erwartungen verbunden. Als Faktor des Innovationspotentials sollen die neuen Unternehmen zum Strukturwandel beitragen, bei dem unrentable Produktionen schrumpfen und gleichzeitig neue Produktionen entstehen. Von ihnen können Impulse für die dynamische Entwicklung der Volkswirtschaft ausgehen, indem sie den Innovationswettbewerb stärken, das Angebot an innovationsunterstützenden Dienstleistungen erhöhen, neue Märkte erschließen, den Export stärken sowie durch Kooperation die regionale wirtschaftliche Entwicklung positiv beeinflussen. Technologieunternehmen stärken den industriellen Bereich im allgemeinen und den Hightech-Bereich im besonderen.

Aufgrund der volkswirtschaftlichen Bedeutung dieser Unternehmen ist es ein wichtiger Bestandteil der Forschungs- und Technologiepolitik des Bundes und der Länder, ihre Gründung und Entwicklung zu fördern. Sowohl in den alten und insbesondere jetzt in den neuen Bundesländern existieren neben den allgemeinen Maßnahmen der Existenzgründungsförderung speziell auf technologieorientierte Gründungen zugeschnittene Förderprogramme. Dabei stellt sich immer wieder die Frage, auf welchen Typ von Unternehmen sich die Förderung bezieht und wie in Abhängigkeit von den Unternehmensmerkmalen die Förderung ausgestaltet werden muß.

Die Merkmale von Technologieunternehmen sind sehr unterschiedlich ausgeprägt. Das bezieht sich z. B. auf die Neuheit von Produkten und Verfahren, den Anteil neuer Produkte oder Verfahren am gesamten Produkt- und Leistungsprogramm und das Risiko. In Abhängigkeit vom Unternehmensalter, den innovativen Anforderungen an das Unternehmen, dem Technologiegebiet bzw. der Branche und den Merkmalen der FuE-Projekte ist der Anteil der FuE-Beschäftigten und die FuE-Umsatzintensität unterschiedlich hoch. Völlig neue Produkte erfordern für die FuE, den Fertigungsaufbau und die Markteinführung mehr Kapital als Anpassungs- und Weiterentwicklungen. Dagegen öffnen sich für völlig neue Produkte und Verfahren meist internationale Märkte, wogegen sich bei weniger innovativen Neuerungen oft nur regional beschränkte Marktchancen auftun. Unterschiede zwischen Technologieunternehmen ergeben sich auch daraus, ob sie produzierend tätig sind oder sich auf Dienstleistungen ausrichten. Schließlich existieren noch stärker auf Forschung orientierte Unternehmen, die ohne eigene Fertigung Forschungsergebnisse vermarkten. Das Spektrum von Technologieunternehmen ist demnach sehr breit. Die differenzierte Ausprägung der Merkmale von Technologieunternehmen bewirkt, daß es „das neu gegründete Technologieunternehmen" eigentlich nicht gibt. Die Entstehungs- und Entwicklungsbedingungen der Unternehmen hängen von der im Einzelfall gegebenen Merkmalsstruktur ab. Untersuchungen im Rahmen verschiedener Projekte wissenschaftliche Begleitforschung zur Gründung von Technologieunternehmen bestätigen dies (Pleschak/Werner 1996; Pleschak u. a. 1996; Pleschak/Werner 1997; Kulicke 1997).

Ausgehend von der Hypothese unterschiedlicher Merkmale von Technologieunternehmen ist es Anliegen dieses Beitrags, zu untersuchen, ob sich Unterschiede in den Unternehmensmerkmalen auch empirisch nachweisen lassen. Dazu werden zwei Vergleiche durchgeführt. Zunächst werden im Modellversuch TOU-NBL geförderte und nicht geförderte Technologieunternehmen verglichen. Danach werden geförderte Unternehmen mit einer besonders erfolgreichen Entwicklung der Gesamtheit der geförderten Unternehmen gegenübergestellt. Es wird geprüft, ob sich Typen von Technologieunternehmen bilden lassen, die unterschiedliche Entstehungs- und Entwicklungsbedingungen aufweisen und die deshalb bei der Förderung auch differenziert zu behandeln sind.

2. Ausgewählte Ergebnisse von empirischen Untersuchungen zu Technologieunternehmen in den neuen Bundesländern

2.1 Vergleich von im Modellversuch TOU-NBL geförderten und nicht geförderten Unternehmen

Bekanntlich erhielten im Modellversuch TOU in den neuen Bundesländern solche Gründungen Unterstützung, die sich mit ihren geplanten neuen Produkten und Verfahren auf hohem Innovationsniveau bewegten. Oft waren dafür wissenschaftliche Vorarbeiten notwendig, die man der industriellen Grundlagenforschung zurechnen kann. Die neuen Produkte mußten den Unternehmen eindeutige Wettbewerbsvorteile bieten, so daß trotz hohen, aber kalkulierbaren Risikos die Marktchancen einen nachhaltigen Unternehmenserfolg erwarten ließen. Unternehmenskonzeptionen und FuE-Pflichtenhefte, die diese hohen Ansprüchen nicht genügten, wurden für eine Förderung abgelehnt.

Sieht man von den formalen Gründen ab, dann traten einzelnen Ablehnungsgründe in folgender Häufigkeit auf (n=198 abgelehnte Ideenpapiere aus dem Freistaat Sachsen, Mehrfachnennungen möglich):

- fehlende Innovationshöhe (57 %);
- absehbare Markteintrittsprobleme (19 %);
- unklare Innovationsvorhaben (18 %);
- nicht reife Unternehmenskonzeption (15 %);
- zu viel Grundlagenforschung (4 %).

Diese Förderpolitik bewirkte, daß die im Modellversuch TOU-NBL geförderten Unternehmen ein überdurchschnittlich hohes Innovationsniveau aufweisen. Sie sind in diesem Merkmal nicht vergleichbar mit der Gesamtheit aller ostdeutschen Technologieunternehmen. Die Untersuchungen zu den in ostdeutschen Technologie- und Gründerzentren ansässigen Unternehmen bestätigten dies (Pleschak 1995; Tamásy 1996). Die geförderten Unternehmen arbeiten gegenüber der Gesamtheit der in Zentren ansässigen Unternehmen zu einem bedeutend höheren Anteil auf Gebieten, die den Zukunftstechnologien zuzurechnen sind. Höherwertige Technologiegebiete wie

Meßtechnik, Medizintechnik, Optik, Optoelektronik und Sensorik sind in den geförderten Unternehmen mit einem bedeutend höheren Anteil vertreten als bei der Gesamtheit. Die geförderten Unternehmen weisen eine höhere FuE-Umsatzintensität auf, sie bringen zu einem höheren Anteil Neuheiten hervor und sie verfügen über intensivere Kontakte zu Universitäten und außeruniversitären FuE-Einrichtungen.

Von den für eine Förderung im Modellversuch TOU-NBL abgelehnten Antragstellern sind dennoch viele unternehmerisch tätig. Bei einer Befragung von 92 sächsischen abgelehnten Antragstellern zeigte sich, daß 72 Prozent von ihnen ein eigenes Unternehmen haben, dabei 58 Prozent ein FuE-orientiertes. 28 Prozent der abgelehnten Antragsteller betätigen sich nicht unternehmerisch. Aus Gesprächen mit 41 Gründern, die trotz einer Ablehnung im Modellversuch TOU-NBL ein technologieorientiertes Unternehmen aufbauten, ergeben sich Aussagen über deren Unternehmensmerkmale.

Tabelle 1 vergleicht sächsische Technologieunternehmen mit und ohne TOU-Förderung. Der Vergleich belegt, daß geförderte Unternehmen zu einem höheren Anteil eigene innovative Produkte aufweisen und durch Patentierung ihre Neuheiten schützen wollen. Die nicht geförderten Unternehmen sind zu einem höheren Anteil lediglich auf dem deutschen oder regionalen Markt tätig und beschränken sich deshalb auch zu einem höheren Anteil auf den eigenen Vertrieb.

In Tabelle 2 sind die Gründungsideen von 39 Unternehmen, die trotz einer Ablehnung des TOU-Antrags gegründet wurden, dargestellt. Zirka 38 Prozent dieser Unternehmen verfolgen eine Idee ähnlich des TOU-Antrags, allerdings wird aufgrund der Nichtförderung in der Regel mit längeren Entwicklungszeiten und einer geringeren Innovationshöhe geplant. 62 Prozent der Unternehmen schlagen einen im Vergleich zum TOU-Antrag gänzlich anderen Entwicklungsweg ein.

Für die nicht geförderten Unternehmen fällt auf, daß das Gründungsmotiv „Begonnenes Innovationsvorhaben abschließen" gegenüber den geförderten Unternehmen in deutlich geringerer Häufigkeit auftritt. Das weist darauf hin, daß die Ursprünge der FuE-Projekte weniger auf den bis zum Gründungszeitpunkt bearbeiteten technischen Projekten basieren. Außerdem ist dies Ausdruck einer geringeren Innovationsorientierung (vgl. Tabelle 3).

Tabelle 1: Vergleich von Unternehmensmerkmalen von im Modellversuch TOU-NBL geförderten und nicht geförderten sächsischen Unternehmen

Unternehmensmerkmale	Anteile in %	
	TOU-geförderte Unternehmen (n=74)	Nicht TOU-geförderte Unternehmen (n=41)
Eigene innovative Produkte bzw. Verfahren (mit FuE)	100	59
Vorhandene Patente	33	35
Angemeldete Patente	19	11
Beabsichtigte Patente	46	3
Nur deutscher Markt als Zielmarkt	16	46
Nur regionaler Markt bzw. NBL als Zielmarkt	4	17
Nur eigener Vertrieb	30	48

Tabelle 2: Gründungsideen von sächsischen Technologieunternehmen, für die der Antrag auf TOU-Förderung abgelehnt wurde (n=39)

Gründungsidee	Anteile bzw. Häufigkeit in %
FuE-Idee ähnlich TOU-Antrag, aber in Folge der Ablehnung (Mehrfachnennungen möglich)	38
• geringere Innovationshöhe	12
• höheres Innovationsniveau	7
• längere Entwicklungszeiten	26
• sonstige Abweichungen	10
Anderer Entwicklungsweg des Unternehmens, nämlich	62
• andere FuE-Ideen	20
• Ingenieurbüro	40
• produzierendes Unternehmen (ohne FuE)	2

Tabelle 3: Motive für die Gründung technologieorientierter Unternehmen (Mehrfachnennungen möglich, Häufigkeit in Prozent)

Motive	Gründer mit TOU-Förderung Neue Bundesländer (n=98)	Gründer ohne TOU-Förderung Sachsen (n=41)
Selbständiges unternehmerisches Wirken	70	76
Begonnenes Innovationsvorhaben abschließen	39	24
Überbrückung schwieriger Lebenssituationen	39	49

Zwar ist der Kapitalbedarf nicht geförderter Unternehmen geringer (für die ersten vier Lebensjahre etwa 1,0 Mio. DM gegenüber 2,5 bis 3,0 Mio. DM für die geförderten Unternehmen), aber das Einwerben des Kapitals fällt auch diesen Unternehmen nicht leicht. Trotz anderer Märkte und Vertriebsformen liegt der Umsatz und die Umsatzproduktivität der geförderten und der nicht geförderten Unternehmen bis zum fünften Geschäftsjahr in der gleichen Größenordnung (etwa 130 TDM je Beschäftigten). In den ersten beiden Geschäftsjahren - also dem Förderzeitraum - haben die geförderten Unternehmen einen geringeren Umsatz als die nicht geförderten, außerdem benötigen die geförderten Unternehmen für ihre neuen Produkte und Verfahren längere Markteinführungszeiten, so daß Wachstumspotentiale erst nach dem vierten bis fünften Geschäftsjahr voll wirksam werden.

2.2 Vergleich der wirtschaftlichen Entwicklung verschiedener Gruppen von im Modellversuch TOU-NBL geförderten Unternehmen

Die wirtschaftliche Entwicklung der im Modellversuch TOU-NBL geförderten Unternehmen verläuft unterschiedlich. Die Faktoren des Erfolgs bzw. Mißerfolgs treten sehr differenziert auf. Von denjenigen 125 Unternehmen, die bis Ende 1995 die Förderphase II abgeschlossen haben, sind zehn bisher nicht mehr existent. Für zwei Unternehmen wurde die Förderphase II abgebrochen, acht Unternehmen scheiterten, vor allem im 2. oder 3. Geschäftsjahr nach Ablauf der Förderung. Die Scheiterursachen liegen auf den Gebieten des Marketings, der FuE und der Gründerpersönlichkeit. Letztlich resultieren aus den Quellen des Scheiterns Finanzierungsprobleme, die den Scheiteranstoß bildeten (Pleschak 1997).

Ein Teil der Unternehmen entwickelt sich aber auch überdurchschnittlich erfolgreich. Ihre Umsatzproduktivität liegt etwa 20 Prozent über dem Durchschnitt aller Unternehmen (vgl. Tabelle 4). Zur Gruppe der sehr erfolgreichen Unternehmen gehören etwa 25 Prozent der analysierten Unternehmen. Die Quellen des Erfolgs dieser Unternehmen könnten u. a. in folgenden Merkmalen liegen:

- Hoher Anteil von Teamgründungen (bei den sehr erfolgreichen Unternehmen beträgt er 85 Prozent, bei der Gesamtheit dagegen nur 68 Prozent);
- hoher Anteil von Beteiligungen am Stammkapital (70 Prozent der sehr erfolgreichen Unternehmen haben Beteiligungen, aber nur 44 Prozent der Gesamtheit);
- geringer Anteil von Unternehmen, die sich in ihrem Produkt- und Leistungsprogramm ausschließlich auf das geförderte FuE-Projekt konzentrieren (dieser Anteil liegt bei den sehr erfolgreichen Unternehmen bei 10 Prozent, bei der Gesamtheit dagegen bei 27 Prozent);
- bessere Einhaltung der zeitlichen Pflichtenheftziele (60 Prozent der sehr erfolgreichen Unternehmen halten ihre Zeitziele ein, aber nur 50 Prozent der Gesamtheit).

Tabelle 4: Wirtschaftliche Entwicklung verschiedener Gruppen von im Modellversuch TOU-NBL geförderten Unternehmen[1]

Merkmal	1. Jahr	2. Jahr	3. Jahr	4. Jahr
Durchschnittswerte aller analysierten Unternehmen				
Umsatz in TDM (ohne Zuwendungen)	490	691	1129	1590
Beschäftigte	8,1	9,2	10,9	14,9
Umsatzproduktivität in TDM je Beschäftigten	60,5	75,1	103,6	106,7
Sehr erfolgreiche Unternehmen				
Umsatz in TDM (ohne Zuwendungen)	571	1063	1300	1760
Beschäftigte	9,0	10,3	11,7	13,9
Umsatzproduktivität in TDM je Beschäftigten	63,4	103,2	111,1	126,6

[1] 96 Unternehmen bilden die Ausgangsbasis für die Durchschnittswertbildung bei der Gesamtheit der analysierten Unternehmen, 20 Unternehmen bei der Gruppe der sehr erfolgreichen.

Den erfolgreichen Unternehmen öffnen sich Möglichkeiten der Finanzierung über direkte Beteiligungen. Renditeorientierte Kapitalbeteiligungsgesellschaften bewerten nach strengen wirtschaftlichen Grundsätzen die Unternehmenskonzeptionen und wägen die Erfolgsfaktoren und die Risiken ab. Wie an den Grundsätzen der Arbeit von Beteiligungsgesellschaften in Tabelle 5 deutlich wird, nehmen sie Unternehmen mit niedrigerem Wachstumspotential nicht in ihr Portfolio auf. Der Verkaufserlös beim Exit entspräche nicht den Renditeerwartungen der Fonds. Deshalb widmen die Gesellschaften hohe Aufmerksamkeit der Auswahl der erfolgversprechendsten Geschäftsideen. Wenn auch viele ostdeutsche Gründer noch Vorbehalte gegenüber direkten Beteiligungen haben, so ist jedoch nicht zu übersehen, daß von einer Beteiligung positive Effekte auf die Unternehmensentwicklung ausgehen können (vgl. Tabelle 6).

Tabelle 5: Grundsätze einer effizienten Arbeit von Beteiligungsgesellschaften

- Schnelle Vorauswahl und Grobbewertung von Anfragen (Kriterien: erfahrenes Managementteam, Wachstumsmarkt, führende technologische Position, angemessener Kapitalbedarf für Fertigung und Vertrieb, Nutzung staatlicher Förderprogramme)
- Vorhandensein eines Netzwerkes für die Bewertung und Betreuung von Unternehmen, Integration regionaler Netzwerke innovationsunterstützender Dienstleistungen
- Konzentration auf risikoreiche Unternehmen mit überdurchschnittlichen Erfolgschancen
- Renditeerwartungen für das eingesetzte Eigenkapital in Unternehmen von mindestens 40 bis 50%
- Aktive Betreuung und Managementunterstützung der Unternehmen bei strategischen und teils auch operativen Problemen, z. B. der Finanzierung und dem Marketing, Hilfestellung für Unternehmen bei Erschließung weiterer Finanzierungsquellen
- Einbindung der Unternehmen in internationale Netzwerke
- Investitionen in Branchen, auf denen Erfahrungen vorhanden sind
- Kurze informelle Entscheidungswege
- Streuung des Risikos

Für die Unternehmen führen Beteiligungen zur Erhöhung des Eigenkapitals, sie erweitern damit den Finanzierungsspielraum. Der Hebeleffekt bewirkt, daß jede DM Beteiligung zusätzliche Kapitalquellen von etwa zwei DM erschließt (Wupperfeld 1996). Damit verbessern sich die Bedingungen für die Finanzierung des Unternehmenswachstum.

Die Rendite der Beteiligungsfonds läßt sich verbessern durch:

- Zielgerichtete Auswahl der Technologiegebiete und der Unternehmen mit schnellem Wachstum;
- Verringerung der Ausfallquote der Unternehmen durch intensive Beratung und Betreuung der Unternehmen;
- Nutzung öffentlicher Förderprogramme zur Refinanzierung oder zum Koinvestment von Beteiligungen (BTU).

Tabelle 6: Vor- und Nachteile der Finanzierung über Beteiligungskapital aus Unternehmenssicht

Vorteile
- Stärkung der Eigenkapitalbasis und Erhöhung des Finanzierungsspielraums, auch für Nachfinanzierungen
- Finanzierung des Unternehmens als Ganzes, weniger restriktive Abgrenzung vorhabensbezogener Aufwendungen
- Bei stillen Beteiligungen keine Abgabe von Gesellschaftsanteilen, geringe Eingriffsrechte des Beteiligungsgebers, u.U. niedriges gewinnunabhängiges Beteiligungsentgelt, gewinnabhängiges nur bei entsprechenden Gewinnen
- Bei direkten Beteiligungen kein Beteiligungsentgelt, keine Rückzahlung des Kapitals
- Interesse des Kapitalgebers am Erfolg des Unternehmens, Prüfung der Beteiligung unter Wirtschaftlichkeitsaspekten
- Unterstützung durch Beteiligungsgeber bei strategischen Entscheidungen sowie bei Finanzierungs- und kaufmännischen Problemen
- Nutzung der Netzwerke des Beteiligungsgebers, beispielsweise bei der Kundenakquisition und beim Marketing

Nachteile
- Probleme für junge Technologieunternehmen bei der Suche nach geeigneten Beteiligungsgebern
- Hohe Anforderungen renditeorientierter Beteiligungsgeber an Wachstums- und Renditepotential sowie an Managementqualifikation
- Bei direkter Beteiligung Abgabe von Gesellschaftsanteilen, kein oder nur geringer Einfluß beim Verkauf der Unternehmensanteile durch Beteiligungsgeber
- Bei stillen Beteiligungen Liquiditätsbelastung durch Beteiligungsentgelte und Rückzahlung des Kapitals am Ende der Laufzeit der Beteiligung

Welche Finanzierungsquellen stehen denjenigen Unternehmen zur Verfügung, die für renditeorientierte Beteiligungsgesellschaften nicht interessant sind?

Eine Selbstfinanzierungskraft der Unternehmen auf der Grundlage erwirtschafteter Gewinne ist im allgemeinen noch nicht gegeben. Bankdarlehen scheitern oft, weil die Banken die Kreditwürdigkeit und Kreditfähigkeit der Antragsteller bezweifeln. Oft fehlt das Verständnis für die innovativen Projekte und das Risiko. Hinzu kommt, daß viele Antragsteller ihre Unternehmenskonzeption den Banken nicht überzeugend vermitteln können. Die Gründermentalität ist auf den Aufbau eines Unternehmens „ohne Schulden" gerichtet. Öffentlich geförderte Darlehen bringen aufgrund der zins- und tilgungsfreien Jahre und des günstigen Zinssatzes Vorteile, sie stärken die Liquidität der Unternehmen in den Jahren, wo die Umsätze noch gering sind. Probleme entstehen jedoch, weil einige Darlehen eingeschränkte Bemessungsgrundlagen haben, und vor allem auf Investitionen beschränkt sind. Vorrangig sind aber FuE-Personal und Betriebsmittel zu finanzieren. Andere Darlehen sind hausbanküblich zu besichern, ostdeutsche Gründer verfügen im allgemeinen nicht über die erforderlichen dinglichen Sicherheiten. Die Inanspruchnahme von öffentlichen Bürgschaften ist aufwendig. Die höchste Priorität bei Unternehmen haben Förderprogramme mit Zuschüssen. Sie stellen aber vielfach einseitig die Förderung der FuE in den Mittelpunkt. Die Förderquoten schließen ein, daß die Unternehmen eigene Anteile aufbringen. Das fällt jungen Unternehmen oft schwer.

Die Finanzierung würde vereinfacht, wenn den Unternehmen in noch größerem Umfang die Möglichkeit offenstände, stille Beteiligungen einzuwerben. Im Gegensatz zu den direkten Beteiligungen sind die Vorbehalte der Unternehmen gegenüber stillen Beteiligungen geringer. Restriktives Verhalten der Hausbanken kann umgangen werden, die Sicherheiten der Unternehmen bleiben für künftige Finanzierungsrunden erhalten, der Hebeleffekt der Beteiligungen wird erschlossen, die Eigenkapitalquote erhöht sich. Technologieunternehmen haben Probleme, solche Beteiligungen zu erhalten, weil sich auch die Mittelständischen Beteiligungsgesellschaften zurückhalten.

3. Zusammenfassung und Schlußfolgerungen

Die empirischen Untersuchungen weisen darauf hin, daß Technologieunternehmen unterschiedlicher Merkmalsausprägung existieren. Unterschiede zeigen sich vor allem in folgenden Merkmalen: FuE-Risiko, Innovationshöhe der neuen Produkte und Verfahren, Patentergiebigkeit, Zielmärkte, Kapitalbedarf, Deckung des Kapitalbedarfs und Unternehmenswachstum. Die Ausprägungen dieser Merkmale treten in typischen Kombinationen auf. Auch wenn zu diesem Zeitpunkt noch keine statistisch fundierten Aussagen getroffen werden können, lassen sich unter Zugrundelegung bestimmter Kombinationen von Merkmalsausprägungen drei verschiedene Typen von Technologieunternehmen ableiten:

- Unternehmen, die sich auf hohem Innovationsniveau bewegen, einen hohen Kapitalbedarf haben, internationale Märkte anstreben, im Wettbewerb chancenreich sind, hohe Wachstumserwartungen und -möglichkeiten aufweisen sowie den Anforderungen, die renditeorientierte Kapitalbeteiligungsgesellschaften an Portfoliounternehmen haben, entsprechen (Typ A).

- Unternehmen, die sich auf hohem Innovationsniveau bewegen, internationale und nationale Märkte anstreben, in hartem Wettbewerb stehen, kapitalsparende Wege des Unternehmensaufbaus präferieren, das Risiko beschränken und ein niedrigeres Wachstum aufweisen (Typ B).

- Unternehmen, deren Produkte und Leistungen auf niedrigem Innovationsniveau liegen, die in FuE ein geringes Risiko eingehen, in erster Linie auf regionalen Märkten oder dem deutschen Markt auftreten und die gegenüber den beiden anderen Typen einen geringeren Kapitalbedarf für FuE, Fertigungsaufbau und Markteinführung aufweisen (Typ C).

Es stellt sich die Frage, ob alle drei Typen technologieorientierter Unternehmensgründungen volkswirtschaftlich erstrebenswert sind. Zwar schaffen diese Gründungen industrielle Arbeitsplätze, stärken die innovativen Potentiale und bewirken durch ihre Kooperation regionale Folgeeffekte, aber durch den Typ C wird der Innovationsfortschritt und der Export in geringerem Maße gestärkt. Förderung birgt bei diesem Typ unter Umständen die Gefahr, daß staatliche Subventionen zur Verdrängung nicht geförderter Konkurrenten aus derselben Region führen.

Den höchsten Kapitalbedarf und das höchste Risiko weist der Typ A auf. Da Bankdarlehen, öffentliche Darlehen oder projektbezogene FuE-Förderprogramme für die Gründungsfinanzierung dieser Unternehmen nicht greifen, aber auch Kapitalgesellschaften zum Gründungszeitpunkt noch sehr zurückhaltend auftreten, bedarf es für diese jungen Unternehmen einer Förderung mit Zuschüssen. Stille Beteiligungen können die Finanzierung ergänzen. Ist die technische Machbarkeit der Produkte nachgewiesen und der Markteintritt absehbar, dann ist darauf hinzuwirken, daß Kapitalbeteiligungsgesellschaften mit direkten und stillen Beteiligungen die Markteinführung und das Unternehmenswachstum finanzieren.

Der Typ B hat gleiche Gründungsbedingungen wie der Typ A, deshalb sind auch hier Zuschüsse, aber u.U. in geringerem Umfang, erforderlich. Über stille Beteiligungen sollte das Eigenkapital so erhöht werden, daß die anderen Finanzierungsquellen den Unternehmen für Markteinführung und Fertigungsaufbau zugänglich werden. Dieser Typ dürfte in den jungen Lebensjahren bei renditeorientierten Kapitalbeteiligungsgesellschaften kaum Chancen haben.

Typ C wird schneller und leichter marktwirksam, verfügt aber langfristig nicht über die Wachstumschancen. Unterstellt man, daß es in Ostdeutschland gerechtfertigt ist, auch diesen Typ zu unterstützen, dann könnten stille Beteiligungen helfen, diesen Technologieunternehmen Eigenkapital zu beschaffen, das weitere Finanzierungen ermöglicht.

Ein denkbares Konzept der finanziellen Förderung beinhaltet Tabelle 7. Für Technologieunternehmen ist es bedeutsam, die finanzielle Förderung durch Beratung und Betreuung der Unternehmen zu ergänzen.

Tabelle 7: Konzept der finanziellen Förderung von Technologieunternehmen in Ostdeutschland

Unternehmenstyp	Gründungsförderung	Finanzierung der Markteinführung und des Fertigungsaufbaus
Typ A	Zuschüsse und stille Beteiligungen	Direkte Beteiligungen von Beteiligungsgesellschaften
Typ B	Zuschüsse in geringem Umfang und stille Beteiligungen	Aufstockung der stillen Beteiligungen, andere Finanzierungsquellen
Typ C	Stille Beteiligungen	Andere Finanzierungsquellen

Literatur

Amberg, G. (1997): Der Einfluß von Gründermerkmalen auf den Erfolg von Technologieunternehmen - eine empirische Studie bezogen auf die neuen Bundesländer. Diplomarbeit an der Fakultät für Wirtschaftswissenschaften der TU Bergakademie Freiberg.

Kulicke, M. u. a. (1997): Innovationsdarlehen als Instrument zur Förderung kleiner und mittlerer Unternehmen. Karlsruhe: FhG-ISI.

Pleschak, F. (1995): Technologiezentren in den neuen Bundesländern. Heidelberg: Physica-Verlag.

Pleschak, F. (1997): Scheiterursachen von im Modellversuch TOU-NBL geförderten Unternehmen. Studie für das Bundesministerium für Bildung, Wissenschaft, Forschung und Technologie. Karlsruhe/Freiberg: FhG-ISI.

Pleschak, F.; Bagschik, Th.; Fritsch, M.; Hemer, J.; Schwirten, Ch.; Werner, H. (1996): Junge Technologieunternehmen im Freistaat Sachsen. Studie für das Staatsministerium für Wirtschaft und Arbeit. Karlsruhe/Freiberg: FhG-ISI.

Pleschak, F.; Werner, H. (1996): Finanzierung der Markteinführung und des Fertigungsaufbaus in geförderten jungen Technologieunternehmen. 9. Analysebericht zum Modellversuch TOU-NBL. Karlsruhe/Freiberg: FhG-ISI.

Pleschak, F.; Werner, H. (1996): Untersuchungen zum Kapitalbedarf und der Kapitalrendite des Phoenix-Venture-Fonds. Karlsruhe/Freiberg: FhG-ISI.

Pleschak, F.; Werner, H. (1997): Technologieorientierte Unternehmensgründungen in den neuen Bundesländern. Abschlußbericht für das Bundesministerium für Bildung, Wissenschaft, Forschung und Technologie. Karlsruhe/Freiberg: FhG-ISI.

Tamásy, Ch.: (1996): Technologie- und Gründerzentren in Ostdeutschland - eine regionalwirtschaftliche Analyse. Münster: Lit.

Wupperfeld, U. (1996): Management und Rahmenbedingungen in Beteiligungsgesellschaften auf dem deutschen Seed-Capital-Markt. Frankfurt/Main u. a.: Verlag Peter Lang.

Charakterisierung des Gründungspotentials aus Universitäten

Claudia Herrmann

1. Einleitung

Im Vergleich mit anderen hochentwickelten Industrienationen wird in Deutschland ein zu geringer Anteil an innovativen Existenzgründern festgestellt. Die Gruppe der Existenzgründer mit einem wissenschaftlichen Berufshintergrund (Absolventen und Mitarbeiter an Forschungseinrichtungen, Universitäten oder Hochschulen) wurde bisher von der Sozialwissenschaft wenig untersucht. Mit dem Projekt „ATHENE"[1] des BMBF, an dem die Arbeitsgemeinschaft Deutscher Technologie- und Gründerzentren e.V., das Institut für angewandte Innovationsforschung, das Betriebswirtschaftliche Institut für empirische Gründungs- und Organisationsforschung Dortmund e.V. und die Forschungsagentur Berlin GmbH gemeinsam arbeiten, soll ein Gesamtbild der Gründungssituation aus dem akademischen Umfeld gezeichnet werden. Der Part der Forschungsagentur Berlin GmbH bestand vor allem in der Betrachtung des Gründungsgeschehens und -potentials aus Hochschulen, Fachhochschulen und Universitäten. Ergebnisse dieses Teiles der Untersuchungen werden nachfolgend vorgestellt.

---

[1] ATHENE steht für *A*usgründung von *T*echnologieunternehmen aus *H*ochschul-*E*inrichtungen und *N*aturwissenschaftlichen *E*inrichtungen. Untersuchungsinhalte betrafen Gründer und Gründungen aus wissenschaftlichen Einrichtungen. Das Projekt wurde zur Hälfte durch das BMBF und zur Hälfte durch die Länder Berlin, Niedersachsen, Nordrhein-Westfalen und die Deutsche Bank AG, die Deutsche Ausgleichsbank, den Deutschen Sparkassen- und Giroverband sowie den Gerling-Konzern finanziert. Die Untersuchungen erstreckten sich vom September 1995 bis zum Dezember 1997. Mit einer zusammenfassenden Veröffentlichung der Ergebnisse ist Mitte des Jahres 1998 zu rechnen.

2. Charakterisierung des Gründungspotentials

Existenzgründer aus dem Hochschulbereich sind sowohl unter den Studenten als auch dem wissenschaftlichen Personal der Universitäten und Fachhochschulen anzutreffen. *Spin-off's aus der Wissenschaft geschehen jedoch hauptsächlich durch wissenschaftliche Mitarbeiter, Dozenten und Professoren*, da es Studenten und Absolventen bedeutend seltener gelingt, den Gegenstand für ein technologieorientiertes Unternehmen zu profilieren und die dafür notwendigen Ressourcen zu mobilisieren. Diese Annahme resultiert aus eigenen Befragungen und Gesprächen mit gründungsinteressierten Studenten und Absolventen, zum Beispiel auf dem 7. Absolventenkongreß in Köln. Zum anderen stützt sie sich auf Untersuchungsergebnisse flankierender, thematisch ähnlicher Untersuchungen, z. B. der Deutsche Ausgleichsbank. „Der Übergang in die Selbständigkeit vollzieht sich nur selten unmittelbar an der Schwelle zwischen Studium und Beruf. In der Regel sammeln die Hochschulabsolventen mehrjährige Berufserfahrung. Spin-offs bilden die Ausnahme" und weiter „Geht man davon aus, daß in der Regel während der Ausbildungszeiten von Hochschulabsolventen eigenes Vermögen nur in geringem Umfang angespart werden kann, verfügt der Gründungsaspirant im Anschluß an das Studium noch nicht über ausreichendes Eigenkapital für die beträchtlichen Gründungsinvestitionen (Richert/Schiller 1994).

2.1 Methodik und Stichprobe

Bis zur tatsächlichen Existenzgründung ist der Gründungsgedanke eine Idee, eine Möglichkeit, eine Absicht oder bereits ein konkretes Ziel. Um diesem unterschiedlichen Reifegrad Rechnung zu tragen, erfolgt eine zweistufig differenzierte Auswertung der Analyseergebnisse. Es wird unterschieden zwischen:

Potentiellen Gründern: Hochschulwissenschaftler, die sich konkret mit Gründungsgedanken befassen, das heißt schon in der Realisierungsphase sind oder den festen Entschluß zur Gründung haben.

Gründungsinteressierten: Hochschulwissenschaftler, deren Gründungsgedanken bisher eher weniger konkret sind.

Die methodische Vorgehensweise und die Stichprobe zu dieser Befragung sollen näher beschrieben werden: Die *Befragung* erfolgte telefonisch auf CATI-Basis (Computer Aided Telefone Interviewing), nach einem speziell dafür erarbeiteten Interviewleitfaden.[2] Aus der *Grundgesamtheit* aller Hochschullehrerinnen und und -lehrer sowie wissenschaftlichen Mitarbeiterinnen und -mitarbeiter an den natur- und ingenieurwissenschaftlichen Fachbereichen der Universitäten und Fachhochschulen[3] im gesamten Bundesgebiet, das sind 171 Hochschulen (81 Universitäten und 90 Fachhochschulen) und 95 755 Personen (Statistisches Bundesamt 1993/94), wurde eine Stichprobe gezogen.

Aus einem Gesamtverzeichnis, der für die Befragung relevanten Fachbereiche, wurde die Quotenvorgabe für die *Stichprobe* berechnet, die wie folgt strukturiert ist:

- Nach Bundesländern, entsprechend der regionalen Verteilung der relevanten Hochschulen (Angaben in Prozent) (Statistisches Bundesamt 1993):

Bundesland	BW	BY	BE	BB	HB	HH	HE	MV
Ist-Verteilung	9,8	9,0	8,4	1,4	3,3	1,6	12,0	0,4
Stichproben-Verteilung	7,6	9,4	8,3	2,0	3,2	1,7	13,1	0,6

Bundesland	NI	NW	RP	SN	ST	SL	SH	TH
Ist-Verteilung	11,6	23,0	3,3	4,0	4,0	1,3	3,0	4,1
Stichproben-Verteilung	10,8	22,3	2,9	3,2	4,4	2,9	3,5	4,0

- Nach Hochschultyp:

Universitäten	73 %
Fachhochschulen	27 %

- Nach Fachbereichstyp:

Naturwissenschaftlicher Bereich	50 %
Ingenieurwissenschaftlicher Bereich	50 %

---

[2] Die Befragung wurde durch das Marktforschungsinstitut IBB Infratest Burke Berlin im Mai 1996 durchgeführt.

[3] Die Evaluierung des TOU-Programms, Phase II, (Kulicke, M. u. a. 1993) hat dabei folgendes ergeben: TOU-geförderte Unternehmen wurden zu 90,3 Prozent von Naturwissenschaftlern und Ingenieuren, zu 4,5 Prozent von Naturwissenschaftlern, Ingenieuren und Wirtschaftswissenschaftlern und nur zu 3,9 Prozent ausschließlich von Wirtschaftswissenschaftlern gegründet. Deshalb wurden nur die natur- und ingenieurwissenschaftlichen Bereiche der Hochschulen als Gründungsquellen berücksichtigt.

- Nach Mitarbeiterstatus:

Dozenten	12%
Lehrstuhlinhaber	35%
wissenschaftliche Mitarbeiter, Doktoranden, Assistenten	53%

- Nach Lebensalter (als Ergebnis der Befragung):

Jünger als 30 Jahre	16%
Zwischen 30 und 49 Jahren	47%
50 Jahre und älter	37%

Die Zielpersonen für die Interviews wurden mittels Zufallsverfahren aus den aktuellen Personal- bzw. Vorlesungsverzeichnissen ermittelt. *Letztendlich wurden 817 Interviews an 39 Hochschulen (d. h. an etwa 23 Prozent der in Frage kommenden Hochschulen) geführt.*

Die übergeordnete *Grundgesamtheit*, aus welcher technologieorientierte Gründungen aus Hochschulen überhaupt hervorgehen können, setzt sich aus dem wissenschaftlichen Hochschul-Personal sowie den Studierenden und Absolventen (bis zu zwei Jahren nach dem Verlassen der Hochschule)[4] der natur- und ingenieurwissenschaftlichen Fachbereiche zusammen. Nach Angaben des Statistischen Bundesamtes (1993) beläuft sich die Anzahl dieser so definierten Grundgesamtheit für das Jahr 1993 (d. h. in der Mitte des analysierten Zeitraumes) auf ca. 853 200 Personen:

Definierte Grundgesamtheit	Personen (gerundet)	UNI	FH
Wissenschaftliches Personal	95.750	71.816	23.939
Studierende	691.150	455.863	235.303
Absolventen	66.300	37.128	29.172
Gesamt	853.200	564.807	288.414

---

[4] Unternehmensgründungen mehr als 2 Jahre nach Verlassen der Hochschule können nicht mehr als Ausgründung angesehen werden, weil inzwischen eine Vielzahl anderer äußerer Faktoren, Bedingungen und Einflüsse auf den Gründer einwirkten. Der inhaltliche Zusammenhang zwischen der Tätigkeit an der Hochschule und der Unternehmensgründung wird dadurch immer unwahrscheinlicher.

Eines der Ziele der im Rahmen des ATHENE-Projektes durchgeführten Potentialanalyse bestand in der näheren Charakterisierung des Gründungspotentials aus dem Hochschulbereich. Die Auswertung wird durch folgende thematische Schwerpunkte untersetzt: demographische Merkmale, Gründungsmotivation, Gründungszeitpunkt, Gründungshemmnisse und Unterstützungsbedarf. Weitere Teilergebnisse der Potentialbefragung gehen in die Analyse der Rahmenbedingungen zur Ausgründung sowie in die Abschätzung des Gründerpotentials ein.

2.2 Demographie

Geschlecht

Da der Anteil der Frauen am Hochschulpersonal insgesamt ohnehin nur etwa 10 Prozent beträgt, sind die Gründungsinteressierten meist männlich. Unter den potentiellen Gründern reduziert sich der Anteil des weiblichen Geschlechts wiederum, und wird gegenüber der Stichprobe verschwindend gering (vgl. Abbildung 1).

Abbildung 1: Personalverteilung nach Geschlecht

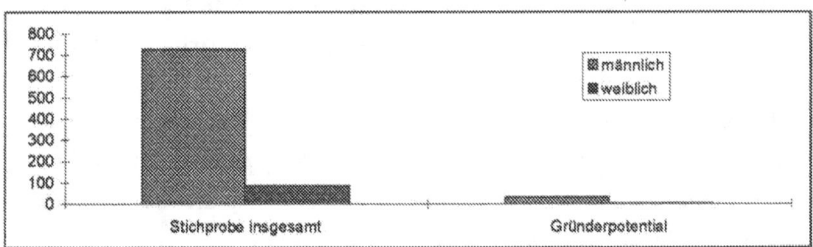

Der Wunsch nach unternehmerischer Selbständigkeit ist unter den Hochschullehrerinnen, ebenso wie unter den weiblichen Erwerbstätigen insgesamt, weniger stark ausgeprägt als unter ihren männlichen Kollegen. Nur etwa 7 Prozent der potentiellen Gründer sind Frauen. Anscheinend suchen jedoch Akademikerinnen besonders selten nach unternehmerischer Selbständigkeit. Wenn sie es doch tun, gründen Frauen fast immer im Team. Dieses Verhalten scheint berufsbedingt zu sein, denn nach DIW-Untersuchungen (DIW 1997) haben Frauen bei „Neuen Selbständigen" einen Anteil >30 Prozent und gründen überwiegend allein.

Lebensalter
Annähernd die Hälfte aller befragten HochschullehrerInnen sind zwischen 30 bis 49 Jahre alt. Jünger als 30 Jahre sind 16 Prozent und älter als 50 Jahre sind 36 Prozent von ihnen. Bereits unter den Gründungsinteressierten verschiebt sich die Verteilung zugunsten der Altersgruppe 30 bis 49 Jahre. Diese Tendenz setzt sich unter dem Gründerpotential fort. Potentielle Gründer unter dem Hochschulpersonal sind vorwiegend im Alter zwischen 30 und 49 Jahren (vgl. Tabelle 1).

Tabelle 1: Personalverteilung nach Altersklassen (Anteile in Prozent)

Altersklasse	Stichprobe insgesamt	Gründungs-interessierte	Gründer-potential
18 - 29 Jahre	16	21	11
30 - 49 Jahre	48	57	61
ab 50 Jahre	36	22	28

Art der Einrichtung
Entsprechend der Personalverteilung der Grundgesamtheit gehören 73 Prozent der Befragten einer Universität an und 27 Prozent einer Fachhochschule. Eine ähnliche Verteilung ergibt sich unter den Gründungsinteressierten (79 Prozent Uni, 21 Prozent FH) und dem Gründerpotential (75 Prozent Uni, 25 Prozent FH). Das Gründungsinteresse ist an den Universitäten und Fachhochschulen relativ gleich stark ausgeprägt. In seiner absoluten Höhe ist das Gründungspotential an den Universitäten jedoch aufgrund der dort vorhandenen Personalballung drei mal so groß wie an den Fachhochschulen.

Stellung innerhalb der Einrichtung
Über eine eventuelle Firmengründung denken insbesondere die wissenschaftlichen Mitarbeiter nach. Jedoch erwägen sie eine Firmengründung häufig als nur eine von mehreren Profilierungsmöglichkeiten und die Gründungsabsicht ist bei der Mehrheit von ihnen noch sehr unbestimmt. Wenn dagegen Lehrstuhlinhaber an Unternehmensgründung denken, verbindet sich damit sehr viel häufiger eine feste Absicht und ein konkretes Ziel. Die Realisierungswahrscheinlichkeit scheint sich mit Stellung und Lebensalter des Gründerpotentials zu erhöhen und ist unter den Lehrstuhlinhabern besonders stark ausgeprägt (vgl. Tabelle 2).

Tabelle 2: Personalverteilung nach Funktion (Anteile in Prozent)

Funktion	Stichprobe insgesamt	Gründungs-interessierte	Gründer-potential
Lehrstuhlinhaber	35	21	50
Dozent	12	15	8
Wiss. Mitarbeiter	53	64	42

2.3 Gründungsmotivation

Gründe für den Schritt in die Selbständigkeit gibt es viele - finanziellen Vorteil, unternehmerischen Tatendrang, eine vielversprechende Unternehmens-Idee, die günstige Gelegenheit, berufliche Frustration, der Wunsch nach Unabhängigkeit, Vorbildwirkung und Tradition und vieles andere mehr. Innovative Unternehmensgründungen sind darüber hinaus häufig noch an eine konkrete Vision, ein Forschungsthema, eine Entwicklung gebunden.

Die Hauptmotive der potentiellen Gründer und Gründungsinteressierten aus dem Hochschulbereich sind in erster Linie ethisch/moralischer Natur. Eine besonders wichtige Rolle werden der Verwirklichung eigener Ideen, der Begeisterung für das Forschungsthema und einer stärkeren Entscheidungs- und Handlungsfreiheit beigemessen (vgl Tabelle 3).

Auch die Möglichkeit zur Selbstverwirklichung und beruflicher Unabhängigkeit wirken auf mehr als die Hälfte der Befragten sehr motivierend. Die Aussicht auf bessere Verdienstmöglichkeiten bezeichnen mehr als drei Viertel der Befragten als weniger wichtiges oder unwichtiges Motiv. Das steht im Dissens zum eigentlichen Ziel jeder unternehmerischen Tätigkeit, der Gewinnerzielung. Dieses Desinteresse an wirtschaftlicher Verwertung kann Ursache für schnelles Scheitern oder schleppende Entwicklung der Unternehmung werden. Die beste Produkt- bzw. Gründungsidee wird nur bei konsequenter Ausrichtung auf kommerzielle Ziele zu unternehmerischem Erfolg führen.

Tabelle 3: Bewertung der Gründungsmotive (Anteile in Prozent)

Motiv	Motivausprägung		
	sehr wichtig	weniger wichtig	unwichtig
Positive Unternehmerbeispiele	24	41	35
Selbstverwirklichung	56	36	8
Entscheidungs-/Handlungsfreiheit	69	25	6
Begeisterung für FuE-Thema	77	16	7
Arbeitsmarktsituation	42	33	25
Öffentliches Ansehen	9	50	41
Bessere Verdienstmöglichkeit	26	55	19
Berufliche Unabhängigkeit	49	36	15
Verwirklichung eigener Ideen	77	19	4

Argumente wie „öffentliche Anerkennung" und „das Beispiel anderer Selbständiger" spielen für mehr als drei Viertel aller befragten Personen eine eher untergeordnete Rolle in bezug auf Gründung eines Unternehmens. Gerade solche Argumente sind jedoch für Unternehmensgründer in den USA, wo auch an den Hochschulen ein traditionell gewachsenes, ausgesprochen günstiges Gründungsklima herrscht, sehr wohl von Bedeutung. Die Bindungen zwischen Wissenschaft und Wirtschaft sind dort viel enger und persönlicher als in Deutschland. Ebenso wirkt sich in den USA gründungsfördernd aus, daß es kein Problem ist, für gute Ideen und Konzepte private Kapitalgeber zu gewinnen.

Motivbewertung nach Merkmalsgruppen
Die *Verwirklichung einer Idee* wird deutlich häufiger vom gründungsinteressierten Personal der Universitäten (80 Prozent) als wichtiges Motiv empfunden als das bei den Gründungsinteressierten der Fachhochschulen der Fall ist. Der *Drang nach beruflicher Unabhängigkeit* ist am stärksten ausgeprägt unter den wissenschaftlichen Mitarbeitern bzw. den jüngeren Befragten. Mit wachsender Stellung und höherem Alter spielt dieses Motiv eine immer geringere Rolle. *Bessere Verdienstmöglichkeiten* werden bei insgesamt geringer Bewertung dieses Motivs am ehesten von den 30 bis 49-jährigen als Argument für eine Unternehmensgründung gesehen. In höherem Alter verliert der mögliche finanzielle Vorteil gegenüber dem mit einer Gründung verbundenen Sicherheitsrisiko und der bereits erreichten Gehaltsstufe an Bedeutung.

Abbildung 2: Motivausprägung bezüglich beruflicher Unabhängigkeit

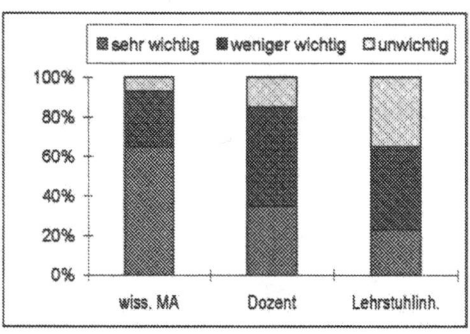

Stärkere öffentliche Anerkennung durch die Gründung eines Unternehmens spielt für Frauen eine wichtigere Rolle als für Männer. 80 Prozent der Hochschulwissenschaftlerinnen messen diesem Motiv eine mittlere Bedeutung bei, wogegen mehr als 40 Prozent ihrer männlichen Kollegen es als unbedeutend empfinden. *Arbeitsmarkt- und konjunkturbedingte Gründe* regen fast die Hälfte der jüngeren Befragten, der wissenschaftlichen Mitarbeiter und Dozenten, dazu an, über unternehmerische Selbständigkeit nachzudenken. Durch *Begeisterung an ihrem Forschungsthema* werden verhältnismäßig häufig Wissenschaftler aus den Fachhochschulen zur Gründung angeregt, was in der starken Anwendungsorientierung dieser Einrichtungen begründet sein kann. Der *Wunsch nach größerer Entscheidungs- und Handlungsfreiheit* ist an den Universitäten stärker ausgeprägt als an den Fachhochschulen. Ein scheinbar generationsabhängiges geschlechtsspezifisches Gründungsmotiv ist der *Wunsch nach Selbstverwirklichung*, der einerseits bei den jüngeren Befragten und zum anderen bei gründungsinteressierten Frauen stärker ausgeprägt ist als unter ihren männlichen Kollegen.

Über 90 Prozent der befragten Lehrstuhlinhaber, Dozenten und wissenschaftlichen Mitarbeiter an den Universitäten sind in Forschungsvorhaben eingebunden. An den Fachhochschulen ist dieser Anteil mit 80 Prozent der Befragten naturgemäß geringer als an den Universitäten. Mehr als zwei Drittel der potentiellen Hochschulgründer würden die *Nutzung der FuE-Ergebnisse als Basis für die Unternehmensgründung* nutzen wollen. An den Fachhochschulen beträgt dieser Anteil 73 Prozent und an den Universitäten beträgt er, trotz des hohen Anteils an Grundlagenforschung, noch immer 62 Prozent. Das spricht für eine deutlich anwendungsbezogene Lehre und Forschung.

Abbildung 3: Motivstruktur bezüglich größerer Entscheidungs- und Handlungsfreiheit

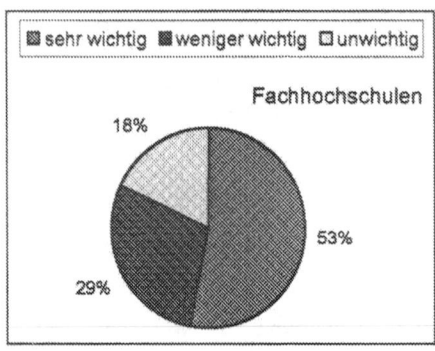
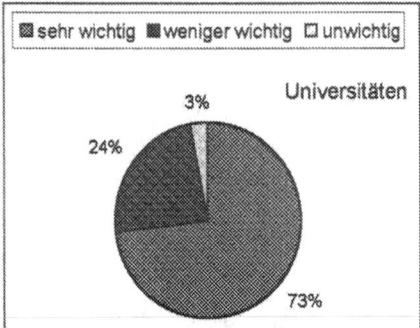

Die Nutzung der Forschungsergebnisse für die Gründung steht in engem Zusammenhang mit dem Lebensalter und den Berufserfahrungen der Befragten. Unter den 18 bis 29-jährigen wollen 54 Prozent der Gründungsinteressierten ihre FuE-Ergebnisse zur Unternehmensbasis machen. Unter den über 50-jährigen beträgt dieser Anteil bereits 79 Prozent. Je älter und erfahrener die Gründer bzw. Gründungsinteressierten sind, je länger sie sich mit ihren Forschungsarbeiten beschäftigt haben und wohl auch identifizieren, um so stärker wird der Wunsch, auf diesem Gebiet neben den wissenschaftlichen auch wirtschaftliche Erfolge zu erzielen. Unter den Lehrstuhlinhabern sind es immerhin 88 Prozent der Gründungsinteressierten und potentiellen Gründer, die auf der Basis ihrer zum Teil langjährigen Forschungsarbeiten ein Unternehmen gründen wollen.

2.4 Technologiegebiete und Branchen

Gründer aus dem Hochschulbereich können zumeist auf mehrjährige Kenntnisse und Erfahrungen im Bereich der Grundlagen- und angewandten Forschung zurückgreifen. Die Ergebnisse ihrer FuE-Arbeiten bilden in vielen Fällen die Basis zur Unternehmensgründung und bestimmen damit die künftige Branche. Neben herkömmlichen Wirtschaftszweigen wie der Chemie, dem Maschinenbau, der Elektrotechnik und dem Bauwesen, planen Hochschulausgründer auffallend häufig, sich in Hochtechnologiegebieten anzusiedeln. So wollen sich annähernd 50 Prozent der gründungsinteressierten Wissenschaftler ihr künftiges Unternehmen in einem zukunftsträchtigen Technologiegebiet errichten. Das sind vor allem Technikfelder im Bereich Neue Werkstoffe, Zell- und Biotechnologie, Mikroelektronik, Photonik sowie Software und Simulation (vgl. Tabelle 4).

Tabelle 4: Ausrichtung potentieller Unternehmensgründungen auf Zukunftstechnologiegebiete (Anteile in Prozent)

Technologiegebiete	Anteile in %
Software und Simulation	13
Biotechnologie	13
Neue Werkstoffe	8
Mikroelektronik	7
Photonik	4
Mikrosystemtechnik	4
Keine Zukunftstechnologien	51

2.5 Gründungszeitpunkt

Hinsichtlich des Gründungszeitpunktes zeichnet sich über alle Merkmalsgruppen hinweg ein sehr ausgewogenes Meinungsbild ab. Der günstigste Zeitpunkt für eine Unternehmensgründung ist nach mehr als drei Jahren Berufserfahrung. Diese Meinung vertreten 60 Prozent der gründungsinteressierten Wissenschaftler und potentiellen Gründer. Nur 17 Prozent sehen schon zwei bis drei Jahre nach dem Studium den günstigsten Zeitpunkt zur Firmengründung. Interessant ist, daß weitere 16 Prozent der Gründer bzw. Gründungsinteressierten denken, daß man Praxiserfahrungen mit einem eigenen Unternehmen bereits während des Studiums bzw. unmittelbar danach sammeln sollte. Diese Ansicht wird stärker von älteren Gündungsinteressierten vertreten als von den jüngeren Befragten selbst.

2.6 Gründungshemmnisse

Wie TOU-Gründer aus der Wirtschaft haben auch Existenzgründer aus dem Hochschulbereich eine Reihe von Schwierigkeiten beim Schritt in die Selbständigkeit zu überwinden. Es handelt sich dabei um existenzgründertypische Probleme und Hemmnisse, die jedoch durch das in sich geschlossene Hochschulsystem und den Innovationscharakter der künftigen Firma verstärkt werden können.

Persönliche Grenzen
Jeder Zehnte aller befragten Gründungsinteressierten und Gründer meint von sich: „Ich bin kein Unternehmertyp" und auf weitere 36 Prozent trifft das nach eigenem Empfinden zumindest teilweise zu. Das heißt, fast 50 Prozent der potentiellen Gründer aus Universitäten und Fachhochschulen halten sich für eine Unternehmensgründung persönlich nur bedingt geeignet. Durch intensive Gründungsberatung und Persönlichkeitstraining könnte der Entwicklungsprozeß vom Wissenschaftler zum Unternehmer erfolgreich unterstützt werden. Ein vergleichsweise *höheres Risiko der Selbständigkeit* gegenüber der Angestelltenposition an der Hochschule sowie das finanzielle Risiko einer Gründung empfinden 78 Prozent der Befragten zumindest teilweise als hemmend. Etwa die Hälfte aller potentiellen Gründer befürchten eine *zu starke Verschmelzung von Arbeits- und Privatleben* durch die Unternehmensgründung. Gespräche mit gestandenen Unternehmern könnten Erfahrungen vermitteln und Hemmschwellen dieser Art überwinden helfen. Kein nennenswertes Problem für die befragten Wissenschaftler stellt *der höhere Arbeitsaufwand als Unternehmer* im Vergleich zu nichtselbständiger Tätigkeit dar.

Informations- und Erfahrungsdefizite
Rund 75 Prozent der Gründungsinteressierten aus dem Hochschulbereich (bei 50 Prozent voll und ganz und bei 25 Prozent teilweise zutreffend) sehen ihren Mangel an kaufmännischen Kenntnissen und Managementerfahrungen in Bezug auf eine Unternehmensgründung als problematisch an. Lehrstuhlinhaber und Dozenten sind davon weniger betroffen als wissenschaftliche Mitarbeiter. Ebenso gibt es diesbezüglich signifikante Unterschiede zwischen den Einrichtungstypen und den Fachbereichen.

Unzureichende Marktkenntnisse stellen für durchschnittlich 60 Prozent der Gründungsinteressierten und potentiellen Gründer ein Gründungshindernis dar (bei 20 Prozent voll und ganz und bei 40 Prozent teilweise). Auch von diesem Problem sind wieder die jüngeren Wissenschaftler bzw. die wissenschaftlichen Mitarbeiter stärker betroffen als Lehrstuhlinhaber.

Finanzielle Probleme
Durch fehlendes bzw. für die Gründung *unzureichendes Startkapital* werden insgesamt 82 Prozent der Gründungsinteressierten behindert (auf mehr als 50 Prozent trifft das voll und ganz und auf fast 30 Prozent zumindest teilweise zu). Insbesondere die jüngeren Befragten und die wissenschaftlichen Mitarbeiter, die noch am Anfang ihrer beruflichen und finanziellen Karriere stehen, fühlen sich verstärkt von diesem Problem betroffen.

Äußere Rahmenbedingungen
Weitere Hemmnisse werden in den *steuerlichen Belastungen* für Unternehmer (36 Prozent der Befragten halten das für zum Teil zutreffend) und in einer zu unbestimmten Altersabsicherung (44 Prozent) gesehen.

Abbildung 4: Mangel an kaufmännischen Kenntnissen und Managementerfahrungen

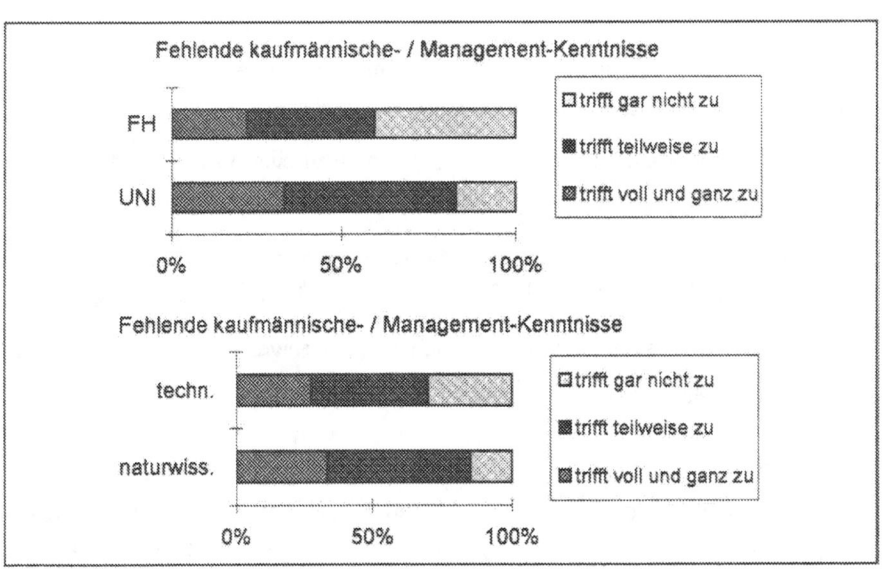

Eine *Konkurrenzklausel* im gegenwärtigen Arbeitsvertrag erscheint nur einem geringen Anteil der Hoch- und Fachschullehrer in Hinblick auf eine Firmengründung problematisch. Die *Nebentätigkeitsbestimmungen*, die in den Hochschulgesetzen verankert und in den einzelnen Bundesländern ähnlich geregelt sind, stellen eher für Dozenten und Lehrstuhlinhaber als für die wissenschaftlichen Mitarbeiter ein Gründungshemmnis dar. An den Fachhochschulen wird dieses Problem insgesamt höher bewertet als an den Universitäten. Als das geringste aller Probleme betrachten 90 Prozent der Befragten ein *negatives Unternehmerimage*.

2.7 Informationsbedarf

Gezielte und aktuelle Informationen sind für jeden Unternehmensgründer eine wesentliche Voraussetzung zur Verbesserung seiner Erfolgschancen. Für gründungsinteressierte Wissenschaftler, die den „Elfenbeinturm" verlassen wollen, um neben wissenschaftlichen Erfolgen vor allem wirtschaftliche Erträge zu erzielen, gilt dies noch in verstärktem Maße. So erscheint der hohe Informationsbedarf, den die Befragten signalisieren, als logische Konsequenz.

- Alle Befragten stufen Informationen zur Gründungsfinanzierung (einschließlich Förderprogrammen) als wichtig bzw. sehr wichtig ein.
- Kaufmännisches, Management- und Marketing-Know-how wird von 85 Prozent der Befragten als wichtig oder sehr wichtig eingeschätzt.
- Rechtliche Aspekte der Unternehmensgründung beurteilen 59 Prozent der Befragten als sehr wichtige und fast 37 Prozent als wichtige Informationen.
- Auskünfte zu Technologie- und Gründerzentren sowie Marktforschungs- und Branchenberichte werden von 90 Prozent der Befragten dringend benötigt.
- Spezielle Software zur Gründungsplanung wird weniger nachgefragt. Rund die Hälfte der Zielpersonen halten diese Informationsmöglichkeit für unwichtig.

Bei der Betrachtung des Informationsbedarfs nach Merkmalsgruppen ergibt sich folgendes Bild: Die Nachfrage nach detaillierten Informationen zu den genannten Schwerpunkten für die Gründungsphase eines Unternehmens wird um so höher bewertet, je jünger die Gründer sind. Das betrifft die einzelnen Informationscluster gleichermaßen stark. Die Gründer sowie die Gründungsinteressierten haben einen gleichermaßen hohen Informationsbedarf, ungeachtet dessen, welcher Einrichtung sie angehören.

Eine der ATHENE-Befragungen erstreckte sich auch auf wissenschaftliche Mitarbeiter von Universitäten und Fachhochschulen, die bereits Unternehmen gegründet haben. Hier läßt sich zusammenfassend folgende kurze Bilanz zeigen: Der Hauptanteil der Ausgründungen, etwa 90 Prozent, erfolgt aus den Universitäten. In den vergangenen sechs Jahren, von 1990 bis Anfang 1996, gründeten etwa 3 500 Wissenschaftler aus dem Hochschulbereich 2 500 technologieorientierte Unternehmen. Die jährliche Gründungsrate im Hochschulbereich beträgt im Durchschnitt 420 Ausgründungen. Beteiligt waren daran ca. 580 Gründer aus Hochschuleinrichtungen. Unter den Gründern aus dem Hochschulbereich finden sich durchschnittlich 1,4 Wissenschaftler je Team zusammen.

3. Zusammenfassung der Ergebnisse

- Spin-off's aus der Wissenschaft geschehen hauptsächlich durch wissenschaftliche Mitarbeiter, Dozenten und Professoren, da es Studenten und Absolventen bedeutend seltener gelingt, den Gegenstand für ein technologieorientiertes Unternehmen zu profilieren und die dafür notwendigen Ressourcen zu mobilisieren.
- 30 Prozent der HochschullehrerInnen aus natur- und ingenieurwissenschaftlichen Fachbereichen denken über die Gründung eines technologieorientierten Unternehmens nach, wobei dieser Gedanke unterschiedlich stark entwickelt ist. Jeder sechste von ihnen hat bereits eine feste Gründungsabsicht oder ist gegenwärtig in der Konzeptionierungsphase eines Unternehmens.
- Der günstigste Zeitpunkt für eine Unternehmensgründung sei nach mehr als drei Jahren Berufserfahrung gekommen, meinen 60 Prozent der Befragten.
- Potentielle Gründer unter dem Hochschulpersonal sind vorwiegend im Alter zwischen 30 und 49 Jahren und männlichen Geschlechts (nur etwa 7 Prozent von ihnen sind Frauen).
- Für 70 bis 80 Prozent der Gründer aus dem Hochschulbereich sind die Hauptmotive für eine Unternehmensgründung die Möglichkeit, eigene Ideen zu verwirklichen, Begeisterung für ihr Forschungsthema sowie stärkere Entscheidungs- und Handlungsfreiheit.

- Die Aussicht auf bessere Verdienstmöglichkeiten bezeichnen mehr als drei Viertel der Befragten als weniger wichtiges oder unwichtiges Motiv. Das steht im Dissens zum eigentlichen Ziel jeder unternehmerischen Tätigkeit, der Gewinnerzielung. Dieses Desinteresse an wirtschaftlicher Verwertung kann Ursache für schnelles Scheitern oder schleppende Entwicklung der Unternehmung werden.

- Stärkere öffentliche Anerkennung durch die Gründung eines Unternehmens spielt für Frauen eine wichtigere Rolle als für Männer. 80 Prozent der Hochschulwissenschaftlerinnen messen diesem Motiv eine mittlere Bedeutung bei, wogegen mehr als 40 Prozent ihrer männlichen Kollegen es als unbedeutend empfinden.

- Zwei Drittel der Gründungsinteressierten sehen ihre Forschungsarbeiten als Basis für eine Unternehmensgründung und bestimmen damit die künftige Branche. Neben herkömmlichen Wirtschaftszweigen sind dies auffallend häufig Hochtechnologiegebiete, wie z. B. Neue Werkstoffe, Zell- und Biotechnologie, Mikroelektronik, Photonik sowie Software und Simulation.

- Die Haupthindernisse beim Start in die Selbständigkeit sind für Gründer aus dem Hochschulbereich mangelndes Startkapital, das vergleichsweise hohe Risiko einer Gründung und der Mangel an kaufmännischen, Markt- und Managementkenntnissen.

Literatur

Auchter, E. (1994): Marketingaufgaben junger Technologieunternehmen in den neuen Bundesländern. In: Pleschak, F. (Hrsg.): Erfahrungsberichte aus dem Modellversuch „Technologieorientierte Unternehmensgründungen in den neuen Bundesländern". Karlsruhe/Dresden: FhG-ISI.

Baier, W.; Pleschak, F. (Hrsg.) (1996): Marketing und Finanzierung junger Technologieunternehmen – Den Gründungserfolg sichern. Wiesbaden.

Bayer, K. (1990): Beratung und Betreuung junger Technologieunternehmen – Erfahrungen aus dem Modellversuch TOU. Karlsruhe: FhG-ISI.

BMBF (Hrsg.) (1994): Hochschulabsolventen als Existenzgründer. Bonn.

BMBF (Hrsg.) (1995): Grund- und Strukturdaten 1995/96. Bonn.

BMBF (Hrsg.) (1996): Grund- und Strukturdaten 1996/97. Bonn.

BMBF (Hrsg.) (1997): Presse-Informationen (Businessplan-Wettbewerb, Gründerwettbewerb Multimedia u. a.).

BMBF (Hrsg.) (1997): Studierende an Hochschulen 1975 bis 1996. Bonn, Bad Godesberg.

Bräunling, G.; Pleschak, F.; Sabisch, H. (1994): Chancen und Risiken von im Modellversuch TOU-NBL geförderten jungen Technologieunternehmen. 3. Analysebericht. Karlsruhe/Dresden: FhG-ISI.

Deutsches Institut für Wirtschaftsforschung (Hrsg.) (1997): In Wochenbericht 41/97: „Neue Selbständige" in Deutschland in den Jahren 1990 bis 1995.

Dieterle, W. K.; Winckler, E. (Hrsg.) (1991): Gründungsfinanzerung. München.

DtA (1995): Finanzierungsbausteine für Unternehmen mit Zukunft. Bonn, Bad Godesberg.

Klandt, H. (1993): Entrepreneurship and Business Development. FGF Entrepreneurship Research Monographien, Band 3. Dortmund.

Koban, H. (1997): Statement anläßlich der Pressekonferenz zur „Aufstockung des BTU-Programms" zusammen mit BMBF und KfW am 11.12.97 in Bonn.

Kulicke, M. u. a. (1993): Chancen und Risiken junger Technologieunternehmen – Ergebnisse des Modellversuchs „Förderung technologieorientierter Unternehmensgründungen" (TOU). Schriftenreihe des Fraunhofer-Instituts für Systemtechnik und Innovationsforschung (ISI), Heft 4. Heidelberg.

Kulicke, M.; Wupperfeld, U. (1996): Beteiligungskapital für junge Technologieunterenehmen, Ergebnisse eines Modellversuchs. Schriftenreihe des Fraunhofer-Instituts für Systemtechnik und Innovationsforschung (ISI). Heidelberg: Physica-Verlag.

Licht, G.; Nehrlinger, E. (1997): Junge Unternehmen in Europa: Ein internationaler Vergleich. In: Harhoff, D. (Hrsg.): Unternehmensgründungen - Empirische Analysen für die alten und die neuen Bundesländer. ZEW Wirtschaftsanalysen, Bd. 7. Baden-Baden.

Pleschak, F.; Sabisch, H.; Wupperfeld, U. (1994): Innovationsorientierte kleine Unternehmen. Wiesbaden.

Pleschak, F; Rangnow, R. (1995): Ergebnisse des BMBF-Modellversuchs „Technologieorientierte Unternehmensgründungen in den neuen Bundesländern der Jahre 1990 bis 1994". 7. Analysebericht. Karlsruhe/Freiberg: FhG-ISI.

Reuter, H. (1984): Die Aktivierung von Nachwuchsunternehmen aus dem Hochschulbereich durch Gründerseminare und -arbeitsgemeinschaften. In: Nathusius, K. et al.: Unternehmensgründung. Konfrontation von Forschung und Praxis. Bergisch-Gladbach.

Richert, J.; Schiller, R. (1994): Hochschulabsolventen als Existenzgründer. Deutsche Ausgleichsbank. Bonn.

Ruhrmann, W. (1994): Erfahrungen bei der Beratung von im Modellversuch TOU geförderten jungen Technologieunternehmen. In: Pleschak, F. (Hrsg.): Erfahrungsberichte aus dem Modellversuch „Technologieorientierte Unternehmensgründungen in den neuen Bundesländern". Karlsruhe/Dresden: FhG-ISI.

Schulte, R.; Klandt, H. (1996): Aus- und Weiterbildungsangebote für Unternehmensgründer und selbständige Unternehmer an deutschen Hochschulen. BMBF (Hrsg.). Bonn.

Statistisches Bundesamt (Hrsg.) (1993): Statistisches Jahrbuch 1993 für die Bundesrepublik Deutschland. Wiesbaden.

Statistisches Bundesamt (Hrsg.) (1994): Fachserie *Personal an Hochschulen*. Wiesbaden.

Statistisches Bundesamt (Hrsg.) (1995): Statistisches Jahrbuch 1995 für die Bundesrepublik Deutschland. Wiesbaden.

Statistisches Bundesamt (Hrsg.) (1996): Fachserie *Personal an Hochschulen*. Wiesbaden.

Szyperski, N.; Roth, P. (Hrsg.) (1990): Entrepreneurship – Innovative Unternehmensgründung als Aufgabe. Stuttgart.

Unterkofler, G. (1989): Erfolgsfaktoren innovativer Unternehmensgründungen. Frankfurt/Main.

Volkert, B. (1995): Die Rolle junger Industrie in entwickelten Volkswirtschaften. In: Schmude, J. (Hrsg.): Neue Unternehmen. Heidelberg.

Wupperfeld, U. (1995): Das Beteiligungskapitalangebot in den neuen Bundesländern. 6. Analysebericht. Karlsruhe: FhG-ISI.

Wupperfeld, U., unter Mitarbeit von Kulicke, M. (1993): Mißerfolgsursachen junger Technologieunternehmen. Karlsruhe: FhG-ISI.

Existenzgründungen aus Universitäten und Fachhochschulen - Potentiale für den Aufschwung Ost?

Oliver Pfirrmann

1. Einführung und empirische Basis

Unternehmensgründungen, insbesondere in wissensintensiven Bereichen, gelten als wichtiger Motor für Wachstum und Beschäftigung. Die Grundidee, Existenzgründungen vornehmlich aus dem Hochschulbereich zu fördern, berücksichtigt eine gemeinhin bekannte und wichtige Quelle zur Generierung wissensbasierter bzw. High-Tech-Unternehmen. Im Kontext dieser Überlegungen gewinnt aber auch eine in den achtziger Jahre geführte Debatte wieder an Bedeutung, die bilanziert hatte, daß die alleinige Bereitstellung von Fördermitteln wenig bewirkt (BMBW 1983). Diskutiert wurden neben Finanzierungsproblemen, wie z. B. am Markt für Risikokapital, administrative, institutionelle und mentalitätsbezogene Hemmnisse, die, wie der Verweis auf neuere, international vergleichende Untersuchungen zeigt, in Deutschland nach wie vor nicht ausgeräumt sind (Weihe/Reich 1993). Gleichwohl ist gegenwärtig zu konstatieren, daß Existenzgründungen im allgemeinen und innovative Unternehmensgründungen im besonderen im Mittelpunkt einer Vielzahl von wirtschafts- und technologiepolitischen Initiativen stehen; hohe Aufmerksamkeit wird dabei Universitäten und Fachhochschulen zuteil.

Die folgenden Ausführungen beruhen auf einer Initiative des Ministeriums für Wirtschaft, Mittelstand und Technologie Brandenburg, der Technologie- und Innovationsagentur Brandenburg (T.IN.A) und der Vereinigung der Unternehmensverbände Berlin und Brandenburg: Das Projekt "Prozeßbegleitete Unternehmensgründungen" (PUG). Mit dem 1996 gestarteten Projekt PUG sollen in Ergänzung zu den bereits vorhandenen Förderinstrumentarien in Brandenburg und Berlin neue Ansätze und Umsetzungshilfen zur Gründung von technologieorientierten sowie innovativen und zukunftsorientierten Unternehmen aus Hoch- und Fachhochschulen entwickelt und erprobt werden. In einer begleitenden Analyse werden seit 1996 verschiedene Aktivitäten des Projektes PUG in ihrer Akzeptanz und ihren bis dahin erfaßbaren Wirkungen bewertet. Die dazu durchgeführten schriftlichen Befragungen an Universitäten und Fachhochschulen sowie Interviews mit Existenzgründern bilden die empirische Grundlage dieses Beitrages.[1]

Die Ergebnisse der schriftlichen Befragung erheben nicht den Anspruch der Repräsentativität für alle Universitäten und Fachhochschulen der Region. Die Gründe liegen zum einen in der Rücklaufquote, die nicht exakt berechnet werden kann, da die Teilnehmergrundgesamtheit in ihrem Potential bisher noch nicht erfaßt worden ist, zum anderen in einem nicht auszuschließenden Positiv-Bias bei den befragten Teilnehmern hinsichtlich ihrer Gründungsaktivitäten. Die folgenden Ausführungen sind insofern als ein explorativer Querschnitt durch Berliner und Brandenburger Universitäten und Fachhochschulen zu verstehen unter dem Blickwinkel des Existenzgründungsgeschehens.

2. Gründerpotentiale und Gründungsaktivitäten: Fragen und empirische Befunde

In der wissenschaftlichen Diskussion werden Existenzgründungen schwerpunktmäßig unter vier Aspekten betrachtet: Gründerperson, Vorhaben bzw. Unternehmen, Gründungsumfeld sowie der Gründungserfolg aus unternehmensbezogener und gesamtwirtschaftlicher Sicht (Müller-Böling/Klandt 1990:143 ff). Die folgenden Ausführungen sind an diesen Schwerpunkten orientiert, sie vermögen gleichwohl keine umfassende Darstellung. Vielmehr sind die aus der begleitenden Analyse zum Projekt PUG ausgewählten Informationen als ein Vehikel zu verstehen, um erste Antworten zu akademischen Gründerpotentialen und Gründungsaktivitäten in der Region Berlin/Brandenburg zu liefern. Im gegebenen Rahmen vertieft behandelt werden die folgenden Aspekte:

1. Wie ist das Gründerpotential an den Berliner und Brandenburger Universitäten und Fachhochschulen in quantitativer sowie qualitativer Hinsicht einzuschätzen

---

[1] Ein erster Bericht zur Evaluation des Projekts PUG, zur Beschreibung der Datenbasis sowie weiterführenden Auswertungen wurde als Discussion Paper der Arbeitsstelle Politik und Technik (APT-Papers) veröffentlicht, zitiert nach den Autoren Heering/Pfirrmann/Schroeder (1997).

und in welchem Ausmaß korrespondiert dieses Potential mit den bisher tatsächlich erfolgten Existenzgründungen im High-Tech-Bereich?

2. Gibt es Unterschiede zwischen Gründungswilligen an Westberliner sowie Ostberliner und Brandenburger Universitäten und Fachhochschulen und lassen sich Unterschiede auch bei den Junggründern in Ost und West nachweisen?

3. Welche Perspektiven eröffnen sich durch die Stimulierung von Potentialen an Berliner und Brandenburger Universitäten und Fachhochschulen für

a) den Arbeitsmarkt

b) die Verbindung von Hochschule und Wirtschaft.

2.1 Zum Gründerpotential an Berliner und Brandenburger Universitäten und Fachhochschulen

Eine erste quantitative Eingrenzung dessen, was als Gründerpotential Berliner und Brandenburger Hoch- und Fachhochschulen anzusehen ist, soll über die schriftliche Befragung erreicht werden. Befragt wurden alle Teilnehmer an Informationsveranstaltungen zum Projekt PUG, die in der Region an Universitäten und Fachhochschulen durchgeführt worden sind. Erfaßt werden konnten 405 Teilnehmer. Die Frage, ob sie bereits konkrete Gründungsabsichten haben beantworteten rund 70 Prozent mit ja. Aufgrund des unterstellten Positiv-Bias bei den Befragten stellt dieser Wert bestenfalls die Potentialobergrenze dar. Eine verbesserte Potentialabgrenzung kann durch eine Differenzierung der Teilnehmer nach ihrem akademischen Status erreicht werden. Abbildung 1 berücksichtigt dieses zusätzliche Unterscheidungskriterium.

Deutlich wird, daß je nach akademischem Status das Gründerpotential zwischen 56 Prozent (Studenten) und 79 Prozent (Dozenten) schwankt. Bemerkenswert hoch ist das Potential bei den sonstigen Teilnehmern (71 Prozent) wie z. B. Mitarbeiter außeruniversitärer Wissenschaftseinrichtungen oder Arbeitslose. Die Dauer der Zugehörigkeit zu einer Universität bzw. Fachhochschule ist offensichtlich für die anderen Statusgruppen kein erkennbarer Grund, sich verstärkt mit Fragen der Existenzgründung auseinanderzusetzen; das vergleichsweise geringe Potential bei wissenschaftlichen Mitarbeitern (60 Prozent) bestätigt diesen Eindruck. Vielmehr erscheint die gegenwärtige Lebens- und Arbeitssituation (Zufriedenheit, Arbeitsbelastung etc.)

als komplexes Wirkungsumfeld, das die Neigung zum Aufbau eines (High-Tech-) Unternehmens bestimmt.2

Abbildung 1: Akademischer Status und Gründerpotential (in Prozent)

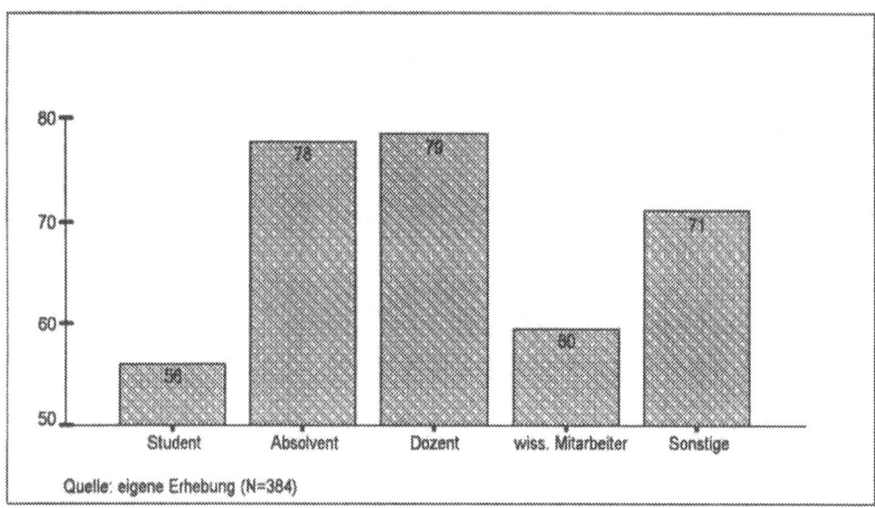

Wie sind nun die inhaltlichen und fachlichen Fähigkeiten des zu einer Gründung aufgeschlossenen Potentials einzuschätzen? Wir haben über die Unterscheidung des Gründerpotentials nach dem akademischen Status hinaus nur für die Teilmenge der Studierenden bzw. frisch Examinierten geprüft, in welchem Fachsemester Planungen im Hinblick auf eine Unternehmensgründung am stärksten ausgeprägt sind. Anders als die Untersuchung von Weihe und Reich (1993) haben wir nur bedingt Hinweise dafür gefunden, daß in diesem Kontext merkliche Unterschiede bestehen. Die Autoren stellen für ihr Sample westdeutscher Fachhochschulstudenten fest, daß mit zunehmender Dauer des Studiums der Anteil bereits selbständiger Studenten/Absolventen wächst. Bemerkenswert war aber auch der gestiegene Anteil von Studenten/Absolventen, die eine selbständige Existenz ablehnen (Weihe/Reich 1993:181). In unserem Sample ist die Neigung zur Selbständigkeit bei Studenten/Absolventen in der Kategorie 12 und mehr Fachsemester mit 69 Prozent am stärksten ausgeprägt. Demnach scheint sich zu bestätigen, daß in dieser Gruppe theoretische und berufsnahe Fähigkeiten kulminieren und der Aufbau einer eigenen Existenz besonders inter-

---

2   Verwiesen sei an dieser Stelle auf die Arbeiten von Shapero (1975), der die sog. „Displacement-These" als Motiv für Existenzgründungen ausführlich thematisiert hat.

essiert verfolgt wird. Eine nicht zu vernachlässigende Rolle spielen dabei die von vielen parallel zum Studium gesammelten Berufserfahrungen. Gleichwohl ist der Anteil Gründungswilliger bei den Studienanfängern mit einem bis vier Semestern fast genauso hoch (67 Prozent). In den mittleren Fachsemestern flacht das Interesse am Aufbau einer eigenen Existenz deutlich ab (zwischen 50 Prozent und 60 Prozent), was u.a. auf gestiegene Studienanforderungen bzw. Examensvorbereitungen zurückgeführt werden kann, die, so vermuten wir, nur wenig Raum für die Planung einer (innovativen) Existenzgründung erlauben.

Rückschlüsse über fachliches Know-how sind auch durch eine vertiefende Betrachtung der Gründungsideen möglich. Letztere wurden in der Kurzbefragung offen erfaßt und nach Häufigkeiten zusammengestellt. In einem weiteren Schritt wurden die Gründungsideen in verschiedene Produkt- und Dienstleistungskategorien eingeordnet.[3] Tabelle 1 stellt die verwendeten Kategorien den Studienfächern des Gründerpotentials gegenüber. Überraschend ist dabei weniger, daß Gründungsinteressierte mit naturwissenschaftlich-technischem Hintergrund in ihren angestammten Bereichen gründen möchten, sondern der hohe Anteil von Ingenieuren und Physikern/Chemikern, die planen, im Bereich IuK-Technik/Multimedia/Internet zu gründen; ein Schwerpunkt auch von Wirtschafts- und Geisteswissenschaftlern. Insgesamt dominieren (spezielle und allgemeine) Dienstleistungsideen vor Produktideen. Einen direkten Bezug, d.h. eine inhaltliche Verbindung zwischen Studienfach und Gründungsidee konnten wir nur bei der Hälfte des gesamten Potentials erkennen; die Palette an Ideen streut vor allem bei Geistes- und Sozialwissenschaftlern breit.

In welchem Ausmaß korrespondiert dieses Potential nun mit den bisher tatsächlich erfolgten Existenzgründungen im High-Tech-Bereich? Hierbei stützen wir uns auf die Informationen aus dem Projekt PUG, bei dem im Zeitraum Mai 1996 bis Dezember 1997 230 Konzepte für eine Existenzgründung aus Hoch- bzw. Fachhochschulen in der Region Berlin/Brandenburg direkt oder vermittelt über Transferstellen o.ä. eingegangen sind. Aus diesen Konzeptpapieren sind bisher 27 innovative Unternehmensgründungen entstanden, wobei diese Zahl eine Untergrenze darstellt, da nach den Auswahlkriterien des Projektes (Innovationshöhe, Marktchancen, Gründerpersönlichkeit) die Entwicklung abgelehnter Konzepte nicht weiter verfolgt wurde.

---

3 Die verwendete Nomenklatur orientiert sich aufgrund des frühen Erfassungszeitpunkts und des z.T. hohen Abstraktionsgrades der Gründungsideen an Untersuchungen wie z. B. von Knigge/ Petschow (1986), die keine traditionelle Güter- und Leistungssystematik verwendet haben.

Absolut betrachtet erscheinen diese 27 Gründungen aus Universitäten und Fachhochschulen wenig zu sein, wenn z. B. Vergleichszahlen aus den Gewerbeanmeldungsstatistiken in Berlin und Brandenburg herangezogen werden. Die Verwendung eines angemesseneren Bewertungsmaßstabs, das Potential an technologieorientierten Unternehmensgründungen, das in der Literatur bei etwa 400 Unternehmen für die Bundesrepublik Deutschland insgesamt verortet wird, läßt den Wert innerhalb eines Zeitraums von 19 Monaten und unter Berücksichtigung der eingangs dargestellten Ausrichtung des Projektes PUG als akzeptabel erscheinen.[4] Aussagen im Hinblick auf die Überlebenswahrscheinlichkeit oder die Beschäftigungsentwicklung der Existenzgründungen sind zum gegenwärtigen Zeitpunkt jedoch nicht möglich.

Tabelle 1: Studienfach und inhaltliche Ausrichtung der Gründungsidee (in Prozent)

Inhaltliche Ausrichtung	Studienfach	Medizin/Biologie	Physik/Chemie	Ingenieur	BWL/VWL	Sozialwissenschaften	Geisteswiss./Sprache	Jura/Sonstiges	Insgesamt
Produktions-/Verfahrenstechnik		13	26	18	-	7	-	12,5	12
Medizintechnik/Biotechnologie		31	5	2	-	-	-	-	4
Umwelttechnik/Recycling		6	11	5	-	-	-	25	4
Elektro-/Lasertechnik		-	-	8	3	-	6	-	4
IuK-Technik/Internet/Multimedia		-	42	29	22	-	12	-	19
Spezielle Dienstleistung[a)]		19	-	15	35	43	41	50	26
Allgemeine Dienstleistung[b)]		31	16	23	40	50	41	12,5	31
Insgesamt		100	100	100	100	100	100	100	100

Quelle: eigene Erhebung (N=228).

a) Zu den speziellen Dienstleistungen zählen in dieser Erhebung: u. a. Handel/Vertrieb, Ingenieur-/Planungsbüro, Rechts-/Vermögens-/Steuerberatung, Unternehmens-/Kommunikationsberatung.

b) Zu den allgemeinen Dienstleistungen zählen in dieser Erhebung u.a. Freizeitservice/Touristik, Pädagogik/Schulung.

---

[4] Die Zahl beruht auf Auswertungen der Modellversuche zur Förderung technologieorientierter Unternehmensgründungen in West- und Ostdeutschland; vgl. Kulicke u.a. (1993:5). Ein größeres Potential folgt aus der Untersuchung des ZEW, die alle Gründungen in technologieintensiven Industrien (mit einer FuE-Intensität von 3,5 Prozent und mehr) berücksichtigt und für die Region Berlin/Brandenburg auf rund 120 Gründungen pro Jahr kommt; vgl. Licht/Nerlinger (1997:11).

2.2 Ost-West-Vergleich von Gründerpotential und Junggründern

Quantitative Unterschiede im Gründerpotential zwischen Ost und West sind in unserem Befragungssample kaum existent; bezogen auf alle Teilnehmer an Informationsveranstaltungen ergibt sich eine Verteilung von 66 Prozent Ost gegenüber 69 Prozent West. Indes traten erkennbarere Ost-West-Unterschiede zutage, wenn nach dem akademischen Status oder der Studienfachrichtung differenziert wurde.

In unserem Sample zeigen Studenten und Absolventen an Westberliner Universitäten/Fachhochschulen eine erkennbar höhere Neigung zum Aufbau einer eigenen Existenz als ihre Ostberliner und Brandenburger Kommilitonen (Abbildung 2).

Abbildung 2: Akademischer Status potentieller Gründer aus Ost und West (in Prozent)

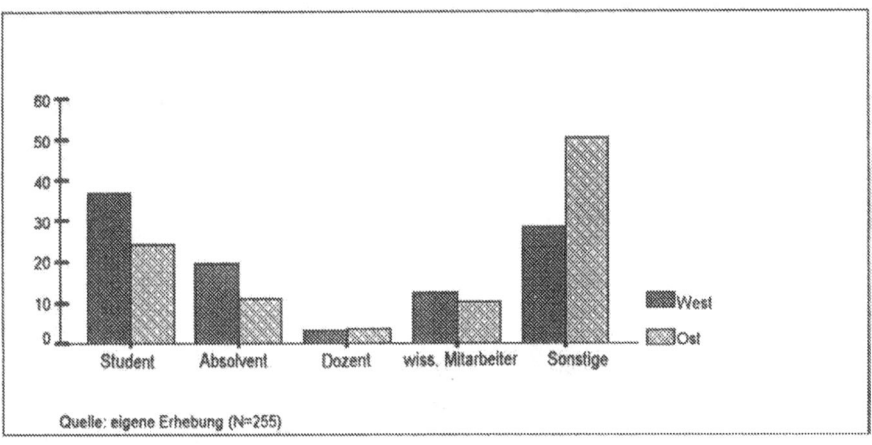

Gleiches gilt, wenn auch abgeschwächt, für wissenschaftliche Mitarbeiter. Zwischen ost- und westdeutschen Dozenten bestehen keine merklichen Differenzen; während vor allem bei den sonstigen Teilnehmern zwischen Ost und West deutliche Unterschiede zutage treten. Dies hängt nach unserer Einschätzung mit der heterogen Zusammensetzung der Kategorie „Sonstige" zusammen, die sich bezogen auf Westberlin überwiegend aus Mitarbeitern außeruniversitärer Forschungseinrichtungen zusammensetzt, für die Selbständigkeit eine z.T. völlig neue Option darstellt. Demgegenüber sind es in Brandenburg in dieser Kategorie vor allem Arbeitslose, für die die Idee einer Existenzgründung teilweise die „letzte" Option darstellt.[5]

Die Unterscheidung nach der Studienfachrichtung erbringt ebenfalls Abweichungen zwischen Ost und West. Abbildung 3 verdeutlicht, daß bei Physikern/Chemikern, Ingenieuren und Wirtschaftswissenschaftlern aus Brandenburg bzw. Ostberlin das Interesse an einer Existenzgründung stärker ausgeprägt ist als bei ihren Westberliner (Studien-) Kollegen. Demgegenüber verhält es sich bei Medizinern/Biologen, Juristen, Sozialwissenschaftlern und sonstigen Teilnehmern genau umgekehrt. Wir haben in vertiefenden Auswertungen versucht, Erklärungen für dieses Ergebnis zu finden. Dabei gibt es sowohl Hinweise auf einen Zusammenhang zum Standort der Hoch- bzw. Fachhochschule (zentrale Lage oder Peripherie) als auch auf einen Einfluß der Studiendauer. Diese zusätzlichen Variablen stellen aber nur einen kleinen Ausschnitt des Gründungsumfelds dar; weitere Analyseschritte werden deshalb notwendig sein, um die zentralen Gründungsdeterminanten dieses Samples zu bestimmen.

Abbildung 3: Fachrichtung potentieller Gründer aus Ost und West (in Prozent)

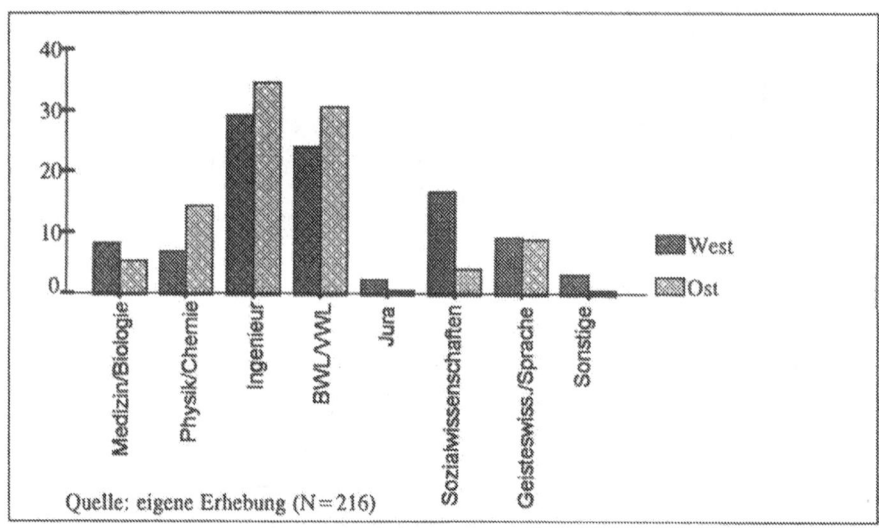

---

[5] Diese Einschätzungen beruhen auf Gesprächen mit Veranstaltungsteilnehmern, die von uns entweder direkt geführt oder durch die PUG-Mitarbeiter übermittelt worden sind; vgl. dazu aber auch die Diskussion dieser Bewertung bei Bögenhold und Staber (1990:274ff).

In der schriftlichen Befragung wurde für den Fall, daß eine Existenzgründung geplant/beabsichtigt ist, gefragt, ob alleine oder im Team gegründet werden soll. Deutlich wurde, daß generell die Teamgründung gegenüber der Alleingründung bevorzugt wird. Erkennbar wurde aber auch eine höhere Präferenz für unternehmerische Partnerschaften im Osten (71 Prozent) als im Westen (62 Prozent). Aus den Interviews mit jungen High-Tech-Gründern konnten wir keine so eindeutige Tendenz ableiten wie aus der Kurzbefragung: von den sechs interviewten Unternehmensgründungen waren drei als Team und drei allein gegründet worden; die Ost/West-Verteilung ist ebenfalls ausgeglichen. In den Gesprächen wurde deutlich, daß Teamgründungen generell als bevorzugte Form der Selbständigkeit angesehen werden („motivationssteigernd", „Diskussionspartner inhouse"). Dort wo nicht im Team gegründet wurde, dominierten Markt- bzw. Umfeldfaktoren („Erkennen einer Marktnische", „wissenschaftliche Einrichtung unterstützt", „noch kein geeigneter Partner gefunden") die Entscheidung, die Existenzgründung vorerst allein zu realisieren.

Generell konnten wir merkliche Unterschiede zwischen Ost und West aus den Interviews nicht ableiten. Die Vermutung, daß z. B. (junge) Ostdeutsche in bezug auf den Aufbau einer eigenen Existenz tendenziell unsicherer sind als (junge) Westdeutsche, findet u.E. keinerlei Anhaltspunkte. Als bedeutsam erwies sich vielmehr das spezifische Umfeld des Gründers, z. B. Kommilitonen, wissenschaftliche Kollegen und vor allem das Erkennen einer Marktlücke, die, aufgrund individueller bzw. studienrelevanter Einschätzungen, als fachliche und persönliche Chance wahrgenommen wurde.

3. Anstelle eines Resümees: Implikationen für den Arbeitsmarkt und das Verhältnis von Hochschule und Wirtschaft

Wir wollen aufgrund der zahlenmäßig und zeitlich begrenzten Reichweite unserer Auswertungen auf eine abschließende Zusammenfassung und Bewertung verzichten. Statt dessen sollen einige Implikationen für den Arbeitsmarkt sowie die Verbindung zwischen Hochschule und Wirtschaft im Kontext der Untersuchung erörtert werden. Da keine substantiellen Belege für Unterschiede zwischen Ost- und Westgründerpotential ersichtlich geworden sind, sollen die nachfolgenden Bemerkungen, in Abweichung von der Überschrift des Beitrags, in dieser Hinsicht allgemein bleiben.

Bezogen auf die Quantität des Gründerpotentials an Universitäten und Fachhochschulen hat der Umfang der bisher tatsächlich erfolgten innovativen Existenzgründungen prima facie überrascht. Erst die Wahl eines entsprechenden Referenzmaßstabs hat verdeutlicht, wie das Ausmaß der durch das Projekt PUG aufgeschlossenen Gründungen in der Region Berlin/Brandenburg gemessen an der Zahl geschätzter High-Tech-Gründungen in Deutschland insgesamt einzuordnen ist. In den interviewten Unternehmen war die Mitarbeiteranzahl, über die Gründerperson(en) hinaus, durchweg niedrig. Mehrheitlich tendieren die Neugründer dazu, insbesondere in der Frühphase der Unternehmensentwicklung, die Geschäftstätigkeit mit wenigen, häufig per Werk- oder Unterauftrag Beschäftigten aufzunehmen. In einem Fall wurde vom Gründer explizit die Bereitschaft geäußert, seinen Mitarbeitern reguläre Arbeitsverträge zu geben, um diese abzusichern. Im Vergleich zu anderen Untersuchungen sind keine grundlegenden Abweichungen feststellbar: High-Tech-Gründer starten mit einem kleinen, oft prekär beschäftigten Mitarbeiterteam, frühestens nach fünf Jahren sind belastbare Aussagen zur Beschäftigung möglich.[6]

Im Hinblick auf merkliche Arbeitsmarkteffekte geben zwei weitere Aspekte Zweifel auf:

- Die Komplexität des Gründungsprozesses, mit einer Vorbereitungszeit von u.U. einem Jahr oder mehr bis zur Aufnahme der eigentlichen Geschäftstätigkeit.
- Die fachliche Ausrichtung der Mehrheit der Gründungsideen, die überwiegend mit mehr oder weniger innovativen Dienstleistungen befaßt ist, die zumindest in der Anfangsphase ohne großen Kapital- und Personalbedarf realisiert werden können.

Kurzfristig sind damit weder für den Ost- noch den Westteil unseres Untersuchungsgebietes bedeutende Beschäftigungseffekte zu erwarten. Erst in einer langfristigen Betrachtung wird ersichtlich, ob sich die Unternehmensgründungen dauerhaft etabliert haben. Es erscheint uns deshalb wichtig, (innovative) Gründungen aus Universitäten und Fachhochschulen in einer längerfristigen Perspektive zu beurteilen. Dies bezieht Überlegungen zur Gestaltung des Verhältnisses zwischen Hochschule und Wirtschaft mit ein.

---

[6] Vgl. zu einer phasenspezifischen Betrachtung der Entwicklung Baier/Pleschak (1996), zu Beschäftigungsaspekten Licht/Nerlinger (1997:5ff), Richert/Schiller (1994:13).

Überlegungen, wie das vorhandene Potential von Existenzgründern an Hochschulen besser genutzt werden kann, werden inzwischen bundesweit angestellt. Die Rahmenbedingungen, vor allem die Nebentätigkeitsverordnungen für wissenschaftliche Mitarbeiter und Dozenten sind nach wie vor eher hemmend als fördernd. Die meisten von ihnen sind gezwungen, in einer Grauzone zwischen Hochschule und Wirtschaft zu agieren, die neugierige Blicke durch die Verwaltung und Kollegen verhindert. Vorerst bleiben damit für Studenten und Absolventen die Optionen eingeschränkt, während oder direkt nach dem Studium Erfahrungen zu sammeln, die für eine Existenzgründung notwendig sind. In mehr als der Hälfte der von uns interviewten Existenzgründer hat das Studium bzw. das wissenschaftliche Umfeld einen direkten Einfluß auf die Gründungsentscheidung gehabt. Bemerkenswert ist, daß in diesen Fällen der jeweilige Dozent/Professor oder das Institut über enge Wirtschaftskontakte verfügte; die Ausgründung von wissenschaftlichen Mitarbeitern hat bei einem Westberliner Institut eine langjährige Tradition. Es scheint demnach, daß eine engere Verzahnung von Wissenschaft und Wirtschaft, nicht notwendigerweise über institutionalisierte Mittler, wichtige Impulse zur Realisierung von Existenzgründungen aus Universitäten und Fachhochschulen liefert.

Die Entwicklung eines positiven Gründungsklimas, z. B. durch entsprechende Gründertage und Entrepreneurshipkurse ist dabei ein erster Schritt. Erfahrungsgemäß sind nicht alle Fachbereiche, insbesondere an Universitäten gegenüber diesen Ideen und den daraus resultierenden Anforderungen aufgeschlossen. Gleichwohl ist die Frage zu stellen, ob die „reine Lehre", die Lehrinhalte in den Vordergrund stellt und nicht berufliche Perspektiven, noch zeitgemäß ist. Die gegenwärtigen Entwicklungen auf dem Arbeitsmarkt stellen Hochschulabsolventen und wissenschaftliche Mitarbeiter mit Zeitverträgen vor wachsende Herausforderungen. Die Option der Selbständigkeit gewinnt trotz wenig fördernder akademischer Rahmenbedingungen dabei zunehmend an Gewicht. Das Aufgreifen dieser Entwicklung böte, gesamtwirtschaftlich gesehen eine Chance: denn Existenzgründungen aus Universitäten und Fachhochschulen sind eine intelligente Möglichkeit, das dort vorhandene innovative Potential in Unternehmen und Arbeitsplätze zu transformieren.

Literatur

Baier, W.; Pleschak, F. (Hrsg.) (1996): Marketing und Finanzierung junger Technologieunternehmen. Wiesbaden: Gabler Verlag.

Bögenhold, D.; Staber, U. (1990): Selbständigkeit als ein Reflex auf Arbeitslosigkeit? In: Kölner Zeitschrift für Soziologie und Sozialpsychologie 42. Jg. S. 265-279.

Bundesminister für Bildung und Wissenschaft (1983, Hrsg.): Hochschule und Wirtschaft. Möglichkeiten und Hemmnisse der Zusammenarbeit. Bad Honnef.

Heering, W.; Pfirrmann, O.; Schroeder, K. (1997): Bericht zur Evaluierung des Projektes „Prozeßbegleitende Unternehmensgründungen" (PUG)". Discussion Paper der Arbeitsstelle Politik und Technik (APT). Berlin.

Knigge, R.; Petschow, U. (1986): Technologieorientierte Unternehmensgründungen in Berlin. FHW-Report Nr. 1. Berlin.

Kulicke, M. u. a. (Hrsg.) (1993): Chancen und Risiken junger Technologieunternehmen. Heidelberg: Physica-Verlag.

Licht, G.; Nerlinger, E. (1997): New Technology-Based-Firms in Germany: A Survey of the Recent Evidence. ZEW Discussion Paper No. 97-18. Mannheim.

Müller-Böling, D.; Klandt, H. (1990): Bezugsrahmen für die Gründungsforschung mit einigen empirischen Ergebnissen. In: Szyperski, N. / Roth, P. (Hrsg.): Entrepreneurship - Innovative Unternehmensgründung als Aufgabe. Stuttgart: Poeschel, S. 143-170.

Richert, J.; Schiller, R. (1994): Hochschulabsolventen als Existenzgründer. Auftragsstudie der Deutschen Ausgleichsbank für das Bundesministerium für Bildung und Wissenschaft. Bonn.

Shapero, A. (1975): The displaced uncomfortable entrepreneur. In: Psychology Today (November 1975), S. 83-133.

Weihe, H.J.; Reich, F.R. (1993): Entrepreneurial interest among business students: Results of an international study. In: Klandt, H. (ed.): Entrepreneurship and Business Development. Avebury: Aldershot, S. 179-197.

Indikatoren der Wirksamkeit regionaler Innovationsaktivitäten - Eine Analyse zur Rolle der TU Ilmenau

Eva Voigt

Es ist heute unbestritten, daß im räumlichen Umfeld einer endogenen Wissensquelle - z. B. einer Technischen Universität - verstärkte Innovationsaktivitäten auftreten, die die regionale Wirtschaftsentwicklung positiv beeinflussen. Die innovationsorientierte Regionalpolitik setzt auf diese Erkenntnis und fördert die endogenen Innovationspotentiale in Erwartung eines einsetzenden Wirkungsmechanismus, der zur Schaffung dauerhaft wettbewerbsfähiger Arbeitsplätze bei angemessenem Wirtschaftswachstum führen soll. Diesem Konzept folgt auch das Projekt *Technologie Region Ilmenau*.[1] Eine Region, in der nach 1990 ein dramatischer Abbau tausender Arbeitsplätze erfolgte, insbesondere in der Glas- und Porzellanindustrie, zugleich jedoch mit der Technischen Universität, der lokalen Innovationsinfrastruktur und dem vorhandenen Humankapital durchaus ausbaufähige Potentiale für regionale Innovationsaktivitäten bestanden. Ziel des Projektes ist der Ausbau des Standortes Ilmenau zu einer technologieorientierten Wachstumsregion. Kernstück ist die TU Ilmenau, von der erwartet wird, daß sie mit ihrem Bildungs- und Wissenschaftspotential nachhaltige Entwicklungsimpulse setzt.

---

[1] Das Projekt Technologie Region Ilmenau ist ein gemeinsames Vorhaben der Stadt Ilmenau, der beteiligten Kommunen im Umland, des Landkreises, der Technischen Universität, der Landesentwicklungsgesellschaft Thüringen mbH (LEG) und der Treuhand-Liegenschaftsgesellschaft mbH (LEG) mit Unterstützung der Landesregierung. Die Region Ilmenau umfaßt den ehemaligen Landkreis Ilmenau. Seit 1994 bildet dieser Landkreis zusammen mit dem ehemaligen Landkreis Arnstadt den Ilm-Kreis. Im Jahre 1995 hatte der Ilm-Kreis 123 390 Einwohner. Davon entfielen 51 Prozent (rund 63 000 Einwohner) auf die Städte und Gemeinden des Altkreises, einschließlich der Stadt Ilmenau mit 28 514 Einwohnern (TLS 1997:62f.). Für die nachfolgende Regionalisierung der Unternehmensgründungen wird unterschieden zwischen der Stadt Ilmenau und ihrem Umland (Altkreis Ilmenau ohne Stadt Ilmenau), die zusammen die Region Ilmenau bilden.

In Vorbereitung des Projektes wurde eine Unternehmensbefragung[2] zu den Kompetenzen und Ressourcen in der Region Ilmenau durchgeführt mit dem Ziel, die endogenen innovativen Potentiale zu identifizieren und aufzuzeigen, welchen Einfluß die TU Ilmenau auf die regionalen Innovationsaktivitäten hat. Im folgenden Beitrag werden zunächst die wichtigsten Ergebnisse der empirischen Untersuchungen (Voigt 1997) dargestellt. Ausgehend davon wird die Frage nach den Indikatoren der Wirksamkeit unterschiedlicher Innovationsaktivitäten aufgeworfen, also die Frage, inwieweit die einzelnen Aktivitäten geeignet sind, latent vorhandene Innovationspotentiale auszuschöpfen.

Datenbasis der empirischen Analyse sind Unternehmensangaben der Befragung. Um den regionalen Innovationsaktivitäten weitgehend Rechnung zu tragen, wurden alle Unternehmen der Region Ilmenau in die Untersuchung einbezogen, die ein neues Produkt auf den Markt gebracht, ein neues Verfahren, eine technische Dienstleistung in der Produktion angewendet haben und/oder Kooperationsbeziehungen zur TU Ilmenau unterhalten. In Anlehnung an vorliegende Spilloverstudien werden die regionalen Innovationsaktivitäten anhand der Indikatoren *Gründungsaktivität, Forschungs- und Kooperationsintensität* analysiert (vgl. Audretsch/Feldman (1994); Frey/Brugger (1984); Harhoff (1995:83-115); Pfähler/Bönte (1996:59-81); Meyer (1995:36-62); Felder/Fier/Nerlinger (1996); Pleschak et al. (1996:18f.); Fritsch et al. (1997:17-34). Für eine erste Wertung der Innovationsaktivitäten in der Region Ilmenau wurden entsprechende Vergleichsdaten aus der Literatur herangezogen.

1. Regionale Gründungsaktivität und Herkunft der Gründer

Technologieorientierten Unternehmensgründungen wird eine zunehmende Bedeutung für den Strukturwandel, verbunden mit der Schaffung hochqualifizierter Arbeitsplätze beigemessen. Kulicke bezeichnet sie als „Instrument des Technologie-

---

[2] Die Unternehmensbefragung zu den Kompetenzen und Ressourcen in der Region Ilmenau wurde im Jahre 1996 unter Leitung des Sachgebietes Wirtschaftsförderung beim Landratsamt des Ilm-Kreises in Abstimmung und mit Unterstützung der Stiftung für Technologie- und Innovationsförderung Thüringen (STIFT), des Technologie- und Gründerzentrums Ilmenau (TGZI) und der Landesentwicklungsgesellschaft Thüringen mbH Erfurt (LEG) durchgeführt. Die Befragung erfolgte anhand eines standardisierten Fragebogens. Stichtag der Erhebung der ökonomischen Daten war der 31.12.1995. Von den 86 befragten Unternehmen liegen 80 vollständig auswertbare Fragebögen vor.

Transfers aus Forschungseinrichtungen und etablierten Unternehmen ..., durch die innovative Ideen in marktfähige Produkte umgesetzt werden können, die ansonsten nicht realisiert werden. Dies trifft insbesondere auf Hochschulen und außeruniversitäre Forschungseinrichtungen zu" (Kulicke 1993:4). Vor diesem Hintergrund wurde das Gründungsgeschehen in der Region Ilmenau anhand der regionalen Gründungsinzidenz und Herkunft der Gründer sowie der Gründungsintensität untersucht. Folgende Ergebnisse sind besonders hervorzuheben:

- Erstens ergab die Analyse der *regionalen Gründungsinzidenz*, daß von den befragten Unternehmen fast zwei Drittel in der Stadt Ilmenau und etwa ein Drittel im Umland gegründet wurden. Damit wird die erwartete Konzentration der technologieorientierten Unternehmensgründungen im engen räumlichen Umfeld der TU Ilmenau bestätigt.

- Zweitens: Noch deutlicher wird der Einfluß der TU auf die regionale Gründungsaktivität im Ergebnis einer differenzierten Analyse der *Herkunft der Gründer*. Rund 90 Prozent der Gründungen erfolgten durch Hochschulabsolventen und davon mehr als zwei Drittel durch ehemalige Absolventen der TU Ilmenau. Zu vergleichbaren Aussagen gelangt u. a. eine Studie des Fraunhofer Instituts. Danach haben in den neuen Bundesländern im Durchschnitt 86 Prozent und in Sachsen 91 Prozent der Gründer eine technisch/naturwissenschaftliche Ausbildung, und zwar zu über 80 Prozent mit Hochschulabschluß (vgl. Pleschak et al. 1996:24).

- Drittens: Für eine erste Wertung der Gründungsaktivität im interregionalen Vergleich wurde die *Gründungsintensität* (Anzahl der Unternehmensgründungen pro 10 000 Einwohner der Region) ermittelt. In Auswertung der Ilmenauer Unternehmensbefragung errechnen sich für die Stadt Ilmenau rund 14 technologieorientierte Unternehmensgründungen im Zeitraum von 1990 bis 1993 bzw. 18 bis zum Jahre 1995. Vergleichsweise haben Felder, Fier, Nerlinger für den Zeitraum von 1990 bis 1993 eine Gründungsintensität von durchschnittlich 11 bis 16 Gründungen in Regionen mit Hochschulen, gegenüber 1 bis 2 Gründungen in Regionen ohne Hochschulen ermittelt, wobei sie für die Region Ilmenau 14,24 Gründungen ausweisen (vgl. Felder/Fier/Nerlinger. 1996:22).

Mit den vorliegenden Untersuchungsergebnissen wird die Hypothese verstärkter Gründungsaktivitäten im Umfeld einer regionalen Wissensquelle auch für die Region Ilmenau und ihre Universität bestätigt. Weitergehende Schlußfolgerungen für eine gezielte Förderung regionaler Innovationsaktivitäten lassen sich aus einer differenzierten Analyse des Gründungsgeschehens nach der Art der Gründung[3], also nach dem Anteil von Um- und Ausgründungen auf der einen und den originären Neugründungen auf der anderen Seite (vgl. Tabelle 1) ableiten.

Tabelle 1: Unternehmensgründungen nach Art der Gründung

Jahr	Gründungen gesamt	Umgründungen	Ausgründungen	Summe Um- und Ausgründungen		Originäre Neugründungen	
	Anzahl	Anzahl	Anzahl	Anzahl gesamt	Anteil in %	Anzahl	Anteil in %
1990	23	4	6	10	43	13	57
1991	23	1	9	10	43	13	57
1992	17	0	9	9	53	8	47
1993	10	0	1	1	10	9	90
1994	8	1	3	4	50	4	50
1995	5	1	0	1	20	4	80
Gesamt	86	7	28	35	41	51	59

Quelle: Eigene Berechnungen nach Angaben der Unternehmensbefragung, Angaben in Prozent gerundet

Die dargestellte Entwicklung der technologieorientierten Unternehmensgründungen in der Region Ilmenau zeigt in der Grundtendenz einen für die neuen Bundesländer typischen Verlauf. Nach der Gründerwelle zu Beginn der 90er Jahre steigt die Gesamtzahl der Gründungen bei rückläufigem Zuwachs ab 1992. Hervorzuheben ist in diesem Zusammenhang, daß dieser Zuwachs in wachsendem Maße durch die originären Neugründungen getragen wird. So hat sich der Anteil der originären Neugründungen am Gründungsgeschehen von durchschnittlich 54 Prozent bezogen auf den Zeitraum 1990 bis 1992 auf 74 Prozent in den Jahren von 1993 bis 1995 erhöht. Gleichzeitig ist der Anteil der Um- und Ausgründungen in den Betrachtungszeiträumen von 46 Prozent auf 26 Prozent deutlich gesunken. Dieser Rückgang resultiert

---

[3] Die begriffliche Abgrenzung von Um-, Aus- und originären Neugründungen folgt Felder/Fier/Nerlinger (1996:9). Sie schreiben: „Bei Umgründungen wird das bisherige Unternehmen liquidiert und ein neues Unternehmen gegründet, auf das die Wirtschaftsgüter übertragen werden," und weiter heißt es: „Ausgründungen entsprechen Umgründungen mit dem Unterschied, daß Betriebsteile sich verselbständigen, d.h. nicht mehr in der ursprünglichen Organisationsform erhalten bleiben. In diesem Fall wird nur ein bestimmter Teil der Wirtschaftsgüter im Wege der Einzelrechtsnachfolge übertragen. Als Neugründungen werden im folgenden Unternehmen bezeichnet, die nach dem 9. November 1989 eine Geschäftstätigkeit aufnahmen, die nicht in der Fortführung eines zuvor in der DDR bestehenden Betriebes bestand...."

offensichtlich daraus, daß die infolge der Auflösung ehemaliger Betriebe und Kombinate nach der Wiedervereinigung vorhandenen Potentiale für Um- und Ausgründungen nach kurzer Zeit erschöpft waren. Für das weitere Gründungsgeschehen gewinnen somit die - von einer wissenschaftlich begründeten Geschäftsidee - getragenen originären Neugründungen eine zentrale Bedeutung. Für ihre Tragfähigkeit spricht auch, daß es in dieser Unternehmensgruppe bis zum Jahre 1997 lediglich ein einziges Konkursverfahren gab.

Betrachtet man die Größenstruktur der befragten Unternehmen, so zeigt sich ein auffallend hoher Anteil (72 Prozent) an Kleinbetrieben mit weniger als 20 Beschäftigten. Mehr als 60 Prozent davon waren Kleinstbetriebe (1 bis 9 Beschäftigte). Rund 88 Prozent dieser Kleinbetriebe sind originäre Neugründungen, die überwiegend von Absolventen der TU Ilmenau gegründet wurden. Die Mehrzahl der erfaßten Gründungen erfolgte auf Hochtechnologiefeldern. Allein in der Branche Medizin-, Meß-, Steuerungs- und Regelungstechnik/Optik wurden 43 Prozent der Unternehmen gegründet. Ihr Anteil an den insgesamt geschaffenen Arbeitsplätzen liegt jedoch unter 20 Prozent. Rund 45 Prozent der Arbeitsplätze entstanden in der für Ilmenau eher traditionellen Branche Glas/Keramik.

Die befragten technologieorientierten Unternehmen der Region Ilmenau erreichten im Jahre 1995 einen Gesamtumsatz von 245,8 Mio. DM mit 1 954 Beschäftigten bei einer durchschnittlichen Geschäftstätigkeit von weniger als dreieinhalb Jahren. Rund 30 Prozent der Arbeitsplätze entstanden durch originäre Neugründungen und 70 Prozent durch Um- und Ausgründungen. Diese Untersuchungsergebnisse zeigen, daß bei aller Bedeutung, die den originären Neugründungen als zukunftsträchtige Potentiale zukommt, kurzfristig keine hohen Erwartungen hinsichtlich ihres Beitrages zur regionalen Wirtschaftsentwicklung gestellt werden dürfen. Entscheidend sind die langfristig, dauerhaft zu erwartenden Wirkungen, die von der weiteren Entwicklung der gegründeten Unternehmen abhängen. Unter diesem Aspekt soll nachfolgend das Forschungspotential der befragten Unternehmen analysiert werden.

2. Forschungsintensität

Die Bedeutung dieses Indikators beruht auf der Annahme, daß die Fähigkeit bzw. Möglichkeit der Unternehmen, neue Produkte und Verfahren hervorzubringen, entscheidend von ihren Forschungspotentialen bestimmt wird. Meßgröße dieser Potentiale und damit der Technologiestärke eines Unternehmens ist die Forschungsintensität (FuE-Umsatz- und FuE-Beschäftigtenintensität).4 Gemessen an der FuE-Umsatzintensität sind über drei Viertel der Befragten als forschungs- bzw. technologieintensive Unternehmen mit höherwertiger Technik bzw. Spitzentechnologie einzustufen. Nur bei knapp einem Viertel der Befragten liegt der Anteil der Forschungs- und Entwicklungsausgaben am Umsatz unter 3,5 Prozent. Von den Gesamtbeschäftigten der befragten Unternehmen hatten im Untersuchungsjahr rund 28 Prozent einen Hochschulabschluß. Fast die Hälfte davon waren Absolventen der TU Ilmenau. Der Anteil der in Forschung und Entwicklung Tätigen an den Gesamtbeschäftigten betrug etwa 14 Prozent. Vergleichsweise belegt eine Studie, daß der Ilm-Kreis im Bereich Elektrotechnik/Elektronik/Informations- und Kommunikationstechnologien mit einem Anteil der in FuE-Beschäftigten von 21,7 Prozent den Thüringer Landesdurchschnitt von 4,7 Prozent als auch den Bundesdurchschnitt in Höhe von 7,1 Prozent um ein Mehrfaches übertrifft (vgl. GEWIPLAN 1997:14).

Zusammenfassend kann eingeschätzt werden, daß die technologieorientierten Unternehmen der Region Ilmenau mit insgesamt rund 21 Mio. DM Forschungsaufwendungen bei einem Eigenanteil von rund 60 Prozent und über 540 Hochschulabsolventen zum Untersuchungszeitpunkt (Ende 1995) über ein beachtliches FuE-Potential und somit über gute Voraussetzungen für ihre Wettbewerbsfähigkeit verfügten. Das Technologieprofil der Region wird wesentlich durch die Informations- und Kommunikationstechnologien geprägt. Hier liegt der Anteil der Unternehmen im Ilm-Kreis mit fast 42 Prozent weit über dem Durchschnitt in Thüringen von nur rund 12 Prozent (vgl. GEWIPLAN 1997:15). Dieser Schwerpunkt der Unternehmensaktivitäten weist einen engen Bezug zum Forschungs- und Lehrprofil der TU Ilmenau auf.

---

4 Die Forschungsintensität wird gemessen als FuE-Aufwandsintensität (Anteil der FuE-Ausgaben am Umsatz) und als FuE-Beschäftigungsintensität (Anteil der FuE-Beschäftigten an den Gesamtbeschäftigten). Nach diesen Kriterien werden Unternehmen mit einer FuE-Aufwandsintensität kleiner 3,5 Prozent als nicht technologieintensiv und ab 3,5 Prozent als technologieintensiv bezeichnet Diese Gruppe wird weiter unterteilt in „Höherwertige Technik„ (FuE-Intensität zwischen 3,5 und 8,5 Prozent) und „Spitzentechnik„ (FuE-Intensität über 8,5 Prozent) (vgl. Nerlinger/Berger 1995:11-26).

Um speziell das FuE-Potential der originären Neugründungen für die künftige Regionalentwicklung abzuschätzen, ist es erforderlich, die Forschungsintensität nach der Art der Unternehmensgründung zu analysieren (vgl. Tabelle 2).

Tabelle 2: Forschungsintensität der Unternehmen nach Art der Gründung

Art der Gründung	Anzahl der Unternehmen	Nicht technologieintensive Unternehmen, FuE-Umsatzintensität unter 3,5%		Technologieintensive Unternehmen FuE-Umsatzintensität				
				zwischen 3,5% und 8,5%		ab 8,5%		Summe ab 3,5%
		Anzahl	Anteil in %	Anzahl	Anteil in %	Anzahl	Anteil in %	Anzahl	Anteil in %
Umgründung	6	4	66,7	1	16,7	1	16,7	2	33,3
Ausgründung	24	7	29,2	3	12,5	14	58,3	17	70,8
Originäre Neugründung	50	8	16,0	4	8,0	38	76,0	42	84,0
Gesamt	80	19	23,8	8	10,0	53	66,3	61	76,3

Quelle: Eigene Berechnungen nach Angaben der Unternehmensbefragung, Angaben in Prozent gerundet, Summendifferenzen durch Rundung.

Setzt man die Anzahl der Unternehmen in den einzelnen Gründungsarten jeweils gleich 100 Prozent, so fällt auf, daß 84 Prozent der originären Neugründungen als forschungs- bzw. technologieintensive Unternehmen einzustufen sind, während es bei den Umgründungen nur 33 Prozent sind. Bezogen auf die Gesamtzahl der technologieintensiven Unternehmen entfallen etwa 3 Prozent auf die Umgründungen, 28 Prozent auf die Ausgründungen und rund 69 Prozent auf die originären Neugründungen, die damit eine deutlich höhere Forschungsintensität aufweisen als die anderen Gründungsarten. Die Analyse der Forschungsintensität nach Größenklassen zeigt ein ähnlich polares Ergebnis. In der Gruppe der Kleinbetriebe (1 bis 19 Beschäftigte) beträgt der Anteil technologieorientierter Unternehmen rund 84 Prozent, für die Gruppe der Unternehmen mit mehr als 20 Beschäftigten im Durchschnitt 54 Prozent und für die Gruppe mit mehr als 100 Beschäftigten nur noch 20 Prozent. Insgesamt betrachtet zeichnet sich also die Gruppe der originären Neugründungen - wobei es sich überwiegend um Kleinbetriebe handelt - zum Untersuchungszeitpunkt durch eine überdurchschnittlich hohe Forschungsintensität aus.

3. Forschungskooperationsintensität

Im Innovationsprozeß wird der Forschungskooperation zwischen Unternehmen und Hochschulen ein hoher Stellenwert beigemessen. Dabei wird von der Annahme ausgegangen, daß der Erwerb von externem Wissen aus öffentlichen Forschungseinrichtungen wegen der staatlichen Finanzierung und Förderung einzelwirtschaftlich vorteilhafter ist als die eigene Wissensproduktion. Die Auswertung der Untersuchungen zu den Kooperationsbeziehungen ergab, daß rund 57 Prozent der befragten Unternehmen externes Wissen von der TU Ilmenau erwarben, und zwar 42 Prozent auf vertraglicher Grundlage und 15 Prozent auf Grundlage bestehender persönlicher Kontakte und/oder Nutzung universitärer Einrichtungen. Etwa 43 Prozent der Unternehmen nennen die Technische Universität nicht als Kooperationspartner. Dabei haben 19 Prozent der Befragten Interesse an einer künftigen Zusammenarbeit geäußert und nur 24 Prozent sahen keine Möglichkeit der Forschungskooperation.

Auch die Untersuchungsergebnisse zur Intensität der Wissenschaftskooperation der Unternehmen mit der regional ansässigen Hochschule bestätigen den beachtlichen Einfluß der TU Ilmenau auf die regionalen Innovationsaktivitäten. Vergleichsweise gaben im Rahmen einer Befragung zum Wissenstransfer in Hamburg 39 Prozent der Unternehmen an, mit Hochschulen zu kooperieren, wobei 23 Prozent dauerhafte Kontakte unterhielten und 26 Prozent sporadisch kooperieren. Die von den Hochschulen ausgehenden Technologie- und Innovationsimpulse hielten 41 Prozent dieser befragten Unternehmen für sehr bedeutsam (vgl. Pfähler et al. 1997:146).

Eine differenzierte Analyse der Forschungskooperation nach der Art der Gründung verdeutlicht auch unter diesem Aspekt die besonderen Forschungsanstrengungen der originären Neugründungen (vgl. Tabelle 3).

Setzt man die Gesamtzahl der Unternehmen in den einzelnen Gründungsarten jeweils gleich 100 Prozent und ermittelt den Anteil der Unternehmen mit vertraglichen Beziehungen zur TU Ilmenau, so errechnet sich für die Gruppe der originären Neugründungen der höchste Anteil von 52 Prozent. Bei den Ausgründungen beträgt dieser Anteil 29 Prozent und lediglich 17 Prozent bei den Umgründungen. Anders ausgedrückt bedeutet das, daß rund 75 Prozent der analysierten vertraglichen Beziehungen mit der TU auf die originären Neugründungen entfallen. Die Analyse der Forschungskooperation nach Größenklassen ergab, daß rund 62 Prozent der Kleinbetriebe mit der TU Ilmenau kooperieren.

Tabelle 3: Kooperationsbeziehungen der Unternehmen mit der TU Ilmenau nach Art der Gründung

Art der Gründung	Anzahl der Unternehmen gesamt	Struktur der Beziehungen				Unternehmen			
		mit vertraglichen Kooperationsbeziehungen zur TU		ohne vertragliche Kooperationsbeziehungen zur TU		mit Interesse an einer Zusammenarbeit		die keine Möglichkeit der Zusammenarbeit sehen	
		Anzahl	Anteil in %	Anzahl	Anteil in %	Anzahl	Anteil in %	Anzahl	Anteil in %
Umgründung	6	1	16,7	3	50,0	0	0,0	2	33,3
Ausgründung	24	7	29,2	6	25,0	6	25,0	5	20,8
Originäre Neugründung	50	26	52,0	3	6,0	9	18,0	12	24,0
Gesamt	80	34	42,5	12	15,0	15	18,8	19	23,8

Quelle: Eigene Berechnung nach Angaben der Unternehmensbefragung, Angaben in Prozent gerundet Summendifferenzen durch Rundung.

4. Schlußbemerkungen

Insgesamt bestätigt die durchgeführte Unternehmensbefragung die Hypothese verstärkter Innovationsaktivitäten im räumlichen Umfeld einer Wissensquelle. Regionalwirtschaftlich stellt sich die Frage, ob alle Innovationsaktivitäten gleichermaßen, oder aber, ob z. B. das Gründungsgeschehen stärker zu fördern ist als die Vertiefung der Forschungskooperation zwischen Unternehmen und Universität.

Gegenüber der Forschungskooperation wirken bei *technologieorientierten Unternehmensgründungen* Anreizmechanismen, die frei von Interessengegensätzen auf die volle Ausschöpfung des generierten Wissens gerichtet ist, getragen von dem Eigeninteresse nach Aneignung der potentiell zu erwartenden Erträge aus der Anwendung des neuen Wissens. Aufgrund dieses ihr immanenten Anreizmechanismus ist die Innovationsaktivität Unternehmensgründung in besonderem Maße geeignet, latent vorhandene Inventions-/Innovatinspotentiale umfassend wirksam zu machen.

Bei der Anwendung bzw. Umsetzung ihrer Forschungsergebnisse in die Praxis werden die Wissensproduzenten, insbesondere wenn es sich um Absolventen bzw. Wissenschaftler einer Technischen Universität handelt, versuchen, dies in unmittelbarer Nähe ihrer Universität zu tun. Ein regionaler Effekt der Existenz einer Universität, der wie bereits dargestellt, empirisch auch für Ilmenau bestätigt werden konnte. Die zentrale Begründung für diesen regionalen Effekt folgt aus dem spezifischen Transfermechanismus der Wissensübertragung, indem den persönlichen Kontakten und der räumlichen Nähe ein hoher Stellenwert beigemessen wird (vgl. Harhoff 1995:80).

Der wichtigste Beitrag, den die TU Ilmenau zu leisten hat, ist die Ausbildung hochqualifizierter Absolventen und Wissenschaftler auf den Gebieten Elektrotechnik und Informationstechnik, Informatik und Automatisierung, Maschinenbau, Mathematik, Naturwissenschaften und Wirtschaftswissenschaften. Das FuE-Know-how ist Voraussetzung für Innovationen, aber es genügt nicht für ihre erfolgreiche Vermarktung (vgl. Pleschak et al. 1996:63-74). Wenn mehr technologieorientierte Unternehmensgründungen angestrebt werden, dann muß auch mehr getan werden für die Motivation und Befähigung potentieller Gründer im allgemeinen und der Hochschulabsolventen im besonderen zur Gründung einer eigenen Existenz.

Literatur

Audretsch, D.B.; Feldman, M. P. (1994): R&D Spillovers and the Geography of Innovation and Production. Discussion papers. FS IV 94-2. Wissenschaftszentrum Berlin für Sozialforschung.

Deutscher Bundestag (1997): Sechsundzwanzigster Rahmenplan der Gemeinschaftsaufgabe „Verbesserung der regionalen Wirtschaftsstruktur„ für den Zeitraum 1997 bis 2000 (2001). Drucksache 13/7205.

Felder, J.; Fier, A.; Nerlinger, E. (1996): High-Tech - Gründungen in den neuen Bundesländern. Entwicklung und Standorte. Zentrum für Europäische Wirtschaftsforschung GmbH. Discussion Paper Nr. 96-02.

Franz, M. (1995): F&E-Kooperation aus wettbewerbspolitischer Sicht. In: Veröffentlichungen des HWWA-Institus für Wirtschaftsforschung Hamburg. Bd. 21. Baden-Baden. Nomos Verlagsgesellschaft.

Frey, R.L., Brugger, A. (1984): Infrastruktur, Spillovers und Regionalpolitik. Methode und praktische Anwendung der Inzidenzanalyse in der Schweiz. Bern: Verlag Ruegger.

Fritsch, M.; Bröskamp, A.; Schwirten, Ch. (1997): Öffentliche Forschung im Sächsischen Innovationssystem - Erste empirische Ergebnisse. In: Freiberger Arbeitspapiere 97/2. Fakultät für Wirtschaftswissenschaften, TU Bergakademie Freiberg.

Gesellschaft für Wirtschaftsförderung und Marktplanung mbH Erfurt (GEWIPLAN) (1997): Unterstützung beim Ausbau der Technologie-Region Ilmenau. Zwischenbericht. Technologische und wirtschaftliche Potentiale. Erarbeitet im Auftrag der Landesentwicklungsgesellschaft Thüringen mbH Erfurt.

Harhoff, D. (1995): Agglomerationen und regionale Spillovereffekte. In: Gahlen, B.; Hesse, H.; Ramser, H.-J. (Hrsg.): Standort und Region. Neue Ansätze zur Regionalökonomik. Wirtschaftswissenschaftliches Seminar Ottobeuren. Bd. 24. Tübingen. J.C.B. Mohr.

Kulicke, M. u. a. (1993): Chancen und Risiken junger Technologieunternehmen - Ergebnisse des Modellversuchs „Förderung technologieorientierter Unternehmensgründungen". Heidelberg: Physica-Verlag.

Nerlinger, E. (1995): Die Gründungsdynamik in technologieorientierten Industrien: Eine Analyse der IAB-Beschäftigtenstatistik. Zentrum für Europäische Wirtschaftsforschung GmbH, Discussions Paper No. 95-17. Mannheim.

Nerlinger, E.; Berger, G. (1995): Technologieorientierte Industrien und Unternehmen. Alternative Definitionen. Zentrum für Europäische Wirtschaftsforschung GmbH. Discussions Paper No. 95-20. Mannheim.

Pfähler, W.; Bönte, W. (1996): F&E-Spillover und staatliche F&E-Politik. Zur theoretischen und empirischen Fundierung der F&E-Politik in Deutschland. In: Kruse, J.; Mayer, O.G. (Hrsg.). Aktuelle Probleme der Wettbewerbs- und Wirtschaftspolitik: Eberhard Kantzenbach zum 65. Geburtstag. Veröffentlichungen des HWWA-Instituts für Wirtschaftsforschung Hamburg. Bd. 23. Baden-Baden. S. 59-81. Nomos-Verlagsgesellschaft.

Pfähler, W.; Clermont, Ch.; Gabriel, Ch., Hofmann, U. (1997): Bildung und Wissenschaft als Wirtschafts- und Standortfaktor. In: Veröffentlichungen des HWWA-Instituts für Wirtschaftsforschung Hamburg. Bd. 32. Baden-Baden: Nomos-Verlagsgesellschaft.

Pleschak, F. et al. (1996): Junge Technologieunternehmen im Freistaat Sachsen. Studie für das Sächsische Staatsministerium für Wirtschaft und Arbeit. Fraunhofer-Institut für Systemtechnik und Innovationsforschung. Karlsruhe. Forschungsstelle Innovationsökonomik an der TU Bergakademie Freiberg.

TLS (1997: Statistisches Jahrbuch Thüringen. Thüringer Landesamt für Statistik.

Voigt, E. (1997): Technische Universität Ilmenau als regionales Innovationspotential. Auswertung einer Unternehmensbefragung in der Region Ilmenau. Diskussionspapier Nr. 11.

Öffentliche Forschung als notwendige Infrastruktur für Innovationen in Ostdeutschland

Werner Meske [*]

1. Problemstellung

Ein selbsttragender Aufschwung der ostdeutschen Wirtschaft hängt entscheidend von ihrer Fähigkeit zur Hervorbringung anwendungsfähiger Forschungsergebnisse und ihrer Nutzung für Innovationen sowie von deren ökonomischer Verwertung ab. Nur auf diesem Wege können bei den in Ostdeutschland gegebenen Voraussetzungen Märkte außerhalb der Region erschlossen und die Ablösung der derzeit hohen „Importüberschüsse" durch eine ausgeglichene Bilanz beim Austausch von Gütern und Leistungen erreicht werden. Bei der Neuprofilierung der ostdeutschen Wirtschaft müssen neue Technologien und insbesondere Hochtechnologien im Mittelpunkt stehen, da nur diese und die mit ihnen verbundenen Industrien und Dienstleistungen in entwickelten Gesellschaften wesentliche Wachstumsfelder, insbesondere für hochwertige wirtschaftliche Tätigkeiten und anspruchsvolle Arbeitsplätze mit hohen Qualifikationsanforderungen, zu eröffnen vermögen. Die Entwicklung und Anwendung der neuen Technologien setzt wiederum eine mit den wirtschaftlichen Tätigkeiten eng verbundene Forschung und Entwicklung (FuE) in der Region voraus. Insbesondere in der frühen Phase des Industrielebenszyklus spielt „tacit knowledge" für das Auftreten von Innovationsaktivitäten eine wichtige Rolle, so daß wegen des oft erforderlichen interaktiven Vorgehens geographische Nähe besonders bedeutsam ist (Audretsch/Feldmann 1995).

Aus allen diesen Gründen kommt Analysen von Struktur und Dynamik der ostdeutschen Wissenschafts- und Forschungslandschaft eine besondere Bedeutung für die

---

[*] Der Autor dankt den Herausgebern sowie Jochen Gläser und Charles Melis für kritische Anmerkungen zu einem Entwurf.

Einschätzung der gegenwärtigen Situation im Innovationsgeschehen und vor allen Dingen für die Ableitung künftiger Entwicklungsaussichten bzw. notwendiger politischer Einflußnahmen zu. In Ostdeutschland ist die Forschungslandschaft seit 1990 nicht nur grundlegend umgestaltet und im Personalbestand wesentlich reduziert worden; sie weist auch eine Reihe von strukturellen Besonderheiten auf. Insbesondere die öffentliche Forschung hat trotz erheblichen Personalabbaus nunmehr einen wesentlich größeren Personalbestand als FuE in der Wirtschaft, da letztere noch stärker reduziert worden ist. Eine solche Relation weicht deutlich von den Proportionen in Westdeutschland und anderen hochindustrialisierten Ländern ab. Damit ist die Frage naheliegend, ob und wie FuE zu Innovationen in Ostdeutschland beiträgt und welche Rolle die öffentliche Forschung dabei spielt. Angesichts der Probleme in den öffentlichen Haushalten wirft das nicht zuletzt Fragen nach der Wirksamkeit der für FuE in Ostdeutschland eingesetzten öffentlichen Mittel und nach der Rechtfertigung des Einsatzes dieser Mittel auf. Hierauf läßt sich nur im Kontext wesentlicher Strukturen der deutschen Forschungslandschaft und ihrer Veränderungen in den 90er Jahren einerseits sowie unter Berücksichtigung des Zeitfaktors bei der Transformation der Wirtschaft in Ostdeutschland eine Antwort finden.

2. Öffentliche Forschung und ihre Verbindung zur Wirtschaft

In Ostdeutschland ist durch die Umstrukturierung sowie „Erneuerung" der Universitäten und Hochschulen und die Neugründung von Einrichtungen der außeruniversitären Forschung nach dem Muster der alten Länder in relativ kurzer Zeit die öffentliche Forschung[1] wesentlich umgestaltet worden. Ihr Personaleinsatz[2] - relativ zu Bevölkerung und Beschäftigten - entspricht nach den damit verbundenen erheblichen Reduzierungen jedoch noch insgesamt fast dem in Westdeutschland, in deutlichem Unterschied zur Situation in der Wirtschaft (vgl. Abbildung 1).

---

[1] Unter öffentlicher Forschung werden die öffentlich finanzierten FuE-Kapazitäten außerhalb der Wirtschaft verstanden, d. h. Universitäten, Hochschulen und die öffentliche außeruniversitäre Forschung. Als Basisjahr wird bei den nachfolgenden Analysen 1993 verwendet, da zu diesem Zeitpunkt der Institutionentransfer erfolgt war und danach (zumindest bis 1996) keine wesentlichen makrostrukturellen Veränderungen zu verzeichnen sind.

[2] Als Hauptindikator wird hier der Personalbestand verwendet; finanzielle Aufwendungen sind wegen erheblicher Unterschiede und zeitlicher Veränderungen bei Lohn und Investitionen weniger vergleichbar.

Abbildung 1: FuE-Personal in Deutschland (in Tsd. Vollzeitäquivalent)

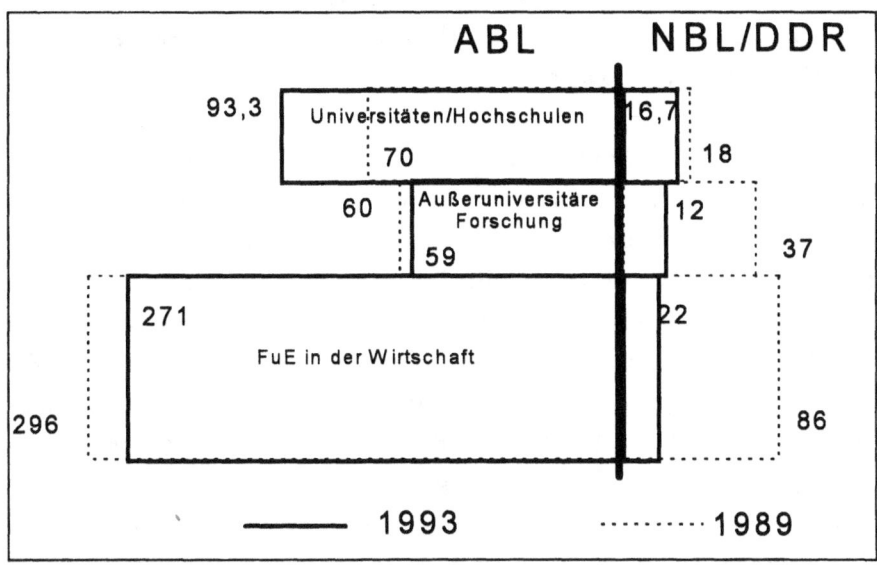

Quelle: Eigene Zusammenstellung nach (BMBF 1996; SV - Wissenschaftsstatistik 1990). Im Hochschulbereich beruht die Erhöhung in Westdeutschland vor allem auf Drittmittelstellen; sie ist außerdem teilweise lediglich auf Veränderungen in der Erfassungsmethodik zurückzuführen. Die Hochschul-Daten für Ostdeutschland 1993 beruhen auf Umrechnungen nach westdeutschen Erfahrungswerten und sind nach Auffassung des Autors als wesentlich überhöht anzusehen.

Im institutionellen Gefüge der ostdeutschen öffentlichen Forschung gibt es jedoch deutliche Unterschiede zur westdeutschen, so daß sie keine „kleinere Kopie" der letzteren ist. Im Hochschulsektor weist Ostdeutschland durch einen gegenüber Westdeutschland überdurchschnittlichen Anteil von Ingenieur- und Agrarwissenschaften sowie von Fachhochschulen, die noch dazu mehr als die westdeutsche auch auf FuE orientiert sind, eher günstige Voraussetzungen für die Unterstützung von Innovationen auf. Die Struktur der ostdeutschen außeruniversitären Forschung (AUF) nach Organisationen und Fachgebieten verstärkt dieses Bild einer für Innovationen günstigen regionalen Infrastruktur an wissenschaftlichen Einrichtungen (Meske 1994). So haben hier insbesondere Institute der Blauen Liste (BLI), Forschungseinrichtungen der Länder und Institute der Fraunhofer-Gesellschaft (FhG) jeweils überdurchschnittliche Anteile und zusammen einen Anteil von zwei Dritteln am Personal der AUF, was deutlich über ihrem Anteil in Westdeutschland (etwa ein Drittel) liegt. Im Unterschied dazu haben Großforschungseinrichtungen, Max-Planck-Gesellschaft (MPG) und Bundesforschungseinrichtungen, die stärker überregional bzw. in der Grundlagenforschung engagiert sind, in den neuen Ländern jeweils geringere Anteile. Hinzu kommt, daß die meisten der ostdeutschen BLI (im Unterschied zu westdeutschen) *Forschungs*einrichtungen mit überwiegend naturwissenschaftlich-technischem Profil sind.

In der ostdeutschen AUF ist durch Umstrukturierung, Neuprofilierung und die Bereitstellung erheblicher Investitions- und Sachmittel eine leistungsfähige Infrastruktur an Forschungseinrichtungen erhalten bzw. geschaffen worden, die teilweise sogar moderner als in den alten Ländern ist. Die nachgewiesene Leistungsfähigkeit der positiv evaluierten Themen bzw. Arbeitsgruppen der Akademie-Wissenschaftler und eine absehbar gute Perspektive von neuzugründenden Einrichtungen der AUF in der deutschen und internationalen Forschungslandschaft waren bereits bei der Evaluation in den Jahren 1990/1991 entscheidende Kriterien für Gründungsempfehlungen des Wissenschaftsrates. Die aktuelle Leistungsfähigkeit wird u. a. durch erneute Evaluationen von BLI durch den Wissenschaftsrat[3] sowie bei der Fraunhofer-Gesellschaft (FhG) durch die Aufhebung der Befristung der letzten 3 von 10 ostdeutschen Instituten ab Januar 1997 und die ebenfalls unbefristete Weiterführung von neun Außenstellen westdeutscher Fraunhofer-Institute (nachdem drei Ende 1995 geschlossen wurden) nachgewiesen (FhG 1996:11;93). Den meisten Einrichtungen der AUF ist es außerdem gelungen, bereits kurz nach ihrer Gründung in erheblichem Umfang Drittmittel aus öffentlichen Quellen und aus der Wirtschaft einzuwerben (vgl. Tabelle 1). Dabei ist selbst der geringe Anteil von 1,65 Prozent an Einnahmen aus der Wirtschaft beachtlich, wenn man berücksichtigt, daß dieser Anteil 1993 in Gesamtdeutschland auch nur 3,4 Prozent betrug (BMBF 1996:533).

Seitdem ist generell von einer eher steigenden Tendenz bei der Einwerbung von Drittmitteln auszugehen. Die ostdeutschen Einrichtungen der FhG konnten die eigenen Erträge von 38 Mio. DM 1992 auf 92 Mio. DM 1995 steigern und damit ihren Anteil an den FhG-Gesamterträgen von 8,3 auf 15,7 Prozent steigern (vgl. Tabelle 2). Die eigenen Erträge kommen fast zur Hälfte aus der Wirtschaft; diese Mittel konnten von 1992 bis 1995 mehr als verdreifacht werden. Trotz dieser steigenden Tendenz bei den Erträgen sind in Ostdeutschland die Finanzstrukturen des Fraunho-

---

[3] Vgl. die Stellungnahmen des Wissenschaftsrates zum Forschungszentrum Rossendorf (Wissenschaftsrat 1994) zum Institut für Kristallzüchtung, Berlin (Drs. 3079/97) und zum Weierstraß-Institut für Angewandte Analysis und Stochastik (WIAS), Berlin (Drs. 3246/97), Geschäftsstelle des Wissenschaftsrates, Köln 1997.

fer-Modells noch nicht erreicht - was auch an dem hier noch nicht entwickelten Auftragsforschungsmarkt liegt (FhG 1997:9).

Tabelle 1: Einnahmen der ostdeutschen außeruniversitären Forschung 1993

Forschungseinrichtung	Einnahmen	Darunter Projektmittel			
		Gesamt		Aus der Wirtschaft	
	in Mio. DM	in Mio. DM	relativ	in Mio. DM	relativ
Blaue-Liste-Einrichtungen	662,6	69,8	10,5%	3,2	0,48%
Fraunhofer-Gesellschaft	220,4	45,6	20,7%	17,1	7,76%
Großforschung	330,7	30,2	9,1%	0,2	0,06%
Landeseinrichtungen	151,0	36,3	24,0%	5,7	3,77%
Max-Planck-Gesellschaft	117,1	10,8	9,2%	.	.
Forschungseinrichtungen des Bundes	105,8	6,8	6,4%	0,2	0,19%
Sonstige	7,2	7,2	100,0%	.	.
Insgesamt	1.594,8	206,7	13,0%	26,4	1,65%

Quelle: Eigene Berechnungen nach (Hartmann u. a. 1993).

Zunehmende Konsolidierung der wissenschaftlichen Einrichtungen, steigende Tendenz bei der Einwerbung von Drittmitteln und diesbezügliche Annäherung an das westdeutsche Niveau, ohne es bisher zu erreichen, können nach vorliegenden Aussagen und Analysen als eine typische Tendenz in der ostdeutschen öffentlichen Forschung angesehen werden. Die Aussagen der FhG werden insbesondere durch Analysen in verschiedenen Instituten der Blauen Liste (Meske u. a. 1997, Wissenschaftsrat 1996:213-223), im Hochschulbereich (Meyer 1995; Fritsch u. a. 1997) und auch für die wissenschaftlichen Einrichtungen im Freistaat Thüringen (1996) bestätigt. Auch die jüngste Statistik der Bewilligung von DFG-Mitteln nach Hochschulen belegt das deutlich niedrigere Niveau der ostdeutschen Universitäten und Hochschulen im (Gesamt-)Zeitraum 1991 bis 1995, aber ebenso ihre Fortschritte anhand der Beteiligung an kooperativen Förderprogrammen im Jahre 1996, wobei insbesondere die Humboldt-Universität Berlin und die TU Dresden in die Spitzengruppe vorgedrungen sind (DFG 1996).

Tabelle 2: Erträge des Leistungsbereichs Vertragsforschung der FhG in den ostdeutschen Ländern (in Mio. DM)

Quelle	1992	1993	1994	1995	% zu 1992
Bund und Länder	19	35	37	34	179
Industrie, Wirtschaft und Verbände	14	20	29	44	314
EU-Technologiekontrakte	-	0	2	2	
Forschungsförderer	1	4	4	6	600
Sonstige	4	4	6	6	150
Eigene Erträge	38	63	78	92	242
Anteil an FhG gesamt (%)	8,3	12,9	14,8	15,7	189

Quelle: Fraunhofer-Gesellschaft: Jahresbericht 1995:92.

Alle diese Befunde sprechen für die hohe und zunehmende Leistungsfähigkeit der öffentlichen Forschung in Ostdeutschland und für ihr großes Engagement bei der Einwerbung von Drittmitteln, ohne die sie sich nicht erfolgreich im harten Wettbewerb hätte behaupten können.[4] Dies gilt in besonderem Maße für die Einwerbung von Drittmitteln aus der Wirtschaft, zumal diese bei der Fraunhofer-Gesellschaft (und nach eigenen empirischen Befunden auch bei Blaue-Liste-Instituten, bei Universitätswissenschaftlern und FuE-Dienstleistern) immerhin zu zwei Dritteln von Unternehmen mit Sitz in Westdeutschland und dem Ausland stammen. Dieser hohe Anteil überregional eingeworbener Mittel unterstreicht einmal die Leistungsfähigkeit der ostdeutschen Forschung und zum anderen die Wirksamkeit ihrer öffentlichen Förderung.[5] Umgekehrt bedeuten diese Befunde jedoch auch, daß die westdeutsche

---

[4] „Insgesamt ist in der Bundesrepublik Deutschland ein zunehmender Wettbewerb universitärer und außeruniversitärer Forschungseinrichtungen im Bereich der ergänzenden Förderung festzustellen. Forschungseinrichtungen sind auf einen Drittmittelmarkt angewiesen, der äußerst angespannt ist. Die Ablehnungsquoten der Deutschen Forschungsgemeinschaft sind relativ hoch; außerdem werden bisher Anträge zur Hauptarbeitsrichtung außeruniversitärer Einrichtungen in der Regel nicht entgegengenommen. Der Spielraum für eine Erhöhung der Projektmittel des Bundes wird auch in den nächsten Jahren begrenzt sein. Auf eine Steigerung des ohnehin nicht sehr hohen Anteils an Mitteln aus der Industrie kann nicht gebaut werden." Wissenschaftsrat (1996:217).

[5] Beides wurde u. a. im Jahre 1996 in Interviews mit westdeutschen Unternehmen (als Auftraggeber) bestätigt. Insbesondere die Förderung durch das AWO-Programm des BMBF hat ostdeutschen Anbietern von FuE-Leistungen geholfen, Aufträge von westdeutschen und ausländischen Unternehmen zu erhalten und die bestehenden „Marktbarrieren" zu überwinden (Becher/Meske/Ruprecht 1996).

Industrie sogar stärker als die ostdeutsche auf die hier vorhandene Infrastruktur an wissenschaftlichen Einrichtungen und Forschungsergebnissen zurückgegriffen hat, obwohl Innovationen für Ostdeutschland die einzige Chance für einen dauerhaften Aufschwung bieten. Das wirft wiederum die Frage nach den Ursachen für die geringe Forschungsnachfrage seitens der ostdeutschen Wirtschaft auf.

3. Unternehmensstruktur und Innovationsverhalten in Ostdeutschland

Die Wirtschaft hat sich in Ostdeutschland seit 1990 noch stärker als die Wissenschaft verändert. *Makrostrukturell* erfolgte in erster Linie ein Abbau von Industrie und Landwirtschaft. Auf beide Bereiche entfiel praktisch der gesamte Abbau von rund 3 Mio. Erwerbstätigen in Ostdeutschland seit 1989; das Wachstum im Bauwesen und Dienstleistungsbereich hat die Reduzierung in anderen Bereichen etwa ausgeglichen, zumindest bis 1995.[6] Der Abbau der Anzahl der Industriebeschäftigten auf etwa ein Drittel, der schon einer De-Industrialisierung nahekommt, war außerdem mit erheblichen *meso-* und *mikrostrukturellen* Veränderungen auf der Zweig- und Unternehmensebene verbunden: Einmal wurden insbesondere moderne FuE-intensive Branchen (Elektronik, Chemie, Maschinenbau) besonders stark reduziert; zum anderen hat die durch die Treuhandanstalt praktizierte Form der Privatisierung durch schnellstmöglichen Verkauf von Betrieben und oft nur von Betriebsteilen - überwiegend an Westdeutsche und Ausländer - zum Verschwinden größerer ostdeutscher Betriebe, zu einem hohen Anteil von „Tochterunternehmen" und zu einer weitgehenden Zersplitterung und Miniaturisierung der Unternehmen geführt. Letztere Tendenz wurde durch die kurzfristig und oft (nicht zuletzt als einzige Alternative zu drohender Arbeitslosigkeit) mit geringem Startkapital erfolgte Gründung neuer Unternehmen verstärkt.

Die ostdeutsche Industrielandschaft weist dadurch sowohl hinsichtlich ihrer Struktur nach *Unternehmen* wie bei deren *Innovationsverhalten* Besonderheiten auf, die sich auch auf die öffentliche FuE auswirken. Das wohl entscheidende Merkmal ist das weitgehende *Fehlen von innovativen Großunternehmen* im Verarbeitenden Gewerbe. Während in Westdeutschland Unternehmen mit mehr als 10 000 Beschäftig-

---

6 Vgl. Beschäftigungsobservatorium: Ostdeutschland, Nr. 16/17:2,3 - Nov. 1995, EC DG V/WZB.

ten dominieren und auf sie allein über 52 Prozent aller FuE-Beschäftigten in der Wirtschaft entfallen[7], sind in Ostdeutschland dagegen Unternehmen dieser Größenordnung gar nicht mehr vorhanden; selbst alle Unternehmen mit mehr als 500 Beschäftigten haben insgesamt nur 15 Prozent Anteil an den FuE- Beschäftigten in der Wirtschaft (FAB 1995). Das Fehlen innovativer Großbetriebe wirkt sich vor allem bei der Nachfrage nach den stärker grundlagenbezogenen Forschungsergebnissen von Universitäten und BLI aus, da diese besondere Ansprüche an die Forschungsfähigkeit der Unternehmen stellen und bei den dadurch initiierten Innovationen einen hohen Aufwand an Zeit und Investitionen erfordern.

Unter den in Ostdeutschland vorhandenen Unternehmen stellen solche, die *Tochterbetriebe* westdeutscher oder ausländischer Unternehmen oder auf andere Weise mit diesen kapitalmäßig „verbunden" sind, mit einem Anteil von 32 Prozent an allen Unternehmen im Verarbeitenden Gewerbe und mit über 50 Prozent an den Beschäftigten eine besonders starke Gruppe dar.[8] Der Eigentumswechsel war meist mit dem Transfer von Produkten und Technologien, oft aber auch von Personal und weiterem Know-how in den Osten gekoppelt; dadurch entfiel aber der Bedarf an lokaler FuE bzw. diese wurde auf reine Anpassungsleistungen (an neue Normen, Materialien, Marktbedingungen, ...) reduziert. Der technologische Wandel erfolgt so zwar relativ rasch, jedoch in erster Linie durch Technologietransfer, so daß die „FuE-Lücke" (bei Nachfrage und Kapazitäten) eher vergrößert wird (zumindest für einen begrenzten, aber gerade für die FuE-Einrichtungen sehr kritischen Zeitraum). Dieser Faktor war und ist in Ostdeutschland wegen des hohen Anteils von „verbundenen Unternehmen" besonders wirksam.

Die nach der Anzahl größere Gruppe der *eigenständigen Unternehmen* in Ostdeutschland umfaßt dagegen meist sehr kleine und kapitalschwache Firmen. Die Mehrzahl dieser übriggebliebenen bzw. neuentstandenen kleinen und sehr kleinen Unternehmen hat daher von vornherein auf FuE und eigene größere Innovationen verzichtet und sich auf den regionalen Markt konzentriert. Sie haben mit relativ geringen Vorleistungen an Kapital und Innovationen vorrangig ihre Produkte moderni-

---

[7] Es handelt sich um Daten für 1989, da aktuellere für diese Unternehmensgröße nicht vorliegen (SV-Wissenschaftsstatistik 1989:59).

[8] Berechnungen des ZEW auf der Grundlage von ca. 4 500 Unternehmen des Verarbeitenden Gewerbes, die zwischen 1993 und 1995 an einer der Befragungen des Mannheimer Innovationspanels teilnahmen (Spielkamp 1997:73).

siert und die Produktion rationalisiert sowie beides westdeutschen und EU-Standards angepaßt. Dadurch wurde der ostdeutsche Markt gehalten bzw. erschlossen, vor allem in Branchen mit starkem regionalen Bezug, insbesondere im Bauwesen und bei Nahrungs- und Verbrauchsgütern. Solche Unternehmen beginnen - wenn überhaupt - erst später, nach ihrer ökonomischen Konsolidierung und der Besetzung des regionalen Marktes, sich FuE als einer notwendigen Quelle für anspruchsvolle Innovationen und für eine überregionale Marktausdehnung zuzuwenden. Eine andere (kleinere) Gruppe der ostdeutschen Eigner hat dagegen vorrangig auf FuE zur Entwicklung neuer Produkte gesetzt, auch in Form von Technologien und High-Tech-Dienstleistungen, oft ausgehend von früheren Forschungsarbeiten und -ergebnissen in der DDR. Selbst die hierbei erfolgreichen Unternehmen haben erst später, nach marktreifer Entwicklung und gelungener Markteinführung, die Chance, ihre Produktion bei wachsender Nachfrage und kapitalseitig gesicherten Investitionen auszudehnen. Erst auf dieser Basis könen sie ihre FuE-Aktivitäten fortsetzen und erweitern. In beiden Unter-Gruppen eigenständiger Unternehmen dominieren *Neugründungen*, die zur wirtschaftlichen Konsolidierung bzw. zur marktreifen Produktentwicklung und nachfolgenden Produktionsaufnahme auch unter günstigeren Voraussetzungen eine mehrjährige „Startphase" benötigen.

Die Strukturveränderungen bei den ostdeutschen Unternehmen haben deren Innovationsverhalten nicht nur aktuell geprägt, sondern beeinflussen es auch längerfristig durch den starken Abbau von FuE-Kapazitäten in der Wirtschaft: von 86 000 FuE-Beschäftigten 1989 waren im Jahr 1993 noch ca. 22 000 übriggeblieben, 1997 dürften es weniger als 20 000 oder etwa 20 Prozent des früheren Bestandes sein. Damit hat sich die Relation zwischen diesem Sektor und der öffentlichen Forschung von früher 1 zu 0,6 auf inzwischen 1 zu 1,3 sogar zuungunsten der Wirtschaft „umgedreht"; tatsächlich ist sie noch ungünstiger, wenn man berücksichtigt, daß selbst von den FuE-Kapazitäten im Wirtschaftssektor ein erheblicher Teil nicht unmittelbar zu Produktionsbetrieben gehört. In Westdeutschland liegt sie dagegen bei 1 zu 0,5. Auch in der Wirtschaft selbst gibt es deutliche Strukturunterschiede zwischen Ost und West (vgl. Abbildung 2).

Abbildung 2: Vergleich von FuE-Strukturen in West- und in Ostdeutschland (vergleichbare Relationen im Personalbestand, etwa 1995/96)

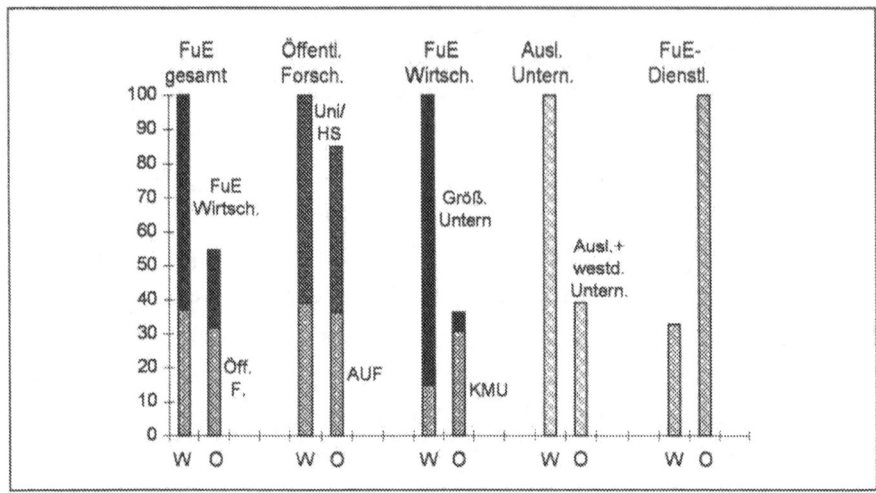

Quelle: Eigene Berechnungen. Die Daten für Ostdeutschland sind für den Vergleich - entsprechend der Relation bei den Erwerbstätigen von 1:4,6 zwischen Ost- und Westdeutschland - mit 4,6 multipliziert worden. Da die Bevölkerungsrelation nur 1:4,1 beträgt, sind die ostdeutschen Daten eher zu hoch ausgewiesen.

Die größte Gruppe des FuE-Personals in der Wirtschaft Ostdeutschlands entfällt auf *kleine und mittlere Unternehmen (KMU)* mit bis zu 500 Beschäftigten. Diese Gruppe umfaßt etwa 85 Prozent der FuE-Beschäftigten, darunter in Unternehmen mit weniger als 20 Beschäftigten allein 19 Prozent (FAB 1995). In Westdeutschland haben KMU dagegen nur einen Anteil von 14,6 Prozent an den FuE-Beschäftigten in der Wirtschaft (SV-Wissenschaftsstatistik 1991:32). Eine andere wichtige Gruppe sind die als Wirtschaftsunternehmen ausgewiesenen *FuE-Dienstleister* in der Industrie, die über 20 Prozent des gesamten FuE-Personals der ostdeutschen Wirtschaft umfassen, in Westdeutschland dagegen nur ca. 5 Prozent.[9] Hierzu gehören die privatisierten Forschungsinstitute der früheren DDR-Kombinate, die als sogenannte „Forschungs-GmbH" mit stark reduzierter Beschäftigtenzahl und teilweise verändertem Profil in erster Linie als FuE-Dienstleister auftreten. Verstärkt wird diese Unternehmensgruppe durch Aus- und Neugründungen von Unternehmen, oft durch Wissenschaftler aus dem früheren Akademie- sowie Hochschulbereich der DDR

---

[9] Grobe Schätzungen deuten darauf hin, daß es Anfang 1995 in Ostdeutschland insgesamt ca. 250 solcher dienstleistenden Unternehmen mit gut 6 500 Beschäftigten gab, darunter 4 500 in FuE (Spielkamp 1997:65-68).

(Gläser/Melis/Puls 1995). Von der Funktion und der (meist auf dem Wege der Projektförderung) zu einem hohen Grad aus öffentlichen Quellen gespeisten Finanzierung gehören diese Unternehmen eher zum Bereich der außeruniversitären Forschung als zu FuE in der Wirtschaft, da sie meist nicht unmittelbar mit Fertigungsprozessen verbunden sind. Sie treten demzufolge auch nicht als Auftraggeber für die öffentliche Forschung, sondern vielmehr als deren Konkurrenten - bestenfalls Kooperationspartner - bei der Einwerbung von Forschungsaufträgen aus Industrieunternehmen auf. Eine weitere Gruppe bilden schließlich die in „*Tochterunternehmen*" westdeutscher bzw. ausländischer Konzerne verbliebenen FuE-Kapazitäten. Die SV-Wissenschaftsstatistik ermittelte für 1993 beim FuE-Personal in der ostdeutschen Wirtschaft einen Anteil von 11 Prozent für Unternehmen, die ihren Hauptsitz im früheren Bundesgebiet haben (SV-Wissenschaftsstatistik 1995:5). Der Anteil der durch Kapitalverflechtungen mit Unternehmen in Westdeutschland bzw. dem Ausland 'verbundenen' Firmen ist jedoch höher als der der offiziell als „Tochterfirmen" ausgewiesenen. Hinzu kommt, daß das FuE-Personal gerade in dieser Gruppe seit 1993 eher gewachsen ist; davon ausgehend dürfte der Personal-Anteil der verbundenen Unternehmen in FuE inzwischen eher bei 15 Prozent liegen, was gemessen am Anteil dieser Unternehmen an den Gesamtbeschäftigten von ca. 50 Prozent immer noch sehr wenig ist. In Westdeutschland haben dagegen ausländische Unternehmen im Verarbeitenden Gewerbe sowohl beim FuE-Personal wie auch bei den Gesamtbeschäftigten einen Anteil von etwa 15 Prozent (Belitz 1997).

Diese strukturellen Besonderheiten der ostdeutschen Unternehmen und die daraus resultierenden Spezifika im Innovationsverhalten erklären die bisher relativ geringe Inanspruchnahme der öffentlichen Forschung. Entscheidende Faktoren sind:

- Das Fehlen von innovativen Großbetrieben;
- die für eigengenerierte Innovationen „unterkritische" Masse an Kapital, FuE-Kapazitäten, Marktzugang usw. bei den eigenständigen produzierenden Klein- und Kleinst-Unternehmen;
- der hohe Anteil „verbundener" Unternehmen, die zumindest in den ersten Jahren vorwiegend als „Betriebsstätten" (oder verlängerte Werkbänke) ohne Bedarf an eigener regionaler FuE tätig waren und teilweise noch heute so agieren;
- der hohe Anteil von FuE-Dienstleistern bzw. von solchen FuE-intensiven technologieorientierten Unternehmensgründungen, die erst nach einer gewissen Ent-

wicklungszeit ihre eigenen Ergebnisse als produktionsreife Innovationen vermarkten können.

All das hat dazu geführt, daß eigengenerierte Innovationen und darin einfließende Leistungen der öffentlichen Forschung bisher eher selten waren. Diese Tendenz wurde außerdem durch den hohen „Nachholebedarf" wegen der erheblichen „technologischen Lücke" in der DDR und den anderen sozialistischen Ländern verstärkt. Diese Lücke war durch die Schwäche der Innovationssysteme dieser Länder entstanden und durch Autarkiebestrebungen sowie Embargomaßnahmen verstärkt worden, so daß durch das zu geringe Investitionsvolumen und andere interne Barrieren selbst neue anwendungsreife Forschungsergebnisse weder bei Produzenten noch bei Anwender-Betrieben wirksam werden konnten. Nach früheren Berechnungen des DIW ist aber für viele Industriezweige nicht der eigene FuE-Aufwand für technologische Neuerungen entscheidend, sondern der durch Technologie-Transfer über Vorleistungen, Investitionen, Material usw. indirekt genutzte FuE-Aufwand anderer Zweige. Eine Reihe von Branchen wird somit erst bzw. vor allem über diesen indirekten Technologie-Bezug innovativ, und zwar weit höher, als es die eigenen FuE-Aufwendungen vermuten lassen (DIW 1988:631-635). Die in den ehemals sozialistischen Ländern notwendige Anpassung an das internationale Niveau kann unter den neuen Bedingungen durch Transferprozesse schneller und billiger als durch eigene FuE erreicht werden. Dieser „Nachholebedarf" erklärt die besondere Bedeutung und das Ausmaß des internationalen Technologietransfers in den Transformationsländern, zumal er hier mit tiefgreifenden Veränderungen bei den Innovationsaktivitäten zusammenfällt. Für die neuen, autonom auf einheimischen wie internationalen Märkten operierenden Unternehmen wird FuE nur noch *eine* von vielen Quellen für Innovationen und verliert damit selbst bei erhöhten betrieblichen Innovationsaktivitäten an Bedeutung; diese Tendenz wird dann verstärkt, wenn im Unternehmenssektor ausländisches Kapital (über Tochterunternehmen, joint ventures und andere Investitionen) Einfluß gewinnt (Rabkin 1997; Meske 1998).

In Ostdeutschland sind alle diese Prozesse gleichzeitig aufgetreten und haben hohe Transferleistungen ausgelöst, nicht nur in der Konsum-, sondern auch in der Produktionssphäre. Damit ist aber wiederum der „Nachholebedarf" relativ schnell befriedigt worden, so daß sich künftig das Innovationsverhalten der Unternehmen und die Rolle von FuE dabei stark verändern werden. Aus Erfahrungen in anderen Ländern ist bekannt, daß (ausländische) Tochterunternehmen nach Markterschließung und

Aufbau von Produktionskapazitäten bei Vorhandensein von Humankapital und leitungsfähigem wissenschaftlichen Hinterland oft selbst interne Entwicklungs- und Forschungskapazitäten aufbauen und in Verbindung damit auch externe FuE stärker nutzen. Der Erhalt von FuE im Werk Schwarzheide der BASF und der bereits erfolgte und weiter geplante Aufbau von Chip-Fabriken in Dresden unter Nutzung der dort befindlichen Forschungskapazitäten für Mikroelektronik sind Beispiele für eine solche auch in Ostdeutschland zu erkennende Tendenz (SV-Wissenschaftsstatistik 1995:5; Spielkamp 1997:79-80). Auch bei den selbständigen ostdeutschen KMU reicht Technologietransfer allein nicht mehr aus. Mit der Beseitigung des „Nachholebedarfs" werden eigengenerierte Innovationen unerläßlich, so daß sich das Innovationsverhalten ostdeutscher Unternehmen nun zunehmend dem ihrer westdeutschen und ausländischen Konkurrenten annähern wird, zumal sie als „neue" Unternehmen gezwungen sind, sich weitere Marktanteile zu erobern. Nicht zuletzt werden auch die neugegründeten technologieorientierten Unternehmen stärker in Erscheinung treten, die von vornherein auf FuE und eigengenerierte Innovationen gesetzt haben. Nach ihrem Markteintritt stehen gerade solche Unternehmen vor der Notwendigkeit, ihre Erzeugnisse und Leistungen ständig weiterzuentwickeln und durch neue „Generationen" zu ergänzen.

Alle Überlegungen und erste Befunde zu zeitlichen Veränderungen im Verhalten von Unternehmen in Ostdeutschland bei Innovationen und FuE sprechen dafür, daß gerade nach der bisher weitgehend auf Transferprozessen basierenden Übergangsphase künftig Marktchancen zunehmend durch eigenständige Innovationen gesucht werden und dazu leistungsfähige - eigene wie externe - FuE-Potentiale notwendig sind.[10] In Anbetracht dieser Entwicklung wäre es verhängnisvoll, würde nunmehr eine Politik des Anpassens der neugestalteten öffentlichen FuE an ihre gegenwärtig zweifellos noch unterentwickelte Nachfrage seitens der Wirtschaft in Ostdeutschland erfolgen. Diese Politik würde die Strategie des Aufschwungs Ost und der Angleichung der Lebensverhältnisse in beiden Teilen Deutschlands aufgeben. Um diese Strategie zu verwirklichen, müssen vielmehr alle Anstrengungen unternommen werden, um Wissenschaft und Forschung als regionale Infrastruktur und wesentlichen Standortfaktor weiter zu fördern und damit gleichzeitig die Eigengenerierung von Innovationen durch ostdeutsche Unternehmen zu unterstützen.

---

10 Dies äußert sich auch in der nach dem Tiefpunkt 1992 wieder steigenden Anzahl von Patentanmeldungen aus den neuen Bundesländern (Greif 1996).

Dabei ist zu berücksichtigen, daß in Ostdeutschland auch insgesamt relativ weniger FuE-Kapazitäten als in Westdeutschland vorhanden sind (vgl. Abbildung 2). Selbst die öffentliche Forschung verfügt nur über 85 Prozent des westdeutschen Personals, wenn man die Relation bei den Erwerbstätigen von 1:4,6 zugrunde legt; gemessen an der Bevölkerungsrelation von 1:4,1 sind es sogar nur 76 Prozent! Lediglich bei den KMU und den FuE-Dienstleistern ist der Bestand in Ostdeutschland relativ größer. Damit kann die FuE-Lücke bei den größeren Unternehmen jedoch nicht annähernd ausgeglichen werden; vielmehr werden durch die ostdeutschen Disproportionen (im Vergleich zu entwickelten Industrieländern) die Entwicklungsmöglichkeiten der KMU eher behindert. Umso wichtiger ist es, daß sie auch weiterhin auf ein starkes wissenschaftliches Hinterland an öffentlicher Forschung in unmittelbarer Nähe zurückgreifen können.

4. Perspektiven und Probleme der öffentlichen Forschung

Die skizzierten Veränderungen in Wissenschaft und Wirtschaft, insbesondere das Entstehen neuer Akteure und deren länger andauernde Anpassungs- und Integrationsprozesse, haben zu der heute widerspruchsvollen Situation bei FuE und Innovationen in Ostdeutschland geführt. Mit dem seit 1990 erfolgten und bis 1993 weitgehend abgeschlossenen „Institutionentransfer" (Lehmbruch 1992) war die Transformation von Wirtschaft und Wissenschaft hier nicht beendet. Die letzten fünf Jahre sind in Ostdeutschland somit noch keinesfalls ein mit der Situation in Westdeutschland vergleichbarer „Normalzustand" gewesen. Sie waren vor allem eine *Profilierungsphase* „neuer" Betriebe, Institute und Hochschulen unter völlig veränderten makrostrukturellen Bedingungen, die bei vielen erst jetzt in eine Konsolidierungsphase übergeht. Hat deshalb zu recht der Erhalt von ostdeutschen FuE-Kapazitäten bisher im Mittelpunkt gestanden, so muß die FuE-Förderung ostdeutscher Unternehmen künftig zur Überwindung von Problemen bei der Markteinführung neuer Produkte beitragen und vor allem der kontinuierlichen Vorbereitung neuer Innovationen dienen. Die Voraussetzungen dafür sind besser geworden, wodurch auch der öffentlichen Forschung künftig eine wesentliche und vor allem eine wachsende Rolle im ostdeutschen Innovationsgeschehen zukommt.

Die meisten Einrichtungen im Bereich der außeruniversitären Forschung haben seit 1992 ihre Umstellungs- und Integrationsprozesse relativ erfolgreich bewältigt und sind somit durchaus auf diese Anforderung vorbereitet. Auch im Hochschulsektor sind mit der weiter fortschreitenden Konsolidierung, insbesondere durch Besetzung der Stellen für Professoren und übriges wissenschaftliches Personal, den damit verbundenen fachlichen Profilierungen und der Etablierung auf dem Drittmittelmarkt, die Forschungskapazitäten wieder gestärkt worden. Sie sollten ursprünglich gemäß der vom Bedarf an Studienplätzen ausgehenden längerfristigen Berechnung des Personalstellenzuwachses an ostdeutschen Universitäten und Hochschulen bis zum Jahr 2005 in allen neuen Bundesländern noch erweitert werden (Burkhardt/Scherer 1995).

Optimistische Vorstellungen über die künftige Entwicklung der Wissenschaft in Ostdeutschland als wichtiger Teil der regionalen Infrastruktur mußten inzwischen jedoch reduziert werden. Die Leistungsfähigkeit der öffentlichen Forschung - einer der wenigen noch verbliebenen Standortvorteile in Ostdeutschland - wird in jüngster Zeit zunehmend durch die Probleme der öffentlichen Haushalte und die (absolute bzw. relative) Kürzung der daraus für Wissenschaft und Forschung zur Verfügung gestellten Mittel bedroht. Bereits gegenwärtig bereitet allen ostdeutschen Ländern einschließlich Berlins die Finanzierung des vorhandenen Potentials Schwierigkeiten. In erster Linie betrifft das den Aufbau und Ausbau der Hochschulen, der nicht nur gestoppt, sondern teilweise sogar rückgängig gemacht werden soll. So hat Berlin die Anzahl der Studienplätze mehrfach reduziert (Harmsen 1997:29); Brandenburg muß seine ehrgeizigen Ausbaupläne beschränken, und in den anderen Ländern sieht es ähnlich aus. Neben der Verringerung der Stellenanzahl hat gerade in der jetzigen Aufbauphase eine Reduzierung der öffentlichen Finanzierung negative Auswirkungen auf die Grundausstattung bei Forschungspersonal, -ausrüstungen und -bauten und damit auch auf die (teilweise noch nicht fest etablierte) Drittmitteleinwerbung.

Die Mittelkürzungen, durch die auch Gemeinschaftsvorhaben von Bund und Ländern gefährdet sind, nehmen außerdem erheblichen Einfluß auf die Bildung von Humankapital, und zwar sowohl beim wissenschaftlichen Nachwuchs wie auch bei den Studenten und künftigen Absolventen. Verschärft und vor allem für die längerfristige Entwicklung nach dem Jahr 2 000 relevant wird diese Problematik durch die geringen Zahlen von Studenten und Neuzugängen an Studierenden in den natur- und technikwissenschaftlichen Fächern. Bedingt durch den Zusammenbruch der Industrie und das damit entstandene „Überangebot" an qualifiziertem Personal ist das Interesse am Studium dieser Fachrichtungen so gesunken, daß selbst an Technischen Universitäten (z. B. Chemnitz) und technikorientierten Fachhochschulen (z. B. Wildau) die

Anzahl der Studenten in nichttechnischen Fächern die des eigentlichen Schwerpunktprofils weit übersteigt, wodurch auch die weitere Beschäftigung des hier tätigen Lehr- und Forschungspersonals bedroht ist.

In der außeruniversitären Forschung stehen viele der 1992 neugegründeten Einrichtungen außerdem vor dem Problem, daß die als Starthilfe bewilligten „Verstärkungsfonds" und andere Sonderprogramme des BMBF nach fünf Jahren ausgelaufen sind und durch zusätzliche Drittmittel ersetzt werden müssen. Obwohl die meisten Einrichtungen Erfolge bei der Einwerbung von Drittmitteln verzeichnen können, ist deren Umfang wiederum nicht so groß, daß die vorgesehenen Drittmittelstellen auch ab 1997 gehalten werden können. Eine Analyse von 10 Einrichtungen hat gezeigt, daß im Jahre 1994 keine in der Lage war, durch den Umfang der eingeworbenen Mittel die bisher durch den Verstärkungsfonds finanzierten Stellen zu ersetzen; im Durchschnitt wurden nur 40 Prozent erreicht (Wissenschaftsrat 1996:223). Berücksichtigt man ferner die auf Drittmitteleinwerbung angewiesene Stellenplanausstattung vieler neuer Institute, ihre personelle Immobilität wegen des Ausschöpfens der Stellenpläne, die ungünstige Altersstruktur der in diesen Einrichtungen tätigen Wissenschaftler sowie das zwangsweise Ausscheiden der befristet tätigen Wissenschaftler nach maximal fünf Jahren (entsprechend des Hochschulrahmengesetzes), so muß auch in diesem Sektor noch mit erheblichen Problemen und Profiländerungen gerechnet werden. Im Endeffekt könnte die hinsichtlich Umfang, Struktur und Leistungsfähigkeit der öffentlichen Forschung bisher überwiegend günstige Situation für Innovationen in Ostdeutschland auf absehbare Zeit beeinträchtigt, eventuell sogar deutlich verschlechtert werden. Um das zu verhindern, bedarf „auch in den kommenden Jahren die Förderung der Forschung in den neuen Ländern besonderer Aufmerksamkeit" (Wissenschaftsrat 1997), und zwar im öffentlichen wie im privaten Sektor. Nur so kann unter den auf absehbare Zeit in Ostdeutschland noch gegebenen Bedingungen einer zwar zunehmend innovationsorientierten, gleichzeitig aber relativ kapital- und FuE-schwachen Wirtschaft eine leistungsfähige öffentliche Forschung als Standortfaktor erhalten werden.

Die Förderung der öffentlichen Forschung trägt dazu bei, daß in dieser Region gleichrangige wissenschaftliche Bildungs- und Ausbildungsleistungen wie in den alten Ländern gewährleistet werden,[11] daß Universitäten und Hochschulen mit einem

---

[11] Hierbei darf die starke regionale Bedeutung von Universitäten und Hochschulen, aber auch von Forschungsinstituten für das Wecken wie für das Realisieren von Studienwünschen bei der Ju-

entsprechenden Umfeld an verbundenen außeruniversitären Forschungseinrichtungen als regionale Zentren für Innovationsaktivitäten erhalten bleiben und - indirekt - daß sich hier weitere innovative Unternehmen ansiedeln. Da die öffentliche Forschung sich auf Dauer aber nur in Wechselwirkung mit der Wirtschaft erfolgreich entwickeln kann, ist die weitere Förderung von Innovationen in der Wirtschaft gleichzeitig die beste Unterstützung für die öffentliche Forschung, insbesondere dann, wenn dadurch die Zusammenarbeit von Partnern aus Wirtschaft und Wissenschaft begünstigt wird.

Literatur

Audretsch, D.B.; Feldmann, M.P. (1995): Innovative Clusters and the Industry Life Cycle. Discussion Paper FS IV 95-7, Wissenschaftszentrum Berlin für Sozialforschung (WZB). Berlin.

Becher, G.; Meske, W.; Ruprecht, W. (1996).: Ergebnisse der Maßnahme Auftragsforschung West-Ost (AWO). Endbericht für das Bundesministerium für Bildung, Wissenschaft, Forschung und Technologie, PROGNOS AG in Zusammenarbeit mit dem WZB/Forschungsgruppe Wissenschaftsstatistik. Basel.

Belitz, H. (1997): Interntionalisierung von FuE. In: SV Wissenschaftsstatistik, FuE-Info 1/1997:14-15. Essen.

BMBF (1996): Bundesbericht Forschung 1996:533. Bonn.

Burkhardt, A.; Scherer, D. (1995): Planstellenbedarf an ostdeutschen Hochschulen - eine Vorausschätzung bis 2010. Projektberichte 2/1995, Projektgruppe Hochschulforschung. Berlin.

DFG (1996) Deutsche Forschungsgemeinschaft: Bewilligungen nach Hochschulen. Bewilligungsvolumen 1991 bis 1995. Anzahl kooperativer Projekte im Jahr 1996.

DIW (1988): Industrielle Forschung und Entwicklung kommt vor allem dem Export zugute. In: Deutsches Inst. für Wirtschaftsforschung. Berlin, Wochenbericht 47/88 vom 24.11.1988.

---

gend nicht vernachlässigt werden (Hinneberg 1997:16-17); das gilt insbesondere dann, wenn die soziale Lage der Elterngeneration problematisch ist und das Studium mit relativ geringen Mitteln bewältigt werden muß.

FAB (1995) Forschungsagentur Berlin GmbH: Beschäftigungsentwicklung in der wirtschaftsnahen Forschung der neuen Bundesländer, ein Faktenbericht. Stand: Januar 1996.

FhG (1996) Fraunhofer-Gesellschaft: Jahresbericht 1995. München.

FhG (1997) Fraunhofer-Gesellschaft: Jahresbericht 1996. München.

Freistaat Thüringen (1996): Gemeinsamer Bericht des Thüringer Ministers für Wissenschaft, Forschung und Kultur und des Thüringer Ministers für Wirtschaft und Infrastruktur: FORSCHUNGSLAND THÜRINGEN. Erfurt.

Fritsch, M.; Schwirten Ch.; Bröskamp, A. (1997): Personal- und Drittmittelausstattung sächsischer Forschungseinrichtungen im Vergleich. In: ifo Dresden berichtet, Heft 5:24-31.

Gläser, J.; Melis, Ch.; Puls, K. (1995): Durch ostdeutsche WissenschaftlerInnen gegründete kleine und mittlere Unternehmen - Eine Problemskizze. Discussion Paper P 95 - 403 des WZB. Berlin.

Greif, S. (1996): Naturwissenschaftlich-technische Forschung und Entwicklung in der Deutschen Demokratischen Republik und in den neuen Bundesländern. In: Laitko, H.; Parthey, H.; Petersdorf, J. (Hrsg.): Wissenschaftsforschung, Jahrbuch 1994/95, BdWi-Verlag. Marburg.

Harmsen, T. (1997): Die ungeliebten Stiefkinder. Der Abbau der Studienplätze führt zur Selbstdemontage der Hochschulen und nicht zu Reformen. In: „Berliner Zeitung" vom 09.01.1997.

Hartmann P.; Mochmann E.; Reutershan B.; Uher R. (1993): Zum Stand des Aufbaus von Forschungseinrichtungen in den neuen Ländern - Bericht über die BLK-Befragung zum Stichtag 01.06.1993, S. 91/Tab. 22b; S. 99/Tab. 24b. Zentralarchiv für empirische Sozialforschung an der Universität zu Köln. Köln.

Hinneberg, H. (1997): Aufbruch in die ferne Stadt. In: DUZ 18/1997.

Lehmbruch, G. (1992): Institutionentransfer im Prozeß der Vereinigung: Zur politischen Logik der Verwaltungsintegration in Deutschland. In: Seibel, W.; Benz, A.; Mädig, H. (Hrsg): Verwaltungsintegration und Verwaltungspolitik im Prozeß der deutschen Einigung. Baden-Baden: Nomos.

Meske W.; Gläser J.; Groß G.; Höppner M.; Melis Ch. (1997): Die Integration von ostdeutschen Blaue-Liste-Instituten in die deutsche Wissenschaftslandschaft, (unveröffentlichter) Forschungsbericht, WZB, Berlin, April 1997.

Meske, W. (1994): Veränderungen in den Verbindungen zwischen Wissenschaft und Produktion in Ostdeutschland. Discussion Paper P 94-402 des WZB. Berlin.

Meske, W. et al. (Hrsg.) (1998): Transforming Science and Technology Systems - the Endless Transition? IOS Press. Amsterdam.

Meyer, H.G. (1995): Die Paradoxien der Hochschulforschung und das Neugestaltungssyndrom, Discussion Paper P 95-401 des WZB, Berlin.

Rabkin, M. (Hrsg.) (1997): Diffusion of New Technologies in the Post-Communist World. Kluwer Academic Publishers. Dordrecht, Boston, London.

Spielkamp, A. et al. (1997): Zukunft der industriellen Forschung und Entwicklung in Ostdeutschland. Abschlußbericht zur Studie „Analyse der Situation, Probleme und der Perspektiven der FuE in der ostdeutschen Wirtschaft" im Auftrag des BMBF, in der Fassung vom August 1997. Zentrum für Europäische Wirtschaftsforschung (ZEW) Mannheim (in Zusammenarbeit mit PROGNOS AG, SÖSTRA, WZB).

SV-Wissenschaftsstatistik (1990): Forschung und Entwicklung in der DDR - Daten aus der Wissenschaftsstatistik 1971 bis 1989. Materialien zur Wissenschaftsstatistik, Heft 6, Essen.

SV Wissenschaftsstatistik (1995): FuE-Info. Essen.

SV-Wissenschaftsstatistik (1989): Forschung und Entwicklung in der Wirtschaft. Arbeitsschrift 1991a. Essen.

SV-Wissenschaftsstatistik (1991): Forschung und Entwicklung in der Wirtschaft 1991, Arbeitsschrift 1994.

SV-Wissenschaftsstatistik (1995): FuE-Info, Dezember 1995:5. Essen.

Wissenschaftsrat (1994): Empfehlungen und Stellungnahmen 1994, Band II. Köln.

Wissenschaftsrat (1996): Empfehlung zur Sicherung der Flexibilität von Forschungs- und Personalstrukturen in zehn außeruniversitären Einrichtungen in den neuen Ländern. In: Wissenschaftsrat: Empfehlungen und Stellungnahmen 1995, Band II. Köln.

Wissenschaftsrat (1997): Stellungnahme zur Denkschrift der Deutschen Forschungsgemeinschaft: Perspektiven der Forschung und ihrer Förderung 1997 bis 2001. Drs. 3257/97, Berlin, 14.11.1997, Geschäftsstelle des Wissenschaftsrats. Köln.

Technologie- und Gründerzentren als Instrument der Technologiepolitik in Ostdeutschland

Christine Tamásy

1. Einleitung

Technologie- und Gründerzentren (im folgenden TGZ) sind in Ostdeutschland seit der deutschen Vereinigung ein populäres Instrument der Technologiepolitik. Seit Eröffnung des ersten ostdeutschen TGZ - dem Innovationspark Berlin-Wuhlheide im Mai 1990 - wurden je nach Definition[1] etwa 51 Einrichtungen gegründet (ein Drittel aller deutschen TGZ; vgl. Abbildung 1). Konzeption und Struktur der ostdeutschen TGZ orientieren sich im wesentlichen an den westdeutschen Vorbildeinrichtungen, die schon seit Beginn der 80er Jahre auf die Kommunal- und Regionalpolitik eine hohe Anziehungskraft ausüben. Die verstärkte Nutzung endogener Potentiale, die Förderung von Existenzgründern und von neuen Technologien sowie die beschleunigte Umsetzung wissenschaftlicher Forschungsergebnisse in die Praxis (Technologietransfer) sollen mittels TGZ quasi in einem Instrument „vor Ort" umgesetzt werden und beschreiben die wesentlichen Hoffnungen seitens der Politik. Hinzu kommen in den ostdeutschen Bundesländern die schwierigen wirtschaftlichen Rahmenbedingungen (Defizit an Klein- und Mittelbetrieben, hohe Arbeitslosigkeit, technologischer Rückstand), die nach der deutschen Vereinigung einen enormen Handlungsdruck erzeugen. Das Angebot an disponiblen Gewerberäumen konnte zum damaligen Zeitpunkt der schnell einsetzenden Nachfrage weder in quantitativer noch in qualitativer Hinsicht entsprechen. Zudem bestanden im Bereich der technischen In-

---

[1] Für den Zweck der vorliegenden Untersuchung sind „Technologie- und Gründerzentren" definiert als politisches Instrument, „dessen primäres Ziel die Förderung von Neugründungen und Jungunternehmen ist, die neue bzw. wesentlich verbesserte Produkte, Verfahren oder Dienstleistungen unter Anwendung neuen technischen Wissens erforschen, entwickeln, produzieren und am Markt einführen. Maßnahmen zur Zielerreichung sind ein räumlich konzentriertes Angebot an Mietflächen, Gemeinschaftseinrichtungen, technischen Dienstleistungen und Beratungsleistungen" (Tamásy 1996:10).

frastruktur und der Serviceleistungen (z. B. Beratung, Finanzierung) enorme Defizite, die eine Existenzgründung erheblich erschwerten. Last not least war es eine besondere Funktion der ostdeutschen TGZ, die Gründerpotentiale zu nutzen, die aus dem mit der Umstrukturierung der dortigen Forschungslandschaft verbundenen Personalabbau resultierten (u. a. um die Abwanderung qualifizierter Arbeitskräfte zu verhindern). Die ostdeutschen Kommunen erhofften sich in der Folge durch eine Art nachholende Modernisierung positive Imageeffekte.

Mit dem Ziel, für junge Technologieunternehmen in Ostdeutschland geeignete Infrastrukturen bereitzustellen, förderte das damalige Bundesministerium für Forschung und Technologie (BMFT) - ein Novum in der deutschen Technologiepolitik - mit staatlichen Mitteln die Planungs- und/oder Aufbauphase von 26 TGZ mit insgesamt 41 Mio. DM im Rahmen eines Modellversuchs (vgl. Tamásy 1996:54):

- In einer ersten *Orientierungsphase* können die künftigen Träger von TGZ (z. B. Städte, FuE-Einrichtungen) Zuschüsse bis maximal 5 TDM zu Reise- und Aufenthaltskosten für kurzzeitige Informationsbesuche in den westdeutschen Zentren erhalten. Die entsprechenden Informationen können auch „vor Ort" vermittelt werden.

- In der anschließenden *Planungsphase* kann für konzeptionelle Arbeiten, die aufzeigen, wie ein TGZ an einem bestimmten Standort realisierbar ist, ein Zuschuß bis zu 75 Prozent, maximal 100 TDM, gewährt werden. Die Planungsarbeiten werden von einem sogenannten Partnerzentrum oder einer anderen „erfahrenen Einrichtung" aus Westdeutschland durchgeführt.

- In der *Auf- und Ausbauphase* stellt das BMFT maximal 2,5 Mio. DM, 75 Prozent der Gesamtsumme, für einmalige Investitionen sowie für laufende Personal- und Sachkosten bereit. Voraussetzung einer Förderung ist, daß nach erfolgreichem Abschluß der Planungsphase nachgewiesen wird, daß für junge Technologieunternehmen geeignete Miträume, Gemeinschaftseinrichtungen, technische Dienstleistungen und Beratungsleistungen bereitgestellt werden können. Zudem müssen die Bundesländer bzw. Kommunen zusichern, die jeweiligen TGZ zu unterstützen.

Abbildung 1: Technologie- und Gründerzentren in Deutschland

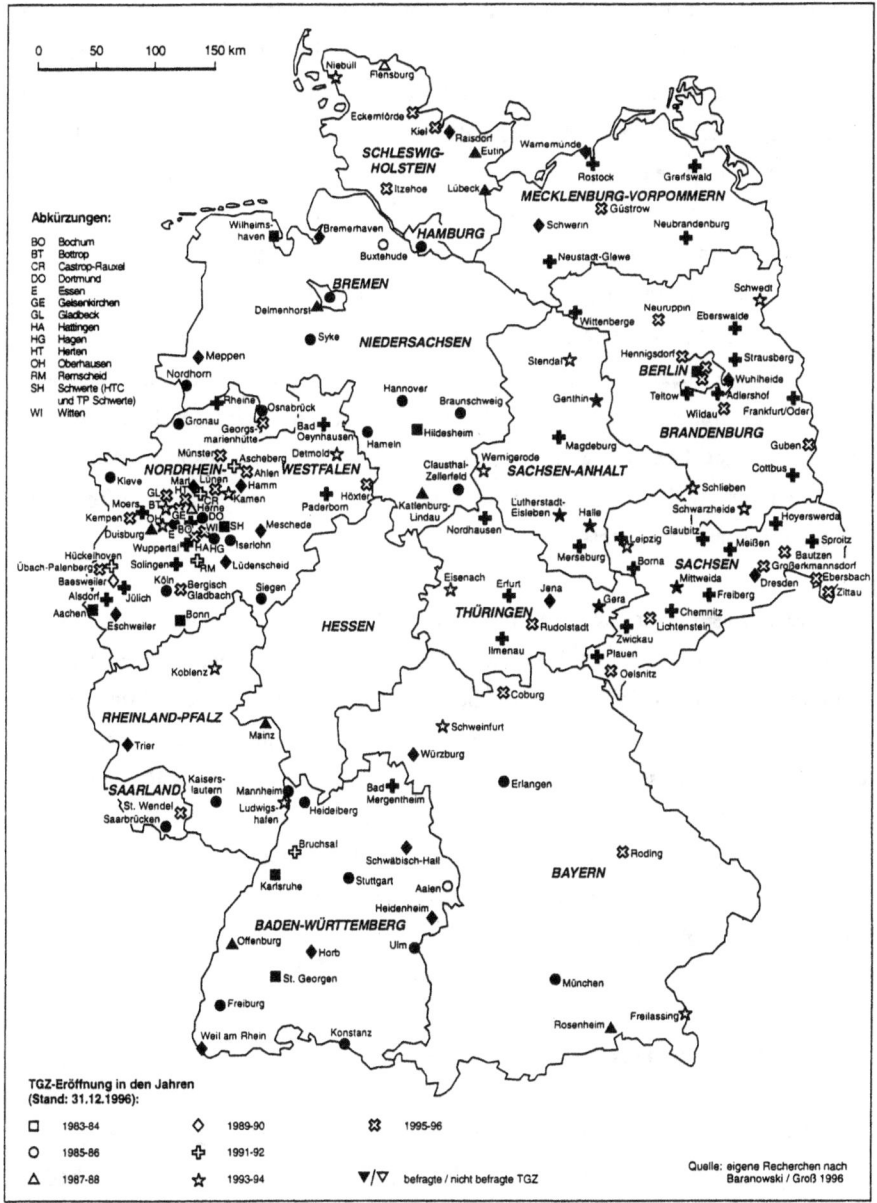

Über den Modellversuch hinaus wurde und wird die Errichtung von TGZ aus der Gemeinschaftsaufgabe „Verbesserung der regionalen Wirtschaftsstruktur" (GRW) und durch spezielle Maßnahmen der Bundesländer gefördert. Die massive öffentliche Förderung (speziell seitens des Bundes) hat dazu geführt, daß in Ostdeutschland im Verhältnis zur Einwohner- und Beschäftigtenzahl eine höhere TGZ-Dichte besteht als in Westdeutschland (vgl. Tamásy 1996:80f.). Dort ist die regionale Verteilung der TGZ vor allem ein Spiegelbild der Technologiepolitik des jeweiligen Bundeslandes. So investiert beispielsweise Nordrhein-Westfalen massiv in TGZ, anders als im sehr zurückhaltend agierenden Saarland, in Bayern und vor allem in Hessen, die bislang über wenige bzw. keine Einrichtungen verfügen (vgl. Abbildung 1). Die Aktivitäten der Politik bestimmen somit in Ost und West die regionale Verteilung der TGZ. Private Investoren haben dagegen beim Aufbau und beim Betrieb der deutschen TGZ nur eine geringe Bedeutung. In Deutschland sind TGZ, von wenigen Ausnahmen abgesehen, ein politisches Instrument und werden überwiegend mit öffentlichen Mitteln aufgebaut und unterstützt.

Analyseziel dieses Beitrages ist es, die ostdeutschen TGZ als Instrument der Technologiepolitik zu bewerten, im Vergleich zu Westdeutschland regionsspezifische Besonderheiten zu erarbeiten und abschließend Perspektiven für die zukünftige Entwicklung aufzuzeigen. Empirische Basis sind Erhebungen in 103 TGZ und 680 Unternehmen, die repräsentative Aussagen für die deutsche „TGZ-Landschaft" erlauben.[1] Die Erfahrungen in den westdeutschen TGZ sind zum Zwecke des Vergleichs nicht zuletzt deshalb von Bedeutung, weil diese den Aufbau der ostdeutschen Einrichtungen häufig mit technischer und organisatorischer Hilfe bzw. Know-how-Unterstützung begleitet haben.

2. Informationstransfer und Beratung

Die Vermittlung von Informationen und die Beratung der Unternehmen ist eine der schwierigsten Aufgaben von TGZ, da Umfang und Intensität des Beratungsbedarfs und damit auch die Anforderungen an den Berater sehr heterogen sind (vgl. Kulicke

---

[1] In die Analyse gehen mündliche und schriftliche Befragungen in 108 TGZ (davon 67 in Westdeutschland, 36 in Ostdeutschland) und 680 Unternehmen (davon 408 in westdeutschen TGZ und 272 in ostdeutschen TGZ) ein. Damit sind etwa 88 Prozent der 1993/94 bestehenden TGZ und 38 Prozent der Unternehmen in TGZ erfaßt (vgl. Behrendt 1996; Tamásy 1996 und zusammenfassend Sternberg u. a. 1997).

1997:84). Gleichzeitig handelt es sich hierbei um das zentrale und eigentliche innovative Element in der Konzeption von TGZ, das zumindest in der Theorie als Unterscheidungskriterium zwischen TGZ und anderen unternehmerischen Standortgemeinschaften (z. B. reinen Gewerbe- und Industrieparks) gilt. Hinzu kommt die im Anschluß an die deutsche Vereinigung fehlende Beratungsinfrastruktur und die durch den Systemwechsel extrem hohen Transaktionskosten der jungen Technologieunternehmen in Ostdeutschland. So war beispielsweise der Aufwand für die Koordinierung mit den Vermögensämtern, Landesbehörden etc. Anfang der 90er Jahre etwa fünfmal höher als in Westdeutschland (vgl. Haustein 1992:12). Die Vermittlung von Informationen und die Beratung der Unternehmen wurde daher von Beginn als wichtige Aufgabe der ostdeutschen TGZ formuliert.

Für die Beratung bedarf es zunächst zweier wichtiger Grundvoraussetzungen. Erstens muß bei den Unternehmen ein Bedarf an Beratungen vorliegen, d. h. ein Problem muß erkannt werden, ohne daß eine betriebsinterne Lösung zu realisieren ist bzw. realisierbar erscheint. Zweitens müssen qualifizierte Berater zur Verfügung stehen, die als solche akzeptiert sind und gegenüber denen die Unternehmer einen Bedarf artikulieren. In der Realität bestehen jedoch oftmals große Hemmungen, sich beraten zu lassen. Neben einer Mentalität der Unternehmer, jedes auftretende Problem selbst lösen zu können, besteht auch die Furcht, bei Beratungen betriebsinternes Wissen nach außen geben zu müssen. Gerade die ostdeutschen Unternehmer sind zudem aufgrund von negativen Erfahrungen mit Beratern aus Westdeutschland, die unmittelbar nach der deutschen Vereinigung überteuerte Leistungen anboten, vielfach skeptisch in bezug auf den wirtschaftlichen Nutzen von Informationen und Beratungen (vgl. hierzu auch Koschatzky/Schmoch/Walter 1994:231f.). Etwaige Lerneffekte beschränken sich demzufolge nicht nur auf die Erlangung von Wissen, sondern auch auf die Fähigkeit, Defizite zu erkennen, zu akzeptieren und zu formulieren. Aus Sicht der Unternehmer ist es dabei zunächst egal, ob die notwendige Hilfestellung vom TGZ-Management oder von externen Beratern kommt.

Die Unternehmer in den ostdeutschen TGZ haben sich in der Vergangenheit in verschiedenen Bereichen beraten lassen (vgl. Tabelle 1). Beratungen durch das TGZ-Management nehmen dabei 47 Prozent der Unternehmen in Anspruch. Maßnahmen zur Weiterbildung sowie die Vermittlung von Kontakten zu Geschäftspartnern, Behörden und Banken nutzen die Unternehmer am häufigsten, bei ebenfalls relativ hohen Nutzungsgraden. Die Rechtsberatung bieten zwar nur wenige TGZ an, die

Nachfrage ist dann aber vergleichsweise hoch. Die mehrheitlich in TGZ angebotene Beratung für die Ausarbeitung der Unternehmenskonzeption (Gründer- und Gründungsberatung) und die Vermittlung von Beratungen nehmen dagegen nur wenige Unternehmen in Anspruch. Im Bereich der Vermittlungsaktivitäten sind die sogenannten „Unternehmerstammtische" ein beliebtes Instrument von TGZ, die Gelegenheit zum Austausch von Erfahrungen und Informationen bieten. In einigen Fällen wurden diese jedoch aufgrund fehlender Nachfrage bereits wieder eingestellt, zumal die Unternehmer den wirtschaftlichen Nutzen des organisierten Informationstransfers im Rahmen von solchen Gesprächskreisen vielfach als gering einschätzen. Die zeitliche Belastung der Gründer erschwert zudem eine Teilnahme an terminlich fixen Zusammentreffen (vgl. Kulicke u. a. 1993:136f.).

Tabelle 1: Nutzung von Beratungsleistungen des TGZ-Managements und externer Anbieter durch die ostdeutschen Unternehmen

Beratungsleistungen	TGZ-Management		Externe Anbieter
	%[1]	Nutzungsgrad[2]	%[1]
Beratung für die Ausarbeitung der Unternehmenskonzeption	11,0	11,4	24,6
Vermittlung von Beratungen	14,3	14,4	5,5
Vermittlung von Kontakten zu Behörden und Banken	20,2	20,4	10,3
Technologieberatung	7,0	7,5	12,9
Finanzberatung (u.a. Fördermittel)	9,9	10,9	32,0
Vermittlung von Geschäftskontakten (Lieferanten, Kunden etc.)	21,7	24,3	15,1
Weiterbildungsmaßnahmen	21,7	27,2	14,7
Marketingberatung	5,5	7,8	18,0
Allgemeine kaufmännische Beratung	4,4	7,3	17,7
Patentberatung	4,4	15,0	15,1
Rechtsberatung	1,8	26,3	32,0

[1] n = 272.
[2] in Prozent der Unternehmen, die das Angebot nutzen können, weil es im jeweiligen TGZ verfügbar ist.

Die Gründer können in allen denkbaren Bereichen Probleme haben - am häufigsten werden Schwierigkeiten bei der Markteinführung und Finanzierung genannt -, so daß das TGZ-Management nicht in der Lage ist bzw. sein kann, überall kompetenter Ansprechpartner zu sein. Leistungen externer Anbieter fragen daher 54 Prozent der Unternehmer nach.[2] Die Finanz- und Rechtsberatung sowie die Beratung für die Ausarbeitung der Unternehmenskonzeption werden am häufigsten genutzt. Danach folgen die Marketingberatung und die allgemeine kaufmännische Beratung. Den Bedarf an betriebswirtschaftlichen Beratungen befriedigen damit vor allem externe Anbieter. Es besteht eine klare Aufgabenteilung: Das TGZ-Management agiert überwiegend als Kontaktvermittler (allenfalls als Kurzberatung zu bezeichnen), wohingegen externe Anbieter vor allem Beratungen durchführen, die mit größerem Zeitaufwand verbunden sind und fundiertes kaufmännisches Wissen beim Beratungsteam voraussetzen.

3. Generelle Beurteilung des Standortes „Technologie- und Gründerzentrum"

Mit der Ansiedlung in einem TGZ sind für die Unternehmen weitaus mehr Vorteile als Nachteile verbunden (vgl. Tabelle 2). Die Einschätzung ist eindeutig, da nur ein ostdeutscher Unternehmer keine Vorteile genannt hat. Andererseits gaben 63 Prozent der Gründer Nachteile an, die allerdings mehrheitlich von geringer Bedeutung sind. Der wichtigste Standortvorteil ist die Verfügbarkeit von Mieträumen, der in Ostdeutschland im Untersuchungszeitraum auf einen Mangel an preisgünstigen und rechtlich abgesicherten Gewerbeflächen zurückzuführen ist, speziell an bevorzugten Standorten (vgl. Pieper 1994:138). Vielerorts kam es auf dem gewerblichen Immobilienmarkt aufgrund des begrenzten Flächenangebots zu erheblichen Preissteigerungen. Dagegen liegen die Mietpreise in TGZ - von einer Ausnahme abgesehen - unterhalb der ortsüblichen Vergleichsmieten und ermöglichen eine Senkung der betrieblichen Fixkosten, was einen weiteren wichtigen Standortvorteil darstellt. Aber auch in Westdeutschland scheint ein Defizit an geeigneten Mietflächen zu bestehen, insbesondere für Existenzgründungen. Die Unmöglichkeit des räumlichen Wachstums in TGZ ist aus Sicht der Unternehmer in Ost und West der wichtigste Standortnachteil, da „mitwachsende" Raumkapazitäten vielfach fehlen.

---

2 29 Prozent der Unternehmen nehmen interne *und* externe Beratungsleistungen in Anspruch. Ebenso viele nutzen überhaupt keine Beratungen.

Tabelle 2: Standortvor- und -nachteile in Technologie- und Gründerzentren aus Sicht der Unternehmen

Vor-/Nachteile (Wertung groß/mittel)	Ostdeutschland		Westdeutschland	
	%	Rang	%	Rang
Vorteile (n = 272: Ost/391:West)				
Verfügbarkeit von Miträumen	88,6	1	79,9	1
Informelle Kontakte zu anderen Unternehmen	53,3	2	52,2	5
Senkung der Fixkosten	53,0	3	77,7	2
Bessere Werbemöglichkeiten	52,2	4	54,0	4
Räumliche Flexibilität	37,1	5	60,6	3
Nachteile (n = 272/408)				
Unmöglichkeit des räumlichen Wachstums	21,7	1	19,9	1
Zu starke Ablenkung von der Arbeit	7,7	2	13,3	3
Negatives Image des TGZ	4,8	3	15,4	2

Die hohe Bewertung der informellen Kontakte zu anderen Unternehmen ist als Hinweis auf etwaige Synergieeffekte zu interpretieren, auch wenn diese in Westdeutschland gegenwärtig einen nachrangigen Stellenwert haben. Bislang kooperieren 72 Prozent der ostdeutschen Unternehmer mit anderen Mietern im TGZ (in Westdeutschland immerhin 50 Prozent), wobei die Kooperationshäufigkeit stark vom jeweiligen Betriebsklima abhängt. Mit dem Verhältnis zu anderen Mietern ist dabei die Mehrheit der Gründer grundsätzlich zufrieden. Auf gute Beziehungen deutet ebenfalls die nur von wenigen Unternehmern (4 Prozent) als Nachteil empfundene Konkurrenzproblematik innerhalb der TGZ hin.

Die Kooperationen in TGZ dienen vor allem dem Austausch von Informationen und der gemeinsamen Bearbeitung von Aufträgen. Die Annahme bzw. Vergabe von Aufträgen und die gemeinsame Nutzung von kostenintensiven Spezialgeräten sind dagegen nur von untergeordneter Bedeutung. Auch dem Beratungsangebot des TGZ-Managements kommt eine vergleichsweise geringe Relevanz zu: weniger als ein Viertel der Gründer bewerten die Beratungen als wichtig für die Entwicklung ihres Unternehmens (vgl. Abbildung 2).

Abbildung 2: Bedeutung des Leistungsangebots in TGZ für die Entwicklung der Unternehmen

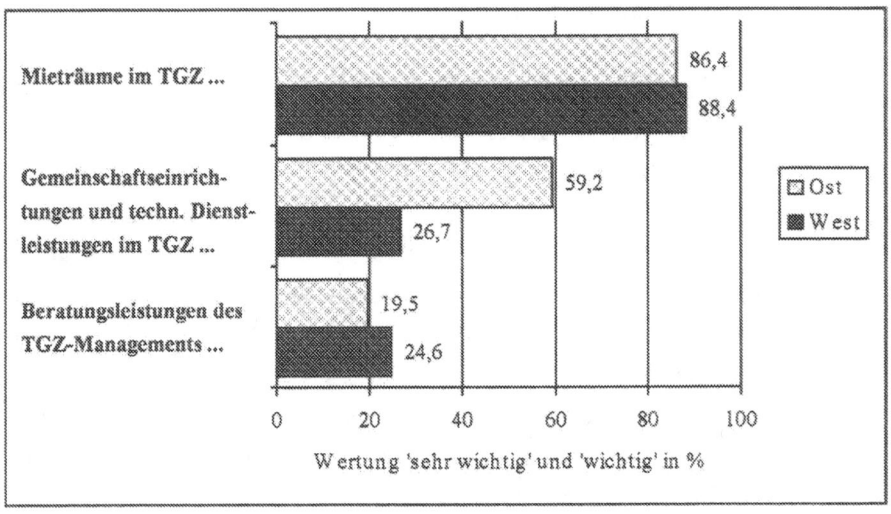

Die relativ hohe Bedeutung der Gemeinschaftseinrichtungen und technischen Dienstleistungen in TGZ ist in Ostdeutschland auf das zum damaligen Zeitpunkt schlechte externe Angebot, wie z. B. das vielerorts unzureichende Telefonnetz, zurückzuführen. Entscheidend für den Entwicklungsverlauf der meisten Unternehmen sind jedoch die Mieträume im TGZ.[3]

4. Vermietung an technologieorientierte Unternehmen?

Technologieorientierte Neugründungen und Jungunternehmen sind per Definition (vgl. Kapitel 1) die primäre Zielgruppe von TGZ. Die mit der Gründung stattfindende Übertragung von technischem Wissen gilt als die effizienteste Form des Technologietransfers, denn der Unternehmer selbst übernimmt die Weiterentwicklung und Realisierung seiner Erfindung. Inwieweit TGZ diesen Prozeß unterstützen, hängt im wesentlichen davon ab, in welchem Umfang TGZ zur Selbständigkeit motivieren können (z. B. durch die Vorbildwirkung erfolgreicher Gründer im TGZ). Allerdings zeigen die Untersuchungsergebnisse, daß nur 1,5 Prozent der ostdeutschen Unter-

---

[3] Heute besteht vielerorts in bezug auf Gewerbeflächen ein Überangebot und die Kommunikationsinfrastruktur ist moderner als in Westdeutschland. Wahrscheinlich sinkt mit einer Verbesserung der externen Infrastruktur und Dienstleistungen die Bedeutung des Angebots in TGZ.

nehmer den Schritt in die Selbständigkeit ohne die Zentren *nicht* vollzogen hätten. Der sich mit der Gründung vollziehende „Transfer über Köpfe" fände somit weitgehend auch ohne die Existenz der TGZ statt.

TGZ können demzufolge lediglich über die Auswahl zielgruppenadäquater Unternehmen dazu beitragen, den bei der Gründung stattfindenden Technologietransfer abzusichern. Die angestrebte Zielgruppe wird jedoch bezüglich der Technologieorientierung bislang nur teilweise erreicht, wenn man die Kriterien „FuE-Umsatzintensität", „funktionale Tätigkeitsschwerpunkte" und „Patente" berücksichtigt (vgl. Tabelle 3). Das Technologieniveau in den ostdeutschen TGZ liegt dabei insgesamt niedriger als in Westdeutschland. Etwa ein Drittel der ostdeutschen Unternehmen gehört per Definition nicht zur Klientel von TGZ. Insbesondere in ländlich peripheren Räumen steht aufgrund der schwierigen Rahmenbedingungen, wie z. B. fehlende Forschungsinfrastruktur als Know-how-Quellen, der Aufbau eines nicht notwendigerweise innovativen Mittelstands im Vordergrund.

5. Perspektiven

Zusätzliche Einrichtungen nur noch an wenigen Standorten sinnvoll

In Ostdeutschland scheint das Potential an technologieorientierten Gründungen zu gering zu sein, um alle Einrichtungen zielgruppenadäquat auszulasten. In der Folge reduzieren die TGZ-Manager bei der Auswahl der Unternehmen den technologischen Anspruch und/oder verlängern die in der Regel vorab auf drei bis fünf Jahre begrenzte Aufenthaltsdauer in TGZ („downgrading"). TGZ sollten jedoch so benannt sein, wie es der Realität entspricht. Demzufolge sind in einem Technologiezentrum überwiegend technologieorientierte Unternehmen, in einem Gründerzentrum vor allem Existenzgründer angesiedelt. TGZ stellen eine gesunde Mischung aus beiden Unternehmenstypen dar. Ein „Etikettenschwindel" erzeugt möglicherweise kurzfristige Imageeffekte, mittel- bis langfristig kann jedoch das gesamte Konzept von TGZ in Mißkredit gebracht werden. Gegenwärtig sind mindestens ein Drittel der Unternehmen im Hinblick auf diese Indikatoren als Fehlbelegung zu interpretieren.

Tabelle 3: Innovationsleistung von Unternehmen in Technologie- und Gründerzentren

Merkmale	Ostdeutschland		Westdeutschland	
	absolut	%	absolut	%
FuE-Umsatzintensität[1] (n = 233/320)				
- Keine FuE-Ausgaben	83	35,6	41	12,8
- Unter 3,5 %	20	8,6	8	2,5
- 3,5 % bis 8,5 %	17	7,3	28	8,7
- Über 8,5 %	113	48,5	243	75,9
Funktionale Tätigkeitsschwerpunkte[2] (n = 272/406)				
- Forschung	50	18,4	67	16,5
- Entwicklung	124	45,6	218	53,7
- Produktion	56	20,6	106	26,1
- Handel	38	14,0	79	19,5
- Dienstleistung	185	68,0	295	72,7
Patente (n = 272/404)				
- Keine	214	78,7	310	76,7
- 1 bis 2	38	14,0	62	15,3
- 3 bis 5	17	6,3	27	6,7
- Über 5	3	1,1	5	1,2

[1] Personalkosten, Sachausgaben und Investitionen im Rahmen von Forschung/Entwicklung in bezug auf den Umsatz des jeweiligen Geschäftsjahres.

[2] Mehrfachnennungen möglich.

Die Ansprüche an die Mieter hinsichtlich Technologieorientierung und Alter steigen, wenn ein ausreichendes Potential an geeigneten Unternehmen vorhanden ist. Für den weiteren Aufbau von TGZ ist zu beachten, daß nur noch wenige Standorte in Deutschland über ein ausreichendes Potential an technologieorientierten Gründern verfügen. Machbarkeitsstudien von unabhängigen Gutachtern können die strategische Entscheidung für oder gegen ein TGZ erleichtern.[4] Die Planung und Konzeption von TGZ sollte sich dabei in jedem Fall an den Potentialen „vor Ort" ausrichten.

---

[4] Allein die Verfügbarkeit von öffentlichen Fördermitteln sollte kein Anlaß für die Errichtung eines TGZ sein.

Drei Viertel der ostdeutschen Gründer kommen aus der Stadt und Region des TGZ, wo sie vor der Selbständigkeit etwa je zur Hälfte in Unternehmen oder öffentlichen Forschungseinrichtungen tätig waren. Gründe für die Immobilität sind bereits bestehende persönliche oder geschäftliche Beziehungen, die das Risiko einer Existenzgründung reduzieren helfen. Aber auch nach Verlassen der TGZ bleiben knapp 90 Prozent der Unternehmen in derselben Region, wobei vor allem die Grundstücks- und Mietpreise bei einem interregionalen Standortwechsel relevant sind (vgl. Seeger 1997:135).

Mehr aktive, weniger passive Förderung

TGZ haben aus Sicht der Unternehmen vor allem eine kostensenkende Wirkung im Sinne einer passiven Förderung. Die Senkung der betrieblichen Fixkosten ermöglicht das subventionierte Leistungsangebot in TGZ (z. B. geringe Mietpreise). Mehr aktive Förderung bedeutet vor allem die Verbesserung des bislang zu wenig akzeptierten Beratungsangebots und die stärkere Motivation potentieller Unternehmer, z. B. durch Seminarreihen oder Podiumsveranstaltungen. Auch der Vermittlung von Beratungen sollte aufgrund der Vielzahl möglicher Probleme, der heterogenen Mieterstruktur und gleichzeitig beschränkter personeller und zeitlicher Ressourcen einen besonderen Stellenwert in der Konzeption von TGZ zukommen. Die Gründer wünschen sich vor allem die verstärkte Vermittlung von Kontakten zu potentiellen Kunden sowie mehr Repräsentation und Werbung für einzelne Unternehmen bzw. das TGZ insgesamt. Die Unterstützungsleistungen des TGZ-Managements in diesem Bereich sollten aber in jedem Fall nur Hilfe zur Selbsthilfe sein, um Lerneffekte zu erzielen. Dem Informationstransfer und Maßnahmen zur Weiterbildung kommt daher eine besondere Bedeutung zu.

Kostenaspekte stärker berücksichtigen

Die Kosten für den Bau und/oder Umbau der Einrichtungen belaufen sich in der Summe auf 1,3 Mrd. DM (1993/94), davon entfallen 156,1 Mio. DM auf Ostdeutschland. Hinzu kommen die laufenden Betriebskosten, die insbesondere bei der mittel- bis langfristigen Betrachtung von Bedeutung sind. Für die ostdeutschen TGZ errechnet sich für die laufenden Betriebskosten ein Mittelwert von 455 TDM pro Einrichtung und Haushaltsjahr; die westdeutschen TGZ erreichen im Vergleich 1,0 Mio DM. Insbesondere in Westdeutschland sind zahlreiche TGZ unnötig teuer geraten, weil sie großzügig mit öffentlichen Fördermitteln unterstützt wurden. So läßt sich beispielsweise in den westdeutschen Einrichtungen ein Zusammenhang zwischen den Investitionskosten für Bau/Umbau pro Quadratmeter vermieteter Fläche und der Förderquote des Bundeslandes nachweisen: unterhalb einer Förderquote von 50 Prozent überwiegen preiswertere Altbauten, oberhalb von 50 Prozent dominieren die teureren Neubauten (4 245 DM/qm), deren Kosten positiv mit der Förderquote korrelieren. Die bisherige Anreizstruktur der öffentlichen Förderung belohnt die Erstellung repräsentativer Bauten. Es empfiehlt sich daher, die maximale Höhe der Kosten pro Quadratmeter in die Förderrichtlinien aufzunehmen. Mitnahmeeffekte seitens der Kommunen können auf diese Weise vermieden werden. Die Höhe der Investitionskosten und der Grad der Technologieorientierung eines TGZ weisen zudem keinen statistisch signifikanten Zusammenhang auf. Vielmehr können aufwendig gebaute und ausgestattete TGZ kontraproduktiv wirken bzw. negative Reaktionen auslösen (Verschwendung von Steuermitteln).

Literatur

Baranowski, G.; Groß, B. (Hrsg.) 1996: Innovationszentren in Deutschland 1996/97. Mit Firmenbeschreibungen. Berlin.

Behrendt, H. (1996): Wirkungsanalyse von Technologie- und Gründerzentren in Westdeutschland. Wirtschaftswissenschaftliche Beiträge, 123. Heidelberg: Physica-Verlag.

Haustein, H.-D. (1992): Technologische Neugründungen, Strukturwandel und Beschäftigung bei der deutschen Wiedervereinigung. Schriftenreihe des Instituts für Innovationsmanagement e.V. und der Projektgruppe Innovation 6/1992. Berlin.

Kulicke, M. (1997): Beratung junger Technologieunternehmen. In: Koschatzky, K. (Hrsg.): Technologieunternehmen im Innovationsprozeß. Management, Finanzierung und regionale Netzwerke. Heidelberg: Physica-Verlag, S. 83-105.

Kulicke, M.; Bayer, K.; Bräunling, G.; Ewers, H.-J.; Gerybadze, A.; Mayer, M.; Müller, R.; Wein, T.; Wupperfeld, U. (1993): Chancen und Risiken junger Technologieunternehmen. Ergebnisse des Modellversuchs „Förderung technologieorientierter Unternehmensgründungen". Heidelberg: Physica-Verlag.

Koschatzky, K.; Schmoch, U.; Walter, H. G. (1994): Aufbau von regionalen Informationsdienstleistungen in den neuen Bundesländern: das Beispiel Patentinformation. In: Holland, D.; Kuhlmann, S. (Hrsg.): Systemwandel und industrielle Innovation. Heidelberg: Physica-Verlag, S. 223-242.

Pieper, M. (1994): Das interregionale Standortwahlverhalten der Industrie in Deutschland. Konsequenzen für das kommunale Standortmarketing. Göttingen: Schwarz.

Seeger, H. (1997): Ex-post-Bewertung der Technologie- und Gründerzentren durch die erfolgreich ausgezogenen Unternehmen und Analyse der einzel- und regionalwirtschaftlichen Effekte. Hannoversche Geographische Arbeiten, 53. Hannover: Lit.

Sternberg, R.; Behrendt, H.; Seeger, H.; Tamásy, C. (1997): Bilanz eines Booms. Wirkungsanalyse von Technologie- und Gründerzentren in Deutschland. Dortmund (2. Aufl.). Dortmunder Vertrieb für Bau- und Planungsliteratur.

Tamásy, C. (1996): Technologie- und Gründerzentren in Ostdeutschland - eine regionalwirtschaftliche Analyse. Wirtschaftsgeographie, 10. Münster: Lit.

FuE-Förderung in Ostdeutschland durch das Bundesministerium für Wirtschaft - Ergebnisse aus einer Wirkungsanalyse

Kurt Hornschild

1. Aufgabenstellung: Evaluation der Innovationsförderung in Ostdeutschland

In Ostdeutschland wird die Industrie weit stärker subventioniert, als dies in marktwirtschaftlichen Systemen üblich ist. Dies bedeutet zwar einen erheblichen Eingriff in den Preisbildungsprozeß, die Faktorallokation und den Wettbewerb, doch findet diese Politik ihre Rechtfertigung in der noch immer großen Leistungsschwäche der Wirtschaft in Ostdeutschland.

Als ein bei der Transformation in die Marktwirtschaft schwer zu lösendes Problem stellte sich die Überführung der Industrieforschung heraus. In der Transformationsphase drohte ihr völliger Zusammenbruch. Einerseits mußten viele Unternehmen nach erfolgreicher Privatisierung ihr Produktionsziel und damit einhergehend ihre Forschungsausrichtung neu definieren, so daß ihrer Forschung bis zu diesem Zeitpunkt die notwendige Orientierung fehlte. Andererseits kam es nicht selten zu einer Entkoppelung zwischen Produktion und Forschung, weil die Treuhandanstalt kaum Anstrengungen unternahm, industrielle Forschungskapazitäten mit den Unternehmen zu privatisieren. Darüber hinaus fehlten vielen Unternehmen wegen mangelnder Wettbewerbsfähigkeit die Mittel, um notwendige Innovationen zu finanzieren. Hinzu kamen die Schwierigkeiten beim Marktzugang. Durch erhebliche Förderung der Industrieforschung wurde dem Prozeß der Auflösung der Industrieforschung entgegengewirkt, um eine Ausgangsbasis für eine qualifizierte Erneuerung von Industrieforschung und Industrie in Ostdeutschland zu schaffen (DIW 1997a).

Das Bundesministerium für Wirtschaft (BMWi) hatte die Berliner Wirtschaftsforschungsinstitute DIW und SÖSTRA beauftragt, die Wirkungen seiner FuE-Förderprogramme im Rahmen einer Zwischenbilanz zu analysieren und Vorschläge für ein künftiges Förderkonzept zu erarbeiten (DIW 1997b). In diesem Beitrag wird über wichtige Ergebnis dieser Analyse berichtet. Im Vordergrund steht hier weniger die Evaluationsmethode als vielmehr die Analyse von Situation und Perspektiven der Industrie in Ostdeutschland. Daran schließt sich die Fragestellung an, wie über Innovationen und eine innovationsorientierte Förderpolitik Wachstumspotentiale erschlossen werden können.

In Abschnitt 2 werden die wichtigsten Schritte und Ergebnisse der Wirkungsanalyse dargestellt. Zunächst wird auf die besonderen Rahmenbedingungen eingegangen, die bei der Wirkungsanalyse zugrunde lagen. Daraus leitet sich auch die gewählte Untersuchungsmethode ab. Dann werden die industrielle Ausgangssituation und die Innovationsförderung in Ostdeutschland näher beschrieben. Es folgt ein Überblick über die wichtigsten Ergebnisse der Wirkungsanalyse. In Abschnitt 3 werden Schlußfolgerungen für eine zukunftsorientierte Innovationsförderung in Ostdeutschland gezogen und ein Förderkonzept vorgestellt.

2. Wirkungsanalyse

2.1 Ausgangsüberlegungen und Untersuchungsansatz

2.1.1 Eine Wirkungsanalyse unter besonderen Vorzeichen

Wie können Wirkungen staatlicher Förderprogramme gemessen werden? Eine für die Beantwortung solcher Fragestellungen bewährte Untersuchungsmethode ist die Anwendung eines Methodenmix, der aus Vorher- und Nachhervergleich auf der Basis eines Kontrollgruppenansatzes besteht (Becher/Kuhlmann 1995). Ausgegangen wird von den durch das Förderprogramm definierten Zielen, der Zielerreichungsgrad ist festzustellen. Durch die Gegenüberstellung von geförderten und nicht geförderten Unternehmen (Kontrollgruppe) können Entwicklungsunterschiede bei den Unternehmen identifiziert werden, die der Förderung zuzuschreiben sind. Aus Sicht der Förderer ist ein Programm dann besonders erfolgreich, wenn die geförderten Unternehmen auf die Förderung erwartungsgerecht reagieren und über den Abbau von Schwachstellen, die in der Regel als vorübergehend angesehen werden, neue Wachstumspotentiale erschließen, bzw. ihre Wettbewerbsfähigkeit durch höhere Flexibilität stärken. Wichtig ist, daß diese Erfolge der Förderung zugeschrieben werden können, also die Unternehmen diese aus gesamtwirtschaftlicher und betriebswirtschaftlicher Sicht positiven Effekte nicht auch ohne Förderung erreicht hätten, da sonst der ungewünschte Fall der Mitnahme vorläge. Für eine Förderpolitik, die in marktwirtschaftlichen Systemen immer nur die Ausnahme und nur zeitlich befristet sein darf, sind mithin Zeitspanne, finanzielle Wirksamkeit und administrative Praktikabilität wichtige Kriterien. Werden durch die Förderung Unternehmen zu einem falschen Zeitpunkt zu einem bestimmten Handeln „verführt", wie z. B. der vorzeitigen Einführung einer noch nicht hinreichend marktreifen Technologie, kann die Förderung, auch wenn durch sie ein Teil der erwarteten Unternehmensreaktionen ausgelöst wird, insgesamt auch negativ wirken. Insofern haben Wirkungsanalysen auch die Aufgabe neben den intendierten, auch die nicht beabsichtigten Wirkungen zu identifizieren, und es muß zu guter Letzt die Förderung im gesamtwirtschaftlichen Umfeld beurteilt werden (Becher 1989; Hornschild 1990).

Während Evaluationen aber normalerweise für ein spezielles Förderprogramm in einer insgesamt stabilen wirtschaftlichen Situation mit „normalem Strukturwandel" durchgeführt werden, galten für die hier durchgeführte Wirkungsanalyse besondere Bedingungen. Zum einen handelte es sich um eine Wirtschaft in bzw. kurz nach der Transformation; Erfahrungswerte über Wirkungszusammenhänge und -möglichkeiten fehlten. Zum anderen um eine Wirtschaft, die über vielfältige Subventionen gefördert wird, wodurch eine Wirkungszuordnung einzelner Programme sehr erschwert wird. Darüber hinaus ist bei einer Wirtschaft mit raschem strukturellen Wandel die Möglichkeit, repräsentative Kontrollgruppen zu bilden, stark eingeschränkt. Deshalb wurde hier ein vorwiegend deskriptiv analytischer Ansatz gewählt, der ausgehend von der Beschreibung des Ist und von Hypothesen unter Berücksichtigung der verschiedenen Phasen im Transformationsprozeß versucht, Förderwirkungen zu identifizieren und Vorschläge für die weitere Innovationspolitik zu erarbeiten.

Zur Identifikation der Förderwirkungen stand eine schriftliche Unternehmensbefragung von kleinen und mittelgroßen Unternehmen (KMU) des verarbeitenden Gewerbes in Ostdeutschland im Mittelpunkt. Angeschrieben wurden knapp 4 000 Unternehmen mit bis zu 500 Beschäftigten, und zwar solche, von denen bekannt war, daß sie an den Programmen der Innovationsförderung des BMWi teilgenommen hatten und solche, die diese bis dahin nicht beanspruchten. Die „Kontrollgruppe" erfüllt allerdings nicht die Kriterien der Repräsentativität, auch ist ihre Aussagekraft wegen des kräftigen Strukturwandels und starker Förderung zusätzlich eingeschränkt.

Insgesamt standen für die Bewertung der mit der bisherigen Förderung erreichten Wirkungen und ihrer zukünftigen Aufgaben folgende Fragestellungen im Mittelpunkt:

- Ist es mit Hilfe der Förderung gelungen, die Grundbausteine für ein Innovationssystem in Ostdeutschland zu legen, auf denen sich nun aufbauen läßt?
- Was ist zu tun, damit sich die Wachstumsdynamik in Ostdeutschland verstärkt und welche Aufgabe hat dabei die Innovations(förder)politik?
- Wie und in welchem Zeitrahmen kann erreicht werden, daß eine spezifische Förderpolitik für Ostdeutschland obsolet wird und sich in der Region ökonomisch normale Verhältnisse einstellen?

2.1.2 Wirtschaftspolitisches Ziel: Überwindung der Transferabhängigkeit

Mit Einführung der Währungsunion war die Industrie in Ostdeutschland einem erheblichen Strukturwandel ausgesetzt. Bei diesem Prozeß wurden Strukturen zerstört, verändert und neu aufgebaut. Zentrale Fragen waren u. a. inwieweit dieser Prozeß den Steuerungskräften des Marktes überlassen bleiben konnte und inwieweit der Staat mit welchen Instrumenten eingreifen sollte, damit auch die sozialen und die für die Entwicklung einer Volkswirtschaft notwendigen langfristigen Aspekte hinreichend berücksichtigt werden. So kann die Zerstörung von Produktionskapazitäten kurzfristig aus Sicht des Marktes durchaus lohnenswert sein. Werden dabei aber Potentiale zerstört, die später gebraucht werden, um die Volkswirtschaft auf einen insgesamt höheren Wachstumspfad zu bringen, dann wäre ein „abruptes" Vorgehen aus gesamtwirtschaftlicher Sicht negativ zu bewerten. In solchen Fällen ist der Staat geradezu aufgefordert, in den Marktprozeß einzugreifen. Insofern sind die vielen wirtschaftsfördernden Maßnahmen für die ostdeutsche Wirtschaft einerseits ein Maßstab, wie weit diese in ihrer Entwicklung noch von dem Ziel der Integration in die Weltwirtschaft entfernt ist und werfen andererseits die Frage auf, ob die Mittel und Instrumente genügend effizient eingesetzt werden, um die Transferabhängigkeit der Region zu überwinden.

Sieben Jahre nach der Vereinigung zeigt sich ein differenziertes Bild der Wirtschaft in Ostdeutschland. Es gibt Bereiche und Unternehmen, die weitgehend Anschluß gefunden haben an das in Westdeutschland übliche Leistungs- und Produktivitätsniveau, einige wenige haben hinsichtlich Produktionsverfahren und Produktivität einen Spitzenplatz inne, doch insgesamt ist die wirtschaftliche Leistungskraft noch unbefriedigend. Der Konsum übertrifft noch bei weitem die Leistungserstellung in der Region. Am weitesten vorangekommen sind die Bereiche, die von der transfergestützten regionalen Nachfrage profitieren. Das Entwicklungsmuster der transfergestützten regionalen Nachfrage spiegelt sich auch in der Industriestruktur Ostdeutschlands. Eine Branche wie Steine und Erden, die an die Bauwirtschaft liefert oder das Druckereigewerbe sowie Bereiche der Nahrungsmittelindustrie verzeichneten sehr rasch überdurchschnittliche Wachstumsraten. Schwach entwickeln sich aber vor allem solche Branchen, die traditionell ihre Produkte auf dem Weltmarkt absetzen und entsprechend auch dem internationalen Konkurrenzdruck ausgesetzt sind (DIW 1996/97). Diese können nur wenige Vorteile aus der hochsubventionierten regionalen Nachfrage ziehen, sondern müssen sich über ein entsprechend konkurrenzfähiges Angebot in für sie neue Märkte einbringen. Erfahrungsgemäß müssen Branchen mit fernab-satzorientierter Produktion auch über Forschungs- und Entwicklungskapazitäten (FuE) verfügen und entsprechend innovativ sein, um sich auf dem internationalen Markt zu behaupten. Aus deutscher Sicht gehören traditionell zu diesen Branchen, die gleichzeitig Wachstumsträger der westdeutschen Wirtschaft sind, die Chemie, der Maschinenbau, der Fahrzeugbau, die Elektrotechnik und neuerdings die ADV-Industrie. Auch wenn nicht erwartet werden kann, daß sich in Ostdeutschland die gleichen Industriestrukturen wie in Westdeutschland herausbilden, so dürfte doch zumindest soviel feststehen: die Wirtschaft Ostdeutschlands wird ihre Wachstumsschwäche nur überwinden können und von den Transfers unabhängig werden, wenn sie stärker an der internationalen Arbeitsteilung als bisher partizipiert. Dazu braucht sie auch eine leistungsfähige Industrie, die aus FuE und Innovation ihre Wettbewerbsvorteile zieht. Gerade diese Merkmale sind aus mehrerlei Gründen - wie die weitere Untersuchung noch zeigen wird - in der ostdeutschen Industrie sehr schwach ausgeprägt.

2.1.3 Staatliche Förderung muß Aufbau der Industrieforschung unterstützen

Industrieforschung wird sowohl aus grundsätzlichen Erwägungen als auch wegen der spezifischen Problemlage der ostdeutschen Wirtschaftsregion staatlich gefördert. Die Förderung von industrieller FuE wird theoretisch mit externen Effekten bzw. Marktversagen begründet. Mit der Förderung von FuE sollen Unternehmen angeregt werden, mehr in FuE zu investieren, um eine volkswirtschaftlich bessere Faktorallokation zu erreichen. Allerdings ist der externe Nutzen von FuE nur schwer meßbar, so daß auch die Förderintensität nur näherungsweise bestimmt werden kann.[1]

Die Notwendigkeit einer staatlichen Förderpolitik für den Aufbau eines industriellen FuE-Potentials wird von Wissenschaft und Politik in Anbetracht der Strukturschwäche der ostdeutschen Wirtschaft weitgehend anerkannt. Die Diskussion entbrennt bei Fragen nach den adäquaten Instrumenten der Förderpolitik, der Förderdauer, des Fördervolumens sowie der Einschätzungen über den Transformationsprozeß im FuE-Bereich selbst. Während z. B. das Institut für Weltwirtschaft in Kiel (IfW) oder auch PROGNOS/ZEW/SÖSTRA (1996) davon ausgehen, daß sich das industrielle FuE-Potential bedarfsgerecht relativ problemlos neu aufbauen kann, wird hier angenommen, daß eine Neuorientierung nur gelingen wird, wenn eine Basis für die Industrieforschung gesichert werden kann, auf der sich aufbauen läßt. Allerdings bleibt offen, wie groß die Basis sein muß und welche Strukturen die richtigen sind.

2.2 Vorbereitende Schritte

2.2.1 Innovationsförderung in Ostdeutschland

Zur Sicherung und zum Aufbau eines leistungsfähigen Industrieforschungspotentials wendeten die beiden Bundesministerien für Wirtschaft sowie für Bildung, Wissenschaft, Forschung und Technologie (BMBF) von 1990 bis Ende 1996 jeweils rund

---

[1] Brockhoff (1994:86) arbeitete u. a. heraus, „daß der private Ertrag von Forschungs- und Entwicklungsaktivitäten niedriger ist als der gesellschaftliche Ertrag und darum im volkswirtschaftlichen Sinne keine ausreichenden Forschungs- und Entwicklungsaktivitäten nur aufgrund privater Interessen zustande kommen". Vgl. auch (Romer 1990:71-102) sowie Gries/Berthold/Wigger/Hentschel (1994:64-84).

2 Mrd. DM, die Wirtschaftsministerien der Bundesländer weitere 1,7 Mrd. DM in Ostdeutschland auf (vgl. Tabelle 1). Einen Überblick über die wichtigsten Förderprogramme gibt die Übersicht 1 im Anhang. Dabei wird deutlich, daß es - gemessen am Mitteleinsatz - zwei „Säulen" der staatlichen FuE-Förderung gibt:

- FuE-Personalförderungen, bei der vor allem kleine und mittelgroße Unternehmen Zuschüsse zu ihren FuE-Personalaufwendungen erhalten.

- FuE-Projektförderungen, die Zuschüsse zu den FuE-Projektkosten insgesamt gewähren.

Tabelle 1: Struktur des FuE-Fördermitteleinsatzes in der ostdeutschen Wirtschaft von 1990 bis 1996[1]

FuE-Förderprogramme	Mittel Mio. DM	Mittel in %
BMWi		
Marktvorbereitende Industrieforschung	800	20
FuE-Personalförderung Ost (PFO)	420	11
Innovationsförderung	332	8
Industrielle Gemeinschaftsforschung	292	7
Technologietransfer	121	3
Wirtschaftsbezogene Fachinformation	27	1
Patente und Designförderung	13	0
BMWi	2.005	50
BMBF		
Fachprogramme[2]	1.173	29
Technologieorientierte Unternehmensgründungen	242	6
Auftragsforschung (AWO und AFO)	320	8
FuE-Personalzuwachsförderung	97	2
Forschungskooperation	89	2
Technologie- und Gründerzentren	25	1
Zentren für Information und Beratung (einschl. Informationsberatung bei IHK)	53	1
BMBF	1.997	50
BMWi und BMBF	4.004	100

[1] 1990 bis 1996: Ist.
[2] Einschließlich Projekte bei wirtschaftsnahen FuE-Einrichtungen und Fertigungstechnik.
Quellen: BMWi; BMBF; BMF; Projektträger; Berechnungen von SÖSTRA.

2.2.2 Hypothesen

Bei der Analyse und Bewertung der Innovationsförderung lagen u. a. folgende Ausgangsüberlegungen zugrunde:

- Eine international wettbewerbsfähige Industrie ist auf Innovationen angewiesen und braucht dazu eine leistungsfähige Industrieforschung. Dies gilt insbesondere für Industrien an Hochlohnstandorten, die ihre Wettbewerbsvorteile in erster Linie über anspruchsvolle Produkte und weniger über den Preis realisieren und damit auch für Ostdeutschland (Straßberger u. a. 1996).

- Große Schwierigkeiten, wieder Tritt zu fassen, hat die traditionell fernabsatzorientierte Industrie, die besonders stark dem internationalen Wettbewerb ausgesetzt ist und neue Märkte erschließen muß. Hinzu kommt, daß diese nur unterdurchschnittlich von der transferinduzierten inländischen Nachfrage profitiert.

- Ohne staatliche Hilfen wäre die Industrieforschung zusammengebrochen, ein qualifizierter Neuaufbau wäre u. a. wegen Pfadabhängigkeiten im Bereich Forschung dann nur schwer möglich gewesen.

- Es konnte nicht erwartet werden, daß die ursprüngliche Zahl von im Bereich der Industrieforschung eingesetzten Personen auch nur annähernd gehalten wird. Hinzu kommt, daß auch aufgrund anderer industrieller Orientierungen hinsichtlich Qualifikation und Einsatzfelder an das Forschungspersonal andere Anforderungen gestellt und für die Industrieforschung sich neue Schwerpunkte herauskristallisieren mußten.

- Die Wirkung der Förderung ist abhängig von der Phase, in der sich die Unternehmen in der Transformation befinden.

- Die innovierenden Unternehmen werden gegenüber denen, die von der transfergestützten Nachfrage profitieren, erst später die entsprechende Wachstumsdynamik entfalten.

- FuE und Innovation sind Voraussetzungen, damit sich Innovationsnetzwerke herausbilden können, die ein arbeitsteiliges Produzieren auf hohem Niveau ermöglichen und systemische Standortvorteile durch Netzwerkbildung entstehen (Hornschild 1992).

- Die Bewertung der Innovationsförderung verlangte differenzierte Analysen, deren Interpretation ein Verständnis der Transformationsprozesse voraussetzte.

2.3 Ausgangslage: Ostdeutschland, eine strukturschwache Region

Im Anpassungsprozeß können grundsätzlich drei Phasen unterschieden werden:

- Die Phase der Transformation, bei der die Unternehmen im Rahmen der Privatisierung, Aus- oder Neugründung ihre neue Orientierung suchen.

- Die Phase der Konsolidierung, in der über Investition, Produkt- und Verfahrenserneuerungen sowie Markterschließung der Grundstein für die längerfristig gesicherte Geschäftsentwicklung gelegt wird.

- Die Wachstumsphase, in der die Unternehmen die Klippen der Transformation endgültig hinter sich gelassen haben und auf der Basis gesicherter Erträge ihre weitere Entwicklung gestalten können.

Es liegt auf der Hand, daß die zu evaluierenden Fördermaßnahmen entscheidend von der Phase abhängen, in der sich die Unternehmen befinden. So konnten Förderprogramme vielfach erst nach der Transformationsphase eine positive Wirkung entfalten. Hinzu kommen die geringe industrielle Leistungskraft (Produktivität, Ertragskraft und Exportorientierung sind gering) sowie der ungünstige Branchen- und Größenmix der Unternehmen, in dem allgemein FuE-intensive Branchen sowie größere Unternehmen nur relativ schwach vertreten sind.

Das Gewicht der ostdeutschen an der gesamtdeutschen Industrie läßt sich durch folgende Relationen charakterisieren (Statistisches Bundesamt 1995):

- Anteil an der Beschäftigung: 8,8 Prozent,
- Anteil am Umsatz: 6 Prozent,
- Anteil am Export: 2,5 Prozent,
- Anteil an der Anzahl der Unternehmen: 13,8 Prozent.

Die nachstehenden, teilweise mit Westdeutschland vergleichenden Informationen geben einen tieferen Einblick in Leistungsdaten der ostdeutschen Industrie und kennzeichnen ihre Strukturschwäche:

- In Westdeutschland hat die Industrie an der gesamten Wertschöpfung einen Anteil von 26 Prozent, in Ostdeutschland sind es 18 Prozent. Auch wenn in den Industrieländern und auch in Westdeutschland der Industrieanteil an der gesamtwirtschaftlichen Wertschöpfung zu Gunsten der Dienstleistungen abnimmt, dürfte doch feststehen, daß sich ohne eine qualifizierte industrielle Basis auch kaum genügend anspruchsvolle Dienstleistungen in der Region herausbilden werden.

- Der Industrieumsatz je Beschäftigten erreicht in Ostdeutschland noch nicht einmal 70 Prozent des westdeutschen Vergleichsniveaus.

- Nur knapp 25 Prozent der Bruttowertschöpfung des ostdeutschen verarbeitenden Gewerbes entfallen auf die im allgemeinen export- und forschungsintensiven Branchen Chemie, Maschinenbau, Elektrotechnik und Straßenfahrzeugbau, in Westdeutschland haben diese Branchen einen Anteil von mehr als 50 Prozent (vgl. Tabelle 2).

- Gingen zuletzt in Ostdeutschland 12 Prozent des industriellen Umsatzes direkt in den Export, waren es in Westdeutschland etwa 30 Prozent. Welcher Teil der Produktion mittelbar, d.h. über Zulieferungen, in den Export geht, läßt sich nicht ermitteln.

- Das FuE-Potential - gemessen an den im FuE-Bereich beschäftigten Personen - ist in Ostdeutschland in der gewerblichen Wirtschaft kräftig zurückgegangen (vgl. Tabelle 3). Seit 1993 konnte der schnelle Abbau des ostdeutschen FuE-Personals gestoppt werden. Allerdings nimmt bis heute das FuE-Personal in den größeren und mittleren Unternehmen weiter ab. Bezogen auf alle Unternehmen erreicht Ostdeutschland, gemessen an FuE-Personal je Kopf der Bevölkerung, nur ein Drittel der vergleichbaren westdeutschen FuE-Kapazität, gemessen an den Aufwendungen sind es sogar nur 13 Prozent.

- In Ostdeutschland sind 86 Prozent des unternehmensinternen FuE-Personals in Betrieben mit weniger als 500 Beschäftigten tätig, die Hälfte der FuE-treibenden Unternehmen hat in Ostdeutschland weniger als 20 Mitarbeiter (vgl. dazu Abbildung 1). In Westdeutschland sind die Relationen praktisch umgekehrt, dort sind etwa 85 Prozent in Unternehmen mit mehr als 500 Beschäftigten konzentriert.

- Ca. 30 Prozent des Industrieforschungspersonals arbeiten in externen Forschungseinrichtungen. Hierbei handelt es sich meist um Ausgründungen aus der ehemaligen Kombinatsforschung. Diese von ihrem ehemaligen Produktionsumfeld entfernten Forschungsverbünde müssen sich mit ihrer Forschung neue Märkte suchen und auf dem Markt behaupten.

Tabelle 2: Gewicht der ostdeutschen innerhalb der gesamtdeutschen Industrie 1996

Bereiche/Hauptgruppen	Umsatz je Beschäftigten in TDM		Anteil am Umsatz der Industrie in %	
	West-deutschland	Ost-deutschland	West-deutschland	Ost-deutschland
Ausgewählte FuE-intensive Zweige				
Chemische Industrie	426	275	11	7
Herstellung von Gummi-und Kunststoffwaren	250	218	4	4
Maschinenbau	260	160	13	9
Herstellung von Büromaschinen, DV-Geräten	592	499	1	1
Rundfunk-, TV- und Nachrichtentechnik	267	153	2	1
Medizin-, Meß-, Steuer- u. Regelungstechn.	227	178	2	2
Herst. von Kraftwagen und Kraftwagenteilen	417	357	14	6
Sonstiger Fahrzeugbau	230	112	2	3
Schiffbau	290	199	0	1
Schienenfahrzeugbau	104	74	0	2
Summe			49	33
Ausgewählte nicht-FuE-intensive Branchen				
Ernährungsgewerbe und Tabakverarbeitung	496	343	12	20
Textil-und Bekleidungsgewerbe	244	122	3	2
Verlags-, Druckgewerbe, Vervielfältigung	277	227	3	3
Glas/Keramik, Verarb. v. Steinen und Erden	264	242	3	9
Summe			21	34

Quellen: Statistisches Bundesamt Wiesbaden; Berechnungen des DIW.

Tabelle 3: FuE-Personal in der gewerblichen Wirtschaft

Jahr	Deutschland	Alte Bundesländer und Berlin-West	Neue Bundesländer und Berlin-Ost
1991	321.756	286.834	34.922
1992	306.925	284.486	22.439
1993	293.774	271.742	22.032
1994	284.380	262.980	21.400
1995[1]	274.400	254.400[2]	20.000[2]

1 Vorläufig.
2 Größenordnungsmäßig.
Quelle: SV-Wissenschaftsstatistik.

Abbildung 1: FuE-Personal in den neuen Bundesländern und Berlin-Ost nach Beschäftigtengrößenklassen

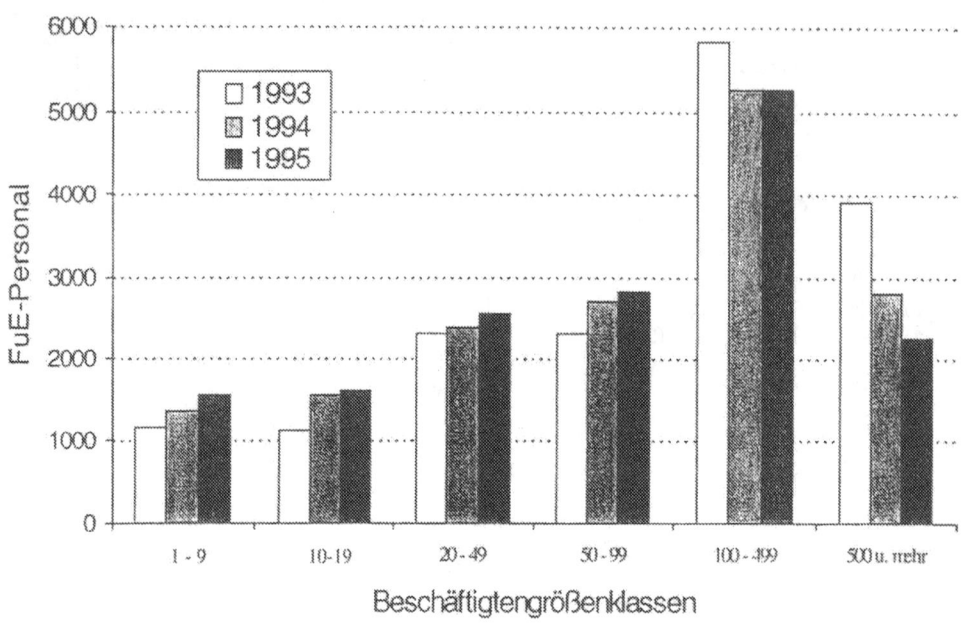

Quelle: SÖSTRA nach Daten der Forschungsagentur Berlin (FAB),
Erhebungen der Jahre 1993, 1994 und 1995. DIW 97

Die insgesamt noch immer schwachen Leistungskennziffern, der hohe Anteil der externen Forschungseinrichtungen an der gesamten Industrieforschung sowie Konzentration von FuE in sehr kleinen Unternehmen weisen auf erhebliche strukturelle Probleme hin, die nicht von heute auf morgen zu lösen sind. Mit Blick auf das sich herausbildende Innovationssystem ist insbesonders das Fehlen von großindustrieller Forschung ein gravierender Schwachpunkt. Großunternehmen sind in der Regel überdurchschnittlich exportintensiv, führen größere Forschungsprojekte durch, kooperieren dabei häufig auch mit Einrichtungen der Grundlagenforschung und bedienen sich kleinerer Unternehmen/FuE-Einrichtungen als Zulieferer. Damit tragen sie erheblich zur Vernetzung von Innovationsaktivitäten in den Regionen und darüber hinaus bei. Demgegenüber betreiben kleinere Unternehmen häufig sehr marktnahe FuE mit enger Spezialisierung. Erst aus dem Zusammenspiel von Großunternehmen mit KMU und Forschungseinrichtungen sowie einem entsprechenden Branchen- und Technologiemix ergeben sich leistungsfähige Netzwerke. Diese tragen dazu bei, daß

Volkswirtschaften/Regionen gegenüber anderen sogenannte „systemische" Vorteile erlangen, indem dort ein arbeitsteiliges Produzieren auf hohem Niveau möglich ist. In den alten Bundesländern sind diese Voraussetzungen weitgehend erfüllt. In den neuen Bundesländern gibt es erste Ansätze dafür. Forschungsinstitutionen sowie Transferstellen sind vorhanden, der Schwachpunkt ist die Industrie. Ein leistungsfähiges Innovationssystem verlangt auch die Präsenz von Forschungsaktivitäten größerer Unternehmen. Die Forschung von Großunternehmen ist häufig Bindeglied zwischen der meist inkrementalen FuE von KMU und der akademischen Forschung. Kurz- bis mittelfristig wird man in den neuen Bundesländern aus der Not eine Tugend machen müssen, indem man die Innovationsfähigkeit der KMU stärkt. Allerdings wird man gleichzeitig Anstrengungen unternehmen müssen, auch Großunternehmen mit ihrer Forschung für die Region zu gewinnen (vgl. den Fördervorschlag in Abschnitt 3).

2.4 Durchführung

2.4.1 Unternehmensbefragung: Stabilisierungsfortschritte, aber noch viel Licht und Schatten

Die durchgeführte Unternehmensbefragung zeichnet ein sehr differenziertes Bild. Bei den innovierenden Unternehmen gibt es noch viel Licht und Schatten. Zwar kristallisiert sich eine insgesamt positive Tendenz heraus, doch sind die Signale noch zu schwach, um von einer stabilen Situation oder gar einem Aufwärtstrend bei diesen Unternehmen und in der industriellen Forschung in Ostdeutschland sprechen zu können. Das belegen folgende Befragungsergebnisse:

- *FuE-Potential:* Der durchschnittliche FuE-Personalbestand je Unternehmen entwickelte sich zwischen 1993 und 1996 von 6,5 auf 7,5 Personen; in den innovierenden Unternehmen[2] von 8,6 auf 10 Personen. Diese Entwicklung geht fast ausschließlich auf die Zunahme von Personal zurück, das zeitweilig mit FuE beschäftigt wird. Die personelle FuE-Intensität[3] lag 1996 bei durchschnittlich 13,4 Prozent, schwankt aber in Abhängigkeit von der Unternehmensgröße zwischen 17 Prozent (kleine Unternehmen bis 19 Beschäftigte) und 6 Prozent (200 bis 499 Beschäftigte). In den kleinen Unternehmen werden branchenabhängig

---

[2] Unternehmen mit eigenen FuE-Kapazitäten.

[3] Anteil des FuE-Personals an den Beschäftigten; keine Vollzeitäquivalente.

30 Prozent und mehr erreicht. Etwa die Hälfte der Unternehmen, die 1993 noch keine eigenen FuE-Aktivitäten aufwies, nahm bis 1996 solche auf.

- *Ertragsentwicklung in den Unternehmen:* Die Zahl der mit Gewinn arbeitenden Unternehmen stieg von 1994 bis 1996 von 27 Prozent auf 40 Prozent. Weitere 36 Prozent arbeiteten kostendeckend. In diesem Zeitraum haben etwa 50 Prozent der Unternehmen ihre Ertragslage verbessert. Bei den innovierenden Unternehmen sind es sogar 5 Prozent-Punkte mehr. Bei dieser insgesamt positiven Entwicklung ist jedoch festzuhalten: Zwischen 1994 und 1996 mußte etwa ein Drittel der Unternehmen, die schon die Gewinnzone erreicht hatten, wieder „absteigen", davon 16 Prozent in die Verlustzone.

- *Exportquote am Umsatz:* Der Exportanteil des Umsatzes stieg in den untersuchten Unternehmen im Durchschnitt zwischen 1993 und 1996 von 6,7 Prozent auf 10,7 Prozent. Unternehmen mit FuE-Personal steigerten die Exportquote von 8,5 Prozent auf 13,4 Prozent, die BMWi-geförderten Unternehmen von 9 Prozent auf 14 Prozent. Der Umsatz aller Unternehmen wuchs dabei um 46 Prozent. Diese Entwicklungen deuten darauf hin, daß es den Unternehmen, die über eigene FuE verfügen, allmählich gelingt, Produkte zu fertigen, die auf dem internationalen Markt wettbewerbsfähig sind. Allerdings ist der Anteil dieser Unternehmen an der Industrie in Ostdeutschland offensichtlich insgesamt noch sehr gering. Gemessen an der industriellen Leistungserstellung der ostdeutschen Industrie sind die Produktionen, die in der Volkswirtschaft abgesetzt werden konnten, insgesamt schneller gewachsen als die fernabsatzorientierten. Dies zeigt sich u. a. daran, daß die Statistik im Berichtszeitraum gleichzeitig abnehmende Exportquoten für das verarbeitenden Gewerbe ausweist.

- *Erneuerung der Produktpalette:* Die Erneuerung der Produktpalette schwankt im Zeitraum 1993 bis 1996 zwischen 10 Prozent und 32 Prozent (Anteil neuer Güter am Umsatz). Dabei schneiden die Unternehmen mit eigenen FuE-Kapazitäten und BMWi-Förderung besser ab als der Durchschnitt. Für neue und weiterentwickelte Produkte zusammen liegt der Anteil im Durchschnitt bei 40 Prozent; für Unternehmen mit FuE-Personal bei 50 Prozent und mit BMWi-FuE-Förderung bei 52 Prozent. Das Erneuerungstempo ist hoch. Allerdings zeigen diese Zahlen nicht die Wachstumswirksamkeit der Erneuerung an; Marktzugang, -festigung und Erneuerung sind nach wie vor gravierende Probleme.

Tabelle 4: Durchschnittliche FuE-Ausgaben und Anteil der FuE-Fördermittel an den FuE-Ausgaben nach Beschäftigtengrößenklassen

Beschäftigte (1995)	1993	1994	1995	1996
	FuE-Ausgaben (in TDM)			
1 - 19	62	90	118	144
20 - 49	217	271	302	316
50 - 99	424	492	545	575
100 - 199	924	1.222	1.260	1.365
200 - 499	1.212	1.482	1.496	1.629
500 und mehr	3.135	3.547	3.974	4.741
	Anteil der FuE-Fördermittel an den FuE-Ausgaben (in %)			
1 - 19	8	11	12	11
20 - 49	14	19	22	20
50 - 99	17	21	24	23
100 - 199	14	18	21	19
200 - 499	19	22	22	18
500 und mehr	10	14	17	16
Alle Unternehmen	12	16	18	16

Quelle: Befragung des DIW zu Wirkungen der Programme des Bundesministeriums für Wirtschaft zur Förderung der Industrieforschung auf die Entwicklung des verarbeitenden Gewerbe in Ostdeutschland, Berlin 1997.

- *Externe Industrieforschungseinrichtungen:* 1996 waren in den 240 Einrichtungen etwa 4 400 Personen direkt in FuE tätig. Viele dieser Einrichtungen wurden nach ihrer Privatisierung bis zu 100 Prozent gefördert. Bis 1996 ging dieser Anteil auf etwa 40 Prozent zurück. Schrittweise ist es vielen dieser Unternehmen gelungen, den Markt allmählich zu erschließen. 80 Prozent des Industrieauftragsvolumens kommen inzwischen aus dem früheren Bundesgebiet. Etwa 25 Prozent dieser Unternehmen haben sich vor allem als Anbieter von Ergebnissen der Grundlagenforschung für die Industrie entwickelt. Sie haben aufgrund der erforderlichen hohen Vorleistungen und noch vorhandener finanzieller Engpässe teilweise Wettbewerbsnachteile und Schwierigkeiten, die gegenwärtig vor allem durch die Länder ausgeglichen werden.

- *Infrastruktureinrichtungen:* Institutionen wie die „Agenturen für Technologietransfer und Innovation" (ATI) oder technologiespezifische Transferzentren

(TTZ) u. a.[4] wurden geschaffen. Die Effizienz ihrer Arbeit leidet unter dem schwachen ostdeutschen Industriebesatz und der insgesamt geringen FuE-Aktivität.

Die Analyse ergab, daß noch zu wenig Unternehmen bereits die Früchte ihrer FuE-Arbeiten ernten. Die Förderung hat dazu beigetragen, Probleme abzufedern, Rückstände abzubauen und Markterfolge vorzubereiten, deren Realisierung sich allerdings noch in den Leistungskennziffern der Unternehmen niederschlagen muß.

Ein Indiz dafür, wie wichtig die FuE-Förderung für viele Unternehmen noch ist, zeigt sich u. a. darin, daß über 50 Prozent der befragten Unternehmen nach wie vor akute Probleme haben, die FuE-Phase sowie die darauf folgenden Phasen des Innovationsprozesses zu finanzieren. Insbesondere die Markteinführung wird dabei als ein akutes und großes Problem von den Unternehmen genannt. 30 Prozent der Unternehmen geben an, daß sie ohne staatliche Zuschüsse FuE nicht betreiben könnten.

2.4.2 Förderwirkungen

Die von der Innovationsförderung induzierten Wirkungen müssen in Zusammenhang mit der gesamten Wirtschaftsförderung gesehen werden. Gemessen an der Förderung der ostdeutschen Wirtschaft ist ihr Anteil vergleichsweise gering (BMWi 1995).[5] Sie hat zur Stabilisierung der ostdeutschen Industrieforschung nicht unerheblich beigetragen. Es wurde erreicht, daß

- sich die Unternehmen trotz ihrer labilen Ertragslage in FuE engagieren konnten (vgl. auch Tabelle 6) und dafür in starkem Maße privates Kapital bei rückläufigem Anteil der Förderung an den FuE-Aufwendungen mobilisierten.[6]

- sich in den geförderten Unternehmen Umsatz- und Ertragsentwicklung überdurchschnittlich positiv entwickeln.

---

[4] Z. B. die durch das BMBF und die Länderregierungen geförderten „Technologie- und Gründerzentren" (TGZ).

[5] Bezogen auf die von 1990 bis 1996 für den Aufbau Ostdeutschlands insgesamt eingesetzten Bruttotransfers von rund 1 200 Mrd. DM machen die Bundesfördermittel in Höhe von 4 Mrd. DM für die Industrieforschung (BMWi + BMBF) einen Drittel-Prozentpunkt aus.

[6] Auch bei den externen Industrieforschungseinrichtungen mit Orientierung auf die Auftragsforschung ist die Förderquote der FuE-Aufwendungen rückläufig.

Tabelle 5: Entwicklung der Ertragslage der 1996 befragten Unternehmen

Von den 1994	Anteil in %	waren 1996 existenz-bedroht	arbeiteten 1996 mit Verlust	kosten-deckend	mit mäßigen Gewinnen	mit guten Gewinnen
157 existenzbedrohten	14,4	18	61	52	25	1
372 mit Verlust arbeitenden	34,0	12	95	156	102	7
255 kostendeckend arbeitenden	23,3	7	23	114	91	20
210 mäßige Gewinne erwirtschaftenden	19,2	9	15	44	122	20
84 gute Gewinne erwirtschaftenden	7,7	2	6	21	33	22
15 Neugründungen	1,4	0	7	5	3	0
1093 Unternehmen		48	207	392	376	70
Anteil in %	100,0	4,4	18,9	35,9	34,4	6,4

Quelle: Befragung des DIW zu Wirkungen der Programme des Bundesministeriums für Wirtschaft zur Förderung der Industrieforschung auf die Entwicklung des verarbeitenden Gewerbes in Ostdeutschland, Berlin 1997.

- bei den FuE-betreibenden Unternehmen in Produkt- und Verfahrensentwicklung ein vergleichsweise starker und anhaltender Erneuerungsprozeß eingeleitet werden konnte, Beschäftigung in FuE gesichert und darüber die betriebliche Qualifikation erhalten und weiterentwickelt werden konnte. Durch die Bundesförderung allein wurden direkt etwa 7 000 FuE-Arbeitsplätze gesichert. Hinzu kommen indirekte Beschäftigungseffekte, die dann entstehen, wenn die FuE-Ergebnisse in Produktion und Absatz gehen. Diese FuE-Arbeitsplätze wurden im Durchschnitt anteilig mit nur 16 TDM im Jahr über die Förderung finanziert, ein Betrag, der bei weitem nicht die Kosten solcher Arbeitsplätze abdeckt. Die Innovationsförderung war in den zurückliegenden Jahren insgesamt in ihrer Ausrichtung problemadäquat. Sie hat die Innovationskraft der Unternehmen gestärkt und die Grundlage für Wachstum auf der Basis qualifizier-ter Arbeitsplätze verbessert. Damit steigen auch die Chancen, daß die Exportorientierung der Industrie in Ostdeutschland zunimmt und sich ein leistungsfähiges Innovationssystem entwickelt. Hinzu kommt der Anschubeffekt: viele Unternehmen blicken noch über keinen abgeschlossenen Innovationszyklus zurück und müssen die Aufwendungen für den ersten vorfinanzieren. Indem die Förderung mit einem ihrer Schwerpunkte beim

FuE-Personal ansetzte, wirkte sie als Korrektiv gegenüber der die Kapitalbildung begünstigenden Investitionsförderung.

Tabelle 6: Wirkungen der FuE-Förderung (Angaben in Prozent der befragten Unternehmen)

Unternehmens-klassifikation	Stärkung des FuE-Potentials				
	FuE erst möglich	FuE teilweise ermöglicht	Zusätzliche FuE-Aufgaben	Neues FuE-Personal	Zeitweilige Aufstockung
Alle Unternehmen	31	16	43	33	10
Unternehmen mit FuE-Personal	31	16	44	33	11
Unternehmen im Konzernverbund	18	19	47	33	8
Eigenständige Unternehmen	35	14	42	33	11
Unternehmen mit BMWi-Förderung darunter:	31	17	46	35	12
Unternehmen im Konzernverbund	18	21	49	34	8
Eigenständige Unternehmen	37	16	45	36	13
Unternehmen ohne BMWi-Förderung	35	7	25	23	2
Branchen					
Maschinenbau	32	19	47	38	15
Elektrotechnik	27	14	46	38	5
EBM	34	18	40	26	4
Ernährung	26	23	46	11	6
Leder/Textil/Bekleidung	19	13	39	14	6
Chemie	29	17	48	45	10
sonstige Investitionsgüter	38	9	37	38	13
Rest	33	15	35	28	13

Fortsetzung Tabelle 6

Unternehmens-klassifikation	Verbesserung des FuE-Prozesses			
	Innovationszeit verkürzt	Vorziehen von Innovationsvorhaben	FuE-Kooperation unterstützt	Einstellung von Spezialisten
Alle Unternehmen	23	10	22	7
Unternehmen mit FuE-Personal	24	10	23	7
Unternehmen im Konzernverbund	22	8	26	8
Eigenständige Unternehmen	23	10	20	7
Unternehmen mit BMWi-Förderung darunter:	24	10	24	7
Unternehmen im Konzernverbund	23	8	29	7
Eigenständige Unternehmen	24	10	22	6
Unternehmen ohne BMWi-Förderung	25	9	12	16
Branchen				
Maschinenbau	29	12	26	8
Elektrotechnik	22	9	24	9
EBM	16	14	16	12
Ernährung	17	6	9	6
Leder/Textil/Bekleidung	22	8	11	3
Chemie	33	5	38	14
sonstige Investitionsgüter	25	6	28	10
Rest	16	11	16	2

Quelle: Befragung des DIW zu Wirkungen der Programme des Bundesministeriums für Wirtschaft zur Förderung der Industrieforschung auf die Entwicklung des verarbeitenden Gewerbes in Ostdeutschland, Berlin 1997.

Die Mitnahmen dürften bei der FuE-Förderung insgesamt gering gewesen sein. Dies läßt sich u. a. schon daran erkennen, daß die FuE-betreibenden Unternehmen trotz Ertragsschwäche den überwiegenden Teil ihrer FuE-Aufwendungen selbst finanzieren. Die durchschnittliche Förderquote der FuE-Aufwendungen betrug in den untersuchten Unternehmen 16 Prozent. Über die Hälfte der befragten Unternehmen berichtete über erhebliche Probleme, FuE und die nachfolgenden Phasen des Innovationsprozesses zu finanzieren (vgl. Tabelle 7). 30 Prozent dieser Unternehmen gaben an, ohne staatliche Förderung FuE nicht betreiben zu können. Die Förderung hat auch bei Unternehmen, die ohne die Förderung FuE betrieben hätten, insofern positiv gewirkt, als diese über die verbesserte Ertragslage ihre Innovationsaktivitäten stärken konnten.

Eine große Rolle bei der Förderwirkung spielen Förderdauer und Kalkulationssicherheit. FuE-Vorhaben sind in der Regel mittelfristig angelegt. Dem muß die Förderpolitik entsprechen. In der Vergangenheit waren die wichtigsten Innovationsförderprogramme zunächst kurz befristet, wurden dann aber verlängert. Zwar können die dadurch eingetretenen Wirkungsverluste nicht quantifiziert werden, doch hat die Unsicherheit über künftige Finanzierungsmöglichkeiten viele Unternehmen in ihren Planungen und Aktivitäten beeinträchtigt.

Zu wenig attraktiv waren die Anreize der Innovationsförderung für auswärtige mittelgroße und große Unternehmen, wie die geringen Ansiedlungserfolge von FuE-Aktivitäten solcher Unternehmen zeigen. Ein nicht unwesentlicher Kritikpunkt an der Zuschußförderung - BMWi und BMBF gewähren bei ihrer FuE-Förderung überwiegend Kostenzuschüsse - ist das zeitliche Auseinanderklaffen von Fördertatbestand und Geldzufluß. Diese Zeitspanne betrug bis zu 1½ Jahren, so daß die Unternehmen diese Kosten entsprechend vorfinanzieren müssen.

Tabelle 7: Stärken und Schwächen der Unternehmen im Innovationsprozeß
(Angaben in Prozent der befragten Unternehmen)

	Sehr schlechte Bedingungen	Schwierige Bedingungen	Derzeit fehlende Voraussetzungen	Ausreichende Voraussetzungen	Gute Voraussetzungen
Entwicklung der neuen Produkte zur Serienreife und					
- Finanzierung	14	35	11	36	3
- Organisation der Prozesse	0	3	9	77	10
- Qualifikation des Personals	1	3	4	61	31
- Rahmenbedingungen am Standort	4	14	10	62	10
Realisierung neuer technologischer Lösungen und					
- Finanzierung	14	34	18	31	3
- Organisation der Prozesse	1	4	15	72	8
- Qualifikation des Personals	0	4	10	61	25
- Rahmenbedingungen am Standort	4	14	14	59	9
Einführung neuer Produkte in die Fertigung und					
- Finanzierung	9	28	13	44	4
- Organisation der Prozesse	1	5	10	73	11
- Qualifikation des Personals	1	3	7	65	24
- Rahmenbedingungen am Standort	3	12	14	62	9
Marktvorbereitung und einführung neuer Produkte und					
- Finanzierung	15	36	13	33	3
- Organisation der Prozesse	2	15	21	56	6
- Qualifikation des Personals	2	11	18	57	12
- Rahmenbedingungen am Standort	4	15	16	60	5

Quelle: Befragung des DIW zu Wirkungen der Programme des Bundesministeriums für Wirtschaft zur Förderung der Industrieforschung auf die Entwicklung des verarbeitenden Gewerbes in Ostdeutschland, Berlin 1997.

3. Folgerungen für die künftige Innovationsförderung

Die immer noch großen strukturellen Defizite in der Industrie Ostdeutschlands, das insgesamt geringe industrielle Forschungspotential sowie die labile Situation bei vielen innovierenden Unternehmen läßt neben der vom DIW im 15. Anpassungsbericht (DIW/IfW/IWH 1996) vorgeschlagenen Investitionsförderung weiterhin eine ergänzende und längerfristig angelegte Innovationsförderung ratsam erscheinen.

Grundsätzlich zu unterscheiden sind zwei Förderansätze, die gleichzeitig verfolgt werden sollten, die aber an unterschiedlichen Schwachstellen ansetzen. Der im Ergebnis der Untersuchungen unterbreitete Vorschlag unterscheidet zwischen (vgl. Tabelle 8):

a) Standortförderung:

Einwerbung von Investoren von außen durch ein Fördergefälle zugunsten von Ostdeutschland und durch Abbau der Defizite in der regionalen Infrastruktur; damit sollen Anreize zur Verlagerung und zum Aufbau von intelligenten Produktionen und FuE nach Ostdeutschland gegeben werden. Eine *FuE-Standortförderung* könnte darin bestehen, daß unabhängig von der Unternehmensgröße alle Unternehmen und externen Forschungseinrichtungen des verarbeitenden Gewerbes neben der Investitionsförderung einen Zuschuß zu ihren FuE-Personalkosten von 20 Prozent erhalten. Aufgrund der erheblichen Strukturdefizite der ostdeutschen Industrie sollte die FuE-Standortförderung nicht zu kurz befristet sein.

Seit der Vereinigung sind zwar schon sieben Jahre vergangen, doch muß dabei berücksichtigt werden, daß sich erst nach der Transformationsphase die Strukturen zielgerichtet entwickeln und in der Phase der Rezession die Chancen für Ostdeutschland schlecht waren, Investoren anzuwerben. Mit der FuE-Standortförderung soll erreicht werden, daß unter Berücksichtigung der Zeitspanne, die Unternehmen brauchen, um ihre Standortentscheidung vorzubereiten, Investoren über einen ganzen Investitionszyklus gefördert werden können. Wenn die Förderung ihre volle Wirkung entfalten soll, ist für die hier vorgeschlagene FuE-Standortförderung eine Zeitspanne von zehn Jahren angemessen. Mit einer solchen Förderung würden neben der durch die Investitionsförderung begünstigten Sachkapitalbildung künftig auch qualitative Aspekte (Humankapital) stärker berücksichtigt werden. Nach dieser Zeit muß die „Sonderförderung Ostdeutschland" endgültig abgeschlossen sein. Es gilt dann die in Deutschland praktizierte Innovationsförderung unter Berücksichtigung von Regionalaspekten.

b) Förderung des endogenen Potentials:

Die Analyse hat ergeben, daß viele KMU noch erhebliche Schwierigkeiten haben, ihre FuE-Aktivitäten zu finanzieren, weil sie entweder mit ihren Entwicklungen noch nicht auf dem Markt sind oder ihre Marktpotentiale noch nicht ausgeschöpft haben. Deshalb ist es aus gesamtwirtschaftlicher und aus Sicht der Unternehmen geboten, kleine und mittlere Unternehmen in Ostdeutschland bei ihren FuE-Aktivitäten für einen begrenzten Zeitraum weiter zu unterstützen. Diese sollten nach dem hier unterbreiteten Vorschlag auf Antrag mit einen Zuschuß von 40 Prozent zu den FuE-Personalkosten über nochmals max. fünf Jahre gefördert werden. Nach fünfmaliger Förderung scheiden die Unternehmen aus dieser Förderung aus und können dann nur noch die FuE-Standortförderung von 20 Prozent erhalten. Diese Basisförderung für Innovation könnte mit anderen Förderungen wie FuE-Projektförderungen, die Bund und Länder anbieten, noch besser verzahnt werden, indem z. B. die FuE-Personalkostenförderung bei der Inanspruchnahme anderer Programme mit diesen verrechnet wird, so daß dort nur noch die damit nicht abgedeckten spezifischen Fördertatbestände berücksichtigt werden.

c) Förderung der externen Industrieforschungseinrichtungen:

Viele dieser Einrichtungen haben inzwischen Konturen ihres Aufgabenfeldes entwikkelt und fassen auf dem Markt Fuß. Allerdings werden sie ihre Chancen nur nutzen können, wenn sie auf der Basis einer mittelfristig kalkulierbaren, auf jeden Fall aber degressiven Förderung personell planen und ihre Geschäftsfelder weiter abstecken können. Dabei bedarf es unterschiedlicher Förderinstrumente und Finanzierungsmodelle, die dem Charakter als Einrichtung der industriellen Auftragsforschung oder der öffentlich finanzierten Forschung entsprechen. Die öffentliche Hand muß sich möglichst rasch Klarheit darüber verschaffen, in welchem Umfang sie den unterschiedlichen Einrichtungen eine Grundfinanzierung für Aufgabenkomponenten, die aus regional- und forschungspolitischer Sicht anerkannt werden und sich nicht über Aufträge finanzieren lassen, gewähren will.

Tabelle 8: Vorschlag zur Einordnung der Innovations- und FuE-Förderung in

Fördervorschlag	Ziele	Förderbegründungen
Fördervoschlag I: „FuE-Standortförderung" des Bundes für Ostdeutschland	Stärkung der Wirtschaftskraft Ostdeutschlands durch Innovationsfähigkeit und industrielle FuE Ansiedlung von Unternehmen mit hochwertiger Fertigung und qualifizierten Arbeitsplätzen	Ausgleich von Standortnachteilen Defizite in der Industriestruktur: · Geringe Innovationsfähigkeit · Große Unternehmen fehlen · Schwache Exportorientierung Ausgleich gelingt nur, wenn sich auch auswärtige Investoren mit FuE in Ostdeutschland engagieren
Fördervorschlag II: „Endogenes FuE-Potential" in KMU in Ostdeutschland	Stärkung der Innovationskraft von KMU in Ostdeutschland durch Überwindung spezifischer Schwächen	Das in KMU konzentrierte Innovationspotential muß gestärkt werden, damit die eingeleiteten Entwicklungen zum Erfolg geführt werden. Die KMU haben noch spezifische Schwachstellen: · Kein abgeschlossener Innovationszyklus · FuE muß vorfinanziert werden · Ein großer Teil der Unternehmen hat die Merkmale von technologieorientierten Unternehmensgründungen
Innovationsförderung im gesamten Bundesgebiet (die spezifisch ostdeutsche Innovationsförderung läuft aus; es gelten dann nur noch die Bedingungen für die Förderung im Bundesgebiet)	· Stärkung der Innovationskraft der Unternehmen · Gleichverteilung der Wirtschaftskraft im Raum sowie Überwindung regionaler Strukturschwächen	· Externe Effekte von FuE · Marktunvollkommenheit · Gesellschaftlich-politische Ziele

Ostdeutschland in das Fördersystem der Bundesrepublik

Förderungen	Förderhorizont und Begründung
FuE-unspezifisch: Investitionszulage, Investitionszuschuß, Finanzierungshilfen **FuE-Förderung:** FuE-Standortförderung · Zuschuß von 20 Prozent zu den FuE-Personalkosten; keine Begrenzung bei der Unternehmensgröße, da keine betriebliche Schwachstellenförderung · Aufschlag gegenüber Westdeutschland für technologieorientierte Unternehmensgründungen Stärkung des Technologietransfers durch Aufbau von Netzwerken	10 Jahre, damit Maßnahme Wirkungen entfalten können · Strukturelle Defizite brauchen Zeit, bis sie überwunden sind · Investoren brauchen für Standortentscheidungen eine mittel- bis längerfristige Orientierung · Nach 10 Jahren müssen auch die standortspezifischen Defizite wie Infrastruktur etc. abgebaut sein Nach 10 Jahren gelten die Bedingungen von Fördervorschlag III
FuE-unspezifisch: Eigenkapitalhilfen, Investitionshilfen, Darlehensförderung **FuE-spezifisch:** FuE-Personalkostenzuschuß von 40 Prozent für ostdeutsche Unternehmen mit maximal 250 Beschäftigten (der FuE-Personalkostenzuschuß erhöht sich gegenüber der FuE-Standortförderung um 20 Prozent) **Technologiespezifisch:** Zuschüsse zu ausgewählten Projekten (wie Projektförderungen des BMBF)	Jedes Unternehmen kann nur bis zu 5mal die spezifische FuE-Personalförderung in Anspruch nehmen, danach gilt die Standortförderung. Nach fünfmaliger Förderung müssen spezifische Schwachstellen bei den geförderten Unternehmen überwunden sein. Vorteil: Klare Befristung durch Automatismus, der zwischen Dauer des Förderprogramms und mögliche Inanspruchnahme einzelner Unternehmen trennt. Programmdauer: 10 Jahre Unternehmen: scheidet nach fünfmaliger Inanspruchnahme automatisch aus
· FuE-Projektförderungen · Technologietransfer	Abhängig vom Förderziel

Wie könnte das Innovationsfördersystem für den Übergang zur ökonomischen Normalität in Ostdeutschland aussehen? Der Vorschlag präferiert den Ausbau der FuE-Förderung als Zuschußförderung. Kostenzuschüsse sind insbesondere bei kleinen und mittleren Unternehmen der steuerlichen Förderung immer vorzuziehen, weil mit dem Geldeingang die Förderung direkt finanzierungswirksam wird. Hinzu kommt, daß von steuerlichen Erleichterungen keine Anreize ausgehen, wenn die Unternehmen sich in der Verlustzone befinden und davon gibt es in Ostdeutschland noch viele.

Die zentralen FuE-Fördermaßnahmen müssen noch über einen längeren Zeitraum bestehen und gleichzeitig klar befristet sein. Dabei muß sichergestellt sein, daß sich trotz hoher Anreizwirkung die befürchtete Fördermentalität nicht einstellt. Das hier vorgeschlagene Konzept wird solchen Anforderungen weitgehend gerecht. Hinzu kommt seine Indikatorwirkung: Fördergelder würden nur fließen, wenn sich Unternehmen und Forschungseinrichtungen in Ostdeutschland mit Personal in FuE engagieren. Sollte der Mittelabfluß sehr gering sein, wäre dies mehr als ein Warnsignal dafür, daß die strukturellen Defizite nicht abgebaut werden.

Literatur

Becher, G. u. a. (1989): FuE-Personalkostenzuschüsse, Beschäftigungswirkungen und Konsequenzen für die Innovationspolitik. In: Endbericht an den Bundesminister für Wirtschaft, Fraunhofer-Institut für Systemtechnik und Innovationsforschung. Karlsruhe.

Becher, G.; Kuhlmann, S. (1995): Evaluation of Technology Policy Programmes in Germany, Vol. 4 - Economics of Science, Technology and Innovation. Kluwer Academic Publishers Verlag.

BMWi (1997): Wirtschaftsdaten Neue Länder. Stand: Januar 1997. Bonn.

Brockhoff, K. (1994): Forschung und Entwicklung. München und Wien.

DIW; IfW; IWH (1996): Gesamtwirtschaftliche und unternehmerische Anpassungsfortschritte in Ostdeutschland, 15. Bericht. Halle, Punkt 20 der Kurzfassung.

DIW (1996/97): Anpassungsberichte des DIW, Nr. 14 bis 16, Gesamtwirtschaftliche und unternehmerische Anpassungsfortschritte in Ostdeutschland. Wochenberichte des DIW Nr. 26/96, 3/97, 32/97.

DIW (1997a): Zur Förderung der ostdeutschen Industrieforschung durch das Bundesministerium für Wirtschaft, Nr. 38/97; Forschung und Entwicklung in den kleinen und mittleren Unternehmen in Deutschland, Heft 42/96; Forschung und Entwicklung in Ostdeutschland, Nr. 6/95.Zur Förderung der ostdeutschen Industrieforschung durch das Bundesministerium für Wirtschaft, Nr. 38/97. Wochenberichte des DIW.

DIW (1997b): Wirkungen der Programme des BMWi zur Förderung der Industrieforschung auf die Entwicklung des verarbeitenden Gewerbes in Ostdeutschland. DIW-Gutachten im Auftrag des Bundesministeriums für Wirtschaft.

Gries, T.; Wigger, B.; Hentschel, C. (1994): Endogenous Growth and R&D-Models. A Critical Appraisal of Recent Developments. In: Jahrbücher für Nationalökonomie und Statistik, Band 213.1, S. 64-84.

Hornschild, K. (1992): The Role of Small and Medium-Sized Enterprises in the Framework of Technology Conditioned Structural Changes. In: Technological Innovation, Competitiveness, and Ecnomic Growth, Volkswirtschaftliche Schriften - Heft 427, Duncker & Humblot. Berlin, S. 69-86.

Hornschild, K. u. a. (1990): Wirkungsanalyse der Forschungspersonal-Zuwachsförderung. In: Beiträge zur Strukturforschung, Heft 115.

PROGNOS; ZEW; SÖSTRA (1996): Zukunft der industriellen Forschung und Entwicklung in Ostdeutschland. Unveröffentlichtes Gutachten.

Romer, P.M. (1990): Endogenous Technical Change. In: Journal of Political Economy, Vol. 98, 71-102.

Statistisches Bundesamt (1995): FS 4, R 4.1.1.. Wiesbaden, S. 146 f.

Straßberger, F.; Beise, M.; Belitz, H.; Lindlar, L.; Schumacher, D.; Trabold, H. (1996): Die technologische Leistungsfähigkeit der deutschen Wirtschaft im internationalen Vergleich. Beiträge zur Strukturforschung des DIW, Heft 165. Berlin.

Übersicht 1: Förderformen und Fördermaßnahmen für die neuen Bundesländer

Forschung und Entwicklung in den Unternehmen

Förderung der Eigenkapitalausstattung

- ERP-Existenzgründungsprogramm
- ERP-Beteiligungsprogramm
- ERP-Aufbauprogramm
- Spezielle Technologie-Beteiligungsprogramme
  Kreditanstalt für Wiederaufbau (KfW), Deutsche Ausgleichsbank (DtA), Länder
- Modellversuch „Beteiligungskapital für kleine Technologieunternehmen" (BTU) BMBF
- TOU-Förderung FUTOUR
- Partnerschaftsdarlehensprogramm für KMU in den neuen Bundesländern

Direkte Projektförderung

- Innovationsprogramme des BMWi und der Länder
- Innovationsförderprogramm (IFP) BMWi
- Marktvorbereitende Industrieforschung (MVI) BMWi
- Produktentwicklungsprogramm (PEP) (aus Vermögen der DDR-Altparteien)
- High-Tech-Programme des BMBF (z. B. Computerintegrierte automatisierte Produktion (CIM), Biotechnologie)
- FuE-Kooperation (Kooperation zwischen Wissenschaft und Wirtschaft) BMBF
- Auftragsforschung Ost (AFO) BMBF
- Auftragsforschung West-Ost (AWO) BMBF
- Forschungskooperation (FoKo) BMBF
- Förderung von FuE-Gemeinschaftsvorhaben Ost (FUEGO) BMBF
- Förderung der industriellen Gemeinschaftsforschung BMWi, auch für alte Bundesländer
- Modellvorhaben zum Technologietransfer BMWi

Indirekte Förderung

- FuE-Potential-orientierte Förderprogramme (Personalkostenzuschüsse)
- Personalzuschußförderung Ost (PFO) BMWi
- Personalkostenzuwachsförderung (ZFO) BMBF

Indirekt spezifische Förderung

- Sonderprogramme zur Förderung der breiten Anwendung wichtiger Technologiefelder (Rechnergestütztes Entwerfen und Konstruieren (CAD/CAM), Computerintegrierte automatisierte Produktion (CIM), Robotik, Informations- und Kommunikationstechnologie (IKT), Biotechnik, Energietechnik) BMBF

Förderung der Fremdkapitalfinanzierung von Innovationen (Darlehensprogramme)

FuE-Infrastrukturförderung

Beratungsangebote

- Agenturen für Technologietransfer und Innovation
- Technologiespezifische Transferstellen
- Fachinformations-Vermittlungsstellen
- Technologieberatungsstellen
- Technologieberatungsstellen der Industrie- und Handelskammer (IHK)

Technologie- und Gründungszentren (TGZ)

- Bereitstellung von Gewerbeflächen und Büro-Infrastruktur
- Technologie-Synergien im TGZ
- Beratungsangebote
- Anbahnen von Geschäftskontakten

Netzwerke für Innovation - Technologiediffusion

Der Netzwerk-Ansatz der FuE-Förderung für die neuen Bundesländer - Das Beispiel des Programms „Auftragsforschung West - Ost"

Wilhelm Ruprecht, Gerhard Becher

1. Einleitung

Ausgehend vom Leitbild der „*learning economy*" wird in diesem Beitrag die These vertreten, daß gegenwärtig eines der wichtigsten Ziele der Technologiepolitik in Ostdeutschland eine stärkere Integration der Unternehmen in die nationalen und internationalen, auf Innovationen ausgerichteten marktwirtschaftlichen Netzwerke sein muß, da die Transformation des ostdeutschen Innovationssystems mit der Pauschalformel des „Übergangs vom Plan zum Markt" nur unvollständig beschrieben wird. Vielmehr spielt sich der Innovationsprozess in allen Industrieländern heute in immer wichtiger werdenden Teilen in der intermediären Organisationsform von Netzwerken ab, die sich in ihren Funktionsweisen und Allokationsmechanismen von reinen Marktbeziehungen in zahlreichen Merkmalen unterscheiden.

Die Forschungspolitik der Bundesregierung in den neuen Ländern ist demgegenüber heute noch zu stark auf eine Inputförderung des Innovationsprozesses konzentriert (z. B. in der Form der traditionellen unternehmensinternen FuE-Personalförderung) und berücksichtigt die neue Art der Generierung technischen Wissens und von Innovationskompetenz in Unternehmen nur unzureichend. Die Schwierigkeiten der Ausrichtung der Projekte auf wirtschaftlich aussichtsreiche und erfolgreiche Vorhaben bzw. die Marktzutrittsprobleme der Unternehmen werden unterschätzt.

Dem Trend zu einer „*learning economy*" stärker zu entsprechen scheinen dagegen Maßnahmen, die eine intensivere Integration der ostdeutschen Unternehmen in das nationale und internationale Innovationssystem der Bundesrepublik mit seinen zahlreichen unterschiedlichen Partnern und in ihren unterschiedlichen Formen und Ausrichtungen unmittelbar unterstützen. Als ein Beispiel für eine solche Politik wird in diesem Beitrag das Programm *Auftragsforschung West-Ost (AWO)* des *Bundesministeriums für Bildung, Wissenschaft, Forschung und Technologie* vorgestellt und im Hinblick auf seine Wirkungen zur Erreichung dieser Integration und Einbindung der Unternehmen in Ostdeutschland in das gesamtdeutsche Innovationssystem diskutiert.[1]

Es werden dabei zunächst transaktionskostentheoretische Überlegungen zum Einfluß der „*learning economy*" auf die institutionelle Organisation von Innovationsprozessen vorgestellt (*Abschnitt 2*), die wesentlich für die Konzeption der Wirkungsanalyse ebenso wie für die Interpretation ihrer Befunde sind. Anschließend wird das Programm kurz beschrieben, und es werden einige Ergebnisse der durchgeführten Wirkungsanalyse zusammengefaßt (*Abschnitt 3*). Ein knappes Resümee schließt den Beitrag ab (*Abschnitt 4*).[2]

---

[1] Dieser Beitrag basiert auf einer Wirkungsanalyse zu diesem Programm, die im Auftrag des *BMBF* von den Autoren dieses Artikels im Laufe des Jahres 1996 gemeinsam mit dem Wissenschaftszentrum Berlin für Sozialforschung durchgeführt wurde; vgl. hierzu im einzelnen Becher/Meske/Ruprecht (1996). In dieser Studie werden auch die Ziele des Programms und seine Ausgestaltung im Zeitverlauf ausführlich beschrieben. Die durchgeführte Wirkungsanalyse basierte dabei u. a. auf einer Auswertung und Analyse der Antragsstatistik (quantitative Evaluationsbasis) sowie auf den Ergebnissen von über 60 qualitativ vertiefenden Fachgesprächen mit Auftragnehmern und -gebern von im Rahmen der Massnahme geförderten FuE-Projekten. Auf eine ausführliche Beschreibung und Kommentierung dieser Vorgehensweise wird hier verzichtet. Eine detailliertere Analyse des ostdeutschen Innovationssystems und eine Abschätzung der Zukunft der industriellen Forschung und Entwicklung in Ostdeutschland, auf die in diesem Beitrag ebenfalls mehrfach Bezug genommen wird, findet sich in Spielkamp et al (1998).

[2] Die Wirkungsanalyse, auf die sich der folgende Beitrag u. a. stützt, war ausschließlich auf eine Untersuchung der unmittelbaren Effekte der Fördermaßnahmen auf die geförderten Unternehmen und Forschungsinsitute begrenzt. Nicht untersucht wurden andere Fragen, die für eine Beurteilung wirtschafts- und technologiepolitischer Maßnahmen von wesentlicher Bedeutung sind, wie beispielsweise Fragen ihrer sozialen Kosten und Nutzen oder die Vorteilhaftigkeit eines Programms zur Erreichung eines bestimmten Ziels im Vergleich zu möglichen alternativen Politikansätzen. Vgl. zu den Aufgaben und Möglichkeiten von Evaluationen als ein Ansatz der wissenschaftlichen Politikanalyse z. B. generell Rist (1990) und Roessner (1989), darüber hinaus am Beispiel der Forschungs- und Technologiepolitik aus einer umfangreichen Literatur z. B. Becher/Kuhlmann (1994); Meyer-Krahmer (1989) und Kuhlmann/Holland (1995).

2. Innovationen in einer „learning economy"

Seit geraumer Zeit werden bekanntlich in Innovationsforschung, Handels- und Standorttheorie verschiedene Konzepte „*nationaler Innovationssysteme*" als ein neuer theoretischer Ansatz zur Beschreibung und Analyse von Innovationsprozessen in Unternehmen bzw. Volkswirtschaften diskutiert.[3] In einer sehr allgemeinen Definition verstehen z. B. Patel/Pavitt (1994:12) darunter „*...the national institutions, their incentive structures and their competences, that determine the rate and direction of technological learning (or the volume and compositions of change-generating activities) in a country...*".

In Abkehr von der Vorstellung eines Schumpeter'schen Unternehmers als personifiziertem Innovator und anderen traditionellen Ansätzen wird somit in diesem Konzept Innovation vor allem als eine systemische Leistung betrachtet, die nicht vollständig oder zumindest im wesentlichen nur auf die Leistung der einzelnen Akteure zurückzuführen ist. Vielmehr rücken in dieser Interaktionsperspektive neben der Organisation, Intensität und Qualität der Beziehungen der verschiedenen Innovationsakteure Institutionen in ihren unterschiedlichsten Formen, Funktionen und Ausprägungen ins Blickfeld, die wiederum die Interaktionen der Innovationsakteure entscheidend prägen, insbesondere die „*institutional governance*" und die „*institutional environment*" (Williamson 1996:111). Hierbei werden unter „*institutional government*" die Organisationsformen Markt, Hierarchie und Hybride gefaßt, unter „*institutional environment*" dagegen die „rules of the game" bzw. „*...the set of fundamental political, social and legal ground rules that establishes the basis for production, exchange and distribution...*" (Davis/North 1971 zitiert nach Williamson 1996:111f.).

Ein Großteil der Literatur zu den Nationalen Innovationssystemen widmet sich der Beschreibung der besonderen lokalen institutionellen Gegebenheiten, die für die unterschiedlichen Spezialisierungsmuster entwickelter Volkswirtschaften verantwortlich sind und als komparative Vorteile betrachtet werden können (z. B. Maskell 1996 oder Keck 1991). Es lassen sich jedoch aus dieser Literatur keinerlei Musteraussagen ableiten, wie sich denn ein erfolgreiches Innovationssystem konstruieren ließe bzw. wie sich ein solches heute an neue Umfeldfaktoren gegebenenfalls anpassen muß, um

---

[3] Für einen vergleichenden Überblick aus einer umfangreichen Literatur siehe z. B. McKelvey (1991).

langfristig wirtschaftliche Dynamik und Prosperität zu sichern.[4] Aus diesem Grund wird in der folgenden Betrachtung eine analytische Trennung der beiden genannten institutionellen Aspekte vorgenommen.

2.1 Institutional Governance

Klammert man das *institutional environment* in einer ersten Betrachtung aus, so gelangt man von der Literatur der nationalen Innovationssysteme zu Autoren, die der transaktionskostentheoretischen Organisationsliteratur nahestehen (z. B. Picot 1993; Lundvall/Johnson 1994; Zuscovitch 1994) und die verschiedene Formen von *institutions of governance* hinsichtlich ihrer Tauglichkeit für die Generierung von Innovationen auf funktionalistische Weise diskutieren. Von mehreren Autoren wird diese Frage neuerdings dabei auch vor dem Hintergrund einer Transformation entwickelter Volkswirtschaften zu einer „*learning economy*" (Lundvall/Johnson 1994) diskutiert. Diese Entwicklung ist nach dem Konzept dieser Autoren dabei durch eine Veränderung des Wettbewerbscharakters gekennzeichnet, nämlich einer Abkehr vom Fordistischen Massenproduktionsregime hin zu einem Regime differenzierter Spezialmärkte bzw. von Nischenmärkten und beschleunigten Produktlebenszyklen bei gleichzeitig zunehmender Globalisierung.[5] Die steigende internationale Wettbewerbsintensität in den angestammten Märkten vor allem für die mit Skalenerträgen produzierbaren Standardprodukte zwingt die Unternehmen daher nach Ansicht dieser Autoren aufgrund des damit verbundenen Preisdrucks im Zuge dieses Strukturwandels zu immer stärkerer Produktdifferenzierung und schnelleren Produkterneuerung.

Nachfrageseitig werden zudem Individualisierungstendenzen z. B. im Konsumgüterbereich (bei van Raaj 1993:542 als Entwicklung zu „postmodernen Märkten" bezeichnet) als Triebkraft des Regimewechsels ausgemacht. Auch im Bereich der In-

---

4 Vgl. dazu z. B. in einem ausführlichen Überblick auch Becher (1996). Im Gegenteil unterstreicht die Literatur zu nationalen Innovationssystemen eher Pfadabhängigkeiten des *institutional environment* sowie die institutionelle Vielfalt erfolgreicher Systeme und hat so gesehen evolutorischen Charakter (Saviotti 1996).

5 Lundvall/Johnson nennen als Ausgangspunkt ihrer Überlegungen zur learning economy eigene Studien über mikroelektronik-gestützte Produktionsvorgänge bzw. Produkte. Zuscovitch erwähnt die Luft- und Raumfahrt sowie die Automobilindustrie. Allerdings ist zu beachten, daß es sich bei dem Konzept der learning economy lediglich um ein Leitbild handelt. Die Frage nach den Triebkräften, die zur learning economy führen, steht nicht im Mittelpunkt des Interesses der Autoren.

vestitionsgüterindustrie verlangen Kunden individuell im Zuge und als Folge dieser Entwicklung immer mehr auf ihre spezifischen Belange zugeschnittene Lösungen.

Als Konsequenz dieser angebots- und nachfrageseitigen Entwicklungen wird für die Unternehmen Innovation von einem gelegentlichen zu einem „ubiquitären" Prozeß. Dies wiederum erhöht die Anforderungen an die Fähigkeit von Unternehmen, beständig weiter zu lernen. Gefragt ist hierfür einerseits der Aufbau von Spezialistenwissen, andererseits aber die Flexibilität und vor allem das unternehmerische und wirtschaftliche Potential, die Kompetenzen möglichst schnell und kostengünstig an Nachfrageänderungen oder andere externe Änderungen anzupassen. Die organisatorische Lösung dieses Problems besteht nach Lundvall/Johnson (1994:35) dabei vor allem in der Vernetzung mit anderen Unternehmen in horizontaler oder vertikaler Beziehung sowie mit Forschungseinrichtungen.[6]

Grundlegend für diese Behauptung ist Lundvall/Johnsons Unterscheidung von mehreren Typen von Wissen, die im Innovationsprozeß kombiniert werden,[7]: Dazu gehört zum einen theoretisches Wissen um natur- oder sozialwissenschaftliche Wirkungszusammenhänge (*Know-why*). Dieses Wissen wird (etwa in Modellform) z. B. in wissenschaftlichen Publikationen kodifiziert. Darüber hinaus wird Faktenwissen (*Know-what*) genannt, das z. B. in Form von Datenbanken oder in Nachschlagewerken kodifiziert werden kann und im Unterschied zum theoretischen Wissen nicht unbedingt verstanden sein muß. Diese beiden Arten von Wissen sind aufgrund ihrer Kodifizierbarkeit grundsätzlich übertragbar. Dagegen ist mit dem *Know-how* als dritte Form des Wissens ein „implizites Ausführungswissen" gemeint, das meist nur unvollständig artikulierbar und demzufolge auch nur beschränkt übertragbar ist (in der Literatur oft auch als eine Form des „*tacit knowledge*" bezeichnet). Schließlich gibt es mit dem „*Know-who*", „*Know-when*" und „*Know-where*" als vierter Komponente eine Art von Marktkompetenz, die stark an persönliche Kontakte und kommunikative Fähigkeiten gebunden ist. Beide letztgenannte Wissenstypen werden

---

[6] Nach Zuscovitch (1994:1) sind Netzwerke, die organisatorisch zwischen Markt und Hierarchie stehen, Konstellationen von Firmen bzw. Akteuren, die partnerschaftlich miteinander zum gegenseitigen Vorteil der Mitglieder verbunden sind.

[7] Daß sich nicht genau vorhersagen läßt, welches Wissen mit welchem Gewicht im Innovationsprozeß von Bedeutung ist, liegt in der Natur der Sache. Die Typisierung liefert jedoch u.E. einen sinnvollen analytischen Rahmen für die Transformationsproblematik im Bereich von Humankapital und innovativen Potentialen.

nicht - oder nur sehr beschränkt - über Märkte gehandelt: es handelt sich um „specific assets".

Aus welchen Gründen ist nun die Netzwerkorganisation in Bezug auf die für eine Innovation erforderliche Kombination komplementärer Fähigkeiten - Williamson spricht in diesem Zusammenhang von Humankapital als „specific asset" - den Organisationsformen Markt und Hierarchie unter den Bedingungen der *learning economy* überlegen? Um diese Frage zu beantworten, werden im folgenden die transaktionskostentheoretische Überlegungen der *Neuen Institutionenökonomik* auf das Konzept der *learning economy* bezogen.

Gegen eine reine Hierarchie-Lösung, die allerdings ebenfalls für viele Unternehmen in zahlreichen Branchen an Bedeutung gewinnt,[8] führen Lundvall/Johnson vor allem den Trade-Off zwischen Flexibilität und Effizienz der Kommunikation an. Zwar ist innerhalb einer Hierarchie aufgrund organisatorisch vorgegebener Kanäle der Kommunikationsfluß relativ effizienter als bei einer Marktbeziehung, jedoch sind Innovationen, die gerade eine Rekombination von Wissen erfordern, in einem solchen Arrangement oft wenig wahrscheinlich. Darüber hinaus steigt unter den Bedingungen einer *learning economy* die Anzahl benötigter Fähigkeiten und ist gleichzeitig einem ständigen Wandel unterworfen. Daher birgt eine hierarchische Integration langfristig ein hohes Fehlspezialisierungsrisiko, das gesenkt wird, wenn die Unternehmen auch auf nicht selbst entwickeltes Wissen zugreifen können.[9] Zuscovitch (1994) interpretiert diesen Aspekt der *learning economy* vor diesem Hintergrund als neue Stufe der Arbeitsteilung, die er mit der Arbeitsteilung zwischen unternehmerischer Aktivität und Finanzierungsformen mit beschränkter Haftung bei Entstehung des Massenproduktionsregimes vergleicht: In einer *learning economy* sinkt somit die Marktgröße bei gleichzeitig steigenden Spezialisierungsanforderungen an die *capabilities* der Unternehmen. Eine ausschließlich hierarchische Integration erscheint angesichts der Vielzahl und des Wandels der benötigten Fähigkeiten vergleichsweise riskant.[10]

---

[8] Vgl. die zunehmende globale Konzentrationstendenz sowohl in den meisten Branchen des Verarbeitenden Gewerbes als auch bei den Dienstleistungen.

[9] Williamson (1996:118) weist auf die Endlichkeit von - gleichwie organisierten - Partnerschaften bei Innovationsprojekten hin.

[10] Lundvall/Johnson weisen darüber hinaus für den Fall einer vertikalen Integration darauf hin, daß sich das vertikal mit einer Produzenten- und einer Anwenderstufe integrierte Unternehmen aufgrund der neuen Konkurrenzsituation mit früheren Lieferanten bzw. Kunden einer Vielzahl

Ein Zugang zu komplementären fremden Fähigkeiten und das Erreichen einer kritischen Masse an Fähigkeiten, die zur Erschließung neuer Märkte nötig ist, ist zwar grundsätzlich auch mittels einer anonymen Marktbeziehung möglich. Im Falle eines Innovationsvorhabens, das auf der Kombination verschiedener Spezialfähigkeiten beruht, sprechen jedoch u. a. die Hold-up-Problematik[11] sowie das mit der dem Innovationsprozeß immanenten Unsicherheit einhergehende Problem unvollständiger Verträge in vielen Fällen gegen ausschließliche Marktbeziehungen. Von dieser unterscheidet sich die Netzwerkbeziehung dagegen durch die von Vertrauen geprägte, höhere Effizienz der Kommunikationsstrukturen: in einer durch Vertrauen geprägten langfristigen Beziehung können z. B. bestimmte Codes entwickelt werden, die auch gegenseitiges Lernen erleichtern können.

An dieser Stelle erlangt nicht zuletzt auch die vierte Kategorie von Wissen „*Know-who*", „*Know-when*" und „*Know-where*" seine Bedeutung: Denn mit diesem Begriff wird nicht nur das Wissen um Schlüsselpersonen mit gesuchten Spezialfähigkeiten bezeichnet (das eher in den Bereich des Faktenwissens fällt), sondern gleichzeitig darüber hinaus z. B. der „Insider-Kontakt", der etwa den Zugang zu diesen Personen eröffnet bzw. erleichtert.

Kommunikation und Koordination sind dabei gerade bei der sich im Rahmen der *learning economy* beschleunigenden Marktdynamik sowie mit Blick auf die Kundenbeziehungen und generell die wirtschaftliche Umsetzung von technischen Neuerungen wichtig: „*Know-who*" ist z. B. wichtig als ein Zugang zu dem Wissen, was sich auf Märkten verkaufen läßt.[12] Aufbau technologischer Fähigkeiten und Ermittlung und Bedienung des Kundenbedarfs sind angesichts permanenter Marktdynamik zunehmend interdependent. Eine Koordination bei Ressourceninterdependenz bzw. Interdependenz von Wissen ist somit im Rahmen einer reinen Marktlösung zuneh-

---

von Informationen begibt. Vgl. z. B. auch Lundvall (1988), Gemünden (1990) sowie - als eine theoretische Überblicksdarstellung und umfangreiche empirische Analyse Herden (1992).

[11] Ein Hold-up-Risiko besteht in der Erpreßbarkeit infolge der Offenbarung der Abhängigkeit des Innovationserfolges von einer Spezialfähigkeit.

[12] Es ersetzt gewissermaßen das von Dosi (1982:148) und generell in der älteren Industrieökonomik und Innovationsforschung zumeist als bei der Ausrichtung der unternehmerischen FuE-Strategie noch als selbstverständlich in der Firma befindlich vorausgesetzte Wissen über Märkte.

mend weniger effizient möglich.[13] Nur, wer in koordinierter Verbindung mit Kunden steht, weiß, welche Fähigkeiten er aufbauen muß und vermeidet Fehlspezialisierung.

Netzwerke können somit gegenüber der Hierarchieform als eine spezifische Form einer Verteilung des Spezialisierungsrisikos und gegenüber der Marktform als eine Form der Koordination des Lernens und des Austausches vor allem der Kategorien 3 und 4 des Wissens bzw. der Entwicklung von capabilities für tacit knowledge betrachtet werden: „...*symbiotic arrangements become a strategic instrument for the development of future core competences of a firm. With increasing market dynamics this form of organizational learning becomes even more important...*" (Picot 1993:736).

2.2 Institutional Environment

War bis jetzt die Rede von den relativen Vorteilen von symbiotischen Beziehungen als *institution of governance* unter den Bedingungen einer *learning economy*, so wurde das *institutional environment* noch nicht betrachtet, das bei Williamson als shift-Parameter für die mit Markt, Netzwerk oder Hierarchie verbundenen Transaktionskosten behandelt wird und die konkrete Form, Intensität und Entwicklung der Netzwerke beeinflußt. Eine eigene Analyse des Wandels bzw. der gegenwärtigen Situation und Ausprägung dieses innovationsrelevanten *institutional environment* im ostdeutschen Transformationsprozeß kann allerdings an dieser Stelle nicht geleistet werden,[14] sie würde eine sehr sorgfältige Analyse der Persistenz alter Verhaltensregelmäßigkeiten unter neuen gesetzlichen Regelungen erfordern.[15] Zwar liegt auch für Westdeutschland eine solche historische Analyse gegenwärtig nicht vor, jedoch bietet z. B. die vergleichenden Untersuchung von Soskice (1997) zu Aspekten des innovationsrelevanten *institutional environments* der späten achtziger Jahre in der Bundesrepublik, der Schweiz und in Schweden auf der einen und England und den USA auf der anderen Seite zumindest Anhaltspunkte dafür, vor welchem institutionellen Hintergrund in den alten Bundesländern sich die Transformation in Ost-

---

[13] Vgl. Williamsons (1996:101f.) Unterscheidung zwischen A-Adaption und C-Adaption.

[14] Sie könnte auf den Arbeiten von Meske über das ostdeutsche Industrieforschungs- und Wissenschaftssystem und dessen Transformation aufbauen.

[15] Vgl. für ein Vorgehen in diesem Sinne z. B. die Untersuchung Stahls (1997) über Evolution und Persistenz der russischen Eigentumsinstitutionen.

deutschland abspielt. So kommt Soskice bei diesem Vergleich zu dem Ergebnis, daß die deutschen industrial relations zwischen Unternehmensführung und Mitarbeitern, Unternehmen und Kunden bzw. Zulieferern, Unternehmen und Finanzierungsinstitutionen sowie Unternehmen und Universitäten bzw. Forschungseinrichtungen durchweg wesentlich stärker als in anderen Ländern von der für innovative Netzwerke im oben ausgeführten Sinne entscheidenden Konsensorientierung geprägt seien.[16]

Dies alles zusammengenommen diagnostiziert zumindest Soskice als ein Klima, das aufgrund der hohen Konsensorientierung in allen angesprochenen Bereichen den Erfordernissen einer „*learning economy*" im oben skizzierten Sinne zuträglich sei. Er fügt jedoch hinzu, daß es vor allem inkrementale Innovationen unterstütze, radikaler Innovation jedoch abträglich sei, da die gegenseitige Rücksichtnahme auf den Bereich der möglichen Innovationen tendenziell restriktiv wirke.[17]

Demgegenüber kann beispielsweise mit Gläser/Meske (1996) die Organisation industrieller FuE in der ehemaligen DDR als ein lineares und statisches Innovationsmodell beschrieben werden: Handel, Produktion und Forschung waren organisatorisch

---

[16] Entscheidend sind dafür Anreizkonvergenzen der jeweiligen Partner :
- Durch das Arbeitsrecht, das Unternehmen die Personalabwerbung sehr schwer mache, investierten Unternehmen in Humankapital und Ausbildung. Es lohne sich aufgrund der Langfristigkeit der Arbeitsbeziehung für Unternehmen auch, in enge Qualifikationen zu investieren. Aufgrund der im Vergleich zu England oder den USA stärkeren Regulierung des Arbeitsmarktes und der Stärke der deutschen Gewerkschaften hätten hochqualifizierte Arbeitnehmer ausreichend Freiraum, autonom zu arbeiten, gleichzeitig aber sei aufgrund einer relativen Konsensorientierung der Tarifparteien die Gefahr von Hold-up-Verhalten bei Lohnverhandlungen niedrig.
- Zwischen Unternehmen und Universitäten bzw. Forschungsinstituten bestünden enge Kooperationsinteressen, u. a. weil Unternehmen als Drittmittelgeber auftreten und Karrierechancen für Doktoranden böten.
- Auch zwischen Unternehmen der gleichen Branche sei im Rahmen der deutschen Institutionen kooperatives Verhalten etwa beim Setzen von Standards wahrscheinlicher als im angelsächsischen Bereich. Grund dafür seien z. B. entsprechende Gremien in Arbeitgeberverbänden, die als Schlichter von Konflikten aufträten.
- Im Unterschied zum angelsächsischen System, in dem der Aktienbesitz unter v.a. kurzfristig denkenden Kleinaktionären verstreut sei, hielten in Deutschland v. a. Banken über Fonds Aktien. Auf diese Weise sei der Aufbau von Kompetenz beim Großaktionär und damit verbunden eine langfristige Finanzierung eher möglich.

[17] Als ein Beispiel für eine interessante Analyse des US-Innovationssystems vgl., aus einer umfangreichen Literatur hier nur beispielhaft erwähnt, z. B. den Beitrag von Mowery (1992). Zum deutschen nationalen Innovationssystem und seinen Stärken und Schwächen vgl. z. B. auch den Beitrag von Meyer-Krahmer in diesem Band.

voneinander getrennt, und die Industrieforschung selbst war mit den betrieblichen FuE-Abteilungen in den Kombinaten, diesen wiederum zugeordneten, funktionell eigenständigen Forschungsinstituten und den Instituten der Akademie der Wissenschaft auf drei verschiedene organisatorische Einheiten verteilt, und die Leitung von Wirtschaft und Wissenschaft waren zudem vollständig der Politik sowie der Bürokratie und ihren zentralen Vorgaben untergeordnet.[18] Vom Organisationsprinzip her handelte es sich somit um einen Hierarchiefall, der - wie oben ausgeführt - durch die Festlegung der Kommunikationsstrukturen eine innovative Rekombination von Wissen und Fähigkeiten im wesentlichen behinderte. Darüber hinaus - so berichtet Meske (1994:11) - sei diese Arbeitsorganisation über ihren formalen Charakter hinaus infolge der entsprechenden Sozialisierung (institutional environment) in der DDR von den meisten Werktätigen auch internalisiert und akzeptiert worden.

Durch das Ende der Zentralverwaltungswirtschaft im Zuge der Wiedervereinigung wurde nun nicht nur dieses Organisationsmodell durch ein im Grundsatz marktwirtschaftlich gesteuertes Prinzip ersetzt und damit grundlegend neu gestaltet, sondern es wurde darüber hinaus im Zuge dieser Entwicklung zugleich das gesamte interaktive Wissen vom Typ „Know-how" „Know-who", „Know-when", und „know-where", das im Rahmen und vor dem Hintergrund dieser Arbeitsteilung erworben wurde, vollständig entwertet.[19] Die Suche nach neuen Märkten und Geschäftsbeziehungen wurde im Zuge dieser Situation daher zwangsläufig von vielen Unternehmen wie ein Trial- and-Error-Prozeß geführt und war daher mit entsprechenden Aufwendungen und häufigen Mißerfolgen verbunden, da diese Unternehmen gezwungen waren, ohne jede Erfahrung mit westlichen Märkten und den entsprechenden Kontakten ihre Geschäftsfelder und Unternehmenskonzepte zu definieren. Beobachtungen in dieser Art[20] bestärken im übrigen den Eindruck, daß Statistiken über die Anzahl von FuE-

---

[18] Die Funktion der Kombinate war es dabei bekanntlich, neue Produkte hervorzubringen bzw. Prozesse zu verbessern: angesichts der auftretenden Material- und Energiemangel-Situationen wandelte sich diese Aufgabe allerdings häufig zu einem Engpaßmanagement.

[19] Albach/Schwarz (1994) sprechen in diesem Zusammenhang von systemgebundenem Wissen, das im Unterschied zu systemindifferenten Wissen wertlos wurde. Die in den Unternehmen verbliebene systemindifferente Wissensbasis wurde darüber hinaus durch den mit der Abwanderung leistungsfähiger Mitarbeiter verbundenen Brain-Drain geschmälert.

[20] So berichten z. B. Albach und Schwarz über den Fall eines ostdeutschen Farbherstellers, der auf der Suche nach einer Kernkompetenz einen Bereich Möbelfarben ab- und einen Bereich Straßenmarkierungsfarben aufbaute. Wenig später entschloß man sich, den zuvor abgebauten Geschäftsbereich wieder aufzubauen, nachdem sich die Straßenmarkierungsfarben als unprofitabel herausgestellt hatten. Darauf, daß fehlendes Marktwissen indes nicht nur ein Problem der von der Treuhandanstalt privatisierte Unternehmen ist, sondern auch Neugründungen betrifft, wei-

Beschäftigte in der ostdeutschen Transformation besonders wenig Aussagegehalt haben, weil wesentliche Aspekte des Innovationsprozeß und der dafür erforderlichen Arten von Wissen hierbei unberücksichtigt bleiben.

Infolge der mit der Transformation verbundenen Konkurrenz und dieser Entwertung ihres gesamten interaktiven Wissens sind ostdeutsche Unternehmen daher heute nicht nur darauf angewiesen, neue Produkte zu entwickeln: In den unter den Bedingungen einer *learning economy* stehenden Branchen und Technologien ist vielmehr ihr Kernproblem vor allem der Mangel am Zugang zu dem Erfahrungswissen darüber, welche der im Rahmen der ihnen zur Verfügung stehenden Möglichkeiten produzierbaren Produkte marktfähig und wirtschaftlich erfolgreich herzustellen und zu vertreiben sind, sowie der Zugang zu den entsprechenden Netzwerken und Geschäftsbeziehungen, die wesentlich für den Erfolg der Innovationsstrategie sind. Dieses Mangel ist möglicherweise sogar - viel stärker als die häufig betonten Finanzierungsfragen - als die Achillesferse der sich neu entwickelnden und sich neu strukturierenden Unternehmenslandschaft in Ostdeutschland anzusehen.

Um die Dynamik der wirtschaftlichen Entwicklung in den neuen Ländern langfristig zu erhöhen, ist somit eine bessere Integration der ostdeutschen Innovatoren in das westdeutsche und internationale Innovationssystem von vermutlich entscheidender Bedeutung, die bisher, wie vorliegende Untersuchungen zu dieser Frage zeigen, jedoch in vieler Hinsicht noch unzureichend gelungen ist.[21] Damit entsteht die Frage,

---

sen z. B. auch Fallstudien von Gläser et al. (1995) über von ehemaligen AdW- oder Universitätswissenschaftlern neugegründete Unternehmen hin: zentrale These dieser Arbeiten ist, daß diese Gründungen im Vergleich zu den Gründungen technologieorientierter Unternehmen in den alten Bundesländern weniger durch Marktvisionen als durch den Existenzdruck des Gründers bzw. der Gründer motiviert gewesen seien.

[21] Grundsätzlich bestehen verschiedene Möglichkeiten der Integration. So haben kapitalverbundene ostdeutsche Unternehmen im Vergleich zu unverbundenen Unternehmen den Vorteil, auf das Marktwissen ihrer Muttergesellschaft zugreifen zu können und bei der Festlegung eines Produktprogramms weniger auf trial-and-error-Prozesse angewiesen zu sein. Tatsächlich zeigen empirische Untersuchungen für Ostdeutschland, daß verbundene Unternehmen sich in den ersten Jahren des Transformationsprozesses in wirtschaftlicher Hinsicht häufig erfolgreicher entwickelten als unverbundene Unternehmen. Innerhalb des Verarbeitenden Gewerbes sind in Ostdeutschland nach den Ergebnissen des Mannheimer Innovationspanels jedoch z. B. noch 63 Prozent der Unternehmen unabhängig (Westdeutschland: 58 Prozent), und diese Unternehmen haben nur einen Anteil von 40 Prozent an den gesamten Beschäftigten (alte Bundesländer: 27 Prozent). Auch der umgekehrte Weg der Integration, nämlich der Zukauf eines Unternehmens, wird als Quelle für externes technologisches Wissen gemäß einer Erhebung von Reinhard/Schmalholz (1996) im übrigen von ostdeutschen Unternehmen signifikant seltener als von westdeutschen Unternehmen beschritten. Neben der Kapitalverflechtung können zahlreiche andere Formen der Integration von Unternehmen bzw. Forschungsinstituten in Innovationsnetz-

welche wirtschafts- und technologiepolitischen Möglichkeiten in einem marktwirtschaftlichen Ordnungssystem bestehen, diese stärkere Integration zu fördern. Um einen Beitrag zur Beantwortung dieser Frage geben zu können, diskutieren wir im folgenden Ziele und Wirkungen eines Förderprogramms, das direkt auf die Unterstützung dieser Integrationsprozesse abzielt.

3. Ergebnisse der Wirkungsanalyse des Förderprogramms „Auftragsforschung West-Ost"

3.1 Das Programm

Übergeordnetes Ziel der Maßnahme *Auftragsforschung West-Ost* war es zunächst, dazu beizutragen, *„wettbewerbsfähige FuE-Kapazitäten in den neuen Bundesländern und Ost-Berlin zu erhalten und marktgerecht einzusetzen"*,[22] d.h. es sollte durch diese Förderung sowohl dem Abbau der Kapazitäten industrieller Auftragsforschung entgegengewirkt als auch Impulse für ihre Neustrukturierung gegeben werden. Gleichzeitig sollte diese Neustrukturierung in erster Linie mit Hilfe von privatem Kapital erreicht werden. Instrumental wurde daher in diesem Programm die externe Vergabe von FuE-Aufträgen durch Unternehmen außerhalb der neuen Bundesländer - ohne Spezifizierung von Branche oder Größe - an Anbieter von FuE-Leistungen mit Sitz in den neuen Bundesländern gefördert, und es wurde hierfür, in Abhängigkeit von der Beschäftigtenzahl und vom Jahresumsatz des FuE-Dienstleisters, eine Zuschußförderung von max. 40 Prozent bzw. 35 Prozent der jeweiligen Projektkosten vorgesehen. Es handelte sich somit bei dieser Maßnahme also um einen direkten, technologieunspezifischen Förderansatz.

Gleichzeitig belief sich die Förderhöchstgrenze für eine Auftraggeber-Auftragnehmer-Beziehung auf 300 TDM während der Gesamtlaufzeit des Programms. Auch dieses Förderlimit sollte den Charakter des Programms als Hilfe zur Selbsthilfe zum Ausdruck bringen: nach Ablauf einer bestimmten Frist, während de-

---

werke unterschieden werden. Vgl. hierzu ausführlich die bereits oben erwähnte Untersuchung von Spielkamp et al. (1998).

[22] Vgl. hierzu im einzelnen die Richtlinie der Massnahme „Auftragsforschung West-Ost" vom 1.1.1992.

rer die Zusammenarbeit gefördert wird, wurde davon ausgegangen, daß sich der Kontakt im Falle positiver Erfahrungen auch ohne die Förderung fortsetzt.

Der von den Programmarchitekten zugelassene Kreis der Auftragnehmer ist in institutioneller Hinsicht sehr heterogen: Anbieter von Forschungsdienstleistungen im Sinne dieses Programms konnten außer Universitäten und Fachhochschulen auch Institute des außeruniversitären Forschungssektors sowie private Anbieter wie die sogenannten Forschungs-GmbH, aber auch produzierende Unternehmen mit FuE-Abteilungen sein, die bei Unterauslastung gleichfalls für die Bearbeitung von FuE-Aufträgen Dritter zur Verfügung stehen.

Das Programm lief, bei zwei Änderungen in der Ausgestaltung der Richtlinie in den Jahren 1991 bis 1996.[23] In dem Betrachtungszeitraum der Wirkungsanalyse[24] wurden in diesem Programm insgesamt 2 296 Projekte mit einem Fördervolumen von 177 Mio. DM gefördert. Damit wurde eine Auftragssumme von 476 Mio. DM initiiert.[25] Gefördert wurden 1 793 verschiedene Auftraggeber-Auftragnehmer-Beziehungen mit insgesamt 809 verschiedenen ostdeutschen Auftragnehmern und 1 478 Auftraggebern. 1 452 Beziehungen wurden nur einmal, 253 Beziehungen zweimal und 88 Beziehungen dreimal und öfter gefördert.[26]

---

[23] Zu diesen Änderungen in der Richtlinie vgl. im einzelnen die oben bereits zitierte Wirkungsanalyse zu diesem Programm.

[24] Der Betrachtungszeitraum deckte bis auf die letzten drei Quartale die gesamte Laufzeit ab.

[25] Diese Zahlen beziehen sich auf die Grundgesamtheit der „bewilligten" Aufträge. Darin sind spätere Widerrufe des Projektträgers sowie Verzichte der Antragsteller enthalten, deren kumulierter Anteil 6,5 Prozent an den bewilligten Anträgen beträgt.

[26] Unter den Auftragnehmern spielen dabei die privatwirtschaftlich organisierten FuE-Dienstleister sowohl nach ihrem Anteil an der Gesamtheit der Auftragnehmer wie auch nach ihrem Anteil an den Projekten mit jeweils mehr als 80 Prozent die größte Rolle. Die 564 erreichten privaten Auftragnehmer entsprechen etwa einem Viertel der 1993 von der SV Wissenschaftsstatistik ermittelten 2 300 „FuE-treibenden Unternehmen in Ostdeutschland". Bei den Auftraggebern handelte es sich dagegen vor allem um Unternehmen.

3.2 Die Förderung - Ein wichtiger Initialeffekt für die Durchführung von FuE, aber mit unklaren langfristigen Effekten

Vor dem Hintergrund des oben in Abschnitt 2 beschriebenen generellen Hintergrund sind folgende Ergebnisse der durchgeführten Wirkungsanalyse von besonderem Stellenwert:

a) Überprüfung der dem Programm zugrunde liegenden Annahmen

Die massive Entwertung der interaktiven Wissenskategorien, die zentrale Annahme des Programms, wurde im qualitativen Teil der Untersuchung sehr klar bestätigt. Die Lage der befragten FuE-Dienstleister - zu einem erheblichen Teil handelte es sich um durch den Existenzdruck motivierte Firmenneu- oder -ausgründungen - läßt sich mit dem Begriff „Potentiale ohne Markt" charakterisieren: Im „heimischen Markt" für FuE-Dienstleistungen gibt es im Zuge der transformationsbedingten Umstrukturierungen daher im Vergleich zu westdeutschen Verhältnissen z. B. einen viel geringeren Anteil an FuE-treibenden Unternehmen, die als Auftraggeber in Frage kommen. Weiterhin wurden mit der Problematik des Vertrauensschutzes, v. a. aber der Unsicherheit über die Leistungsfähigkeit des unbekannten Auftragnehmers zwei wichtige Barrieren für die Aufnahme einer FuE-Kooperationsbeziehung mit westdeutschen bzw. ausländischen Unternehmen identifiziert: In den Fallstudien bestätigte sich, daß infolge des „Vereinigungsschocks" und den damit verbundenen personellen und organisatorischen Veränderungen wichtige Referenzen wie persönliche Kontakte, Referenzprojekte, aber auch Publikationen in außerhalb des RGW unbekannten Fachzeitschriften verloren gingen, die üblicherweise als Qualifikationsnachweis den Zugang zu Netzwerken und damit auch *Know-who* erleichtern.

b)   Wirkungen des Programms auf das Zustandekommen von Aufträgen und neuen FuE-Projekten

Die Fallstudien zeigen, wie die bei potentiellen Auftraggebern bestehende Barriere „Unsicherheit über die Leistungsfähigkeit des unbekannten Auftragnehmers" durch die Förderung gesenkt und damit eine Voraussetzung für die Integration in Netzwerke und zum Aufbau einer am Markt erfolgreichen Firmenkompetenz[27] geschaf-

---

27 Wichtige Bestandteile einer solchen Kompetenz sind unter den Bedingungen der learning economy der Zugang zu den interaktiven Wissenstypen Know-how und Know-who.

fen werden konnte:[28] In den vergangenen Jahren hat die Tatsache der Fördermöglichkeit potentielle Auftraggeber Westdeutschland zwar nicht dazu angestoßen, von sich aus aktiv in der ostdeutschen FuE-Dienstleistungslandschaft nach neuen Partnern zu suchen. Es wird jedoch deutlich, daß - aufbauend auf schon bestehenden Kontakten zwischen Auftragnehmern und Auftraggebern - die Förderung häufig ein Anlaß für das Zustandekommen eines konkreten gemeinsamen Projekts war. Unterstellt man, daß dieses Ergebnis der Fallstudien repräsentativ für das gesamte Förderprogramm ist, hätte bei zwei Dritteln der FuE-Aufträge die Förderung den Initialeffekt ausgelöst, hätte also die Förderung die beiden Partner zu einem ersten gemeinsamen Projekt bewogen.

Dieses Ergebnis wird durch weitere Beobachtungen gestützt: Seitens der ostdeutschen Dienstleister wurde nämlich großteils nicht gleich beim Erstkontakt mit den potentiellen Partnern, sondern erst im Verlauf konkreter Verhandlungen auf die Fördermöglichkeit aufmerksam gemacht. Daß die Auftraggeber in der Regel dann aber keine Alternativangebote mehr eingeholt haben, unterstreicht den Befund eines „positiven Diskriminierungseffektes" der Fördermaßnahme für die Durchführung gemeinsamer FuE-Vorhaben der geförderten Projektpartner.

Ob zugleich mit Hilfe der Förderung auch die FuE-Budgets der potentiellen Auftraggeber insgesamt erhöht wurden und sich dieses zugunsten der Auftragnehmer und der Auftraggeber auswirkte, läßt sich dagegen aufgrund der Fallstudien nicht abschließend beurteilen. Die befragten Auftragnehmer berichteten zwar übereinstimmend, daß die Auftragsvolumina der technologiepolitisch geförderten Projekte im Durchschnitt größer seien als die nichtgeförderter Projekte. Seitens der befragten Auftraggeber gab aber nur jeder Zehnte an, daß der Zuschuß bei den durch das Programm *Auftragsforschung West-Ost* geförderten Projekten zu einem im Vergleich zur Situation ohne Förderung größeren Auftragsumfang geführt habe. Diese Divergenz in der Einschätzung spricht aber nicht gegen die Initialwirkung der Förderung, da auf jeden Fall die Bereitschaft potentieller Auftraggeber erhöht wurde, über einen

---

[28] Bezüglich der Barriere „Vertrauensschutz" wurde in den Gesprächen mit den Auftraggebern deutlich, daß zwar die vertragliche Vereinbarung von Sanktionen der übliche Weg ist, dieses Problem anzugehen. Darüber hinaus wurden nichtvertragliche Strategien wie z. B. die Aufsplittung des Gesamtprojektes unter mehreren einander unbekannten Auftragnehmern gefunden bzw. eine entsprechende Aufteilung zwischen interner und externer FuE. Ein Zuschuß zur Auftragssumme ist angesichts solcher Risikostrategien u. E. zur Senkung dieser Barriere nicht erforderlich.

losen Kontakt mit den Auftraggebern hinaus überhaupt eine Intensivierung der Beziehung einzugehen. Die Merklichkeit des Zuschusses für die Auftraggeber hing positiv vom Auftragsvolumen und dem Fördersatz ab.[29]

c)   Effekte des Programms auf das Zustandekommen dauerhafter Kooperationsbeziehungen

Neben den wirtschaftlichen Aussichten der im Rahmen der Maßnahme als Auftragnehmer geförderten Unternehmen selbst kann auch die Perspektive der geförderten Auftraggeber-Auftragnehmer-Beziehungen hinsichtlich ihrer Stabilität zum gegenwärtigen Zeitpunkt in den meisten von uns untersuchten Fällen nur unter großem Vorbehalt beurteilt werden. Zwar wurde jede fünfte der im Rahmen der Fördermaßnahme entstandenen Auftraggeber-Auftragnehmer-Beziehung mindestens zweimal gefördert bzw. gut ein Drittel der Projekte entfiel auf mindestens zweimal geförderte Beziehungen - ein Umstand, der dafür spricht, daß die Projekte zu einem erheblichen Teil zur beiderseitigen Zufriedenheit von Auftraggeber und -nehmer durchgeführt wurden.[30] Damit ist aber noch nichts darüber gesagt, ob diese Kontakte sich zukünftig auch ohne die Fördermöglichkeit weiterentwickeln werden. Immerhin konnte bei den anhand der Fallstudien näher beleuchteten Beziehungen in der Untersuchung für jede dritte Beziehung festgestellt werden, daß - wenn auch in der Regel mit schmalem Auftragsvolumen - bereits ungeförderte Folgeaufträge entstanden sind. Ob sich daraus ein zukünftig selbsttragender Prozeß entwickelt, bleibt allerdings abzuwarten.

Der wirtschaftliche Erfolg der Projekte als ein wichtiger Anhaltspunkt zur Abschätzung der Perspektiven der weiteren Zusammenarbeit war in keinem der untersuchten Fälle zum Evaluationszeitpunkt absehbar: Im Falle der Produktentwicklungen (großer Anteil der Projekte) war bestenfalls die Markteinführungsphase erreicht.[31]

---

[29] Die Senkung des Fördersatzes von 40 Prozent auf 20 Prozent entsprechend der Richtlinienänderung von 1995 hatte einen drastischen Rückgang der Anträge auf Förderung zur Folge.

[30] Dafür, daß die erbrachten Leistungen in der Regel zur Zufriedenheit der Auftraggeber ausgefallen sind, spricht auch die Tatsache, daß fast ausnahmslos die vertraglich vereinbarten Eigenanteile der Auftraggeber in den geförderten Projekten gezahlt wurden.

[31] Hier zeigt sich, daß eine Wirkungsanalyse aussagefähiger wird, wenn sie die Entwicklung der Unternehmen über das Ende der Antragsfrist hinaus begleiten kann. Dies war im Rahmen des für die Analyse zur Verfügung stehenden Budgets jedoch nicht möglich.

Unabhängig von der Perspektive der Beziehung mit den jeweiligen Auftraggebern sind die Ausgangsbedingungen für einen sich längerfristig selbsttragenden Prozeß auf der Auftragnehmerseite im Zuge der Förderung jedoch besser geworden. Dank der Förderung verfügen die Auftragnehmer nicht zuletzt über Referenzprojekte, die ihnen im folgenden die zukünftige Auftragsakquisition erleichtern sollten.

d) *Beitrag zur Anpassung der Kompetenzen der Auftragnehmer*

Art und Ausmaß der Effekte der Förderung auf den Aufbau/die Restrukturierung der Auftragnehmer-Kompetenzen waren abhängig von den jeweiligen institutionellen Rahmenbedingungen, nicht zuletzt den finanziellen Anreizen:

Für die grundfinanzierten FuE-Dienstleister ermöglichten die Drittmittel z. B. häufig generell eine Verbesserung insbesondere ihrer personellen und finanziellen Forschungsbedingungen. Die Industrieaufträge - darunter die durch das Programm West-Ost geförderten Projekte - waren dabei allerdings in der Regel nur eine Drittmittelquelle unter mehreren, jedoch von der Fragestellung und den Interessen des Geldgebers her stärker anwendungsorientiert angelegt. Der Bezug zur Forschung scheint in den geförderten Projekten dennoch im Vergleich zu den privaten Auftragnehmern groß, wie z. B. der höhere Anteil an Prozeßentwicklungen gegenüber Produktentwicklungen, aber auch die Beispiele von industriefinanzierten Dissertationen bei öffentlichen Auftragnehmern zeigen. Dagegen scheint in diesen Fällen das Ausmaß der Prägung der Forschungsprofile durch die Nachfrage nicht zuletzt u. a. davon abhängig, wie stark die Kontinuität bzw. die Umprofilierung der bisherigen Forschungsrichtung gegenüber der Zeit vor der Vereinigung ausgeprägt war. Die Maßnahme Auftragsforschung West-Ost leistete insofern für diese Zielgruppe vermutlich einen Beitrag zur Integration der ostdeutschen Institute in die nationale und internationale Forschungslandschaft, indem die für die wissenschaftliche Forschung häufig unverzichtbaren Verbindungen zur Industrieforschung gefördert wurden.[32]

Die im Rahmen der Maßnahme geförderten Entwicklungsaufträge der privaten Dienstleister mit einer gemischten Leistungspalette aus Produktion und FuE-Dienstleistung waren dagegen häufig deutlich stärker anwendungsorientiert. Sie

---

[32] Sie ergänzt in dieser Beziehung die DFG-finanzierten Verbundprojekte oder die BMBF-Projektförderungen, die vorwiegend Kontakte zur scientific community unterstützen.

standen zudem oft im Zusammenhang mit der Produktion und wurden zum Teil von einigen geförderten Einrichtungen sogar als Instrument zur Verstärkung der eigenen Produktionsaktivitäten von den Auftragnehmern aufgefaßt und so auch eingesetzt. Auch dies kann u. E, als ein Zeichen von Nachfrageorientierung und Anpassung auf einem durch einen Angebotsüberhang gekennzeichneten Markt für FuE-Dienstleistungen und somit positiv bewertet werden.

Einer verbindlichen Profilierung der Forschungs-GmbH's und ihrer wirtschaftlichen Stabilisierung steht dagegen nach den Ergebnissen dieser Untersuchung nach wie vor die erhebliche Unsicherheit über die wirtschaftliche Tragfähigkeit des Konzeptes als privat finanzierte FuE-Dienstleister entgegen.

Dieser Befund gilt in ähnlicher Weise allerdings auch für die große Mehrheit der anderen privaten Unternehmen, die im Rahmen der Maßnahme Auftragsforschung West-Ost als Auftragnehmer gefördert wurden. Auch in den meisten dieser Unternehmen sind größere wirtschaftliche Erfolge im Zuge der geförderten Vorhaben bisher noch ausgeblieben und die ökonomische Situation der Unternehmen ist trotz ihrer Förderung zur Zeit entsprechend instabil und noch wenig tragfähig. Der Zielerreichungsgrad des Programms war somit zumindest zum Zeitpunkt der Untersuchung im Hinblick auf diesen Aspekt daher noch äußerst unbefriedigend.

4. Resümee

Während in der alten Bundesrepublik innovierende Unternehmen sich bereits seit geraumer Zeit organisatorisch an die Bedingungen einer *learning economy* anpassen, führte die Transformation in Ostdeutschland u. a. auch in der bis dato „für Innovationen zuständigen" Industrieforschung zu einer Auflösung der bisherigen Arbeitsteilung. Unter Existenzdruck entstanden in der Folge Unternehmensgründungen im FuE-Dienstleistungsbereich mit mangels Marktkenntnis meist unklaren Firmenkonzepten.

Bei der Konzeption der Fördermaßnahme Auftragsforschung West-Ost ging das BMBF Anfang der 90er Jahre zu Recht, wie die durchgeführte Wirkungsanalyse zeigt, von den Annahmen aus, daß der regionale ostdeutsche Markt für FuE-Dienstleistungen aus strukturellen Gründen ein noch sehr beschränktes Volumen hat und daß für ostdeutsche FuE-Dienstleister auf dem westdeutschen Markt Zutrittsbarrieren bestehen.

Die Ergebnisse der Wirkungsanalyse zeigen, daß von der Maßnahme Anreizwirkungen ausgehen, die geeignet sind, diese Barrieren zu überwinden, und Voraussetzungen für den Aufbau langfristiger Beziehungen und am Markt erfolgreiche Firmenkompetenzen zu schaffen. Aufgrund der Langfristigkeit dieser Prozesse werden die Wirkungen der Maßnahme in Begriffen wirtschaftlicher Erfolgskriterien allerdings erst im Laufe der nächsten Jahre sichtbar.

Literatur

Albach, H. (1993): Zerrissene Netze - Eine Netzwerkanalyse des ostdeutschen Transformationsprozesses. Berlin: edition sigma.

Albach, H.; Schwarz, R. (1994): Die Transformation des Humankapitals in ostdeutschen Betrieben. WZB discussion paper FS IV 94-1.

Becher, G. (1996): Aufrechterhaltung und Schaffung individueller und kollektiver Kreativität, Dynamik und Innovationsbereitschaft. Gutachten im Auftrag der Kommission für Zukunftsfragen der Freistaaten Bayern und Sachsen. Basel.

Becher, G.; Kuhlmann, S. (Hrsg.) (1995): Evaluation of Technology Policy Programmes in Germany. Dordrecht u. a.

Becher, G.; Meske, W.; Ruprecht, W. (1996): Ergebnisse der Maßnahme Auftragsforschung West-Ost. Gutachten im Auftrag des BMBF. Basel.

Dosi, G. (1982): Technological paradigms and technological trajectories. In: Research Policy 11, 147-162.

Gemünden, H.G. (1990): Innovationen in Geschäftsbeziehungen und Netzwerken. Karlsruhe.

Gläser, J. et al. (1995): Die aufgeschobene Integration. WZB discussion paper P 95-404.

Gläser, J.; Meske, W. (1996): Anwendungsorientierung von Grundlagenforschung? Erfahrungen der Akademien der Wissenschaften der DDR. Frankfurt.

Herden, R. (1992): Technologieorientierte Außenbeziehungen im betrieblichen Innovationsverhalten: Ergebnisse einer empirischen Untersuchung. Heidelberg.

Justman, M.; Teubal, M. (1995): Technological infrastructure policy (TIP): creating capabilities and building markets. In: Research Policy 24, 259-281.

Keck, O. (1993): The national system for technical innovation in Germany. In: Nelson, R. (Hrsg.) (1993): National Innovation Systems: Comparative Analysis. New York

Kuhlmann, S.; Holland, D. (1995): Evaluation von Technologiepolitik in Deutschland. Heidelberg.

Lundvall, B.A. (1988): Innovation as an interactive process: from user-producer interaction to the national system of innnovation. In: Dosi, G. et al. (Hrsg.): Technical Change and Economic Theory. London.

Lundvall, B.A. (Hrsg.) (1992): National Systems of Innovation: An Analytical Framework. London.

Lundvall, B.A.; Johnson, B. (1994): The learning economy. In Journal of industry studies, 23-42.

Maskell, P. (1996): Localised low-tech learning in the furniture industry, mimeo.

McKelvey, M. (1991): How do national systems of innovation differ? A critical analysis of Porter, Freeman, Lundvall and Nelson. In: Hodgson, G.; Screpanti: Rethinking Economics: Markets, technology and economic evolution. Aldershot.

Meske, W. (1994): Veränderungen in den Verbindungen zwischen Wissenschaft und Produktion in Ostdeutschland. WZB Discussion paper P 94-402.

Meyer-Krahmer, F. (1989): Der Einfluß staatlicher Technologiepolitik auf industrielle Innovationen. Baden-Baden.

Mowery, D. (1992): The Us National Innovation System: Origins and Prospects for Change. In: Research Policy 21.

Nelson, R. (Hrsg.) (1993): National Innovation Systems: Comparative Analysis. New York.

Patel, P.; Pavitt, K. (1994): The nature and importance of national innovation systems. In: STI review, No. 14, 9-32.

Picot, A. (1993): Contingencies for the emergence of efficient symbiotic arrangements. In: Journal of institutional and theoretical economics, 731-740.

Pleschak, F.; Rangnow, R. (1995): Ergebnisse des BMBF-Modellversuchs „Technologieorientierte Unternehmensgründungen in den neuen Bundesländern" der Jahre 1992 - 1994. Karlsruhe.

Reinhard, M.; Schmalholz, H. (1996): Technologietransfer in Deutschland. Berlin.

Rist, R.C. (Hrsg.) (1990): Policy and Program Evaluation: Perspectives on Design and Utilization. Brüssel.

Roessner, P.H. et al. (1989): Evaluation: A Systematic Approach. Newbury Park, London.

Saviotti, P. (1996): Technological evolution, variety and the economy. Cheltenham.

Soskice, D. (1997): German technology policy, innovation, and national institutional frameworks. WZB discussion paper FS I 96-319.

Spielkamp, A. (1998): Industrielle Forschung und Entwicklung in der ostdeutschen Wirtschaft. Untersuchung im Auftrag des Bundesministeriums für Bildung, Wissenschaft, Forschung und Technologie. Baden:Baden: Nomos-Verlag.

Stahl, S. (1997): Transformation problems in the russian agricultural sector. A historical-institutional perspective. In: Amin, A.: Beyond market and hierarchy, interactive governance and social complexity, 313-338.

Van Raaj, W.Fred (1993): Postmodern Consumption. In: Journal of Economic Psychology, 541-563.

Williamson, O. (1996): Comparative economic organization: The analysis of discrete structural alternatives. In: Williamson, O.: The mechanisms of governance, 93-113.

Zuscovitch, E. (1994): Sustainable differentiation, mimeo.

Das ostdeutsche Innovationssystem in der Transformation: Zusammenfassende Schlußfolgerungen und Ausblick

Michael Fritsch, Franz Pleschak

Die in diesem Band zusammengestellten Beiträge behandeln die Transformation des ostdeutschen Innovationssystems aus z. T. recht unterschiedlichen Blickwinkeln und bieten eine Vielzahl von Befunden. Anliegen dieses abschließenden Beitrages ist es, wesentliche Ergebnisse herauszuarbeiten und einige zusammenfassende Schlußfolgerungen zu ziehen.

1. Zum Zustand des ostdeutschen Innovationssystems

In Relation zu dem auf Ostdeutschland entfallenden Bevölkerungsanteil trägt die Region nur unterproportional zum Innovationsinput und Innovationsoutput in Deutschland bei. Dies hat insbesondere folgende Ursachen:

- Die ostdeutsche Wirtschaft (insbesondere auch die ostdeutsche Industrie) ist außerordentlich kleinbetrieblich strukturiert (Penzkofer/Schmalholz, Fritsch/Franke/Schwirten, Falk/Pfeiffer, Felder/Spielkamp, Hipp). Da FuE-Aktivitäten im Bereich der Kleinunternehmen in der Regel relativ wenig verbreitet sind, verwundert es auch kaum, daß in Ostdeutschland der Anteil der FuE treibenden Unternehmen vergleichsweise niedrig ist.
- Die schweren wirtschaftlichen Probleme, unter denen ein großer Teil der ostdeutschen Wirtschaft leidet, wie Ressourcenengpässe (z.B. die mangelnde Verfügbarkeit von Eigen- und Fremdkapital), stellen vielfach einen wesentlichen Innovationsengpaß dar (Fritsch/Franke/Schwirten).
- Der Anteil an ausgesprochenen High-Tech Branchen ist in Ostdeutschland sowohl im Industrie- als auch im Dienstleistungssektor relativ gering.

Berücksichtigt man diese Faktoren in entsprechenden multivariaten Schätzungen, dann ist die Innovationsneigung in ostdeutschen Betrieben bzw. Unternehmen nicht geringer ausgeprägt als in Westdeutschland (Fritsch/Franke/Schwirten, Falk/Pfeiffer, Felder/Spielkamp). Felder/Spielkamp vermuten sogar, daß in Anbetracht der strukturellen Gegebenheiten der FuE-Bereich in vielen ostdeutschen Unternehmen überproportioniert ist.

Auf den Dienstleistungssektor bezogene Analysen ergeben keine wesentlichen Unterschiede im Innovationsverhalten zwischen ost- und westdeutschen Unternehmen (Hipp). Dies könnte als Hinweis darauf aufgefaßt werden, daß der Bereich der unternehmensnahen Dienstleistungen in den neuen Ländern nur unzureichend an die regionalen Besonderheiten des Verarbeitenden Gewerbes angepaßt ist, bzw. daß beide Sektoren im ostdeutschen Innovationssystem nicht intensiv genug miteinander vernetzt sind, was sich im Zweifel nachteilig auf die wirtschaftliche Entwicklung auswirken dürfte. Insgesamt leidet der Bereich der unternehmensorientierten bzw. innovationsorientierten Dienstleistungen in Ostdeutschland erheblich unter der Schwäche der Industrie in der Region, die ja ein entscheidendes Nachfragesegment für den Output der Dienstleister darstellt (Hipp).

Trifft die These zu, daß „die Forschung von Großunternehmen ... häufig Bindeglied zwischen der meist inkrementalen FuE von KMU und der akademischen Forschung" (Hornschild) darstellt, so ist das weitgehende Fehlen industrieller Großforschung mit einem weiteren wesentlichen Defizit des ostdeutschen Innovationssystems, nämlich einem relativ schwach ausgeprägten Transfer von Wissen aus den öffentlichen Forschungseinrichtungen in den Sektor der privaten Wirtschaft, verbunden. Ein solch geringes Niveau der Vernetzung zwischen beiden Bereichen dürfte sich auf jeden Fall nachteilig auf die Innovationsaktivitäten der ansässigen Privatwirtschaft auswirken, da hierdurch der Einsatz eines wesentlichen Inputfaktors beschränkt wird. Geht man davon aus, daß die erfolgreiche Entwicklung öffentlicher Forschungseinrichtungen ein gewisses Maß an Zusammenspiel mit der Wirtschaft erfordert (Meske), dann könnte sich die Schwäche der ostdeutschen Industrie aber auch als ein Entwicklungshemmnis für den Bereich der öffentlichen Forschung erweisen. Dies wiegt um so schwerer, als die Einbindung der öffentlichen Forschungseinrichtungen Ostdeutschlands in das westdeutsche Innovationssystem bisher erst zum Teil gelungen ist. Hiervon sind insbesondere auch die Forschungs-GmbHs betroffen, die bislang nur recht unvollständig etabliert sind (Rupprecht/Becher).

Allgemein kann man feststellen, daß die interne und externe Vernetzung des ostdeutschen Innovationssystems noch nicht dem für das westdeutsche Innovationssystem zu verzeichnenden Niveau entspricht, die „zerrissenen Netze" noch nicht vollständig erneuert sind. Insbesondere die Einbindung ostdeutscher Akteure in internationale Wissenstransfers ist noch unzureichend. Da auch das westdeutsche Innovationssystem in dieser Hinsicht erhebliche Defizite aufweist (Meyer-Krahmer), ist es auch nur beschränkt als Referenzmaßstab für Ostdeutschland geeignet.

2. Merkmale der Innovationsaktivitäten in ostdeutschen Betrieben

Die *Innovationsaktivitäten im Prozeßbereich* der ostdeutschen Betriebe waren während der letzten Jahre durch intensive Aufholinnovationen gekennzeichnet. Die massive staatliche Investitionsförderung begünstigte dies. Inzwischen fanden die ostdeutschen Betriebe hinsichtlich der Ausstattung mit modernen Anlagen (der Hardware) Anschluß an das westdeutsche Niveau (Lay). Daß dennoch die Produktivität in den ostdeutschen Betrieben wesentlich hinter dem westdeutschen Niveau zurückbleibt, dürfte vor allem auf eine entsprechend unzweckmäßige Implementation der Anlagen zurückzuführen sein (Lay, Rössel, Schmidt). Der wesentliche Grund für diesen Rückstand bei der Implementation der Technik ist darin zu sehen, daß entsprechendes Anwendungswissen nicht auf einfache Weise am Markt erworben und absorbiert werden kann. Der Engpaß besteht in der „Intelligenz" des Technikeinsatzes, in der „Software", dem Bereich sogenannter „weicher Strategieressourcen", die sich nicht auf einfache Weise von außen in die Betriebe transferieren lassen (Rössel, Schmidt). Noch am ehesten dürfte ein solcher Wissenstransfer zwischen solchen Betrieben zustande kommen, die demselben Unternehmen angehören (Transfer von Managern oder von Management-Methoden innerhalb eines Unternehmens). Insofern könnten diejenigen ostdeutschen Betriebe, die westdeutschen Mutterunternehmen angehören, über einen wesentlichen Vorteil gegenüber den vollständig in „Ostbesitz" befindlichen Betrieben verfügen (siehe hierzu auch den folgenden Abschnitt).

Hinsichtlich der *Innovationen im Produktbereich* zeigte sich, daß die ostdeutschen Betriebe während der letzten Jahre einen größeren Anteil ihres Produktprogramms erneuert haben als westdeutsche Vergleichsbetriebe (Fritsch/Franke/Schwirten). Wie bei den Prozeßinnovationen lag der Schwerpunkt der Produktinnovationsaktivitäten ostdeutscher Betriebe, zumindest bis Mitte der 90er Jahre, bei Aufholinnovationen, was sich etwa in einer relativ geringen „Produktivität" bei der Generierung patentfähiger Innovationen niederschlägt (Fritsch/Franke/Schwirten). Dies erklärt unter anderem, warum das Patentaufkommen in Ostdeutschland, gewichtet mit dem Bevölkerungsanteil der Region, relativ gering ausfällt. Diverse Untersuchungen ergeben Hinweise darauf, daß sich die ostdeutschen Betriebe recht schwer mit der Vermarktung ihrer Produktinnovationen tun (Sabisch, Schmidt, Fritsch/Franke/Schwirten). Eine von mehreren Ursachen hierfür wird in der unzureichenden Marktorientierung der Innovationsaktivitäten (Vorherrschen „technizistischer" Denkweisen; Schmidt) sowie in der Unterschätzung der Bedeutung des Marketing für den Unternehmenserfolg gesehen (Sabisch).

Felder/Spielkamp gehen von der These aus, daß in der Frühphase des Transformationsprozesses vor allem Aufholinnovationen und organisatorische Innovationen erforderlich waren, die gar kein oder nur ein geringeres Ausmaß an eigenen FuE-Aktivitäten der ostdeutschen Betriebe erforderten. Trifft diese Vermutung zu, so wäre die FuE-Förderung in diesem Entwicklungsstadium weitgehend überflüssig, wenn nicht gar schädlich gewesen. Felder/Spielkamp vergleichen die ökonomische Entwicklung solcher Betriebe, die bereits kurz nach der 'Wende' eigene FuE-Aktivitäten durchgeführt haben, mit Betrieben, bei denen dies nicht der Fall war. In ihrer Analyse können sie keine günstigere Entwicklung oder einen höheren Entwicklungsstand der Gruppe der bereits relativ früh in eigenen FuE-Aktivitäten engagierten Betriebe identifizieren; dies ließe sich als Hinweis auf die Relevanz der von Felder/Spielkamp aufgestellten These auffassen.

Marketingstrategien, Marktforschung, Marktorientierung von FuE sowie frühzeitige Markteinführungsaktivitäten für die neuen Produkte und Verfahren sind auch für die kleinen und jungen Unternehmen notwendig, wenn sie wettbewerbsfähig sein und aktiv Markteintrittsbarrieren entgegenwirken wollen. Marketingaufgaben durchdringen den Ablauf des gesamten Innovationsprozesses, wobei es besonders wichtig ist, in den Pflichtenheften für die FuE-Projekte Marktziele zu formulieren (Sabisch).

3. Extern kontrollierte Betriebe: 'Verlängerte Werkbänke' oder 'Mutterschutz' ?

In den neuen Bundesländern ist das Vorurteil bzw. die Befürchtung weit verbreitet, daß die im Besitz westdeutscher Unternehmen befindlichen Betriebe sich über kurz oder lang zu „verlängerten Werkbänken" ohne wesentliche eigene FuE-Aktivitäten entwickeln würden und von ihnen daher kaum nennenswerte Wachstumsimpulse zu erwarten sind. Verschiedene in diesem Band enthaltene Analysen

(Fritsch/Franke/Schwirten, Falk/Pfeiffer, Felder/Spielkamp) zeigen allerdings, daß sich eine allgemeine Tendenz in diese Richtung nicht feststellen läßt. Vielmehr gibt es deutliche Hinweise auf die Existenz von einer Art „Mutterschutz", der zur Folge hat, daß die ostdeutschen Tochterunternehmen westdeutscher Mütter erfolgreicher innovieren als rein ostdeutsche Betriebe. Für ein solches Phänomen sind vor allem zwei Erklärungen plausibel (Felder/Spielkamp, Meske):

- Erstens kann es sein, daß der Transfer an schwer kommunizierbarem (tacidem) Erfahrungswissen innerhalb von Unternehmen besser gelingt als zwischen rechtlich-organisatorisch selbständigen Einheiten.

- Zweitens weisen größere ökonomische Einheiten in der Regel eine höhere Ressourcenstärke auf als kleinere Unternehmen bzw. Unternehmensverbünde; insbesondere sind sie in geringerem Maße von Engpässen (z. B. im Bereich der Liquidität) betroffen, die sich hemmend auf Innovationsaktivitäten auswirken können.

Hieraus ergibt sich eine eher positive Einschätzung der Wirkungen von Übernahmen ostdeutscher Betriebe durch westdeutsche Firmen.

4. Innovationen in neugegründeten Unternehmen

Im Rahmen der Transformation des ostdeutschen Unternehmensbestandes während der ersten Jahre nach der 'Wende' hat sich die Anzahl der Unternehmen drastisch erhöht. Die Ursache hierfür bestand - neben der Aufspaltung bestehender Unternehmen - vor allem in der Gründung vollkommen neuer Unternehmen, die inzwischen den Großteil der ostdeutschen Wirtschaft ausmachen. Für eine Analyse der Innovationsaktivitäten sind die „technologieorientierten" Unternehmensgründungen (TOU) von besonderem Interesse.

In Ostdeutschland existieren offensichtlich erhebliche Potentiale für technologieorientierte Gründungen. Sie sind in der räumlichen Nähe von Hochschulen und Forschungseinrichtungen besonders stark ausgeprägt (Voigt, Herrmann), ein Effekt, der durch die mit erheblichen Freisetzungen von Personal verbundene Reorganisation des Bereiches der öffentlichen Forschung wahrscheinlich noch verstärkt wurde. Dennoch reichen die bisher stattgefundenen Gründungen für die Schaffung einer ausreichenden Anzahl an wettbewerbsfähigen Arbeitsplätzen bei weitem nicht aus.

Gründungshemmnisse sind insbesondere fehlende betriebswirtschaftliche Kenntnisse und nicht vorhandenes Management-Know-how der potentiellen Gründer (Pleschak/Werner), insbesondere im Bereich des Marketing (Sabisch) sowie fehlendes Eigenkapital (Pleschak/Werner). Technologieunternehmen unterscheiden sich von „normalen" Gründungen vor allem durch ein höheres Innovationsniveau der Produkte bzw. der Verfahren, einem größeren Risiko des Markterfolges, der stärkeren Orientierung auf überregionale Märkte, dem höheren Kapitalbedarf sowie den besseren Wachstumschancen. In Abhängigkeit von der Ausprägung dieser Merkmale sind Kapitalgeber in unterschiedlichem Maße dazu bereit, die frühen Phasen des Unternehmensaufbaus zu finanzieren. Die besonderen Merkmale von technologieorientierten Unternehmensgründungen legen es nahe, hier andere Wege der finanziellen Förderung zu beschreiten als bei „normalen" Gründungen. Zuschüsse des Staates zur Stimulierung von Gründungen im High-Tech-Bereich sollten in Abhängigkeit von der Innovationshöhe der Produkte bzw. Verfahren und der Risiken differenziert festgelegt werden. Kombiniert man diese Zuschüsse mit stillen Beteiligungen, so zwingt dies die Gründer langfristige Unternehmenskonzepte zu erarbeiten, die über den Förderzeitraum hinausreichen. Die stillen Beteiligungen stärken die Eigenkapitalbasis und verbessern die wirtschaftlichen Ausgangsbedingungen dafür, daß die Unternehmen nach Ablauf des Förderzeitraumes für renditeorientierte Kapitalbeteiligungsgesellschaften attraktiv sind (Pleschak/Werner).

Gründungen von technologieorientierten Unternehmen aus Hochschulen können ein wesentliches Medium sein, um die im Wissenschaftsbereich vorhandenen Innovationspotentiale wirksam werden zu lassen. Solche Gründungen kommen weniger direkt nach dem Studium zustande, sondern eher nach einigen Jahren Berufserfahrung der Gründer (Herrmann). Die Mehrheit der potentiellen Gründer sieht ihre Forschungsarbeiten an der Hochschule als Ausgangspunkt für einen Schritt in die Selbständigkeit. Wesentliche Motive für entsprechende Gründungen sind: die Begeisterung für ein Innovationsprojekt, die Chance eigene Ideen zu verwirklichen, sowie die mit der Selbständigkeit verbundenen Freiheiten. Die Analysen der Gründungspotentiale aus Hochschulen (Herrmann, Pfirrmann, Voigt) führen zur Forderung, sich an den Hochschulen mehr für die Herausbildung von Gründungsfähigkeit und Gründungswilligkeit einzusetzen.

Technologieorientierte Unternehmesgründungen haben besondere Probleme mit der Marktorientierung ihrer Innovationsaktivitäten, insbesondere auch mit dem Marketing ihrer Produkte (Pleschak/Werner, Sabisch). Aufgrund der besonderen Komplexität des Gründungsprozesses sind sie häufig durch eine erhebliche Vorbereitungszeit von einem Jahr oder mehr gekennzeichnet und erwirtschaften meist erst nach ca. fünf Jahren belastbare Ergebnisse (Pfirrmann).

5. Öffentliche Forschungseinrichtungen

Öffentliche Forschungseinrichtungen stellen einen wesentlichen Input für Innovationsaktivitäten privater Unternehmen dar. Aus diesem Infrastruktur-Charakter der öffentlichen Forschung folgt, daß von der Umstrukturierung dieses Bereiches erhebliche Folgen für das Innovationssystem ausgehen.

In Relation zu Bevölkerung und Zahl der Beschäftigten entspricht die Ausstattung Ostdeutschlands mit öffentlichen Forschungseinrichtungen derzeit in etwa dem westdeutschen Niveau, wobei die relativ starke Betonung der Ingenieurwissenschaften an den Hochschulen der neuen Bundesländer im Zweife positiv für die Möglichkeiten zur Unterstützung von Innovationen im Privatsektor zu werten ist. Eine weitere Besonderheit des ostdeutschen Innovationssystems besteht darin, daß hier - aufgrund des starken Rückganges der Industrieforschung - mehr FuE-Personal in der öffentlichen Forschung als in der Privatwirtschaft tätig ist. Ein weiteres ostdeutsches Spezifikum stellen die sogenannten „Forschungs-GmbHs" dar, privatisierte Forschungsinstitute oder Forschergruppen ehemaliger Kombinate, die als Anbieter von FuE-Dienstleistungen auftreten (Meske).

Die Umstrukturierung des Bereiches der öffentlichen Forschung ging in Ostdeutschland relativ zügig voran und führte zu einem reichhaltigen Besatz an qualitativ hochwertigen und relativ gut ausgestatteten Einrichtungen. Dennoch leidet der Bereich der öffentlichen Forschung unter (mindestens) zweierlei Entwicklungsengpässen (Meske, Becher/Rupprecht). Dabei handelt es sich erstens um die wirtschaftliche Misere der ostdeutschen Privatwirtschaft, insbesondere der ostdeutschen Industrie, die aufgrund ihrer Schwäche als Drittmittelgeber weitgehend ausfällt. Zweitens macht das Fehlen etablierter Kontakte und der Mangel an Reputation den Zugang zum überregionalen, insbesondere zum westdeutschen Forschungsmarkt schwer.

6. Technologietransfer

Der institutionalisierte Technologietransfer kann insbesondere für die Innovationstätigkeit kleiner und mittelgroßer Unternehmen von wesentlicher Bedeutung sein. Seit Beginn der 90er Jahre wurde in Ostdeutschland ein dichtes Netz an Technologietransferstellen aufgebaut. Wesentliche Hemmnisse des Transfers auf der Geberseite (den öffentlichen Forschungseinrichtungen) bestehen - in den Augen der Nehmerseite (der Unternehmen) - in einem nicht hinreichendem Praxisbezug, einem wenig bedarfsgerechten Angebot, allgemeinen Kommunikationsproblemen sowie unterschiedlichen Zeithorizonten und Zielsetzungen. Als wesentliche Transferengpässe auf der Nehmerseite ergeben sich ein Mangel an qualifiziertem Personal, unscharfe Problemdefinitionen und ein geringer Informationsstand über Transfermöglichkeiten und -angebote. Hier sind sicherlich noch Potentiale für eine bessere Vernetzung von Geber- und Nehmerseite vorhanden.

Wesentliche Transferimpulse gehen auch von den Technologie- und Gründerzentren aus, wobei hier zwei Transferwege relevant sein können: Einmal der sich mit der Gründung vollziehende Transfer von Wissen aus Forschungseinrichtungen in die Wirtschaft „über Köpfe", zum anderen die von den Zentren in der Regel angebotenen allgemeinen Beratungsdienstleistungen bzw. der Informationstransfer zwischen den in einem Zentrum ansässigen Firmen. Die in Ostdeutschland mit Unterstützung von Fördermaßnahmen entstandenen Zentren brachten für die Unternehmensgründungen während der ersten Jahre nach der 'Wende' vor allem Vorteile hinsichtlich der Verfügbarkeit geeigneter Gewerbeflächen, der gemeinsamen Nutzung von Gemeinschaftseinrichtungen (z. B. Bürodienstleistungen, technische Dienstleistungen) sowie durch die (häufig informellen) Kontakte zu anderen Unternehmen (Tamásy). Die Beratungsdienstleistungen in den Zentren scheinen demgegenüber für die Unternehmen von eher untergeordneter Bedeutung zu sein. Die Analysen von Tamásy zeigen, daß die Wirkungen von Technologie- und Gründerzentren sehr stark von den jeweiligen Spezifika des Einzelfalls abhängen, wobei offenbar der Ausgestaltung des Zentrums sowie der Qualität des Zentren-Managements eine wesentliche Bedeutung zukommt. Da die Anzahl der in Ostdeutschland inzwischen etablierten Technologie- und Gründerzentren als im wesentlichen ausreichend angesehen werden kann, wäre sehr gründlich zu prüfen, ob der Aufbau weiterer Technologiezentren noch sinnvoll ist und wie die konkrete Förderung der Zentren ausgestaltet werden sollte.

7. Zur bisherigen und zukünftigen Bedeutung der Innovationsförderung

Seit Beginn der Systemtransformation hat der Staat massive Anstrengungen unternommen, um die Wirtschaftsentwicklung, insbesondere auch Innovationsaktivitäten in Ostdeutschland zu fördern. Inzwischen kann diese Aufbauphase als abgeschlossen gelten. Die Vielzahl an gleichzeitig betriebenen, ineinandergreifenden Fördermaßnahmen hat zur Folge, daß sich die Wirkungen einzelner Förderprogramme kaum individuell identifizieren lassen (zu einem Überblick Hornschild). Eine derart massive Wirtschafts- und Innovationsförderung birgt die große Gefahr des Heranzüchtens einer Fördermentalität in sich und kann in einer Marktwirtschaft schwerlich ein Dauerzustand sein.

Sofern die These zutrifft, daß zunächst für die in Ostdeutschland erforderlichen Aufholinnovationen keine eigenen FuE-Aktivitäten erforderlich waren (Felder/ Spielkamp), ist u. U. zuviel Innovationsförderung betrieben worden. Gegen diese Schlußfolgerung lassen sich allerdings zwei Einwände vorbringen. Erstens wird vielfach behauptet, daß ein Verlust an FuE-Kapazitäten in den Unternehmen kurz- und mittelfristig irreversibel gewesen wäre (Hornschild) und den unwiederbringlichen Verlust wichtigen Know-hows bedeutet hätte. Dies würde dann rechtfertigen, die FuE-Kapazitäten vorübergehend künstlich zu stützen, um späteren Schaden von den Unternehmen abzuwenden. Zweitens könnte argumentiert werden, daß FuE-Aktivitäten der Unternehmen notwendig waren, um die für Aufholinnovationen erforderliche absorptive Kapazität zur Aufnahme externen Wissens zu gewährleisten.

Zwar haben die bisherigen Maßnahmen der Innovationsförderung durchaus positive Wirkungen erzielt (Hornschild, Rupprecht/Becher), dennoch erscheinen die Verhältnisse zur Zeit (Anfang 1998) noch nicht soweit stabilisiert, daß man die Förderung auf das „Normalmaß" zurückschrauben oder gar überhaupt auf Innovationsförderung verzichten könnte. Um Tendenzen zur Entwicklung einer Subventionsmentalität zu dämpfen, sollte die Politik deutlich und glaubhaft ein Ende des Ausnahmezustandes in Bezug auf die Förderung anzeigen (Hornschild). Ein wesentliches Problem der bisherigen und zukünftigen Förderung nicht nur in Ostdeutschland besteht darin, daß die eigentlichen Engpässe im Bereich der „weichen" Ressourcen bestehen, die durch eine rein sachkapitalorientierte Förderung nicht behoben werden. Es fragt sich also, was für Instrumente hier adäquat wären bzw. ob solche Arten von Engpässen überhaupt breit angelegten Förderprogrammen zugänglich sind.

Leitlinie weiterer Innovationsförderung in Ostdeutschland sollte sein, die Funktionsweise des Innovationssystems zu verbessern bzw. zu seiner zukunftsorientierten Gestaltung beizutragen. Angesichts der Vielzahl der in den neuen Bundesländern bereits vorhandenen Institutionen kann dies nur bedeuten, das Zusammenspiel bzw. die Vernetzung dieser Institutionen zu verbessern. Dies ist um so wichtiger, als diverse Untersuchungen zeigen, daß die Arbeitsteiligkeit von Innovationsprozessen während der letzen Jahrzehnte deutlich zugenommen hat und in Zukunft wohl weiter ansteigen wird. Hiermit kommt dem Wissenstransfer zwischen Organisationen und der zweckmäßigen Einbindung in die entsprechenden arbeitsteiligen Netzwerke entscheidende Bedeutung zu. Für Ostdeutschland beinhaltet dies u.a. auch die Beantwortung der Frage nach der Einbindung der Forschungs-GmbHs in das Innovationssystem und deren Überführung in sich selbsttragende Unternehmen.

Bei der weiteren Ausgestaltung des Innovationssystems in den neuen Bundesländern ist die Orientierung an den westdeutschen Verhältnissen nur beschränkt sinnvoll. Dies zum einen deshalb, weil es in diversen Bereichen ostdeutsche Spezifika gibt, denen man bei der Ausgestaltung des Innovationssystems Rechnung tragen sollte. Zum anderen weist das westdeutsche Innovationssystem nichts zuletzt auch angesichts der fortschreitenden Globalisierung erhebliche Defizite auf (Meyer-Krahmer), die es als Vorbild bzw. Referenzstandard ungeeignet erscheinen lassen. Wichtig für Ostdeutschland ist vor allem die Einbindung in überregionale, insbesondere internationale Netzwerke und damit verbunden die Stärkung der Fähigkeit, extern generiertes Wissen zu absorbieren.

8. Ausblick

Unter den heutigen Bedingungen von Technologieentwicklung und Globalisierung muß das deutsche Innovationssystem einschließlich der darin eingeordneten ostdeutschen Potentiale wandelnden Anforderungen gerecht werden (Meyer-Krahmer). Von besonderer Bedeutung sind dabei:

- die stärker werdende Anwendungs- bzw. Problemorientiertung der Innovationsaktivitäten, insbesondere der Forschung;

- der in einer Reihe von Technikgebieten wachsende Stellenwert von langfristig anwendungsorientierter Grundlagenforschung für die Generierung neuer Produkte bzw. Verfahren sowie

- die zunehmend größer werdende Rolle von Interdisziplinarität und Transdisziplinarität, die Herausbildung neuer Technologien durch Vernetzung von verschiedenen Wissenschaftsdisziplinen und Technikgebieten.

Dabei dürfte insgesamt die Arbeitsteiligkeit von Innovationsprozessen zunehmen. Diese Entwicklungen führen zu veränderten Anforderungen an die Schnittstellen zwischen den Akteuren des Innovationssystems und erfordern zunehmende Kooperation sowohl der Unternehmen untereinander als auch zwischen Unternehmen und öffentlichen Forschungseinrichtungen. Dabei wächst für die Unternehmen die Bedeutung der anwendungsorientierten Forschung, so daß sie zunehmend Lösungsbeiträge zu konkreten Problemen von öffentlichen Forschungseinrichtungen nachfragen.

Diese Entwicklungen implizieren neue Anforderungen nicht nur für Unternehmen und öffentliche Forschungseinrichtungen sondern auch für die staatliche Technologiepolitik in Ost- *und* in Westdeutschland. Die mit der Systemtransformation in neuen Bundesländern verbundene Neugestaltung des Innovationssystems bietet die Chance, die Enstehung zukunftsgerechter Strukturen zu stimulieren, zumindest aber im Westen als Fehler erkannte Entwicklungen zu vermeiden. Nicht zuletzt aus diesem Grunde kann Ostdeutschland Modellcharakter für den Westen zukommen.

Autorenverzeichnis

Barjak, Franz, Dipl.-Geogr.
Institut für Wirtschaftsforschung Halle

Becher, Gerhard, Dr.
PROGNOS AG Basel

Falk, Martin, Dipl.-Volkswirt
Zentrum für Europäische Wirtschaftsforschung Mannheim

Felder, Johannes, Dipl.-Volkswirt
Zentrum für Europäische Wirtschaftsforschung Mannheim

Franke, Grit, Dipl.-Kauffrau
TU Bergakademie Freiberg, Fakultät für Wirtschaftswissenschaften und Forschungsstelle Innovationsökonomik

Fritsch, Michael, Prof. Dr.
TU Bergakademie Freiberg, Fakultät für Wirtschaftswissenschaften und Forschungsstelle Innovationsökonomik

Herrmann, Claudia, Dipl.-Wiss.-Org.
Forschungsagentur Berlin GmbH

Hipp, Christiane, Dipl.-Wirtsch.-Ing.
Fraunhofer-Institut für Systemtechnik und Innovationsforschung Karlsruhe

Holst, Klaus, Dr.
Institut für Wirtschaftsforschung Halle

Hornschild, Kurt, Dr.
Deutsches Institut für Wirtschaftsforschung Berlin

Lay, Gunter, Dr.
Fraunhofer-Institut für Systemtechnik und Innovationsforschung Karlsruhe

Meske, Werner, Prof. Dr.
Wissenschaftszentrum für Sozialforschung Berlin

Meyer-Krahmer, Frieder, Prof. Dr.
Fraunhofer-Institut für Systemtechnik und Innovationsforschung Karlsruhe

Penzkofer, Horst
ifo-Institut für Wirtschaftsforschung München

Pfeiffer, Friedhelm, Dr.
Zentrum für Europäische Wirtschaftsforschung Mannheim

Pfirrmann, Oliver, Dr.
Freie Universität Berlin, Fachbereich Politische Wissenschaft

Pleschak, Franz, Prof. Dr.
Fraunhofer-Institut für Systemtechnik und Innovationsforschung Karlsruhe,
Forschungsstelle Innovationsökonomik Freiberg

Rössel, Gottfried, Prof. Dr.
Fachhochschule Wismar, Fachbereich Wirtschaft

Ruprecht, Wilhelm, Dipl.-Volkswirt
Max-Planck-Institut zur Erforschung von Wirtschaftssystemen Jena

Sabisch, Helmut, Prof. Dr.
TU Dresden, Fakultät Wirtschaftswissenschaften

Schmalholz, Heinz, Dipl.-Volkswirt
ifo-Institut für Wirtschaftsforschung München

Schwirten, Christian, Dipl.-Volkswirt
TU Bergakademie Freiberg, Fakultät für Wirtschaftswissenschaften und
Forschungsstelle Innovationsökonomik

Spielkamp, Alfred, Dr.
Zentrum für Europäische Wirtschaftsforschung Mannheim

Tamásy, Christine, Dr.
Universität zu Köln, Wirtschafts- und Sozialgeographisches Institut

Voigt, Eva, Prof. Dr.
TU Ilmenau, Institut für Volkswirtschaftslehre

Werner, Henning, Dipl.-Wirtsch.-Ing.
Fraunhofer-Institut für Systemtechnik und Innovationsforschung Karlsruhe,
Forschungsstelle Innovationsökonomik Freiberg

TECHNIK, WIRTSCHAFT und POLITIK

Schriftenreihe des Fraunhofer-Instituts
für Systemtechnik und Innovationsforschung (ISI)

Band 2: B. Schwitalla
Messung und Erklärung
industrieller Innovationsaktivitäten
1993. ISBN 3-7908-0694-3

Band 3: H. Grupp (Hrsg.)
Technologie am Beginn
des 21. Jahrhunderts, 2. Aufl.
1995. ISBN 3-7908-0862-8

Band 4: M. Kulicke u. a.
Chancen und Risiken
junger Technologieunternehmen
1993. ISBN 3-7908-0732-X

Band 5: H. Wolff, G. Becher, H. Delpho
S. Kuhlmann, U. Kuntze, J. Stock
FuE-Kooperation von kleinen und
mittleren Unternehmen
1994. ISBN 3-7908-0746-X

Band 6: R. Walz
Die Elektrizitätswirtschaft
in den USA und der BRD
1994. ISBN 3-7908-0769-9

Band 7: P. Zoche (Hrsg.)
Herausforderungen für die
Informationstechnik
1994. ISBN 3-7908-0790-7

Band 8: B. Gehrke, H. Grupp
Innovationspotential
und Hochtechnologie, 2. Aufl.
1994. ISBN 3-7908-0804-0

Band 9: U. Rachor
Multimedia-Kommunikation
im Bürobereich
1994. ISBN 3-7908-0816-4

Band 10: O. Hohmeyer, B. Hüsing
S. Maßfeller, T. Reiß
Internationale Regulierung
der Gentechnik
1994. ISBN 3-7908-0817-2

Band 11: G. Reger, S. Kuhlmann
Europäische Technologiepolitik
in Deutschland
1995. ISBN 3-7908-0825-3

Band 12: S. Kuhlmann, D. Holland
Evaluation von Technologiepolitik
in Deutschland
1995. ISBN 3-7908-0827-X

Band 13: M. Klimmer
Effizienz der
computergestützten Fertigung
1995. ISBN 3-7908-0836-9

Band 14: F. Pleschak
Technologiezentren in den
neuen Bundesländern
1995. ISBN 3-7908-0844-X

Band 15: S. Kuhlmann, D. Holland
Erfolgsfaktoren
der wirtschaftsnahen Forschung
1995. ISBN 3-7908-0845-8

Band 16: D. Holland,
S. Kuhlmann (Hrsg.)
Systemwandel und industrielle
Innovation
1995. ISBN 3-7908-0851-2

Band 17: G. Lay (Hrsg.)
Strukturwandel in der
ostdeutschen Investitionsgüterindustrie
1995. ISBN 3-7908-0869-5

Band 18: C. Dreher, J. Fleig
M. Harnischfeger, M. Klimmer
Neue Produktionskonzepte
in der deutschen Industrie
1995. ISBN 3-7908-0886-5

Band 19: S. Chung
Technologiepolitik für neue
Produktionstechnologien in
Korea und Deutschland
1996. ISBN 3-7908-0893-8

Band 20: G. Angerer u. a.
Einflüsse der Forschungs-
förderung auf Gesetzgebung
und Normenbildung im Umweltschutz
1996. ISBN 3-7908-0904-7

Band 21: G. Münt
Dynamik von Innovation
und Außenhandel
1996. ISBN 3-7908-0905-5

Band 22: M. Kulicke, U. Wupperfeld
Beteiligungskapital für junge
Technologieunternehmen
1996. ISBN 3-7908-0929-2

Band 23: K. Koschatzky
**Technologieunternehmen
im Innovationsprozeß**
1997. ISBN 3-7908-0977-2

Band 24: T. Reiß, K. Koschatzky
Biotechnologie
1997. ISBN 3-7908-0985-3

Band 25: G. Reger
**Koordination und strategisches
Management internationaler
Innovationsprozesse**
1997. ISBN 3-7908-1015-0

Band 26: S. Breiner
Die Sitzung der Zukunft
1997. ISBN 3-7908-1040-1

Band 27: M. Kulicke, U. Broß,
U. Gundrum
**Innovationsdarlehen als Instrument
zur Förderung kleiner und mittlerer
Unternehmen**
1997. ISBN 3-7908-1046-0

Band 28: G. Angerer, C. Hipp
D. Holland, U. Kuntze
**Umwelttechnologie am
Standort Deutschland**
1997. ISBN 3-7908-1063-0

Band 29: K. Cuhls
Technikvorausschau in Japan
1998. ISBN 3-7908-1079-7

Band 30: J. Fleig
**Umweltschutz in der
schlanken Produktion**
1998. ISBN 3-7908-1080-0

Band 31: S. Kuhlmann, C. Bättig
K. Cuhls, V. Peter
**Regulation und künftige
Technikentwicklung**
1998. ISBN 3-7908-1094-0

Band 32:
Umweltbundesamt (Hrsg.)
**Innovationspotentiale
von Umwelttechnologien**
1998. ISBN 3-7908-1125-4

Band 33: F. Pleschak, H. Werner
**Technologieorientierte
Unternehmensgründungen
in den neuen Bundesländern**
1998. ISBN 3-7908-1133-5

GPSR Compliance

The European Union's (EU) General Product Safety Regulation (GPSR) is a set of rules that requires consumer products to be safe and our obligations to ensure this.

If you have any concerns about our products, you can contact us on

ProductSafety@springernature.com

In case Publisher is established outside the EU, the EU authorized representative is:

Springer Nature Customer Service Center GmbH
Europaplatz 3
69115 Heidelberg, Germany